人工湿地水质净化
理论与技术

吴海明　吴树彪　等　编著

中国林业出版社
China Forestry Publishing House

图书在版编目（CIP）数据

人工湿地水质净化理论与技术 / 吴海明, 吴树彪编
著. -- 北京 : 中国林业出版社, 2024. 11. -- ISBN
978-7-5219-2995-9

Ⅰ. X703

中国国家版本馆CIP数据核字第2024ZJ0384号

责任编辑：杜娟　李鹏

电　　话：(010)83143614

出版　中国林业出版社（北京市西城区德内大街刘海胡同7号　100009）
网址　http:www.cfph.net
发行　中国林业出版社
制版　北京美光设计制版有限公司
印刷　河北鑫汇壹印刷有限公司
版次　2024年11月第1版
印次　2024年11月第1次印刷
开本　787mm×1092mm　1/16
印张　27
字数　558千字
定价　238.00元

《人工湿地水质净化理论与技术》
编著人员名单

主要编著人员

吴海明　　吴树彪

其他编著人员

（按姓氏拼音顺序）

程　呈	董家豪	董新龙	郭露晨
郭子彰	何柯立	贾利霞	鞠鑫鑫
康　妍	刘菲菲	雷　鸣	李春燕
鲁其敏	吕　涛	倪　萍	王瑞刚
	赵　欣	庄林岚	

  湿地是地球上水陆相互作用形成的独特生态系统，被广泛认为是地球上最重要的生态系统之一。湿地在涵养水源、蓄洪防旱、调节气候、控制污染、美化环境和维护生物多样性等方面起到非常重要的作用。因其独特的生态净化功能，湿地被誉为"地球之肾"。

  人工湿地是模拟自然湿地结构与功能的污水生态净化系统，具有基建投资少、运行费用低、生态景观好等优势，被广泛应用于生活污水、工业废水、城市和农业径流以及污水处理厂尾水等水体的深度净化、河湖水污染控制与生态修复等领域。

  近年来，人工湿地技术的发展日新月异，在我国水生态环境保护、污水资源化利用等方面发挥着重要作用。本书通过广泛调研分析近年来发表的中英文文献，系统梳理和介绍了人工湿地的概念及分类、水质净化机理及强化策略、硫－铁循环及其影响等人工湿地理论和技术相关的最新研究成果。同时，对人工湿地水质净化系统的设计、建造、运行与维护管理等相关知识进行总结归纳。全书紧密结合国内外人工湿地技术领域的最新研究进展及发展趋势，具有较强的知识性、技术性和实践性，可作为环境科学与工程、生态工程等专业的本科生和研究生的教学及科研用书，也可供从事人工湿地技术领域的科研工作者和工程技术人员作参考使用。

  在本书的编写过程中，借鉴了前辈、同行学者的研究成果，在此向他们表示衷心的感谢。因编著者水平和精力有限，书中难免存在不足之处，请读者批评指正。

编著者

2024 年 6 月

③　有机物的去除机理及影响因素

4 氮的去除机理及强化措施

5　磷的去除机理及强化措施

6　重金属的去除机理及强化措施

7　新污染物的去除机理及强化措施

8　病原微生物的去除机理及强化措施

⑨　人工湿地中的硫循环及其影响

⑩　人工湿地中的铁循环及其影响

⑪ 人工湿地温室气体排放及减排措施

⑭ 人工湿地植物配置与管理

1

水资源污染与我国
人工湿地发展现状

1.1 水污染现状

　　水是生命之源，是人类赖以生存和发展的重要物质。长期以来，人们一直认为水是"取之不尽、用之不竭"的资源。但随着人类对水资源利用的范围不断扩大、强度不断增加，对水的需求量在许多国家和地区已大大超出水资源的产出，水资源危机频频告急。甚至在那些水资源比较丰富的国家和地区，由于在开发、利用水资源的同时水资源被污染，进而导致了水质型水资源缺乏问题的出现。

　　我国是世界上人口最多的国家，存在着严重的水资源短缺问题。据水利部 2022 年《中国水资源公报》数据显示，2022 年全国水资源总量为 2.7×10^4 亿 m^3，人均水资源量为 1928.6 m^3，仅为世界平均水平的 1/4，属于联合国定义的水资源紧张国家。此外，我国水资源时空分布不均，南方和东部地区的水资源多于北方和西部地区，夏秋两季的水资源多于冬春两季。水资源富裕的地区（如西南地区）往往是人口稀少、经济薄弱的区域，缺水的区域（如华北地区）却往往是人口稠密、经济发达的区域，水资源问题和用水矛盾更加突出。

　　另一个重大问题是污染严重导致的水质型缺水。随着我国经济的快速发展、乡村的城镇化和人民生活水平的提高，工农业污水排放量和城市污水总排放量逐年增大。据我国住房和城乡建设部编著的《中国城乡建设统计年鉴 2022》统计，近 10 年来全国废水排放量持续增加，已由 2013 年的 427.5 亿 t 增长到 2022 年的 639.0 亿 t（图 1-1），水污染严重导致水质型缺水，生活水资源总量因水源污染而不断减少。

　　废水产生和水体污染会因水污染、生物多样性丧失和气候危机加剧而对公众健康和生态系统造成负面影响。21 世纪初，水体污染成为我国经济社会发展的重大挑战，例如，松花江重大水污染、太湖蓝藻水华暴发等事件，让全社会对水污染问题投入了极大关注。为了彻底扭转水污染带来的被动局面，2007 年，我国启动了"水体污染控制与治理科技重大专项"，经过 10 多年的努力，使得我国水环境问题持续改善。据 2022 年《中国生态环境状况公报》显示，长江、黄河、珠江、松花江、淮河、海河、

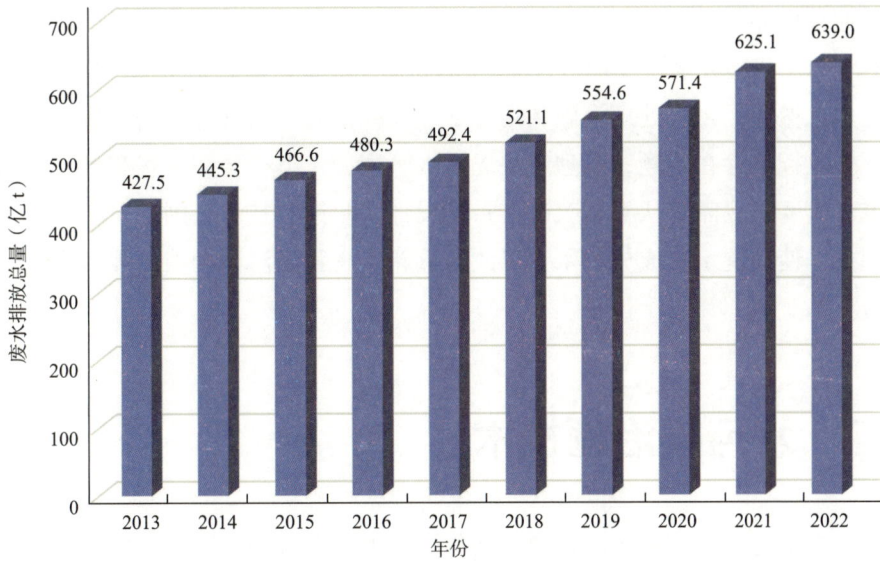

图 1-1 2013—2022 年全国废水排放总量统计

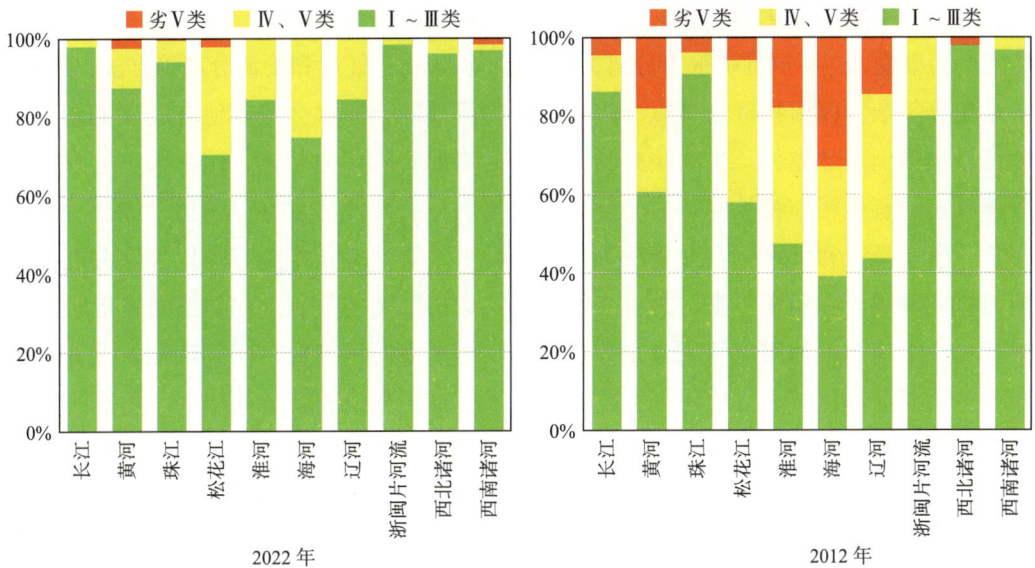

图 1-2 我国十大流域水质状况（作者自绘）

辽河、浙闽片河流、西北诸河和西南诸河十大流域的 3115 个国控断面中，Ⅰ～Ⅲ类，Ⅳ、Ⅴ类，劣Ⅴ类水质断面比例分别为 90.2%、9.4% 和 0.4%；与 2012 年的数据相比，分别上升了 18.5%、9.9% 和 8.6%，这也证明了近年来我国地表水水质得到了很大改善（图 1-2）。然而，据 2022 年的数据显示，目前仍有 12.1% 的地表水水质断面处于Ⅵ类及以下且还未得到改善，水体污染的问题依旧突出。此外，随着各种化学品的大量生产和使用，一些典型新污染物（如抗生素、微塑料、环境内分泌干扰物、全氟烷基物质等）在水环境中也相继被检出，它们对人体健康和生态系统的危害也开始显现。

我国拥有世界上最大且仍在增长的废水行业和水市场，其未来的发展将对世界产生深远的影响。我国废水行业在过去 40 年的高速发展中，造就了全球领先的处理能力和创新能力。然而，污水处理设施和污泥处理设施落后，处理过程的可持续性差，污水处理厂排放标准存在问题，管理者缺乏污水管理、人类社会和自然和谐发展的全球思维。应对这些挑战需要从根本上改变目标设计、政策和技术。因此，开发适宜的水污染控制技术使问题水变成放心水，以此来重新点亮我国江河湖泊的美丽秀色仍然任重而道远。

1.2　水污染治理技术

污水处理是采用各种方法和技术措施将污水中所含有的污染物分离出来或使其降解，或转化为无毒无害和稳定的物质。目前应用于水污染治理的方法按技术原理可分为物理法、生物法和化学法三大类。物理法是指利用物理作用分离污水中主要呈悬浮状态的污染物，包括沉淀（重力分离）、筛选（截流）、气浮和旋流分离等方法。然而，污水组分复杂，仅用物理法难以产生较高的去污效能，通常会与其他方法或工艺联用使污染物得到高效净化。生物法是指利用微生物的新陈代谢功能，使污水中呈溶解和胶体状态的有机污染物被降解并转化为无害物质，从而使污水得以净化，包括活性污泥法、生物膜法和厌氧生物处理法等。常规污水生物处理技术能有效地去除有机物，但对氮、磷的去除效率不高，并且受污水中污染物浓度的限制。化学法则是指向污水中投加化学药剂，利用化学反应来分离或回收污水中的污染物，使其转化为无害的物质，包括混凝和沉淀、氧化还原、电解、吸附、离子交换和膜分离法等。化学法能有效地处理污水，但在中国，由于广大农村地区经济条件有限，无法承担昂贵的处理费用，亟须开发低成本、易维护的污水处理技术。

目前，全世界每年产生约 1000 km³ 的人为废水，其中近 30% 是城市废水，60% 以上是工业废水。然而，传统的污水处理厂消耗了全球约 3% 的电力（He et al.，2022），已成为最大的能源消耗者和温室气体排放者之一。在此背景下，2015 年联合国大会第七十届会议上通过的《2030 年可持续发展议程》提出 17 项可持续发展目标，其中两项目标旨在全球范围内协调水资源管理与可持续社会和经济发展。因此，迫切需要研发可持续的水处理技术。

人工湿地作为基于自然的解决方案（nature-based solutions）的代表性污水处理技术，综合具有净化污染、保护生物多样性、涵养水源、蓄洪抗旱、回收资源等多种生态功能。简言之，人工湿地是借鉴自然湿地系统原理由人工建造和监督控制的湿地系统，发挥生态系统的物理、化学和生物的三重协同作用，通过过滤、吸附、沉淀、离子交换、植物吸收和微生物分解等作用来实现对污水的高效净化。由于投资少、操作简单、运转维护方便、处理效果好、对负荷变化适应性强，以及兼具美学价值等优点，人工湿地对于加强水生态环境保护修复、促进区域再生水循环利用和推进生态文明建设具有重要意义。

人工湿地的水陆过渡性使其耦合、交汇作用复杂化，故对环境的反馈作用是多方面的。与自然湿地生态系统类似，人工湿地同样具有一定的功能与效应。总体上，人工湿地的功能与效应可分为两个方面：即具有控制污染等巨大的环境效益和具有潜在的生态效应和社会服务功能。一些人工湿地系统的主要功能是净化污水，如果建设、维护和运营得当，人工湿地可有效去除污水中的污染物，如有机污染物、氮（N）、磷（P）、肠道病原菌、金属离子，甚至有机微污染物等。还有一类人工湿地系统则是考虑到多种功能目标，如污水经过人工湿地净化后再生利用，作为河湖生态补水，恢复湿地栖息地；人工湿地亦被认为是"绿色基础设施"的重要组成部分，增加城市环境中的绿色覆盖率，创造新的生态系统，以减轻城市热岛效应、预防洪水、改善空气质量以及环境科普教育等。

总而言之，人工湿地作为一种可持续的水资源保护和废水处理与管理方法，同时在景观美学、生物多样性和公共教育功能等方面呈现出内在的功能性，可为多种生态系统服务和人类福祉提供低成本的解决方案（Wu et al., 2023）。

1.3 人工湿地技术在我国的应用与发展

1.3.1 我国人工湿地发展概况

我国在"七五"期间开始研究人工湿地污水处理技术，首例采用人工湿地处理污水的研究工作始于 1987 年，天津市环境保护研究所建成占地 6 hm² 的处理规模为 1400 m²/d 的芦苇湿地工程；1989 年建成了北京昌平自由表面流人工湿地，处理量为 500 kg/d，处理效果良好，优于传统的二级处理工艺；20 世纪 90 年代又在深圳建成白泥坑人工湿地示范工程（Yang et al., 1995; Zhang et al., 2009）。此后，生态环境部与中国科学院各单位相继采用人工湿地处理污水进行过一系列试验，对人工湿地的构建与净化功能进行了阐述。20 世纪末建成的成都活水公园更展示了人工湿地污水处理新工艺的"用绿叶鲜花装饰大地，把清水活鱼送还自然"的魅力。2000—2010 年，随着水体污染控制与治理重大项目的实施，我国人工湿地研究及应用也得到了迅猛发展，处理污染物涉及污水中的藻类、藻毒素、重金属和农药等污染物的去除（Wu et al., 2000; Cheng et al., 2002a; Cheng et al., 2002b; Budd et al., 2009）。在 2010 年以后，随着相关研究日趋深入，人工湿地的工程建设也逐渐规范。我国住房和城乡建设部于 2009 年发布了《人工湿地污水处理相关技术导则》，生态环境部于 2021 年发布了《人工湿地水质净化技术指南》，以期指导我国人工湿地规范化建设与运行维护。

现如今，人工湿地在我国各类水处理中也得到广泛的应用，同时也将水处理人工湿地与景观、生态环境保护与修复相结合，既强调水处理效果，也注重景观与生态效应（成水平 等，2019；Wu et al., 2023）。

1.3.2　我国人工湿地数量

人工湿地污水处理技术在我国已有 30 多年的研究和应用。我国首个采用人工湿地处理污水的研究工作始于 1987 年，自 2000 年后，我国用于污 / 废水处理的人工湿地工程数量逐年增加，尤其是在南方和北部地区增长迅速，特别是中小型城市（Shi et al., 2004）。Zhai 等（2011）通过现场调查和查阅文献综述，收集和分析了 54 座处理废水的规模人工湿地的基本信息（表 1-1）。据 Zhang 等（2012）调研，在 2012 年时国内约有 425 个用于污水处理基的人工湿地系统。文献调研表明，2002—2010 年已完成的人工湿地数量，显著高于规划中的人工湿地的数量（图 1-3）。李小艳等（2018）通过文献调研结合行业公司网站统计发现，截至 2015 年，我国约有 791 个人工湿地工程投入运行。此后，祝惠等（2022）通过文献、网站、媒体报道以及相关重大项目宣传材料等多途径调查和统计发现，截至 2020 年年底，我国人工湿地数量已达到 1171 个。对比前期文献数据，在最近 10 年人工湿地以每年新增 75 个的速度增长（祝惠 等，2022）。这些数据说明人工湿地技术在污水处理方面的应用越来越广，处理效果逐渐为人们所认可。

表 1-1　我国处理废水的规模人工湿地工程

编号	名称	省份	处理废水类型	人工湿地类型	处理能力（m³/d）	占地面积（hm²）	运行时间（年）
1	昌平人工湿地	北京	城镇生活污水	表面流	500	2.00	1989
2	龙道河人工湿地	北京	城镇生活污水	垂直潜流	200	0.06	2004
3	白市驿人工湿地	重庆	城镇生活污水	组合系统	500	0.30	2008
4	清河人工湿地*	重庆	城镇生活污水	组合系统	1500	0.75	2010
5	葛兰人工湿地*	重庆	城镇生活污水	组合系统	600	0.32	2010
6	仙女山人工湿地	重庆	城镇生活污水	组合系统	1200	0.33	2008
7	渝北人工湿地	重庆	工业废水	水平潜流	6	0.005	2005
8	棕榈泉人工湿地	重庆	城市径流	组合系统	360	0.12	2005
9	周宁人工湿地	福建	城镇生活污水	垂直潜流	5000	0.73	2010
10	蕉岭人工湿地	广东	城镇生活污水	水平潜流	10 000	1.74	2009
11	大浦人工湿地	广东	城镇生活污水	水平潜流	10 000	2.51	2009

（续）

编号	名称	省份	处理废水类型	人工湿地类型	处理能力（m³/d）	占地面积（hm²）	运行时间（年）
12	石岩人工湿地	广东	城镇生活污水	垂直潜流	15 000	2.40	2003
13	沙田人工湿地	广东	城镇生活污水	组合系统	5000	2.00	2001
14	白泥坑人工湿地	广东	城镇生活污水	水平潜流	4500	0.84	1990
15	鹅兜村人工湿地	广东	农村生活污水	组合系统	21	0.01	2009
16	龙安人工湿地	广西	城镇生活污水	组合系统	12 000	4.00	2009
17	天义人工湿地	内蒙古	城镇生活污水	组合系统	1000	—	1992
18	南坑人工湿地	江西	城镇生活污水	组合系统	5000	2.00	2009
19	泗洪人工湿地	江苏	城镇生活污水	水平潜流	50 000	6.00	2001
20	杨港镇人工湿地	江苏	农村生活污水	表面流	60	0.17	2009
21	常州度假区湿地	江苏	二次处理废水	垂直潜流	5000	0.50	2006
22	无锡人工湿地	江苏	二次处理废水	组合系统	2000	0.69	2008
23	浑南新区人工湿地	辽宁	城镇生活污水	水平潜流	1500	1.50	2003
24	满堂河人工湿地	辽宁	城镇生活污水	组合系统	20 000	6.30	2004
25	辽河人工湿地	辽宁	工业废水	表面流	55	0.11	2000
26	荣成人工湿地	山东	城镇生活污水	水平潜流	20 000	80.00	1998
27	胶南人工湿地	山东	城镇生活污水	表面流	60 000	76.70	1996
28	淄博人工湿地	山东	二次处理废水	组合系统	20 000	104.00	2003
29	平阴人工湿地	山东	二次处理废水	表面流	40 000	25.00	2006
30	日照人工湿地	山东	二次处理废水	表面流	8000	7.47	2008
31	周至人工湿地	陕西	城镇生活污水	组合系统	11 000	3.33	2010
32	陇县人工湿地	陕西	工业废水	表面流	—	33.35	2000
33	凤凰河人工湿地	四川	城镇生活污水	水平潜流	24 000	5.40	2007
34	兴隆人工湿地	四川	城镇生活污水	水平潜流	1000	0.25	2008
35	泸沽湖人工湿地	四川	城镇生活污水	组合系统	1000	0.75	2007
36	天津人工湿地	天津	城镇生活污水	组合系统	1200	20.00	1987
37	周庄村人工湿地	天津	农村生活污水	组合系统	30	0.47	2008
38	新农村人工湿地	湖北	农村生活污水	水平潜流	1000	0.44	2009
39	桃花岛人工湿地	湖北	城市径流	组合系统	560	2.70	2006
40	千岛湖人工湿地	浙江	农村生活污水	垂直潜流	40	0.07	2007

（续）

编号	名称	省份	处理废水类型	人工湿地类型	处理能力（m³/d）	占地面积（hm²）	运行时间（年）
41	新密人工湿地	河南	工业废水	水平潜流	600	0.33	2005
42	商丘人工湿地	河南	工业废水	表面流	5000	10.30	2007
43	海林人工湿地	河南	工业废水	垂直潜流	800	0.20	2006
44	青浦人工湿地	上海	农业径流	组合系统	526	0.10	2008
45	荔枝湖人工湿地	云南	城市径流	垂直潜流	824	0.08	2008
46	昆明体育中心湿地	云南	二次处理废水	组合系统	2000	0.40	2008
47	大清河人工湿地	云南	城镇生活污水	水平潜流	3000	1.33	2004
48	王家庄人工湿地	云南	农业径流	表面流	700	0.59	2002
49	马料河人工湿地	云南	农业径流	组合系统	3000	1.99	2003
50	宝象河人工湿地	云南	农业径流	组合系统	500	0.14	2003
51	福保人工湿地	云南	农业径流	表面流	2000	1.67	2007
52	阳宗海人工湿地	云南	农业径流	水平潜流	5000	5.00	2004
53	玉村人工湿地	云南	农业径流	水平潜流	10 000	1.61	2004
54	九溪人工湿地	云南	农业径流	组合系统	200 000	30.33	2008

注：* 信息来源于现场调研。

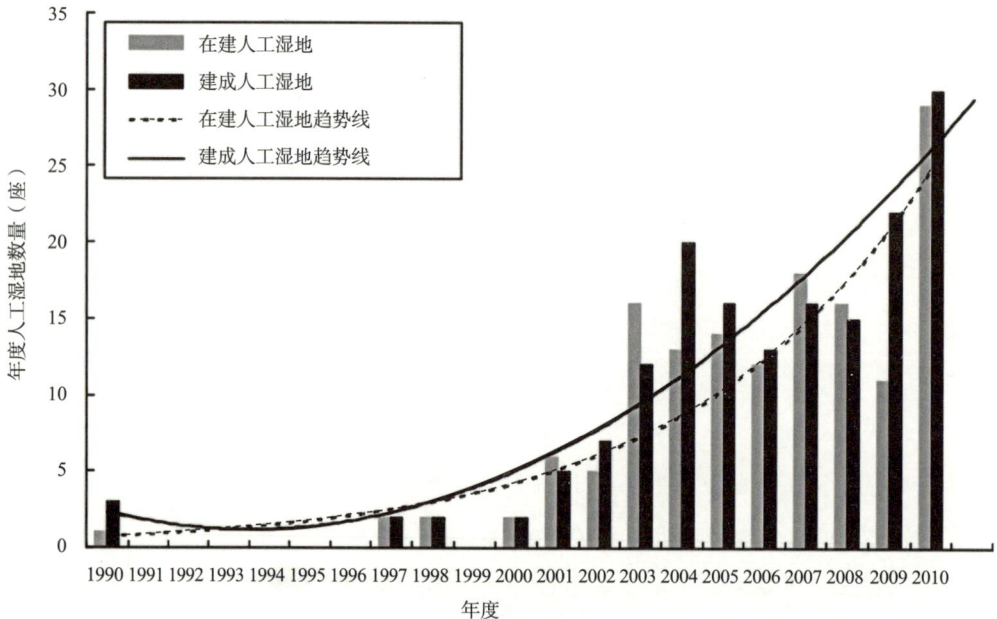

图1-3 我国人工湿地工程数量位置（Zhang et al.，2012）

1.3.3　我国人工湿地分布特征

《中国统计年鉴2019》显示，我国内陆地区人工湿地建造总面积已超过6.7万 km²，主要分布在我国东部（NBSC, 2019）。从空间上看，江苏省已建成的人工湿地面积最大（8740 km²），其次是湖北省（6808 km²）、山东省（6345 km²）和广东省（5953 km²）；不同省份的人工湿地密度与其面积分布格局基本相似。同时文献报道表明，截至2020年，全国有近150个处理能力 ≥ 30 000 m³/d 的人工湿地在运行，且主要分布在我国东部地区（Zhang et al., 2021）。

为研究不同类型人工湿地在我国的区域分布现状和影响因素，Zhang 等（2012）统计了表面流、垂直潜流和水平潜流3种类型的人工湿地在不同的省级行政区的数量。结果显示，3种类型的人工湿地在我国南方的省级行政区域和沿江沿海80%以上地区得到了应用。特别是，垂直流人工湿地在南方地区和绝大部分的北方沿海省级行政区域得到了广泛应用。广东和湖北的人工湿地数量位居全国前两名。表面流人工湿地主要分布在省级行政区域，如台湾、云南、山东和辽宁。

总体而言，在过去的20年里，我国南方和沿海地区经济快速发展，工业化和城市化程度加深，造成水体污染日益严重，因此人工湿地在这些区域的应用范围一直在扩大。此外，气候条件也可能影响人工湿地应用的区域差异。秦岭山脉和淮河是幅员辽阔的中国南方和北方的分界线（吴殿廷，2001），在21世纪，南方和沿海地区经济水平显著高于北方，再加上气候条件的限制，这也间接导致了建设人工湿地的地域差异（Zhang et al., 2012）。另外，气候条件、土地供应等因素也可能影响人工湿地技术的应用（Shi et al., 2004; Li and Jiang, 1995; Liu et al., 2009）。潮湿地区植物资源丰富，适宜湿地植物的生长繁殖。同时，人工湿地的建设，也受到人口密集地区的土地面积限制（Kivaisi, 2001）。

1.3.4　我国人工湿地净化污水的能力

人工湿地在我国污水净化和河湖生态修复等领域的应用非常广泛，如村镇生活污水、工业废水、医疗废水、垃圾渗滤液、养殖废水等污水的处理，以及农业退水、污水处理厂尾水等微污染水体的深度净化（李小艳 等，2018）。从处理废水的类型来看，我国人工湿地主要用于处理生活污水，占比达49.18%，农村与城镇的生活污水处理比例分别为31.35%和17.83%；用于净化河水和尾水的人工湿地占比分别为18.08%和11.88%，处理工业废水的人工湿地数量相近，均在5.00%左右，处理其他类型污水的人工湿地数量占比均小于3.00%（图1-4）。

李小艳等（2018）整理分析了1990—2015年我国791个人工湿地水质净化工程运行数据，结果表明，表面流人工湿地对总悬浮物（TSS）的去除率均值为78.44%，

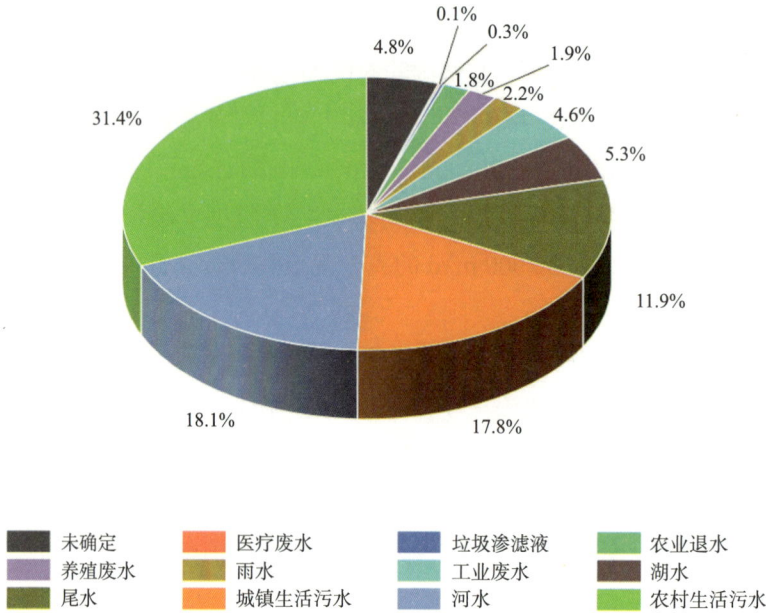

图1-4　处理不同污水类型的人工湿地数量占比（李小艳 等，2018）

而其他类型人工湿地对 TSS 的去除率均在 80% 以上。对于五日生化需氧量（BOD$_5$）和化学需氧量（COD）去除效果，垂直潜流湿地去除能力最强，分别为 83.19% 和 71.82%。表面流人工湿地对硝氮（NO$_3^-$-N）的去除率小于 60%，而水平潜流、垂直潜流、复合流人工湿地（表面流与潜流的耦合）对 NO$_3^-$-N 的去除率差异较小，均在 70% 左右。对于总氮（TN）的去除，水平潜流人工湿地对其去除率为 62.93%，而其他类型的人工湿地对其去除率均小于 60%。对于总磷（TP）的去除，各类人工湿地相比较大小为：垂直潜流人工湿地 > 水平潜流人工湿地 > 复合流人工湿地 > 表面流人工湿地。

　　此外，不同区域的人工湿地对污染物的去除效果有所不同。不同地区的人工湿地对 TSS 的去除率均在 65% 以上。华南、华中、西北地区的人工湿地对 BOD$_5$ 和 COD 的去除率分别在 80%~90% 和 70%~80%，其他区域的人工湿地对 BOD$_5$ 和 COD 的去除率分别在 65%~80% 和 60%~70%。对于 NO$_3^-$-N，华南和华中地区人工湿地的去除率较高，分别为 72.59%、71.16%，华东、西北、西南地区次之，在 65%~70%；东北和华北地区最低，分别为 43.57% 和 59.50%。对于 TN 的去除，东北地区人工湿地的去除率最低（46.29%），其他区域人工湿地的去除率差异不明显，均在 55%~65%。华北和华南地区人工湿地的 TP 去除率较高，均值分别为 71.30% 和 75.54%，其他地区人工湿地的 TP 去除率均在 60%~70%。

　　从污水类型角度分析发现，人工湿地对尾水中 TSS 的去除率最低，仅为 65.60%，对河水和湖水中 TSS 的去除率接近 80%，对其他类型污水中 TSS 的去除率均在 80% 以上。人工湿地对 BOD$_5$ 的去除率最低，仅为 54.30%，对河水、湖水、尾水中 BOD$_5$ 的去除率为 60%~70%，对其他类型污水中 BOD$_5$ 的去除率均在 70% 以上。人工湿地对于农业退水中 COD 和 BOD$_5$ 的去除率最低，仅为 44.77%，对于河水、湖水、尾水及雨水中 COD 和 BOD$_5$ 的去除率低于 60%，对于其他类型污水中 COD 和 BOD$_5$ 的去除率均在 75% 以上。人工湿地除了对农业退水和雨水中 NO$_3^-$-N 的去除率小于 60% 外，对其他类型污水中 NO$_3^-$-N 的去除率均在 60%~85%。人工湿地对于湖水及农业退水中 TN 的去除率均小于 50%，分别为 45.19% 和 47.20%；对于其他类型污水中 TN 的处理率均在 50%~70%。人工湿地对于 TP 的去除与 TN 的规律类似，对湖水与农业退水中 TP 的去除率均小于 60%，分别为 54.49%、49.28%；对于城镇生活污水等其他类型污水中 TP 的去除率在 60%~80%。

总体上，不同尺度和环境条件下人工湿地的污水净化性能差异较大，且受环境因素的影响较大。如 Hernández-Crespo 等（2017）的研究结果表明，在田间规模下表面流湿地对污染湖水中氨氮（NH$_4^+$-N）的去除率在 12.5%~30.92%，而 Wu 等（2016）发现实验室条件下表面流湿地对污染湖水中 NH$_4^+$-N 的去除率在 92.7%~94.4%。以上研究表明，不同类型人工湿地对 TN 和 NH$_4^+$-N 的去除效果存在显著差异，而对 NO$_3^-$-N 的去除效果差异不显著。对低污染水中 NH$_4^+$-N 去除效果最好的是潜流湿地，平均去除率为 85.23%，显著高于其他类型人工湿地。对 TN 和 NO$_3^-$-N 的去除率较高的是复合流湿地（TN 的去除率为 82.19%，NO$_3^-$-N 的去除率为 80.39%）。

近年来，我国规模化人工湿地的建设逐渐增多。表 1-2 为处理能力在 10 万 m^3/d 及以上的人工湿地的总体情况。截至 2020 年，全国有大型人工湿地的省份共有 15 个，处理能力在 10 万 ~55 万 m^3/d，规模最大的人工湿地水处理工程位于山东省。同时，很多省份也将人工湿地水处理工程与景观、生态环境保护与修复相结合，既强调水的净化处理效果，也注重景观与生态效应作用，这可能是未来我国人工湿地技术的关键发展方向。

表1-2 我国处理能力 ≥ 10 万 m³/d 的人工湿地概况（Zhang et al., 2021）

建造时间	位置	人工湿地名称	湿地类型	基质	植物种类	处理对象	污染物去除效果	处理能力（m³/d）
1994年	云南省	滇池湿地	表面流湿地	—	芦苇、茭白、羊角菜、小羊角菜	农业灌溉	TP（78.8%），TN（51.1%），TDN（51.1%），TDP（72.1%），TSS（37.3%），COD_{Cr}（22.1%）	190 000
1998年	山东省	荣成湿地	表面流湿地	土壤	芦苇、茭白	污水处理厂尾水	TSS（73.9%），BOD_5（72.5%），COD_{Cr}（63.8%），NH_4^+-N（45.1%），TP（30.2%）	200 000
2000年	山东省	东营湿地	表面流湿地	土壤	芦苇、茭白	污水处理厂尾水	COD（5—10月）：62.5%；12月—3月：57.0%；BOD_5（5月—10月：84.5%；12月—3月：57.0%），NH_4^+-N（5月—10月：71.2%；1月—5月：30.2%），TP（5月—10月：47.1%；1—5月：21.5%）	100 000
2009年	浙江省	石臼漾湿地	表面流湿地	土壤	菖蒲、东方香蒲、鸢尾、水杨柳、芦苇、茭白	饮用水源地	COD_{Mn}（6.1%），NH_4-N（36.7%），TP（21.3%），TN（11.7%），Mn（13.8%），Fe（36.1%）	250 000
2009年	山东省	武河湿地	表面流湿地	土壤	芦苇、紫荆芥、海棠花、睡眼莲、水芹菜	河水	陷泥河：NH_4^+-N（61.0%），NH_3-N（9.0%），TN（36.0%），TP（50%），$PO_4^{3-}-P$（55%），南沭河：NH_4^+-N（40.0%），NH_3-N（27.0%），TN（27.0%），TP（38%），$PO_4^{3-}-P$（43%）	300 000
2011年	广东省	东莞公园湿地	潜流湿地	粗砂、砾石、火山岩、石灰石	芦苇、紫花苜蓿、再力花、香根草、纸莎草、美人蕉	污水处理厂尾水	COD（61.8%），BOD_5（64.4%），NH_4^+-N（82.6%），TP（75.2%）	100 000
2012年	江苏省	盐龙湖湿地	表面流湿地	复合弹性填料	芦苇、茭白、风车草	饮用水源地	TP（20.8%），TN（16.0%），NH_4^+-N（42.9%），TSS（40.8%）	200 000

（续）

建造时间	位置	人工湿地名称	湿地类型	基质	植物种类	处理对象	污染物去除效果	处理能力（m³/d）
2016年	山西省	石子河湿地	复合流湿地	土壤、鹅卵石、砾石	芦苇、黄花鸢、水葱、睡眼莲、东方香蒲、紫花苜蓿	河水	COD（61.7%），BOD₅（84.6%），TN（80.3%），TP（81.8%），NH₄⁺-N（83.6%）	198 000
2016年	云南省	穆迪河湿地	复合流湿地	砾石	芦苇、茭白、紫竹草	饮用水源地	COD（>25.0%），BOD₅（>25.0%），TP（>37.5%），TN（>42.0%）	100 000
2017年	广东省	坪山河湿地	潜流湿地	粗砂、沸石、牡蛎壳	山竹、龙舌兰、菖蒲、香根草、纸莎草、再力花、香根草、美人蕉	污水处理厂尾水	COD、BOD₅、NH₄⁺-N、TP、TSS 满足地表水Ⅳ水标准（GB 3838—2002）	旱季：126 500；雨季：165 500
—	山东省	寇河湿地	表面流湿地	土壤	东方香蒲、紫檀、水杨柳、山菖蒲	河水	出水水质满足地表水Ⅲ级标准（GB 3838—2002）	420 000
—	云南省	星云湖湿地	—	砾石	—	湖水	TP（68.8%），TN（50.0%），BOD₅，NH₄⁺-N（61.3%），COD（54.1%）	200 000
—	四川省	—	潜流湿地	砾石、沙子	美人蕉、香蒲	污水处理厂尾水	BOD₅（62%~80%），COD（53%~64%），NH₄⁺-N（69%~76%），TP（75%~78%）	100 000
—	广东省	—	潜流湿地	砾石	竹叶、菖蒲、水杨花	污水处理厂尾水	COD（20%~50%），NH₄⁺-N（70%~90%）	100 000

1.4　我国人工湿地处理废水现状

1.4.1　城市和农村污水的处理性能

Zhai 等（2011）调查了我国 24 座人工湿地运行数据（表 1-3）。总体而言，大多数人工湿地对于 COD、BOD_5、NH_4^+-N、TN、TP 和 TSS 都有很好的去除效果。COD 的去除率在 56%~90.9%，平均为 79.7%。BOD_5 的去除率大约为 88.1%，去除效果好于 COD。氮和磷的去除效果低于 COD 和 BOD_5，相应地 NH_4^+-N 去除率在 10.5%~98.2%，平均为 68.5%，TN 去除率在 10.6%~91.8%，平均为 64.8%，TP 去除率在 30.6%~98.8%，平均为 74.4%。90% 的人工湿地出水，均满足我国《城镇污水处理厂污染物排放标准》（GB 18918—2002）的排放限值要求。

1.4.2　工业废水的处理性能

工业废水在组成上与城市污水有很大的不同，在绝大多数工业废水中，有机物、悬浮物、氨或其他一些污染物的浓度非常高，因此，使用人工湿地来处理工业废水时通常需要对水质先进行预处理。BOD/COD 的比值是初步表征生物降解性的参数。一方面，如果这个比例大于 0.5，废水就很容易被生物降解，如来自乳制品、啤酒厂、食品工业、屠宰场或生产淀粉和酵母的废水。这些废水的 BOD/COD 比值通常在 0.6~0.7，但也可能高达 0.8。另一方面，BOD/COD 比值低的废水也表现为低水平的生物降解性，如纸浆和造纸废水。人工湿地已经被应用于处理工业废水，如造纸厂、油田、矿区、食品加工厂和乳品加工厂的废水等。表 1-4 中列出了 Zhai 等归纳总结的 7 座处理工业废水的规模人工湿地的处理性能（2011）。由表 1-4 可知，人工湿地可以很好地处理造纸厂、油田和淀粉厂的废水。对于 3 个造纸厂产生的废水，经过沉淀和生物预处理后，人工湿地对于 COD 的去除率可以在 93.6%~96.7%。在经过一定的预处理之后，人工湿地在处理工业废水深度净化上具有较大的潜力。

1.4.3　低污染水的处理性能

低污染水具有污染物浓度低、量大面广、可生化性差等特点。此外，低污染水还具有低碳氮比（C/N）的特点，这对微生物脱氮过程产生不利影响。为改善因低 C/N 导致脱氮效率低的问题，研究者设计了强化型人工湿地，如利用铁－碳微电解、电化学等方法与传统人工湿地耦合来增强人工湿地对低污染水中氮的去除效果。铁－碳微电解系统具有高氧化还原容量及吸附、絮凝功能，可与传统潜流人工湿地系统耦合，以提高低污染水中氮、磷的去除率。铁－碳微电解强化型人工湿地对低污染水中 TN 和

表1-3　我国人工湿地处理生活污水性能比较

人工湿地名称	COD			BOD_5			NH_4^+-N			TN			TP			TSS		
	In	Out	RE(%)	In	Out	RE(%)	In	Out	RE(%)	In	Out	RE(%)	In	Out	RE(%)	In	Out	RE(%)
昌平*	547	103	81.2	125	17.8	85.8	4.8	2.0	59.4	14.4	5.1	64.6	0.94	0.42	55.1	275.0	17.0	93.8
龙道河*	108	20	81.8	47.1	6.0	87.2	22.9	5.2	77.4	—	—	—	5.00	0.06	98.8	47.6	7.1	85.1
白市驿*	246	26	89.5	—	—	—	34.0	5.3	84.4	—	—	—	3.80	0.88	76.8	143.0	7.2	95
清河	170	35	79.4	—	—	—	60.0	2.5	95.8	64.4	9.4	85.4	4.20	0.60	85.7	33.9	14.5	57.2
仙女山*	167	28	83.6	—	—	—	21.9	6.2	71.7	48.6	11.6	76.1	2.10	0.67	68.1	155.1	1.6	99
石岩*	216	20	90.9	121.	4.5	96.3	22.4	11.2	50.0	—	—	—	3.52	0.11	97	44.0	7.0	84.1
沙田*	145	34	76.7	56.5	7.7	86.4	—	—	—	16.5	9.1	44.9	3.07	0.56	81.7	59.9	7.9	86.8
白泥坑*	144	38.3	73.5	72.6	6.9	90.5	20.7	18.5	10.5	20.7	18.5	10.6	2.29	1.59	30.6	147.3	10.9	92.6
天义*	266	36	86.5	182	18.0	90.1	—	—	—	8.8	0.7	91.8	1.08	0.12	88.9	129.0	32.0	75.2
浑南新区*	173	42	75.7	106	16.0	84.9	22.4	15.0	33.0	—	—	—	—	—	—	108.0	12.0	88.9
满堂河*	180	50	72.2	—	—	—	19.4	11.3	41.7	—	—	—	2.40	0.70	70.8	—	—	—
荣成*	249	91	63.4	83.7	23.8	71.6	10.0	0.2	98.0	21.8	3.5	83.9	2.89	2.00	30.8	102.5	27.8	74.7
胶南*	361	31	91.4	76.0	1.0	98.7	14.9	2.7	81.9	—	—	—	1.83	0.29	84.1	—	—	—
周至	51	12	76.0	—	—	—	36.3	0.7	98.2	—	—	—	1.79	0.47	73.7	—	—	—
凤凰河*	202	18	90.9	97.0	4.0	95.9	20.0	7.4	63.2	—	—	—	2.97	0.85	71.4	76.0	5.0	93.4
兴隆*	200	40	80.0	100	7.5	92.5	10.8	2.2	79.6	—	—	—	2.50	0.44	82.4	150.0	1.9	98.7
泸沽湖**	132	21	84.1	—	—	—	—	—	—	—	—	—	2.90	0.45	84.5	93.0	3.2	99.6
天津	—	—	—	68.7	10.3	85.0	—	—	—	37.0	6.2	83.4	2.29	0.32	86.0	114.0	11.4	90
大清河*	134	38	71.4	34.4	8.0	76.7	11.0	1.9	82.6	25.2	13.8	45.3	3.20	1.78	44.3	50.7	10.4	79.5
新农村**	147	37	74.8	—	—	—	30.0	8.0	73.3	—	—	—	1.63	0.32	80.4	—	—	—
杨港镇**	400	60	85.0	200	20.0	90.0	40.0	15.0	57.5	40.0	15.0	62.5	3.00	1.00	66.7	250.0	20.0	92
周庄**	250	110	56.0	120	25.0	79.2	48.8	12.1	75.2	—	—	—	—	—	—	180.0	90.0	50
千岛湖**	574	82	85.3	301	18.7	93.8	—	—	—	68.5	22.4	67.3	0.62	0.09	85.5	478.0	22.0	95.4
平均值	233	44	79.7	114.2	12.1	88.1	25.0	7.1	68.5	33.9	10.8	64.8	2.91	0.67	74.4	144.3	15.9	86.3

注：* 处理城镇生活污水；** 处理农村生活污水；In—进水浓度；Out—出水浓度；RE—去除率。

表 1-4   我国人工湿地处理工业废水性能比较

人工湿地名称	工厂类型	COD			BOD$_5$			TN			Oil			TSS		
		In	Out	RE（%）	In	Out	RE（%）	In	Out	RE（%）	In	Out	RE（%）	In	Out	RE（%）
渝北	奶牛场	225	58	74.2	—	—	—	47.4	18.0	62.0	—	—	—	355.0	30.0	91
新密	造纸厂	1700	57	96.6	611.1	22.0	96.4	—	—	—	—	—	—	331.8	74.0	77.7
商丘	造纸厂	1056	68	93.6	303.0	15.5	94.9	—	—	—	—	—	—	1164.0	49.0	95.8
海林	淀粉厂	324	64	80.2	126.8	27.0	78.7	—	—	—	—	—	—	22.0	9.0	59.1
辽河	油田	459	77	83.2	33.5	3.9	88.4	13.7	1.6	88.4	27.7	1.4	94.9	—	—	—
陇县	造纸厂	4780	114	97.6	—	—	—	—	—	—	—	—	—	1066.7	47.4	95.6

注：In—进水浓度；Out—出水浓度；RE—去除率；Oil—石油类去除率。

表 1-5   我国人工湿地深度净化二级出水性能比较

人工湿地名称	COD			BOD$_5$			NH$_4^+$-N			TN			TP			TSS		
	In	Out	RE（%）	In	Out	RE（%）	In	Out	RE（%）	In	Out	RE（%）	In	Out	RE（%）	In	Out	RE（%）
无锡	22	14	35.0	—	—	—	0.3	0.2	66.7	5.5	4.1	24.9	0.20	0.13	44.7	7.2	4.0	44.1
淄博	50	7	86.1	—	—	—	10.0	0.2	98.4	—	—	—	0.50	0.18	64	—	—	—
平阴	53	27	49.3	20.6	4.2	72.8	1.2	0.68	45.2	—	—	—	0.46	0.29	36.9	17.0	8.0	52.9
日照	45	30	30.0	—	—	—	—	—	—	14	9	38	—	—	—	—	—	—
平均值	43	20	50.1	20.6	4.2	72.8	3.8	0.4	70.1	9.8	6.6	31.5	0.40	0.20	48.5	12.1	6.0	48.5

注：In—进水浓度；Out—出水浓度；RE—去除率。

NO_3^--N 的平均去除率分别为 82.19% 和 80.39%，均高于其他人工湿地的平均去除率（王宇娜，2021）。Shen 等（2019）设计了基于铁屑和生物炭的微电解强化型潜流人工湿地，结果表明，该工艺对 NO_3^--N 和 TN 的去除率分别为 99.54% 和 81.45%，远高于普通的潜流人工湿地（NO_3^--N 的去除率为 37%，TN 的去除率为 38%）和添加生物炭的潜流人工湿地（NO_3^--N 的去除率为 57%，TN 的去除率为 54%）。Jia 等（2020）的研究表明，铁－碳微电解强化型人工湿地对 NO_3^--N 的去除率超过 87%。且相对于传统人工湿地，由于铁－碳微电解强化型人工湿地中反硝化过程完整，导致温室气体氧化亚氮（N_2O）的排放通量也较低 [4.6~11.75 μg/（$m^2 \cdot h$）]，同时还可有效降低 75%~97% 的重金属铬和铅。总之，人工湿地是处理低污染水的可行且经济有效的技术之一。

1.4.4　二级出水的净化性能

污水处理厂二级出水中含氮污染物的类型主要包括 NO_3^--N、亚硝氮（NO_2^--N）、NH_4^+-N、溶解有机氮（DON）、颗粒态氮（PN）。Ren 等（2013）探究了二级出水中氮的分布，发现 NO_3^--N 占主要成分（78%），其次是 DON、PN、NH_4^+-N 和 NO_2^--N。Czerwionka 等（2012）对波兰 8 家污水处理厂的生物处理单元含氮化合物的分布进行了监测，也得到了类似的结果。他们发现，NO_3^--N、NO_2^--N、NH_4^+-N、DON 和 PN 的平均浓度（mg/L）分别为 9.73、0.15、0.78、1.57 和 1.36。因此，NO_3^--N 的还原是二级出水深度处理中降低 TN 浓度的关键。考虑处理成本的原因，当前人们越来越多地利用人工湿地对污水处理厂尾水进行深度净化（三级处理）。祝志超等（2018）利用垂直潜流与水平潜流串联组成的组合人工湿地系统来处理污水处理厂二级出水，结果表明，稳定运行期间组合人工湿地系统出水的 COD、NH_4^+-N、TN 和 TP 的平均去除率分别为 67.21%、89.83%、90.08% 和 70.91%。Gao 等（2019）将人工湿地与光伏能源结合，通过铁阴极的电化学还原、底物中富集的氢营养细菌及原位铁改性生物炭基质来提高污水处理厂二级出水中 NO_3^--N 的去除率（NO_3^--N 的去除率为 73.28%）。Zhai 等（2011）总结了我国人工湿地深度处理污水处理厂二级出水的性能（表 1-5），人工湿地对二级出水进行深度处理后，最终的出水可以满足冲厕所、灌溉和道路冲洗的要求。

以上研究表明，人工湿地不仅可以对污水处理厂二级出水进行低成本深度净化，同时可以增加城市环境中的绿色覆盖率。

1.4.5　城市和农村径流的净化性能

在净化城市和农村径流方面，人工湿地是一项新型的技术。径流流入人工湿地的随机性和间歇性，对其设计和运行是一项很大的挑战。表 1-6 中列出了 10 处人工湿地净化城市和农村径流的运行效果（Zhai et al., 2011）。由表 1-6 可知，人工湿地可以明

表1-6　我国人工湿地处理地表径流性能比较

人工湿地名称	COD			BOD₅			NH₄⁺-N			TN			TP			TSS		
	In	Out	RE (%)	In	Out	RE (%)	In	Out	RE (%)	In	Out	RE (%)	In	Out	RE (%)	In	Out	RE (%)
棕榈泉（干）*	106	13	87.6	—	—	—	1.4	0.3	80.1	3.7	0.5	85.7	0.40	0.14	63.7	—	—	—
棕榈泉（湿）*	54	28	48.2	—	—	—	0.7	0.5	33.4	1.6	1.0	35.5	0.20	0.15	39.7	—	—	—
桃花岛*	161	36	77.8	—	—	—	—	—	—	23.2	7.5	67.7	2.60	0.45	83.0	—	—	—
荔枝湖*	36	16	56.1	—	—	—	—	—	—	—	—	—	0.10	0.02	80.2	—	—	—
平均值	89	23	67.7	—	—	—	1.1	0.4	56.8	9.5	3.0	63.0	0.80	0.20	66.7	—	—	—
青浦**	11	9	16.8	—	—	—	0.2	0.16	21.2	0.4	0.2	50.0	0.20	0.08	49.5	—	—	—
王家庄**	106	50	52.4	—	—	—	1.6	0.70	58.4	5.0	2.3	53.8	0.40	0.12	68.8	—	—	—
马料河**	37	26	30.7	3.7	1.9	47.9	1.1	0.40	60.0	3.3	1.3	61.7	0.40	0.18	48.6	162.2	14.6	91.0
宝象河**	85	28	67.0	39.2	10.2	74.0	—	—	—	15.9	2.7	83.0	0.80	0.28	65.0	—	—	—
福保（干）**	59	52	12.6	—	—	—	0.6	0.20	60.0	2.9	1.6	44.8	0.13	0.08	38.5	—	—	—
福保（湿）**	67	54	19.8	—	—	—	0.3	0.10	52.2	2.8	1.8	35.9	0.15	0.10	31.6	—	—	—
玉村**	33	13	61.0	6.0	1.4	77.0	0.7	0.30	60.0	3.5	0.5	80.0	0.20	0.03	86.0	16.0	0.5	97.0
平均值	59	33	39.9	13.6	4.2	58.7	1.1	0.60	46.5	5.0	1.7	56.8	0.40	0.20	52.4	337.9	22.3	95.1

注：* 处理农村径流；** 处理城市径流；In—进水浓度；Out—出水浓度；RE—去除率。

显地改善城市和农村径流的水质,尤其是在 N、P 去除方面。然而,城市和农村径流中除了 TSS 外,有机物和营养物质的浓度要远远低于城市生活污水。暴风雨冲刷过程中携带的高浓度可沉淀颗粒,能够通过人工湿地的过滤和沉淀作用轻松地去除。此外,必须注意到人工湿地在干燥季节和潮湿季节的处理性能完全不一样。例如,棕榈泉人工湿地在净化城市径流时,干燥季节对有机物和营养物质的去除率是潮湿季节的近 2 倍。

1.5 我国人工湿地出水达标排放与再生利用

对城市地区日益减少的供水以及现有城市供水系统造成的环境退化的关切促使人们探究更有弹性和可持续的供水战略。人工湿地技术是一种经济、高效的方法,是污水厂尾水深度净化后以供再生利用的有效策略。将人工湿地处理后的水源再利用,让其作为一种使当地供水组合多样化的方法,同时减轻现有环境和基础设施的负担。将达到中水回用标准的人工湿地出水作为低质用水的第二水源进行利用,不仅可以实现污水资源化,缓解水资源不足,还可以减少污染排放,减轻城市排水设施的负担,具有明显的社会和环境效益。

Zhang 等(2012)调查的人工湿地出水应用情况的结果表明,近 20 年以来,我国人工湿地的出水主要有 8 种使用方法,主要用于农业灌溉、补充地表水体和灌溉造林(图 1-5)。出水的其他用途包括市政景观回用、洗车、冲洗厕所、冲洗街道等。

人工湿地出水的再利用主要受供水成本、水质要求、该区域的水需求等因素影响。由于供水成本的限制,许多人工湿地的出水仅有部分被利用。1999 年开始运行的深圳洪湖公园人工湿地,是我国人工湿地处理后出水回用最早的代表之一(郝又满 等,2006)。该人工湿地处理富营养化的布吉河水量高达 1000 m³/d,除了使用部分出水来

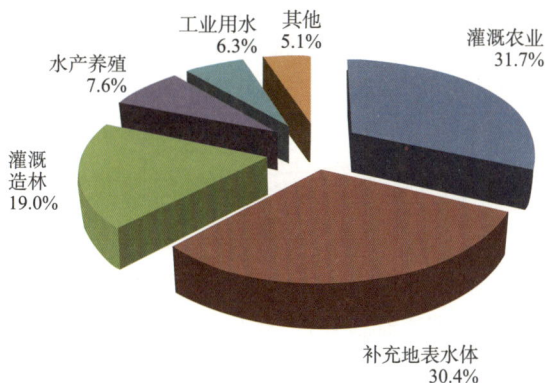

图 1-5 我国人工湿地出水应用方式(Zhang et al., 2012)

灌溉园区外，还用于洪湖的补充。出水的 COD 和 BOD 均达到《地表水环境质量标准》（GB 3838—2002）要求的Ⅳ类标准值。此外，污水处理厂排放的高氮尾水作为景观补水直接回用可能会导致水体富营养化问题，王楠（2020）在天津临港工业区构建了"调节塘 + 人工湿地"的两级组合工艺对污水处理厂尾水［满足《城镇污水处理厂污染物排放标准》（GB 18918—2002）中要求的一级 B 排放标准］进行深度净化。研究发现，该工艺使尾水中 30%~40% 的 TN 被削减，从而实现了人工湿地在提升水环境景观功效的同时，有效保障了水环境生态安全。

然而，人工湿地出水再生利用过程中，出水水质的微生物指标是值得特别关注的一个问题。Arden 和 Ma（2018）回顾了现有的案例研究，总结了污水厂二级尾水通过人工湿地净化后水质中致病微生物的情况。研究发现，人工湿地对于肠道病原体的去除或失活在很大程度上受到湿地类型的影响。其中，水平潜流湿地和复合流湿地对生活废水中病原菌的去除率显著高于自由表面湿地。而水平潜流湿地对蛔虫虫卵、贾第鞭毛虫虫囊、隐孢子虫等原生动物虫囊的去除效率最高，这可能是由于寄生虫卵或虫囊通常比细菌病原体的体积大，因此具有过滤介质的潜流湿地为这些寄生虫提供了很好的过滤和附着场所（Shingare et al., 2019）。而通过将人工湿地与氯化、臭氧化或紫外线辐射等处理技术相结合，可进一步灭活致病微生物，以达到所有非饮用水的再生利用标准。因此，人工湿地出水与紫外线辐射或氯化等消毒工艺相结合是满足达标排放与再生利用的潜在强化策略。

1.6　我国人工湿地发展中存在的问题

人工湿地技术因其独特的优势得到了广泛应用，被认为是自然水域的最后一道生态屏障，对促进流域减污降碳协同增效，助推生态文明建设具有重要意义。但是，人工湿地在应用过程中也暴露了很多问题，如易受气候条件影响、占地面积大、基质易堵塞、植物枯萎退化等，这些问题都在一定程度上影响了人工湿地可持续运行效果，同时也限制了人工湿地技术的推广应用。

①蚊蝇滋生。蚊蝇的大量滋生是人工湿地污水处理系统面临的一个生态学问题。蚊蝇是湿地生态食物网中的一环，是湿地生态系统的一部分，由于蚊蝇会传染疾病，必须加以控制。

②见效时间长。人工湿地不像传统污水处理工艺那样一旦建成就能产生立竿见影的功效。由于要经历植物生长、根系发育、微生物繁殖、优势种群形成各阶段，所以从启动到成熟所需时间较长，一般需要 1~2 年。

③堵塞问题。人工湿地在运行一段时间以后，会发生不同程度的堵塞，堵塞之后

处理能力大幅下降。

④低温运行效果差。人工湿地受气候温度条件影响较大，随季节的变化，人工湿地对污染物的去除效果也随之变化。人工湿地中的植物和微生物对温度尤为敏感，如果植物和微生物在湿地中的生长受到影响，将直接影响人工湿地的处理效果。

⑤新污染物消减效果不佳。由于湿地生境缺氧及温度的影响，各类湿地去除新污染物的效果普遍不理想，在夏季由于植物及微生物生长较快，相比秋、冬季节，其污水处理能力要好些。

⑥占地面积大。人工湿地净化的机制与特点决定了其需要较大的占地面积，如自由表面流型人工湿地，由于水力负荷小，使得人工湿地需要占用更多的土地，这就制约了人工湿地的发展，尤其是在用地紧张的地区。

⑦生态系统服务功能认识不够。以往人工湿地建设的主要目标是考虑其水质净化效果的最大化，而较少考虑其他生态服务功能，如碳固定、生物多样性维持、休闲旅游、景观美化、科普教育等。与自然湿地相比，其植物配置和景观结构相对单一，生物多样性低，湿地的多种生态功能并未得到充分发挥。

总之，人工湿地建设较为适合我国国情，是解决我国水资源短缺和水环境污染问题的重要途径，尤其在中小城市、广大农村的污水处理以及污水处理厂尾水的深度净化领域，具有非常广阔的应用前景。今后应加强人工湿地可持续运行和管理、生态系统关键过程与功能等方面的研究，提升人工湿地系统生态服务价值，对推动我国生态文明建设和提升国际履约能力具有重要的意义（祝惠 等，2022）。

参考文献

成水平，王月圆，吴娟，2019. 人工湿地研究现状与展望 [J]. 湖泊科学，31(6): 1489-1498.

崔理华，楼倩，周显宏，等，2009. 两种复合人工湿地系统对东莞运河污水的净化效果 [J]. 生态环境学报，18(5): 1688-1692.

郝又满，张清华，凌秀潜. 首家人工湿地公园现身深圳 [N]. 深圳商报，2006-05-08(A01).

和丽萍，陈静，田军，2009. 抚仙湖马料河复合人工湿地的除磷效果分析 [J]. 环境工程，27(S1): 566-569, 442.

黄时达，田军，王玲珍，等，2009. 农村家园污水人工湿地处理示范工程研究 [J]. 四川环境，28(6): 84-88.

金丹越，卢少勇，金相灿，等，2008. 洱海流域村落污水塘－人工湿地－草滤带复合工艺设计 [J]. 给水排水，44(S1): 35-38.

李小艳，丁爱中，郑蕾，等，2018. 1990—2015 年人工湿地在我国污水治理中的应用分析 [J]. 环境工程，36(4): 11-17.

李跃勋，徐晓梅，洪昌海，等，2009. 表面流人工湿地在滇池湖滨区面源污染控制中的应用研究 [J]. 农业环境科学学报，28(10): 2155-2160.

马胜华，刘存莉，2007. 人工湿地在城市污水处理工程中的应用 [J]. 沿海企业与科技，(8): 33-35.

王楠，2023. 污水厂尾水景观利用的原位生态水质提升技术研究 [D]. 西安：西安建筑科技大学.

王宇娜，国晓春，卢少勇，等，2021. 人工湿地对低污染水中氮去除的研究进展：效果、机制和影响因素 [J]. 农业资源与环境学报，38(5): 722-734.

吴殿廷，2001. 中国三大地带经济增长差异的系统分析 [J]. 地域研究与开发，20(2): 10-15.

杨勇，王玉明，王琪，等，2011. 我国城镇污水处理厂建设及运行现状分析 [J]. 给水排水，37(8): 35-39.

姚琦，喻俊，雷晶，2009. 武汉市某"新农村"小区分散式污水处理工程 [J]. 中国给水排水，25(12): 37-39.

张建国，何方. 人工湿地城市之肾 [J]. 百科知识，2006 (5): 39-40.

张骁栋，葛滢，叶哲璐，等，2006. 杭州人工湿地与西溪湿地 4 种植物光合生理生态比较 [J]. 湿地科学，4(2): 138-145.

张雨葵，杨扬，刘涛，2006. 人工湿地植物的选择及湿地植物对污染河水的净化能力 [J]. 农业环境科学学报，25 (5): 1318-1323.

郑凤宜，张磊，陈刚，2009. 论人工湿地处理污水在中小城镇及农村污水系统中的应用 [J]. 科技资讯，(4): 158.

中国国家统计局，2019. 中国统计年鉴 [M]. 北京：中国统计出版社.

祝惠，阎百兴，王鑫壹，2022. 我国人工湿地的研究与应用进展及未来发展建议 [J]. 中国科学基金，36(3): 391-397.

祝志超，缪恒锋，崔健，等，2018. 组合人工湿地系统对污水处理厂二级出水的深度处理效果 [J]. 环境科学研究，31(12): 2028-2036.

AGENCY U E P, 1999. Compendium method TO-11A: determination of formaldehyde in ambient air using adsorbent cartridge followed by high performance liquid chromatography [M]. US EPA, Center for Environmental Research Information, Office of Research and Development Cincinnati, OH.

ARDEN S, MA X, 2018. Constructed wetlands for greywater recycle and reuse: a review [J]. Science of the Total Environment, 630: 587-599.

BEZBARUAH A N, ZHANG T C, 2004. pH, redox, and oxygen microprofiles in rhizosphere of bulrush (Scirpus validus) in a constructed wetland treating municipal wastewater [J]. Biotechnology and Bioengineering, 88(1): 60-70.

BUDD R, O'GEEN A, GOH K S, et al., 2009. Efficacy of constructed wetlands in pesticide removal from tailwaters in the Central Valley, California [J]. Environmental science & technology, 43(8): 2925-2930.

CAMACHO J VILLASENOR, MARTINEZ A D L, GOMEZ R G, et al., 2007. A comparative study of five horizontal subsurface flow constructed wetlands using different plant species for domestic wastewater treatment [J]. Environmental Technology, 28(12): 1333-1343.

CHENG S, GROSSE W, KARRENBROCK F, et al., 2002b. Efficiency of constructed wetlands in decontamination of water polluted by heavy metals [J]. Ecological engineering, 18(3): 317-325.

CHENG S, VIDAKOVIC-CIFREK Ž, GROSSE W, et al., 2002a. Xenobiotics removal from polluted water by a multifunctional constructed wetland [J]. Chemosphere, 48(4): 415-418.

COOKSON W, CORNFORTH I S, ROWARTH J, 2002. Winter soil temperature (2~15℃) effects on nitrogen transformations in clover green manure amended or unamended soils; a laboratory and field study [J]. Soil Biology and Biochemistry, 34(10): 1401-1415.

COOPER P, 2009. What can we learn from old wetlands? Lessons that have been learned and some that may have been forgotten over the past 20 years [J]. Desalination, 246(1): 11-26.

CZERWIONKA K, MAKINIA J, PAGILLA K R, et al., 2012. Characteristics and fate of organic nitrogen in municipal biological nutrient removal wastewater treatment plants [J]. Water Research, 46(7): 2057-2066.

GAO D W, HU Q, 2012. Bio-contact oxidation and greenhouse-structured wetland system for rural sewage recycling in cold regions: A full-scale study [J]. Ecological Engineering, 49: 249-253.

GAO Y, YAN C, WEI R, et al., 2019. Photovoltaic electrolysis improves nitrogen and phosphorus removals of biochar-amended constructed wetlands [J]. Ecological Engineering, 138: 71-78.

GREEN M B, MARTIN J, 1996. Constructed reed beds clean up storm overflows on small wastewater treatment works [J]. Water Environment Research: 1054-1060.

HE M, XU Z, HOU D, et al., 2022. Waste-derived biochar for water pollution control and sustainable development [J]. Nature Reviews Earth & Environment, 3(7): 444-460.

HERNÁNDEZ-CRESPO C, GARGALLO S, BENEDITO-DURÁ V, et al., 2017. Performance of surface and subsurface flow constructed wetlands treating eutrophic waters [J]. Science of the Total Environment, 595: 584-593.

JI G D, SUN T H, NI J R, 2007. Surface flow constructed wetland for heavy oil-produced water treatment [J]. Bioresource Technology, 98(2): 436-441.

JIA L, LIU H, KONG Q, et al., 2020. Interactions of high-rate nitrate reduction and heavy metal mitigation in iron-carbon-based constructed wetlands for purifying contaminated groundwater [J]. Water research, 169: 115285.

KIVAISI A K, 2001. The potential for constructed wetlands for wastewater treatment and reuse in developing countries: a review [J]. Ecological engineering, 16(4): 545-560.

LI L, LI Y, BISWAS D K, NIAN Y, et al., 1995. Potential of constructed wetlands in treating the eutrophic water: evidence from Taihu Lake of China [J]. Bioresource Technology, 2008, 99(6): 1656-1663.

LI X F, JIANG C C, 1995. Constructed wetland systems for water pollution control in North China [J]. Water Science & Technology, 32(3): 349-356.

LI X Y, HU H, LUO X Y, 2007. Comparison and application of land requisition index using artificial wetland for sewage treatment [J]. J .Pingdingshan Inst. Technol, 16(1): 23-26.

LI XIANFA, JIANG CHUNCAI, 1995. Constructed wetland systems for water pollution control in North China [J]. Water Science and Technology, 32(3): 349-356.

LIU D, GE Y, CHANG J, et al., 2008. Constructed wetlands in China: recent developments and future challenges [J]. Frontiers in Ecology and the Environment, 7(5): 261-268.

LIU D, GE Y, CHANG J, et al., 2009. Constructed wetlands in China: recent developments and future challenges [J]. Frontiers in Ecology and the Environment, 7(5): 261-268.

LIU G, 2009. The study of controlling agricultural non-point source pollution with pond-wetland system in Shenxi Watershed [D]. Chongqing: Southwest University (in Chinese).

REN WUANG, JIN PENGKANG, CHENGGANG L, et al., 2013. A study on the migration and transformation law of nitrogen in urine in municipal wastewater transportation and treatment [J]. Water science and technology, 68(5): 1072-1078.

RUAN X Q, JIANG L L, CHEN H, et al., 2012. Typical technologies applicable for rural domestic sewage treatment in different areas in Jiangsu Province [J]. China Water & Wastewater, 28(18): 44-47.

SHEN Y, ZHUANG L, ZHANG J, et al., 2019. A study of ferric-carbon micro-electrolysis process to enhance nitrogen and phosphorus removal efficiency in subsurface flow constructed wetlands [J]. Chemical Engineering Journal, 359: 706-712.

SHI L, WANG B Z, CAO X D, et al., 2003. Performance of a subsurface-flow constructed wetland in Southern China [J]. Journal of Environmental Sciences (China), 16(3): 476-481.

SHI L, WANG B, CAO X, et al., 2004. Performance of a subsurface-flow constructed wetland in Southern China [J]. Journal of Environmental Sciences, 16(3): 476-481.

SHINGARE R P, THAWALE P R, RAGHUNATHAN K, et al., 2019. Constructed wetland for wastewater reuse: Role and efficiency in removing enteric pathogens [J]. Journal of environmental management, 246: 444-461.

WANG J, 1997. Study on hydraulic calculation of Bainikeng constructed wetland system [J]. Guangdong Water Resour Hydropower, 6: 50-52.

WU H, LIN L, ZHANG J, et al., 2016. Purification ability and carbon dioxide flux from surface flow constructed wetlands treating sewage treatment plant effluent [J]. Bioresource technology, 219: 768-772.

WU H, WANG R, YAN P, et al., 2023. Constructed wetlands for pollution control [J]. Nature Reviews Earth & Environment, 4(4): 218-234.

WU X, SCHOLZ M, RAO L, 2008. Constructed wetlands treating urban runoff contaminated with nitrogen [C]// IEEE. 2008 ICBBE 2008 The 2nd International Conference on Bioinformatics and Biomedical Engineering.

WU ZHENBI, CHEN HUIRONG, LEI LAMEI, et al., 2000. Study of the effect of constructed wetland on the removal of microcystins [J]. Resources and Environment in the Yangtze Valley, 9(2): 242-247.

YANG B, LAN C Y, YANG C S, et al., 2006. Long-term efficiency and stability of wetlands for treating wastewater of a lead/zinc mine and the concurrent ecosystem development [J]. Environmental Pollution, 143(3): 499-512.

YANG Y, ZHENCHENG X, KANGPING H, et al., 1995. Removal efficiency of the constructed wetland wastewater treatment system at Bainikeng, Shenzhen [J]. Water Science and Technology, 32(3): 31-40.

ZHAI J, QIN C, XIAO H W, et al., 2011. Constructed wetlands for wastewater treatment in Mainland China: Two decades of experience [J]. Applied Mechanics and Materials, 90: 2977-2986.

ZHANG D, GERSBERG R M, KEAT T S, 2009. Constructed wetlands in China [J]. Ecological Engineering, 35(10): 1367-1378.

ZHANG H, TANG W, WANG W, et al., 2021. A review on China's constructed wetlands in recent three decades: Application and practice [J]. journal of environmental sciences, 104: 53-68.

ZHANG T, XU D, HE F, et al., 2012. Application of constructed wetland for water pollution control in China during 1990-2010 [J]. Ecological Engineering, 47: 189-197.

ZHANG X L, ZHANG S, FU G P, et al., 2008. Application of integrated vertical-flow constructed wetland in restoration of lake water in lakeside campus [J]. China Water & Wasterwater, 24(4): 62.

2

人工湿地技术
概念及分类

2.1　湿地生态系统概念

湿地是地球上水陆相互作用形成的独特生态区域，与森林和海洋并称为地球上最重要的三大生态系统。湿地在抵御洪水、改善气候、美化环境和维持区域生态平衡等方面具有不可替代的作用，被誉为"地球之肾""生命摇篮""物种基因库"。

复杂的地理条件形成了多种类型的湿地，由于其分布的广泛性、面积的差异性、淹水条件的易变性以及边界的不确定性，国际上目前对湿地尚无统一的、被普遍认同的定义。虽然不同类型的湿地具有不同的特征，但它们的土壤均长期或季节性饱和或浅层积水，具有多种多样的适应淹水或饱和土壤条件的动物和植物。

最早关于湿地的定义之一是由美国鱼类和野生动物保护协会（U.S. Fish & Wildlife Service）于 1956 年在《美国的湿地》报告中指出，湿地是指被浅水或暂时性积水所覆盖的低地，一般包括草本沼泽、灌丛沼泽、苔藓泥炭沼泽、湿草甸、泡沼、潜水沼泽、滨河泛滥地以及生长挺水植物的浅水湖泊或浅水水体，但不包括河、溪、水库和深水湖泊等稳定水体（刘汉湖 等，2006）。该定义强调了浅水覆盖在湿地特性形成中的主导作用，表述了由于长期或者相当时间的浅水覆盖所形成湿地的特殊土壤以及发育了适应这种土壤的挺水植物。这个定义有限度地满足了当时湿地管理者和湿地科学家的需要。之后，美国鱼类和野生动物保护协会于 1974 年编制了《国家湿地名录》，划分了 20 种湿地类型，是美国直至 20 世纪 70 年代一直沿用的主要湿地分类依据（刘厚田，1995；吕宪国，2008）。

美国鱼类和野生动物保护协会于 1979 年在题为《美国的湿地和深水生境分类》的研究报告中给出了湿地较为综合的定义，该定义也是科学家们经过多年的论证所认可的一个定义。报告中指出，湿地是出于陆地生态系统和水生生态系统之间的交汇区，其地下水位通常达到或者接近地表，或有不超过 2 m 的浅层积水，且具有以下 3 个特征之一：①周期性长有优势水生植物；②基质以水成土壤为主；③每年部分植物生长季节水浸或者水淹。这一概念为美国湿地分类和综合调查提供了重要依据。

　　日本学者通常把湿地称为湿原，并认为其主要特征是潮湿、水位高以及土壤的周期性水分饱和，这些特征表明日本学者在湿地概念方面较为强调水分和土壤。

　　从事内陆北方泥炭地研究的加拿大科学家 Zoltai 于 1979 年在加拿大国家湿地工作组的一次研讨会上，给湿地的定义为"湿土占优势，在解冻季节的多数日子里水位接近或超过矿质土壤，生长有水生植物的土地"（Zoltai, 1979）。在同一研讨会上，Tarnocai 也给出了用于加拿大湿地名录和数据库的湿地定义：湿地为水位接近或高于地面的，或有足够长时间能够促成湿地形成或水化过程的土壤水饱和的，以水成土、水生植物和各类适应湿环境的生物活动为特征的土地（Tarnocal, 1980）。两者定义很相似，对水文条件和湿土条件有了更为具体的界定。加拿大湿地工作组于 1987 年提出，湿地是一种土地类型，其主要特征是土壤水分过饱和、地表积水、泥炭土壤以及生长有水生植物（崔理华和卢少勇，2009）。

　　英国学者一般将湿地定义为受水浸润的地区，包括自然湿地和人工湿地，具有自由水面和常年积水或季节性积水的特点。

　　国际自然保护联盟 1971 年在伊朗拉姆撒会议上通过《关于特别是作为水禽栖息地的国际重要湿地公约》（*Convention on Wetlands of International Importance Especially as Waterfowl Habitat*），简称《湿地公约》，其中对湿地的定义为：不问其为天然或人工，长久或暂时性沼泽地，泥炭地或水域地带，静止或流动，淡水、半咸水或咸水水体者，包括低潮时水深不超过 6 m 的水域。其主要包括各种类型的湖泊、水库、沼泽、滩涂、塘、湿草甸等。

　　我国对于湿地的定义是：常年积水或季节性积水的陆地及与其生长和栖息的生物种群构成的生态系统。

　　由此可知，国际上对湿地的定义多种多样，虽然每个国家对湿地的定义都不尽相同，但都从土壤、植物和水 3 个基本要素出发，阐述了湿地作为区别于陆地和水生系统的另一独特生态系统。该系统主要分布在陆地生态系统和深水生态系统过渡区域，是水生植物、动物、微生物与环境要素直接密切联系、相互作用，且通过物质交换、能量转换和信息传递所构成的动态平衡整体。

2.2　湿地生态系统功能

　　湿地生态系统功能是指湿地生态系统中发生的各种物理、化学和生物学过程与外界相互作用的表征。湿地系统由于其所处的位置不同，一般包括森林湿地、城市内陆湿地及浅海湿地等，但无论哪一类湿地，其都是生态系统水循环的推动者。湿地生态系统的功能一般可分为水文功能、净化功能、生态功能、经济功能和社会功能，但根

图 2-1　湿地系统及其功能示意图

据湿地类型的不同其生态系统的功能也略有侧重（图 2-1）。

2.2.1　水文功能

湿地的水文功能是指其生态水文过程体现在调蓄洪水涵养水源及补给地下水等方面体现出的功能作用。湿地处于陆地与水体之间，是地表水与地下水的承载区，具有独特的水文特征。湿地水文功能是湿地功能的核心内容，也是其他功能实现的基础（章光新和郭跃东，2008）。湿地水文功能的重要性主要体现在：①限制或提高物种的丰富度，并促成其形成独特的物种群落结构；②提高湿地初级生产力；③通过影响初级生产力和有机物的分解、输出过程来控制湿地中有机物质的累积（郗敏 等，2006）。

湿地土壤具有独特的水文物理性质，湿地土壤的草根层和泥炭层孔隙度高，在72%~93%，每公顷湿地可蓄水 8100 m³ 左右，是一个巨大的蓄水库。洪水被贮存于湿地土壤中或以表面水的形式滞留在湿地中，直接减少了下游的洪水量。湿地植物也可减缓洪水流速，从而避免所有洪水在同一时间到达下游，这一过程降低了下游洪峰的水位，并使之平稳缓慢下泄，延长洪水在陆地的存留时间。随后，洪水可在数天、数周或数月的时间里从湿地释放出来，一部分在流动过程中通过蒸发提高了周围空气湿度，一部分下渗补充地下水从而增加地下水储量。这就使湿地具有均化河川径流的作用（图 2-2）。

湿地对地下水的补给功能与湿地类型、土壤和水质条件、地下水径流等因素有关。例如，章光新和郭跃东（2008）对嫩江中下游湿地生态水文功能及其退化机制与对策研究显示，嫩江中下游湿地每年可向地下含水层补充大量的水源，既可作为开采地下水的供水水源，又可保持地下水位，防止土地沙化，因此，对阻止西部荒漠化的扩展起到了关键作用。

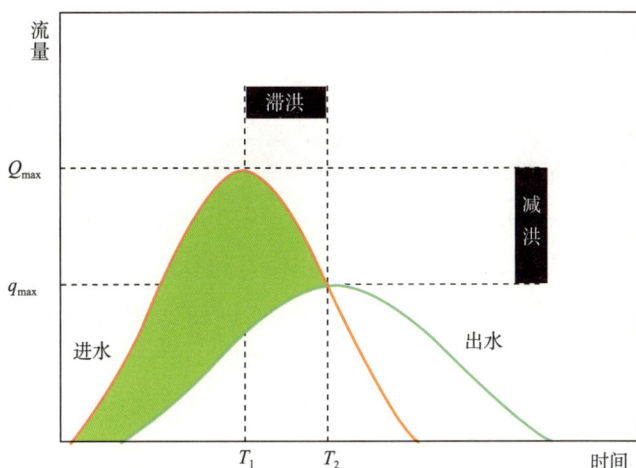

图 2-2　湿地调节径流示意图

2.2.2　净化功能

湿地对污染物的降解、水质的净化具有重要作用。湿地的净化功能包括物理作用、化学作用以及生物作用。物理作用指水体流经湿地时流速减缓，湿地对水体中污染物的过滤、沉积以及基质的吸附作用。化学作用主要是指被吸附于湿地孔隙中的污染物与土壤中的其他离子的络合沉淀等作用。生物作用主要是指微生物对污染物的降解和转化，如硝化过程和反硝化过程等（丁峰元 等，2005）。

水流经过湿地速度减慢，部分毒性物质和营养物质会附着在沉积物颗粒上，当水中悬浮物沉降下来后，毒性物质和营养物质也随之沉降，因此，湿地水质得到净化，进而对当地及下游的水质保护起到良好作用。例如，章光新和郭跃东（2008）发现，嫩江中下游湿地对流域水中悬浮物、有机污染物、氮、磷以及金属元素等起到了良好的去除效果，尤其在控制面源污染上发挥了重要作用，可喻为天然的"自来水净化厂"，其间接经济价值巨大。由表 2-1 可知，丰水期扎龙湿地对无机物、有机物和金属元素都有较高的去除率，其中金属元素的去除率最高，在 80% 以上（章光新和郭跃东，2008）。

表 2-1　丰水期扎龙湿地污染物净化效果

（单位：mg/L）

湿地名称	TN	$NO_3^- -N$	$NH_4^+ -N$	TP	COD_{Cr}	BOD_5	TMn	TFe
乌裕尔河	0.838	0.300	0.930	0.388	4.9	2.500	1.071	1.85
扎龙湿地	0.424	0.120	0.160	0.152	1.9	0.600	0.028	0.29
净化率（%）	49.4	60.0	82.8	60.8	61.2	76.0	97.4	84.3

2.2.3　生态功能

（1）物种栖息地

湿地生态系统兼有陆地系统与水体系统特点，具有巨大的生物链以及生物物种的高度多样性（王化林 等，1998；张峰 等，2004）。生态系统内的物质和能量运转速度快、效率高，对维持生物多样性具有重要价值。其中，红树林湿地生态系统具有鲜明的特色，兼有陆地与海洋生态特征，是以红树植物群落为核心的一种海洋湿地类型，常见于我国海南、广东、广西、香港、澳门及浙江沿海等地区。

何斌源等（2007）对我国红树林湿地物种多样性及其形成进行的分析显示，我国红树林湿地共记录了 2854 种生物，包括真菌 136 种、放线菌 13 种、细菌 7 种、小型藻类 441 种、大型藻类 55 种、维管束植物 37 种、浮游动物 109 种、底栖动物 873 种、游泳动物 258 种、昆虫 434 种、蜘蛛 31 种、两栖类 13 种、爬行类 39 种、鸟类 421 种和兽类 28 种。这些生物中有 8 种国家一级保护野生动物，75 种国家二级保护野生动物。我国红树林湿地是我国濒危生物生存和发展的重要基地，并在跨国鸟类保护中起着重要作用。我国红树林湿地单位面积的物种丰度是海洋平均水平的 1766 倍。何斌源等（2007）从初级生产物质基础、食物关系多样性、宏观尺度和微观尺度的空间异质性、生境利用的时序性等方面分析了我国红树林湿地物种多样性极其丰富的原因。

（2）气候调节器

由于湿地一般处于陆地与水体之间，湿地生态系蒸发、吸收热量，可降低温度和调节空气湿度，并可影响周围的小气候。湿地水分通过蒸发成为水蒸气，然后又以降水的形式降到周围地区，保持当地的湿度和降水量，从而影响当地人民的生活和工农业生产（李青山 等，2004；王继国，2007）。

湿地水分蒸发可使附近区域的湿度增大，降水量增加，具有调节区域气候作用，使区域气候条件稳定，对当地农业生产和人民生活产生良好影响。三江平原的天然湿地平均相对湿度比开垦后的农田高 5%~10%。新疆干旱地区的博斯腾湖湿地面积为 1410 km²，湿地通过水平方向的热量和水分交换，使博斯腾湖比其他干旱地区气温低 1.3~4.3℃，相对湿度增加 5%~23%，沙暴日数减少 25%（肖素荣和李京东，2003）。

2.2.4　经济功能

湿地的经济功能既包含强大的物质生产功能，可为人类提供湿地经济产品等直接利用价值，又包含如维持生命物质的生物地化循环与水文循环，保护土壤肥力与净化环境等无法商品化的间接利用价值。湿地的经济功能与其被开发利用价值有关（欧维信和杨桂山，2009）。

在提供直接经济产品方面，湿地具有较高的生物生产力，它可以为农产品、水产品提供丰富的养分，提高产品产量和附加值。湿地水源可作为社区生活和生产用水，有时也是水运的通道和介质（曾贤刚和孙承泳，2002）。黄河三角洲地处渤海之滨的黄河入海口，是全国最大的三角洲，黄河三角洲湿地也是我国温带最广阔、最完整、最年轻的湿地，总面积 75×10^4 hm²。黄河三角洲湿地及浅海水域提供的一些鱼、虾、贝、藻类等是富有营养的副食品。有些湿地动植物还可入药，有许多动植物还是发展轻工业的重要原材料，如芦苇就是重要的造纸原料。湿地动植物资源的利用还间接带动了加工业的发展，当地的农业、渔业、牧业和副业生产在一定程度上要依赖于湿地提供的自然资源。

在提供间接服务价值方面，黄河三角洲湿地依托其政策及资源优势，在环境保护的基础上，适度开发以湿地为主题的生态旅游资源，将对保护区的宣传、交流、科研合作等事业的发展起到促进作用。同时，经测算，自然保护区生态旅游业达到正常运营水平时，年经营收入为 200 多万元，年经营成本 50 万元，年税金及附加费 50 万元，每年可增加旅游收益达 100 万元（黄河湿地社会实践课题组，2007）。

2.2.5　社会功能

湿地丰富的水体空间，水面多样的浮水和挺水植物以及鸟类和鱼类，都充满大自然的灵韵，使人心静神宁。这体现了人类欣赏自然、享受自然的本能和对自然的情感依赖。这种情感通过诗歌等文学艺术方式形成了具有地域特色的精神文化。湿地丰富的景观要素、物种多样性，为环保宣传和对公众进行相关教育提供了场所（潮洛蒙 等，2003）。

米埔湿地位于香港西北角，与深圳福田红树林保护区接壤，是我国境内列入拉姆萨尔《国际重要湿地名录》的湿地之一，主要植物有木榄、桐花树、秋茄等。常见的动物种类包括鱼类、甲壳类和软体类动物，每年有数十万只来此越冬的水鸟，形成了该湿地独特的自然景观（辛琨 等，2006）。根据米埔湿地的统计，2003 年来到米埔湿地参观的游客总数为 4 万余人，众多的独特湿地景观使米埔湿地有着丰富的旅游、教育、科研等社会功能价值。

2.3　人工湿地概念及组成

2.3.1　人工湿地概念

根据本章 2.1 节所述内容，湿地可以被定义为地表水面到达或是接近土壤表面、有植被生长、在长期潮湿的饱和水环境中发展形成的特定区域（Kadlec and Wallace，2008；

Mitsch and Gosselink，2007）。而人工湿地相对于自然湿地而言，是通过模拟自然湿地而人为设计和建造的具有可控性和工程化特点，以基质、植物及微生物协同，通过物理、化学和生物作用进行污水处理的自然生态系统（吴树彪和董仁杰，2008）。根据其设计目标和应用范围的不同，可以分为以下3类：

①修复型人工湿地（restored wetlands）。曾经是完好的自然生态湿地，后来遭到破坏导致其严重退化，而在人为干预的情况下，逐渐恢复为一种近似自然湿地的生态系统。

②再创型人工湿地（created wetlands）。出于特定的目的（不是改善水质），通过土木工程，将本不是湿地的区域改造成的湿地系统。

③净化型人工湿地（constructed wetlands/treatment wetlands）。依据自然湿地的原理，人工建造的用以强化和优化某些物理或生物过程去除污水中污染物的湿地系统。

在某些情况下，自然湿地中会流入大量污水并且发挥着重要的净化作用，这样的湿地也可以称为"净化型人工湿地"。然而，如果这些自然湿地系统不是经人工设计和建造用来处理污水，相对于"人工净化型湿地"这一概念而言，此种情况下的自然湿地被定义为"自然净化型湿地"。本章集中介绍第3种人工湿地，即净化型人工湿地。虽然净化型人工湿地这一术语更加具体和专业，但是较为简略的人工湿地已经被广泛用于指代净化型人工湿地，因此下文均用人工湿地指代净化型人工湿地。

人工湿地源自自然湿地的3个典型特征：

①具有大型水生植物或浮游植物，②具有积水或饱和基质，③含有有待于去除污染物的污水流入系统。

根据第一个特征，池塘和湖泊天然湿地系统一般只有微藻类生物而没有大型水生植物，故人工湿地系统与之有所不同。然而，由于人工湿地和池塘在技术上紧密联系，因而经常联合使用。任何无植物生长的处理系统都不能定义为人工湿地，如砂滤系统。无植物系统常常被用来与种植植物的人工湿地系统进行效果对比以研究植物的作用。同时，需要特别说明的是在垂直潜流人工湿地系统中，进水方式往往包括连续式或者间歇式，因此，第2个特征中"积水或饱和基质"可以是暂时的或者阶段性的积水或饱和基质。

2.3.2　人工湿地组成

人工湿地的基本组成要素包括水体、基质、植物、微生物和动物等部分，这些要素被组合在一起经过巧妙地布置和设计构成了人工湿地处理系统。人工湿地主要靠基质吸附、植物吸收、微生物降解、动物捕食等物理（过滤、沉积、吸附）、化学（沉积、吸附、离子交换、氧化还原反应）和生物（吸收、转化、代谢）协同作用来实现污染物的去除（Wu et al.，2023）。

（1）水　体

水力条件往往是人工湿地最重要的设计因素，因为它不仅关系到湿地的处理能力大小，也是系统设计成败的最基本因素。人工湿地的水力条件并非完全相同于其他表流或近表流的水体，也有自己的特征：水力条件的微小变化会在很大程度上影响到湿地系统及其处理效果；水体极大的表面积和相对较小的深度，使湿地系统通过降雨和蒸发蒸腾作用（水体表面的蒸发和植物蒸腾作用损失水量的总和）与大气强烈地发生水分交换；植物通过根、茎、叶等对水流路径的阻挡和对风吹日晒的遮挡在很大程度上影响湿地的水利条件（Wu et al., 2011）。

（2）基　质

基质（一般为填料或土壤），是人工湿地系统的骨架。基质不仅可以为植物提供生长环境，而且作为微生物的附着载体，对污染物净化起着重要作用。湿地填料往往被看成是人工湿地中高效的过滤器，其过滤净化功能包括物理、化学和生物（尤其是微生物）作用，以此将污染物质截留下来。基质也为污染物提供沉积场所，很多污染物的化学和生物转化过程在基质中发生（Wang et al., 2022）。同时，基质的渗透性能也会影响污水在人工湿地系统中的流动性。传统用作人工湿地的基质主要有土壤、沙子、砾石、煤渣以及碎石等。随着人工湿地污水处理技术的发展，一些新的功能填料开始作为人工湿地系统的基质，如无机矿物电子供体填料（硫铁矿石、锰矿石）、人工合成功能填料（生物炭、陶粒）等（Yang et al., 2018）。

（3）植　物

植物是除基质外影响人工湿地水力条件的主要因素，在人工湿地系统结构中起着非常重要的作用。人工湿地中植物的作用包括：①能减弱强光与风力对湿地的影响，②为湿地基质提供保温作用，③满足根区微生物生长对氧气和其他营养成分的需求，④能截留部分污染物预防湿地堵塞，⑤具备特有的美学价值。植物在人工湿地的水质净化过程和河湖生态系统修复中起着核心作用（Wu et al., 2011）。在人工湿地中有选择地搭配种植不同种类的湿地植物，不但可以净化水质，还可促进污水中营养物质的循环，以及改善区域气候环境。此外，收割的湿地植物可用作造纸原料、编织材料、牲畜饲料等。另外，有些湿地植物还可作为水体所受污染程度的指示物。根据生活习性和形态，湿地中的植物在不同类型的人工湿地中发挥不同程度的作用。人工湿地中常见的湿地植物有芦苇、美人蕉、再力花、风车草、芦竹、芒草、香根草等；其他常被应用的植物还有漂浮植物，如凤眼莲、浮萍等；沉水植物，如狐尾藻属、金鱼藻属植物等（Li et al., 2013）。

（4）微生物

人工湿地中有机物的转化和降解过程以及氮的去除主要是由微生物完成。虽然人工湿地的净化性能归因于多种去除机制，但大部分污染物是通过微生物以及它们新陈代谢作用实现的。人工湿地中的微生物附着在基质表面和植物根部，形成生物膜，使污染物在其中转化和降解，这是人工湿地系统去污的基本特征（Wu et al., 2015）。微生物的数量是影响污染物质降解快慢的主要因素，微生物的降解作用主要表现在：①将大量的有机物、无机物质转化为无害的或不溶态的物质，②改变系统中的氧化、还原（有氧、无氧）状态，③营养元素的再循环。有些微生物的转化反应是需氧的，有些是厌氧的。还有一些兼性厌氧的菌种，随着环境条件的变化，它们在有氧或无氧环境中都能生存。微生物的数量随着系统中可提供的营养物质的多少而变化。当外界条件能够提供足够的营养物质时，其数量会迅速增长。当外界条件不利于生长时，许多微生物会处于休眠状态，有的休眠期可达几年之久。此外，人工湿地中的农药、重金属等有机有毒物质会影响微生物的正常生长代谢，只有在湿地水体污染物浓度不超过微生物对污染物的最大耐受量时，人工湿地系统才能正常运行（Jia et al., 2020）。

（5）动　物

人工湿地中栖息有大量的脊椎动物和无脊椎动物，它们可以吸收污染物，改善湿地微生态环境，包括微生物和植物的生长，并通过扰动影响沉积物中的污染物浓度。无脊椎动物中的昆虫类和软体动物类在处理悬浮固体和降解高浓度有机废水中功不可没。因此，人工湿地中的动物可以直接影响污染物的去除，这是不容忽视的。动物除了控制污染外，它们还通常被用于生物监测（Fletcher et al., 2020）。生物监测是一种常见的环境监测方法，其目的是让污染物浓度或环境变化可以快速、可靠、准确地反映出来。通过生物监测，可以更好地了解人工湿地的运行情况（Li et al., 2021）。湿地动物物种主要包括湿地哺乳动物、湿地鸟类、鱼类、爬行动物、两栖动物和几种无脊椎动物（Chawaka et al., 2018）。

近年来，关于人工湿地的研究主要集中在植物、微生物和基质方面，然而，人工湿地中的动物往往被忽视。因此，了解动物对人工湿地运行的影响，以提高人工湿地去除污染物的效率，促进人工湿地的稳定运行是必要的。

2.4　人工湿地发展历史

人类很早就开始使用湿地进行污水处理，在我国古代和古埃及就有利用自然湿地净化污水的实例。世界上公认的第一处用于污水处理的人工湿地是于 1903 年建在英国约克郡 Earby 的湿地系统，该系统持续运行到 1992 年（Hiley, 1995）。对人工湿地污水净化进行有目的的研究始于 1953 年德国的 Max Planck 研究所，Seidel 博士研究发现种有芦苇的人工湿地能够去除污水中的有机、无机污染物以及重金属，并能有效去除大肠杆菌、肠球菌、沙门氏菌等（Brix, 1994）。

1966 年，在前人研究基础上，Seidel 博士建立了芦苇床湿地，并且提出了人工湿地的概念（Cooper, 1993）。20 世纪六七十年代，"绿色觉醒"运动和全球能源危机促使人工湿地污水处理技术迅速从实验室研究推广到不同规模的实验应用，人们逐渐将人工湿地用于处理生活污水、工业废水和地表径流。1972 年，Seidel 和 Kickuth 合作并由 Kickuth 提出了著名的"根区理论"，认为生长在人工湿地中的植物通过叶片光合作用和茎秆的运输作用将氧传输至根部，再通过根部表面组织扩散使根系周围的微环境依次呈现好氧、厌氧和缺氧状态，这种氧分布状态十分利于污水的硝化和反硝化作用以及微生物对磷的积累去除，最后，通过人工湿地介质的定期更换和植物定期收割将污染物从系统中去除（Brix, 1990）。根区理论极大地促进了人工湿地的研究与应用，标志着人工湿地作为一种独具特色的生态污水处理技术正式进入水污染控制领域。

由于结构和处理机理的复杂性，此时的人工湿地虽然在污水处理效果上表现出了良好的性能，但其技术应用推广方面仍然存在很多不足。为此，在 20 世纪 70—80 年代，研究者进一步加大研究力度，逐步解决了技术上的难点，使得人工湿地污水处理技术日臻成熟（Bergen and Bolton, 2001）。20 世纪 80 年代，人工湿地已发展成以人工建造为主，以不同粒径的砾石为填料的处理系统，并由室内试验逐步进入大规模工程应用实践。其应用范围也由最初的生活污水处理（Juewrkar et al., 1995; Neralla et al., 2000）逐渐拓展到工业废水（Maine et al., 2006; Vrhovek et al., 1996）、养殖废水（Mantovi et al., 2003; Schaafsma et al., 1999）、地表径流（Poe et al., 2003; Reuter et al., 1992）和垃圾渗滤液处理等（Bulc et al., 1997; Kozub and Liehr, 1995; Bulc, 2006）。

20 世纪 90 年代初，在美国、丹麦、奥地利相继召开了人工湿地研讨会，提出了一些相关的机理，并建立了设计规范和数据库，标志着人工湿地作为一种新型污水处理技术进入水污染控制领域，进一步推动了人工湿地污水处理系统在世界各地的大规模推广和应用。2007 年，我国山东省济宁市建成占地 3000 余亩的新薛河规模化人工湿地；同时期，我国最大人工湿地——占地 20 000 亩[①]的武河人工湿地也于 2011 年在山东省临沂市建成。目前，人工湿地已在欧美地区得到广泛应用。仅在北美就有 20 000 多处人工湿地工程被用于处理市政、工业和农业废水。欧洲的丹麦、捷克、德

---

① 1 亩 =1/15hm^2。

国、英国等国家已建成有 10 000 多处人工湿地污水处理系统。亚洲、拉丁美洲、非洲也有越来越多的人工湿地污水处理系统建成和投入运行。由于其采用成本效益和生态友好的废水处理方式，在过去几十年里，人工湿地被发展成为传统的集中式废水处理深度净化与再生水系统的替代方案。从技术应用的角度来看，随着人们对人工湿地技术的日益关注，人工湿地的设计和建造已经从传统人工湿地扩展到各种新的湿地系统设计、工艺技术修改和操作运行优化，以提高污染物去除性能。该技术的应用范围已从集中污水处理厂的二、三级出水处理大幅扩展到各种工业废水以及新污染物的深度净化领域。

2.5 人工湿地分类

2.5.1 人工湿地分类依据

人工湿地分类是基于设计过程中不同的物理构造，主要的依据为水文和植物特征，其中水文特征包括水流位置、方向、床体浸水饱和度和布水方式，植物特征包括植物固着性、植物生长特征及挺水植物变体等。因此，人工湿地分类的 7 个依据分别为（Fonder and Headley，2013）：

（1）水流位置

水流位置在人工湿地的分类中主要是区分表面流人工湿地和潜流人工湿地。当水体主要在基质上面流动时，将之定义为表面流人工湿地，这类湿地与天然的沼泽湿地同样具有裸露的水面。与之相对应的是潜流人工湿地，其水体主要是在湿地内部多孔介质中流动，表面并无明显的裸露水面。

（2）水流方向

人工湿地污水处理系统中的水流方向主要取决于进水口与出水口的相对位置，可以基本分为水平流和垂直流两种。对于表面流人工湿地而言，其水流方向均为水平流，然而对于潜流人工湿地则可以设计为水平流和垂直流两种不同的水流方向，因此潜流人工湿地又通常可以分为水平潜流人工湿地和垂直潜流人工湿地。同时，随着人工湿地形式的不断发展，垂直流人工湿地又分为下流式和上流式，而且这两种形式往往会同时组合使用。

（3）床体浸水饱和度

床体浸水饱和度作为人工湿地分类依据之一主要是针对潜流人工湿地而言的。在人工湿地设计过程中，利用出水控制阀门调控人工湿地床体液面使床体持续处于饱和状态的湿地称为淹水型湿地，该类型的湿地主要包括表面流人工湿地、水平潜流人工湿地和上流式垂直流人工湿地。对于传统的下流式垂直流人工湿地来讲，其排水管网往往位于湿地底部排水层，并处于常开状态，因此该类人工湿地床体处于非饱和状态。同时，针对传统下流式垂直流人工湿地，根据进水方式的不同可以分为间歇式进水和连续式进水，根据排水方式的不同可以分为常开状态自由式排水和周期性排水（潮汐流人工湿地），因此，该运行方式下的垂直流人工湿地床体的浸水饱和度并非处于持久非饱和状态，而是处于周期性的非饱和状态。

（4）布水方式

人工湿地系统在进水过程中的布水方式直接影响人工湿地表面的淹水程度。对于水平潜流人工湿地而言，其布水方式一般位于湿地前段的布水区，考虑到水平潜流人工湿地表面溢流问题，水平潜流人工湿地的进水引流管可以布置在湿地布水区表面，也可以埋置在湿地布水区中间。然而对于下流式垂直流人工湿地而言，其布水多采用在湿地表面铺设布水管网进行均匀布水的方式。同时与下流式垂直流人工湿地布水方式相对应的是上流式垂直流人工湿地，其进水管直接伸入湿地底部砾石层。

（5）植物固着性

固着性是应用于湖沼生物学领域的一个术语，固着性植物用来指代那些与浮游植物相对的固着在环境深水底部的植物。由于潜流人工湿地无自由裸露水体，因此这一分类特征仅仅适用于表面流人工湿地系统。

（6）植物生长特征

由于潜流人工湿地系统没有裸露的水面且栽种的植物也多为挺水植物，因此，植物生长这一分类特征多用于表面流人工湿地系统。正如 Brix 和 Schierup（1989）所定义的那样，人工湿地可以依据植物生长方式的不同而分为挺水植物型、沉水植物型、浮叶植物型以及自由漂浮植物型（图 2-3）。这里的挺水植物不仅可以以一种固着式的方式生长或扎根于基质，而且它们也可以生长在浮于水面上的活动垫子上，即浮床人工湿地（图 2-4）。

（7）挺水植物变种

大多数挺水植物都是草本植物，而这也是本分类体系的默认特征。而有的湿地系统栽种的是木本挺水植物，因此这种人工湿地系统常被定义为非标准的人工湿地类型。

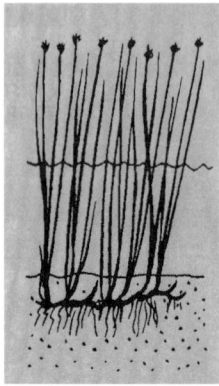 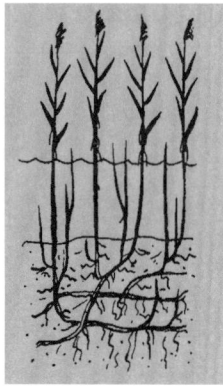 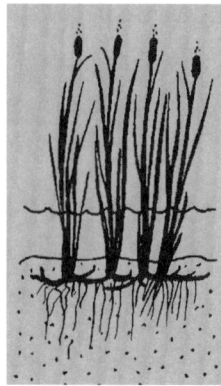

水葱　　　　　　　　芦苇　　　　　　　　香蒲

（a）挺水植物

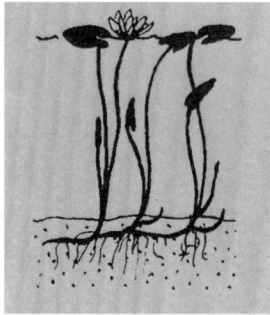 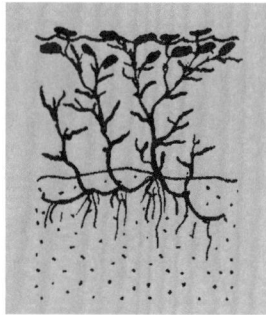 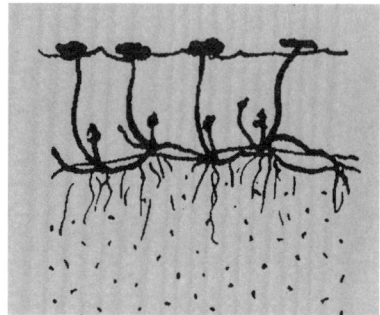

睡莲　　　　　禾叶眼子菜　　　　香菇草

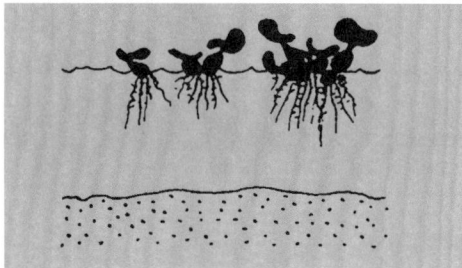 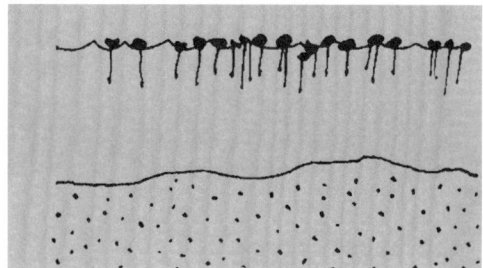

凤眼莲　　　　　　　　　　　浮萍

（b）浮叶植物

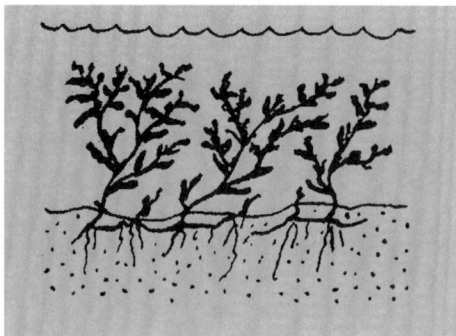 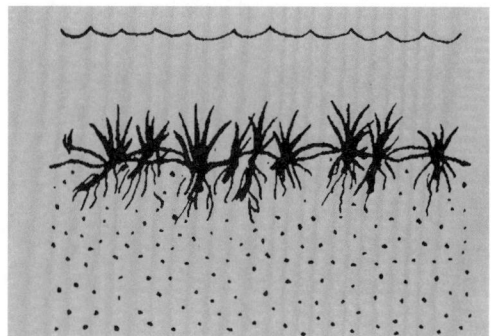

菹草　　　　　　　　　　单花海车前

（c）沉水植物

图2-3　人工湿地系统主要植物类型

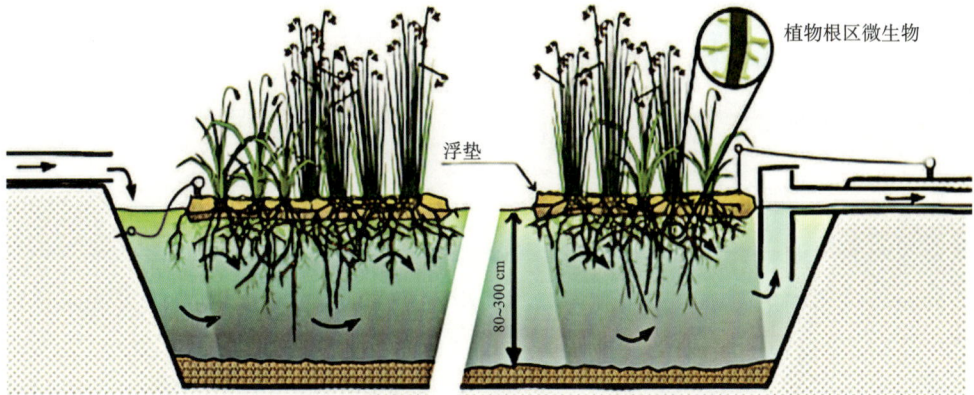

图 2-4　浮床人工湿地系统示意图（Headly and Tanner，2012）

2.5.2　人工湿地分类体系

（1）标准型人工湿地

将目前应用的所有类型人工湿地通过系统分类的方式进行分类就形成了图 2-5 所示的分类树图。根据其基本的设计构造定义了 6 种标准型人工湿地系统。

表面流人工湿地的 3 种标准型包括：

①挺水植物表面流人工湿地，②漂浮植物表面流人工湿地，③浮床人工湿地。

潜流人工湿地的 3 种标准型包括：

①水平潜流人工湿地，②下流式垂直流人工湿地，③上流式垂直流人工湿地。

除了标准型人工湿地外，在人工湿地的应用过程中，针对不同的污水类型、区域气候特征、适宜植物类型等因素，在标准型人工湿地的基础上改变了设计结构和组合工艺，产生了多种标准型人工湿地的变体。

（2）强化型人工湿地

强化型人工湿地是在传统标准型人工湿地结构和运行方式的基础上，通过改变传统人工湿地的运行方式、内部结构、加大能量输入或添加特殊介质等方法，达到进一步提高人工湿地运行效果，形成克服传统人工湿地在占地面积和能量输入等局限性的标准型人工湿地工程的变体。当然，另外一类强化型人工湿地可将不同的标准型人工湿地系统优化组合，形成总系统污染物去除效率更高的组合系统，通常被称为组合人工湿地系统。

（3）组合人工湿地

组合人工湿地系统的诞生主要是考虑到湿地系统组合后可以将各单种人工湿地类

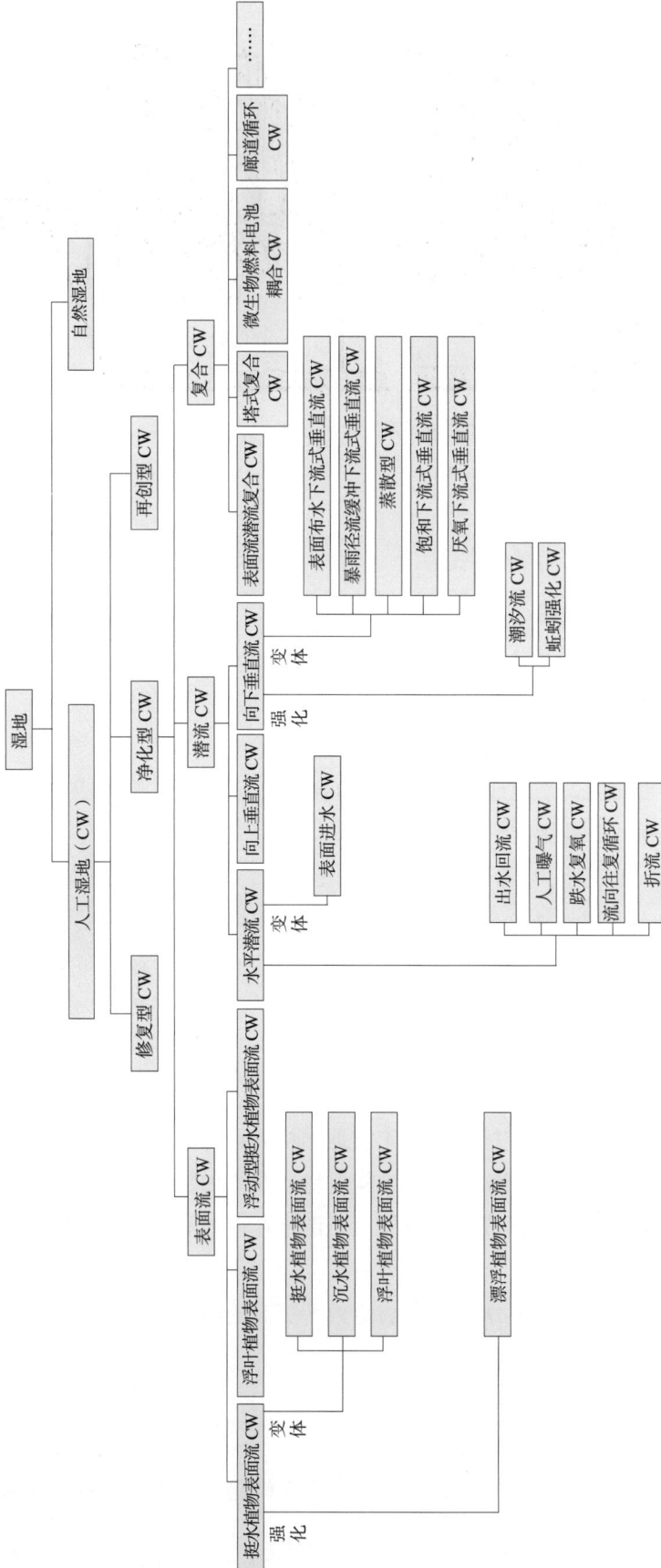

图 2-5　人工湿地类型分类树图

型的优缺点予以互补。例如，考虑到人工湿地对氮的去除主要依靠微生物的硝化（好氧环境）和反硝化作用（厌氧或兼性环境），水平潜流型人工湿地因其复氧效果较差使得反硝化作用强而硝化作用（氨氮氧化）差；相反，垂直流人工湿地却因较好的复氧效果使得硝化作用较好而反硝化作用不佳，鉴于此，组合的垂直流－水平潜流人工湿地系统可吸纳水平潜流湿地与垂直流湿地的共同优点进而达到污染物的高效去除（Urbanc and Bulc, 1995; Dunne et al., 2005; Scholz et al., 2007; Behrends et al., 2007）。

　　最初的组合人工湿地概念出自 Seidel 博士于 20 世纪 60 年代研究的 MPIP（Max Planck Institute Process）系统，其结构如图 2-6 所示（Brix, 1994）。MPIP 系统经过长时间的试验后在欧洲开始广泛应用，而且当前应用广泛的垂直流－水平潜流组合系统的概念便起源于此。垂直流－水平潜流的组合结构基于有效地强化氮的去除和防止大量固体悬浮物、有机物堵塞水平潜流湿地的考虑，在其前端设置了复氧效果较好的垂直流。然而，近年来水平潜流－垂直流的组合方式也有所报道，其主要考虑到有机物对硝化作用的抑制因素，首先将大量有机物在前端的水平潜流处去除，而后的垂直流用于硝化过程的强化，但这种组合系统的出水多需要回流到前端的水平潜流人工湿地，从而强化硝氮（NO_3^--N）去除的反硝化过程（Brix and Arias, 2005）。如今，组合人工湿地系统多种多样，如水平潜流－表面流组合人工湿地、垂直流－水平潜流－表面流组合人工湿地等，其运行效果也优于单种类型人工湿地的运行效果（Vymazal, 2005; Noorvee et al., 2005; Yeh and Wu, 2009）。

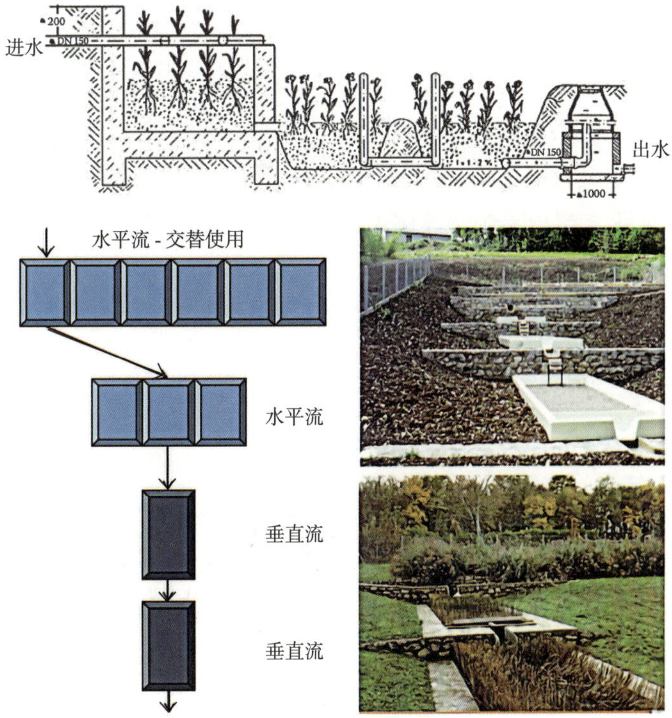

图 2-6　MPIP 系统示意图

2.6　标准型人工湿地及其变体分类与命名

本节内容主要是针对标准型人工湿地及其强化型和非强化型变体做简明论述。

2.6.1 表面流人工湿地

表面流人工湿地源于自然湿地，其水文体系、构造与自然湿地非常相似。污水暴露于大气中，从湿地床体表面缓慢流过，水深一般不超过 0.4 m。污染物主要依靠生长在水下的植物茎秆和床体表面的生物膜得以去除，不能充分利用介质和丰富的植物根系。表面流人工湿地污染物去除示意如图 2-7 所示。这一类型的湿地投资少、操作简便、运行费用低，但是其占地面积大、水力负荷低、去污能力有限。而且，由于污水暴露于床体表面，寒冷季节污水易结冻，夏季容易有蚊蝇滋生，产生不良气味。考虑到病原体及细菌的去除和散播，表面流人工湿地很少用于二级污水处理，其多数应用于二级或者三级处理出水的后续深度处理（USEPA, 2000; Perkins and Hunter, 2000）。虽然表面流人工湿地具有广泛的季节适用性，但是在冬季或者寒冷区域，除水力条件受到影响外，低温也易导致微生物活性降低进而影响部分污染物的去除。同时，在冬季当表面流湿地表面结冰后，空气中氧向水体的扩散速率大大降低，进而降低了好氧微生物的转化过程。因此，冬季的污水一般采取贮存方式，当气温回暖时再予以处理（Kadlec, 1995; Reed and Brown, 1992）。

表面流人工湿地系统中的水体主要是在湿地基质表面上方流动，根据其栽种植物类型及方式的不同可分为 3 种标准型：挺水植物表面流人工湿地系统、浮游植物表面流人工湿地系统、浮床人工湿地系统（图 2-8）。

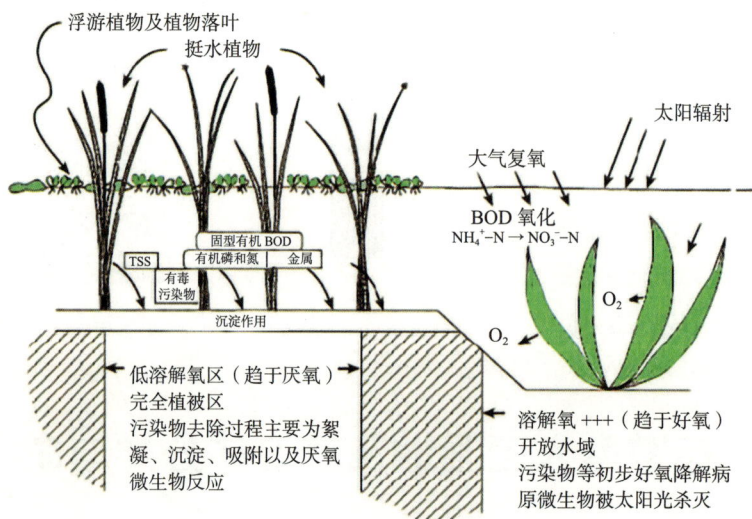

图 2-7 表面流人工湿地系统污染物去除示意图

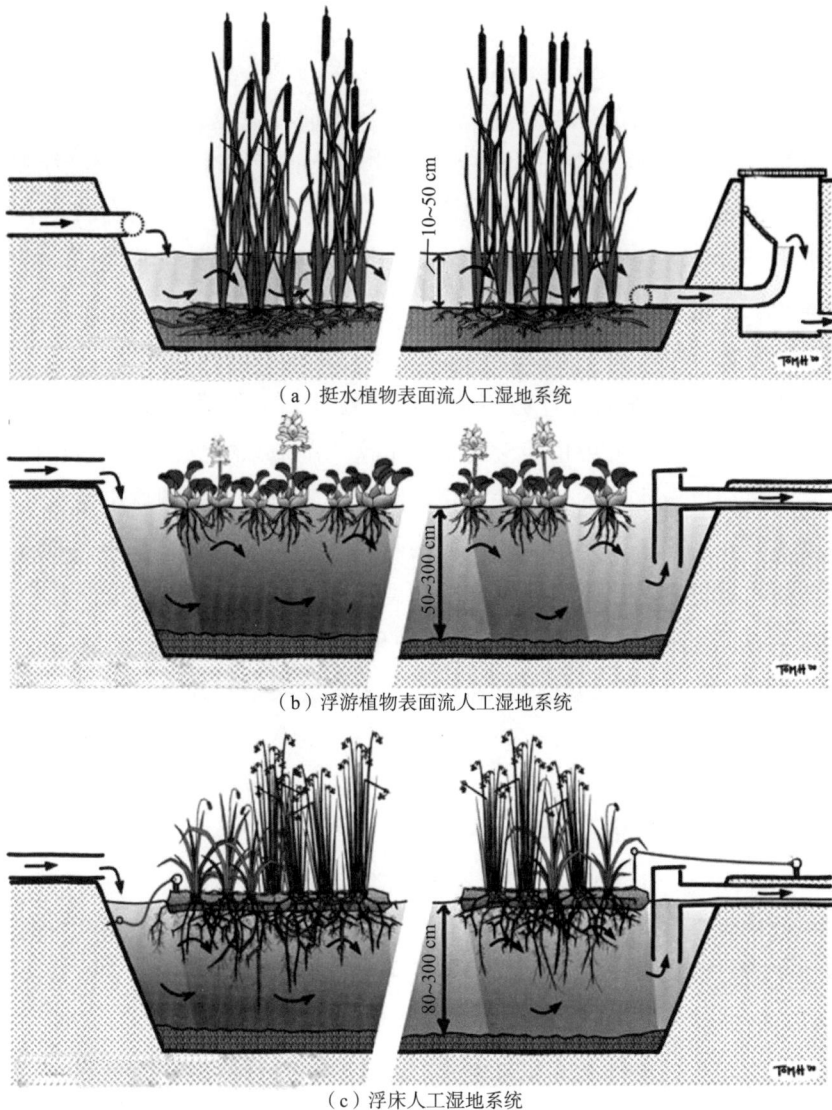

（a）挺水植物表面流人工湿地系统

（b）浮游植物表面流人工湿地系统

（c）浮床人工湿地系统

图2-8 表面流人工湿地系统示意图

（1）挺水植物表面流人工湿地

挺水植物表面流人工湿地的水流是在湿地基质上面水平流动，栽种的植物主要是草本挺水植物，这些植物的根系紧紧固定在基质底层。这种类型的湿地系统是世界上应用最广泛的表面流人工湿地系统。该标准型人工湿地的所有变体都是基于挺水植物的不同生长方式及类型进行划分的，主要包括木本挺水植物、沉水植物、浮叶植物。

挺水植物表面流人工湿地系统的变体如下：

①木本挺水植物表面流人工湿地系统采用的是木本植物，而不是草本植物，与沼泽自然湿地相像。它的应用范围较窄，主要用于废水的第三级处理。这种类型的湿地

多存在于美国南部和澳大利亚东海岸。

②沉水植物表面流人工湿地采用的是水下生长的草本植物，它们完全在水下进行光合作用，而且仅能生长在溶解氧高以及水质清澈的环境中。它们通常用来处理暴雨径流，因为附着在沉水植物的叶子和根系上的生物膜能有效过滤和清除悬浮颗粒。

③浮叶植物表面流人工湿地的植物根系固定在基质底层，但它们的叶子漂浮在水面上，如水中百合和一些眼子菜属植物。该类型人工湿地往往与其他挺水植物型表面流人工湿地和沉水植物型表面流人工湿地联合使用，形成一个更为复杂和多样的生态系统。但迄今为止，大规模的应用仍报道较少（Vymazal, 2009）。

表面流人工湿地系统最为普遍的应用便是处理二级处理后的废水。它可以适应各种气候，即使在严寒环境中也能应用。由于这类湿地系统与潜流湿地相比，能够承受更高的水力负荷以及水位的暂时性变化，因而普遍应用于处理城市污水、农业废水以及矿山废水等。由于潜流湿地大规模应用需要添加大量的砾石基质，费用昂贵，并且对水力负荷也有较高的局限性，因此通常设计表面流人工湿地系统及其变体来处理大规模废水。从自然环境和野外动植物保护角度看，表面流人工湿地的应用更加有益。同时，与其他的人工湿地处理方式相比，表面流人工湿地具有运营成本低的竞争优势（Kadlec and Wallace, 2008）。

（2）漂浮植物表面流人工湿地

漂浮植物表面流人工湿地的植物是漂浮在湿地表面水体的，并随着表面水流水平流动。由于植物并没有扎根于湿地底层基质，因此该类型湿地的植物具有流动性，当面对水位变化时显得更加灵活，而不会因为水深过深而导致植物淹水以及透过水面的光照强度减弱的问题。

该系统通常用来处理市政或工业废水。在美国也存在一些大规模系统，专门用来种植可周期性收割的快速生长的作物，同时该系统在作物能自然生长并且高产出的热带国家也普遍得到应用。然而，由于这些系统经常出现杂草繁殖的问题，使得其应用在很多国家遇到阻碍。

（3）浮床人工湿地

浮床人工湿地的显著特征是挺水植物生长在人造的浮动垫床上面，由于垫床能带着挺水植物上下浮动，因而这种系统能承受水位的阶段性变化，否则植物将不能在深水位里生存。该系统的进水管与出水管在同一水平高度相向布置，水流主要是水平流动，当水体流经浮动垫床和悬浮在水中并附着生物膜的根系时，污染物便会得到净化，因而通常被称为浮床人工湿地。

浮床人工湿地对处理流量波动性大的废水具有较大优势，如城市和农田暴雨径流等，因为这类系统对变化性水位具有较强的缓冲性。同时，由于浮床人工湿地景观效果好、建设成本低，不仅可以净化和修复富营养化的湖泊和水库，而且成为城市水路系统进一步提升的重要选择。同时，由垫床提供的阴影区域在一定程度上也阻止了水中微藻的过度繁殖。

2.6.2　潜流人工湿地

潜流人工湿地主要是指水流在多孔介质内流动的湿地系统，与表面流人工湿地系统相比的核心不同点在于该系统的湿地介质构成。依据潜流人工湿地系统中水流方式的不同可以再细分为水平潜流人工湿地和垂直潜流人工湿地。

（1）水平潜流人工湿地

如图 2-9 所示，在水平潜流人工湿地中，液面位于基质层以下，经预处理的污水从湿地一端进入，沿水平方向在根系层中缓慢流动，从湿地的另一端由水位控制器控制收集并排出。湿地床体中多种植如芦苇等挺水植物，且床体底部需设置防渗层，防止地下水污染。水体在湿地床体的表面下流动，能够强化湿地基质截留作用，提高微生物膜及植物根系的利用率（Vymazal, 2005）。相比于表面流人工湿地，水平潜流人工湿地的建设造价相对较高，因此一般单个湿地系统的建设面积不会大于 0.5 hm^2。然而，水平潜流人工湿地的水力负荷大，对污染物的去除效果好，对病原体及蚊蝇的控制也较好，多用于单个家庭或小区的二级污水处理（Vymazal, 2009; Vymazal and Masa, 2003; Cooper et al., 2006）。对于水平潜流人工湿地，由于液面位于基质层以下且床体表面可予以保温处理，故冬季运行效果较表面流人工湿地好，更适用于低温地区的污水处理。但对于水平潜流人工湿地的建设应用需注意堵塞问题，尤其

图 2-9　水平潜流人工湿地系统示意图

是在湿地进水区域部分，由于大量固体悬浮物及有机物的积累和微生物膜的过量繁殖，极易出现堵塞现象。对此，必要的预处理和合理的基质颗粒搭配是非常重要的（Knowles et al., 2011; Garcia et al., 2010; Blazejewski and Muratblazejewck, 1997; Turon et al., 2009）。

水平潜流人工湿地是欧洲应用最为广泛的湿地类型，且已应用于多种类型的污水处理，其中包括生活污水、工业废水、矿业废水、垃圾渗滤液、食品废水和医疗废水等（图2-10）（Nivala et al., 2007; Lesage et al., 2007; Weber et al., 2008）。

水平潜流人工湿地系统的变体如下：

①植物种植。传统水平潜流人工湿地所种植的植物一般为挺水植物，如芦苇，后来为了迎合某些特定区域的气候条件及景观因素，一些包括乔木或柳树等在内的木本植物也出现在了水平潜流人工湿地污水处理系统中。

②进水方式。水平潜流人工湿地在构造设计方面的变体还体现在进水方式上，在英国等地水平潜流人工湿地多采用进水区表面进水（非标准型水平潜流人工湿地则采用表面下进水方式），在进水区水流会沿垂直方向和水平方向同时流动，一般沿水平方向经过几米之后才能达到标准水平潜流人工湿地床体内水流的水平流动效果（图2-11）。

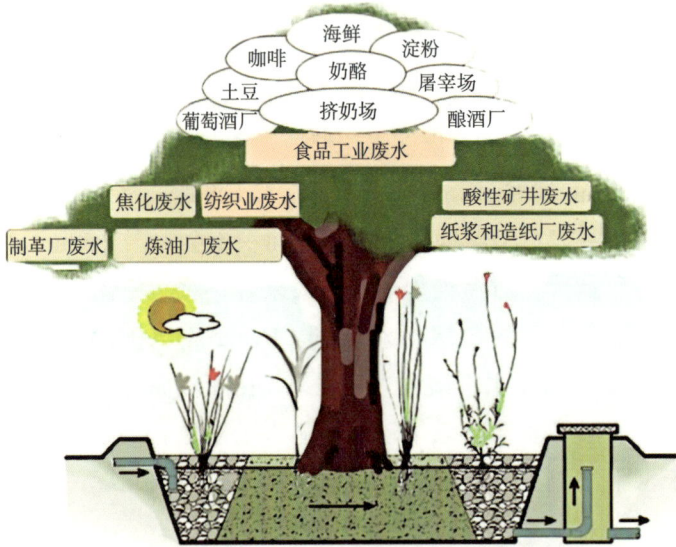

图2-10 水平潜流人工湿地处理多种废水示意图

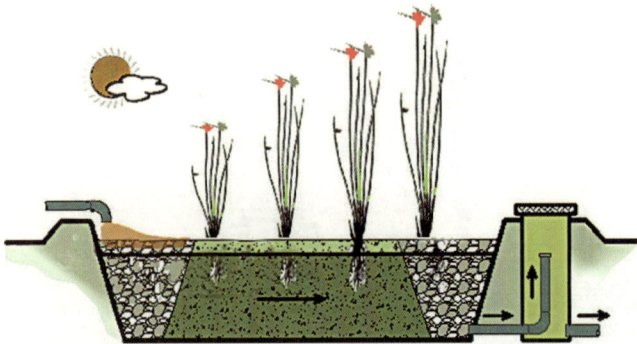

图2-11 表面进水型水平潜流人工湿地示意图

（2）下流式垂直流人工湿地

传统典型的下流式垂直流人工湿地由多孔性介质组成，水流由表面均匀布水向下自由垂直流动，基质大部分时间处于非饱和状态，植物为典型的草本挺水植物。下流式垂直流人工湿地的布水管网往往位于顶层砾石层内或者保温层下面，通过间歇式布水方式，避免污水表面溢流或者暴露。湿地床体底部多由粒径较大的砾石组成，并安装有排水管网，以增强基质的通气性。

下流式垂直流人工湿地系统的变体分类主要是基于湿地床体基质的饱和程度以及顶层基质的浸没现象。

①表面布水下流式垂直流人工湿地。该种下流式垂直流人工湿地类型的床体表面多设置一层细砂层，不采用多孔的布水管网，主要通过简单的主管道在湿地床体表面一点或几点进行布水，顶层细砂层处于间歇性淹水状态，水流自表面向下自由流动。该种类型的人工湿地源于德国 Seidel 教授起初的湿地概念，后期在英国应用较多。表面布水下流式垂直流人工湿地一般又可以分为两种应用类型：（a）法式湿地系统，该种湿地系统的进水为没有经过任何沉淀等预处理的废水原水。因长期废水原水在湿地床体表面布水后导致湿地表层堵塞，为了维持通透性，法式湿地系统多设计多个系统平行轮替运行。（b）污泥脱水人工湿地，该种类型的人工湿地主要用于污泥脱水和矿化。污泥浊液排入湿地表面后，污泥会被截留在湿地表面，而水会随着植物在风中摇摆形成的水路穿透湿地床体，由湿地床体底层的排水层排出。该人工湿地类型也采用多个系统平行轮替运行的方式，当截留在湿地表面的污泥干化后再进行下一次进水，两次进水间隔的时间应为污泥的干化期。

②暴雨径流缓冲下流式垂直流人工湿地。该种类型的人工湿地主要是针对雨水收集和处理而设计的湿地类型，其表面多设置细砂层，在下雨时由于表面细砂层下渗速度较慢，可以将雨水暂时性地收集，之后缓慢地下渗。该系统通常采用木本植物，因为它们可以更好地在非雨季耐受干旱，且在暴雨季节耐淹时间较长。

③蒸散型人工湿地。该类型人工湿地床体多处于间歇性饱和状态，采用诸如柳树等快速生长且具有高水分蒸腾速率的木本植物，将废水蒸腾处理，无任何排放。为了贮存更多的废水以满足长期蒸腾，该类人工湿地的深度通常为 2 m，比常规的垂直流人工湿地要深。

④饱和下流式垂直流人工湿地。该类型人工湿地与水平潜流人工湿地有些类似，湿地床体处于持久饱和状态，水位略低于基质表层。然而，与水平潜流湿地相比，其所能接受的单位面积进水负荷要小得多。

⑤厌氧下流式垂直流人工湿地。该类型人工湿地床体处于永久淹水状态，与上流式垂直流人工湿地系统相似，多用于矿山废水或特定工业废水的处理。

垂直流人工湿地是自 20 世纪 90 年代中期开始应用的一种人工湿地类型，近年来也逐渐应用于多种废水的处理（Brix, 1994）。虽然在垂直流湿地床的基础上衍生出了多种不同的运行方式，例如间歇表面布水垂直流湿地（Kantawanichkul et al., 2009）、循环垂直流湿地（Lavrova and Koumanova, 2010; Garcia et al., 2009）、连续下流式淹没垂直流湿地以及瞬间排水的潮汐流人工湿地（Austin et al., 2003; Sun et al., 2005），但总而言之，垂直流湿地其水流在床体中是沿垂直方向流动，而且随着进水负荷、进水频率（间歇式布水）、循环比（回流式）以及排空时间比（潮汐式）等运行参数的不同，其运行效果也有所不同（Vymazal, 2007）。由于其复氧效果优于水平潜流人工湿地，故其硝化能力较高，在对氨氮浓度较高的污水进行处理时更具优势，但其建设费用相对较高，而且容易发生堵塞（Du et al., 2010; Burgood et al., 1999）。

（3）上流式垂直流人工湿地系统

上流式垂直流人工湿地系统在设计上与下流式垂直流系统很相似，关键的不同点就在于水流方向是向上的。废水在湿地床体底部通过进水管网进入系统，并缓慢地向上流动至基质表层进而被收集和排出系统。

2.7　强化型人工湿地系统分类及命名

依前文所述，传统的人工湿地主要可分为两大类：表面流人工湿地系统和潜流人工湿地系统。潜流人工湿地系统又可根据水流在湿地床内的流动方向分为水平潜流人工湿地和垂直潜流人工湿地。与自然湿地相类似的是表面流人工湿地，其主要利用生长在植物茎秆上的生物膜来去除污染物，因而这种湿地系统难以充分发挥湿地介质及植物根系对污染物的降解作用，虽具有投资少、操作简单等优点，但处理效果差、易传播病菌、受气候影响大、冬季表层结冰、夏季易滋生蚊蝇、建设面积大（张清，2011）。潜流人工湿地系统可以充分利用填料表面生长的生物膜、丰富的植物根系及表层土和填料截流等产生的作用，具有水力负荷与污染负荷承受能力大，对 BOD_5、COD_{Cr}、TSS 等处理效果好，受气温影响较小，卫生条件好等优点，但是其建造、维护、控制相对复杂，成本相对较高（Brix, 1990）。

人工湿地床体中的氧环境与有机物、氨氮等污染物的降解去除密切相关，直接影响湿地系统对污染物的净化效果及正常运转。然而，目前应用最为广泛的水平潜流和垂直潜流人工湿地中有限的复氧能力和较差的氧环境使得氨氮的硝化过程成为湿地污水处理系统脱氮的主要限速步骤。由于传统水平潜流湿地系统在运行过程中，基质长时间处于饱和淹水状态，植物根系泌氧及大气扩散输氧成为水平潜流湿地复氧的主要途径，但大气扩散输氧率受湿地基质阻滞严重，且湿地植物的根部泌氧量有限，使得潜流湿地床体的总复氧量仅为 $1\sim8$ g/$(m^2 \cdot d)$，湿地床体整体表现为缺氧状态（Kadlec，2009）。与水平潜流相比，垂直流人工湿地床体中水流因重力作用在基质中非饱和流动可以改善湿地床体的氧环境。根据 Cooper 等（1997）的报道，垂直流人工湿地的复氧能力也仅提高至 $50\sim90$ g/$(m^2 \cdot d)$，考虑到越来越多的人工湿地被应用于高浓度污水的处理中，大量有机物降解与 NH_4^+-N 氧化去除对氧的竞争消耗关系使得垂直潜流人工湿地系统仍无法充分满足污染物降解对氧的需求。因此，提高湿地床体复氧能力、改善湿地床体中的氧环境对提高湿地污水净化效果至关重要。

在传统人工湿地的构造基础上，通过改变湿地的运行方式、内部结构等方法改善人工湿地运行效果的强化型人工湿地逐渐受到关注，典型的代表有曝气人工湿地、潮汐流人工湿地、折流潜流人工湿地以及组合人工湿地等。除了湿地结构和运行方式的改变对湿地污染物去除效果予以强化之外，人工湿地性能的强化还可以从电子供体补充、特殊基质运用以及湿地保暖等方面来进行。下文将从不同方面对强化人工湿地系统进行分类阐述。

2.7.1 表面流强化人工湿地

在少数情形下，表面流人工湿地需要设计成强化型，如将出水循环回流至处理系统进水前段或在深层区域安装曝气装置。强化型表面流湿地也正在尝试建成以生物质产出为目的的植物可收割式农场，其收割的植物可以作为畜禽养殖的饲料，同时也可以考虑种植能源作物或者观赏花卉（Meerburg et al., 2010）。除此之外，优化植物的定期收割，让植物保持最佳的生长状态、生物质产量及污染物降解效率，也可以强化表面流人工湿地污水处理效果，但这通常需要为此设计特殊的收割机器以及适当的池体结构。对于浮床人工湿地来讲，其可以通过组合曝气系统、高吸附能力介质或浮排上下水的循环抽动增加废水与植物根系的接触等方式来强化污染物的去除。在发展中国家利用该系统来改善被污染的河道，同时也可种植诸如空心菜、西洋菜等可食性植物来获得部分经济收入，补偿和促进当地居民对该系统的运行维护。

2.7.2 出水回流人工湿地

为了提高潜流人工湿地的脱氮效果，前人研究尝试了在湿地出水水质不能达标排放时将人工湿地的出水进行回流再次处理。作为一种通过改变运行方式来提高出水水质的方法，湿地出水回流加大了人工湿地的水力负荷，在一定程度上提高了水力传导速率。出水回流的过程中，人工湿地中的反硝化细菌利用原污水中的碳源将回流液中的硝态氮还原为氮气，从而达到 TN 脱除的目的。另外，这种出水回流的运行方式加强了污水中污染物同附着在植物根系与基质表面生物膜的接触，有利于提高湿地的净化效果。这种方法的好处是不会对原有湿地系统做太大改变。

表 2-2 为近 10 年来各种类型人工湿地采用出水回流技术的对比结果。由表可知，虽然报道的人工湿地回流技术在水平潜流和垂直潜流（潮汐流是垂直潜流人工湿地的一种）人工湿地中均有所应用，但仍多集中于垂直流人工湿地，回流比为 0.25~2.5。Prost–Boucle 和 Molle（2012）对湿地出水回流在法式垂直流人工湿地中的作用进行了

表2-2　人工湿地应用出水回流技术效果对比

人工湿地类型	试验规模	污水类型	湿地面积（m²）	水力负荷 [L/(m²·d)]	回流比	COD			NH₄⁺-N			备注
						进水（mg/L）	出水（mg/L）	去除率（%）	进水（mg/L）	出水（mg/L）	去除率（%）	
垂直流	中试	D	2.25	168	0.6	438±88	68±36	85	58±9	16±5	72	—
垂直流	中试	P	1	40	1	613~1193	—	43	529~1005	—	81	沸石
垂直流	中试	P	1	40	2.5	613~1193	—	48	529~1005	—	92	沸石
垂直流	中试	P	1	40	5	613~1193	—	47	529~1005	—	95	沸石
垂直流	工程	D		0.4 m/d	1	736±240	73±7	92	48±5	15±2	77	—
垂直流	工程	D		0.4 m/d	0.5	867±127	146±11	90	70±5	33±10	57	—
水平流	中试	O	45.5	69	1	6684	685	90	16.2	7.3	55	—
水平流	中试	S	2.25		0.5	458.4	63.6	85	25.1	14.9	38	—
垂直流	中试	P	4	100	0.25	440.5	190.3	56.8	111.6	64.4	42.3	—
垂直流	中试	P	4	100	0.5	410.6	136.8	66.7	101.5	56.9	43.9	—
垂直流	中试	P	4	100	1	360.6	93.4	74.1	94.5	40.6	57	—
垂直流	中试	P	4	100	1.5	330.5	61.8	81.3	85.9	32.9	61.7	—
潮汐流	小试	P	0.03	420	1	1359	337	75.2	121	63	47.9	—
潮汐流	小试	L	0.03	430	1	2464	—	77.3	121	—	61.8	—

注：回流比＝回流体积/进水体积；

D—生活污水；P—猪场废水；O—橄榄油厂废水；S—人工合成废水；L—填埋渗滤液。

研究，发现采用回流的法式人工湿地（占地面积为 1.1~1.6 m^2/p.e.）的污染物去除效果相当于一个占地面积为 2 m^2/p.e. 的传统法式垂直流人工湿，充分说明了出水回流在垂直流人工湿地中对污染物强化去除的积极作用。同时 Arias（2005）与 Ayaz（2012）等的研究证明了人工湿地出水回流技术在水平潜流 – 垂直流复合人工湿地系统中对总氮脱除的促进作用。Arias 等（2005）明确提出，垂直流人工湿地出水回流之所以能增强脱氮作用，是因为回流液中大量硝态氮与原污水中的有机物混合，在反硝化细菌的作用下被还原为 N_2 或 N_2O，从而达到脱氮目的。

出水回流在水平潜流人工湿地中的应用研究较少，且结论不一。Lavrova 和 Koumanova（2010）通过垂直流人工湿地处理垃圾填埋场渗滤液的试验发现，出水回流应用在垂直流人工湿地中是合理的设计，但是出水回流却会给水平潜流人工湿地带来过高的水力负荷进而影响处理效果。Stefanakis 和 Tsihrintzis（2009）测试了出水回流对中试规模水平潜流人工湿地污染物去除效果的影响，发现出水回流使得所有污染物去除率降低。当水平潜流人工湿地应用于特殊工业废水处理时，由于进水有机负荷太高会对湿地的植物以及床体内微生物产生抑制作用，此时湿地出水回流会对湿地进水起到稀释作用。

包涵等（2012）在探讨回流及不同回流方式对水平潜流人工湿地污染物分布及去除效果的影响研究中发现，回流湿地较无回流湿地在对氨氮、磷、总有机碳的去除率上都有所提高，而且将回流比适当提高以后（从 1∶1 提高至 1∶10），这种去除效果更加明显了，同时也发现不同回流方式对污染物的去除并无显著性差异。张涛（2011）等通过脱氮试验比较了不同回流位置（进水口、前部、中部、后部）对潜流人工湿地的氮浓度空间分布状况和氮去除效果的影响。结果表明，4 种回流与未回流处理相互之间的氨氮空间分布无明显差异，而回流位置越靠近进水口，湿地中 TN 分布浓度越低。将湿地出水按 1∶3 的回流比回流到湿地进水口，对氨氮去除率的影响差异未达到显著水平，但获得了较好的 TN 去除率（60% 以上），相比未回流处理的 TN 去除率提高了约 20%。

是否采用出水回流加强人工湿地污染物去除效果取决于湿地类型、进水负荷等多种因素，在大型实际工程应用中，出水回流需要消耗额外能量，这无疑会增加人工湿地的建设和运营成本。

2.7.3　曝气人工湿地

传统人工湿地，特别是水平潜流人工湿地中氧的主要来源为大气氧向湿地的自由扩散、进水中溶解氧和湿地植物根部输氧。然而这 3 种输氧方式往往不能满足污染物的耗氧需求，进而常常影响污水处理效率。因此，采用人工曝气的方式解决湿地床体内溶解氧不足的问题得到越来越多的肯定。曝气人工湿地是通过在湿地床体底部铺设曝气管网，利用外置曝气压缩机压缩空气至湿地床体底部扩散，进而来提高湿地氧的传输和利用效率（图 2-12）。研究发现，通过湿地内人工曝气增氧可以明显改善湿地的氧环境，使水平潜流床体的复氧能力提高到 50~100 g/（m^2·d），增强微生物的有机物分解和硝化能力，显著增强人工湿地对有机物和氨氮的去除效果（Austin and Nivala, 2009; O'Neill et al., 2011; 钟秋爽 等，2008）。但曝气过程中同样需要消耗大量能量，且运行过程中需要对曝气机进行定期维护和对曝气管路中沉积的污垢和微生物等进行定期的清洗。

人工曝气对人工湿地污水处理效果的影响研究在国内外均有报道（表 2-3），且采用曝气的人工湿地类型多为潜流人工湿地。研究结果表明，潜流人工湿地床体曝气可不同程度地增强生活污水、污染河水、试验室人工配置废水等中的氮和有机物去除效果。曝气方式最初多为连续曝气，其缺点是曝气时间长，耗能高，且由于缺少厌氧环境，反硝化作用被抑制，因而对 TN 去除效果差。为弥补连续曝气方式的不足，间歇曝气方式逐渐发展起来，该技术能为人工湿地周期性提供好氧/厌氧环境，使得湿地内可以同时发生硝化与反硝化反应，进而强化 TN 去除效果。

尽管植物根系输氧量极其有限，但是植物在人工湿地系统中所扮演的角色却是不可替代的。Ouellet–Plamondon 等（2006）研究了植被和人工曝气对人工湿地污染物去除性能的影响，结果表明，采用曝气的方式在夏季与冬季均能提高无植物人工湿地氮的去除效果，然而却不能完全补偿植物所发挥的作用，这说明植物对人工湿地的作用不止体现在根系泌氧方面，还体现在对人工湿地中植物吸收富集污染物、为微生物提供适宜生境等综合效应方面。

除了提高污染物去除能力，人工曝气还能影响人工湿地床体的悬浮固体累积情况（导致湿地堵塞），例如其既能减缓悬浮固体沉降，又能促进基质表面生物大量繁殖和累积，既有正面影响也有负面影响（Chazarenc et al., 2009）。

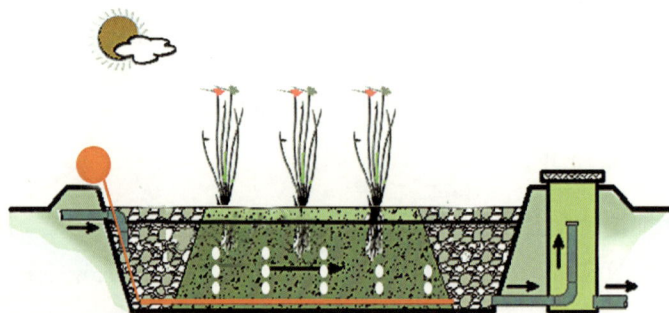

图 2-12　人工曝气水平潜流人工湿地示意图

表2-3 人工湿地应用人工曝气技术效果对比

类型	规模	污水类型	面积（m²）	水力负荷 [L/(m²·d)]	COD			NH₄⁺-N			曝气类型
					进水（mg/L）	出水（mg/L）	去除率（%）	进水（mg/L）	出水（mg/L）	去除率（%）	
垂直流	中试	D	2.25	158	438±88	52±17	86	58±9	20±4	69	间歇曝气
垂直流	中试	D	6.2	95	233±76	5.0±4.4	—	54.9±16.6	0.5±0.3	—	间歇曝气
垂直流	小试	S	0.03	70	113±6	10±13	—	40±0.4	0.4±0.9	—	间歇曝气
垂直流	小试	S	0.03	70	217±13	11±7	—	40±0.9	0.3±0.5	—	间歇曝气
垂直流	小试	S	0.03	70	429±14	17±13	—	40±0.4	0.3±0.5	—	间歇曝气
垂直流	小试	S	0.03	70	836±17	22±13	—	40±0.4	1.7±1.0	—	间歇曝气
垂直流	工程	D	2500	1600	53±29	31±19	50	5.14±3.1	—	85	间歇曝气
垂直流	小试	S	0.03	70	352±12	10±4	97	46.1±1.2	0.6±0.2	99	连续曝气
垂直流	小试	S	0.03	70	352±12	13±6	96	46.1±1.2	1.3±0.3	97	间歇曝气
垂直流	小试	R	0.018	190	65~158	20	80	3.5~10.6	1	87	连续曝气
垂直流	小试	R	0.018	190	65~158	25	78	3.5~10.6	1.9	78	间歇曝气
垂直流	小试	R	0.018	380	65~158	20	75	3.5~10.6	0.9	80	连续曝气
垂直流	小试	R	0.018	380	65~158	27	65	3.5~10.6	2.0	65	间歇曝气
垂直流	小试	R	0.018	760	65~158	25	73	3.5~10.6	2.5	65	连续曝气
垂直流	小试	R	0.018	760	65~158	32	64	3.5~10.6	3.2	54	间歇曝气
水平流	中试	D	2.1	65	570±72	—	94±0.9	35.7±9.7	—	89±7	限制曝气
水平流	中试	D	2.1	65	570±72	—	87	35.7±9.7	—	72	限制曝气

注：污水类型：D—生活污水；S—人工合成废水；R—污染河水。

2.7.4　潮汐运行人工湿地

潮汐流人工湿地是近年来发展起来的一种新型人工湿地，其运行过程中依靠床体饱和浸润面周期性变化产生的基质孔隙吸力将大气氧强迫吸入床体，可显著提高湿地床体的氧传输量和复氧能力，使得湿地内部不断形成好氧－厌氧环境，进而强化湿地对污染物的净化效果。根据 Austin 和 Nivala（2009）的研究报道，在处理相同体积污水的情况下，潮汐流人工湿地所消耗的能量及占地面积是曝气人工湿地的一半，因此认为潮汐流人工湿地在既保证了处理效果和处理量的同时，又降低了能耗，缩小了占地面积，具有很好的发展前景。

相比于传统的人工湿地，潮汐流人工湿地中氧的来源方式主要包括两部分：一部分是排空瞬间由于排水负压而进入湿地床体的氧气；另一部分是整个湿地排空期间湿地中的氧浓度低于大气氧浓度引起对流而进入湿地床体中的氧气，这种输氧方式称为对流输氧，是潮汐流人工湿地中一种独特的氧传输方式。对流输氧可以大幅度提高潮汐流人工湿地床体的复氧能力。2010 年，Wu 等（2011）首次利用封闭的室内潮汐流人工湿地，通过测定湿地床体在排水过程中吸入的气体体积与气体成分发现，潮汐流人工湿地的复氧能力可达 450 g/（$m^2 \cdot$ d），远远高于传统的潜流人工湿地和曝气人工湿地的供氧能力，证明潮汐流人工湿地具有很强的复氧能力。

人工湿地中氧的传输速率是随着时间和空间的变化而变化的，潮汐流人工湿地床的排水速度、淹水排空时间比、有机负荷、进水方式和频率等均影响湿地的瞬间排水负压及氧传输速率，进而影响湿地中的复氧能力和氧环境。李春燕（2013）年对潮汐流人工湿地氧传输及利用方式进行了研究，发现在排空时间比为 4 ∶ 4，进水 TOC 浓度（mg/L）分别为 20、100、300、600、1200 时，因氧消耗产生微小浓度梯度引起的扩散输氧量［g/（$m^2 \cdot$ d）］分别为 4、12、22、40 和 230。进水有机负荷增加时，由于大量微生物参与有机物好氧降解过程，基质中的氧浓度被迅速消耗，产生较大的氧浓度梯度，对流输氧不断增大，因此进水浓度引起的潮汐流人工湿地中氧浓度的变化不可忽略。在潮汐流人工湿地中，0~10 cm 基质层氧浓度下降不明显，主要是因为10 cm 以上的湿地床体在对流作用下基质空隙中的氧得到了部分补充，而因 10 cm 以下基质对流补充作用减弱，且 50 cm 以上基质层微生物数量较多，微生物呼吸、好氧降解污染物等活动较活跃，所以 10~50 cm 基质层氧浓度下降显著，50 cm 以下基质层氧浓度不再有明显变化，说明潮汐流人工湿地床体的氧环境随深度变化而变化。

潮汐流人工湿地在淹水状态下，微生物膜吸附的大量有机物等污染物在排空阶段可以迅速被微生物好氧降解，基质空隙中的氧浓度也因微生物的消耗而迅速下降，并且进水有机负荷越高，氧气降低幅度越大。在淹水阶段系统中会发生部分厌氧或者兼性厌氧反应，微生物在缺氧的条件下对污染物进行降解去除，而在排空阶段因氧被消耗而产生很大的氧浓度梯度，对流输氧作用不断加强，迅速补充了湿地中损耗的氧，且进水负荷越高对流输氧量越高，从而使潮汐流人工湿地表现出传统人工湿地无法比拟的优势，实现了有机污染物的高效去除。

目前，潮汐流人工湿地污水处理过程中脱氮的指导理论主要为 Sun 等学者在研究中提出的两阶段理论（1999），即潮汐流人工湿地在淹水阶段中，湿地床体基质利用自身表面的微孔及基质表面的阳离子对污水中的 NH_4^+-N 进行截留、吸附交换，使污水中的 NH_4^+-N 最大程度地附着在基质表面；在床体排空阶段，空气中的氧在排水负压的作用下迅速进入床体中的基质孔隙中，被吸入的氧在短时间内即可传输到微生物膜内部，从而完成硝化作用。在下一轮的周期性淹水阶段中，溶解氧浓度较低，基质表面的反硝化细菌可以利用进水中的有机物等作为电子供体进行反硝化作用，进而实现污水中有机物降解和 TN 的脱除（Mcbride and Tanner, 1999）。

相比于传统的潜流型人工湿地，潮汐式进出水可以在人工湿地中不断形成好氧/厌氧环境，促进湿地床体中硝化细菌生长和活性恢复，增强湿地基质微生物的硝化强度，同时因潮汐流人工湿地的硝化过程主要发生在周期性潮汐运行过程中的排空阶段，而基质对污染物的吸附和反硝化过程主要发生在淹水阶段，充分利用了潮汐流人工湿地淹水排空阶段湿地内部不同的环境对全氮进行降解（柳明慧 等，2014; Wu et al., 2001）。

表 2-4 总结了潮汐流人工湿地处理不同污水的污染物去除效果。目前对于潮汐流人工湿地的研究多停留在试验室规模上，但是对这门技术更深刻的理解必然会带来更广阔的应用前景。

潮汐流人工湿地在有机物和氨氮去除上均表现出较好的性能，Sasikala 等（1999）对比了潮汐垂直流湿地与传统垂直流湿地对生活污水的处理效果，发现潮汐作用可使 TN 和 NH_4^+-N 的去除率从 33%~47% 和 30%~37% 分别提高到 65% 和 75% 左右。吕涛等（2013）利用室内潮汐流和水平潜流人工湿地装置从微生物的角度对潮汐运行方式和湿地植物对人工湿地床体氧环境及污染物去除效果的影响进行了考察，发现潮汐流人工湿地有利于 COD_{Cr} 和 NH_4^+-N 的去除，去除率分别达到 94% 和 95%，种植灯心草的水平潜流湿地中因湿地植物吸收及根区效应等作用使其全氮去除率可达 51%，COD_{Cr} 和 NH_4^+-N 去除率分别为 76% 和 49%，无植物水平潜流湿地中 COD_{Cr}、NH_4^+-N 和 TN 去除率最差，分别约为 70%、34% 和 36%。同时，潮汐运行方式可改善湿地内部的氧环境，提高微生物活性，潮汐流人工湿地中微生物活性达到 0.3 mg/g，是水平潜流人工湿地的近 3 倍；3 组湿地中微生物的硝化作用强度与 NH_4^+-N 的去除效果呈显著正相关关系，相关系数 $r=0.89$（$p < 0.05$），表明微生物的硝化/反硝化作用是 NH_4^+-N 去除的主要途径，且硝化作用强度可作为反映湿地 NH_4^+-N 去除能力的一个重要指标。

虽然潮汐流人工湿地较高的氧利用率及较好的复氧能力可以促进硝化过程的发生，却也直接限制了反硝化过程的发生，使系统出水中富集大量的 NO_3^--N，直接限制了其对 TN 的彻底去除。此外，潮汐流人工湿地对磷吸附作用有限，使得磷的去除效果不理想。

表2-4　潮汐流人工湿地污水处理效果对比

编号	规模	类型	面积（m²）	水力负荷[L/（m²·d）]	排空时间比（h∶h）	COD 进水（mg/L）	COD 出水（mg/L）	COD 去除率（%）	NH₄⁺-N 进水（mg/L）	NH₄⁺-N 出水（mg/L）	NH₄⁺-N 去除率（%）
1	小试	S	0.025	900	3∶3	193±44	80±20	84±10	38±10	7±4	82±13
2	小试	S	0.025	900	3∶3	193±44	28±15	82±8	75±6	13±3	74±13
3	小试	S	0.025	900	3∶3	366±37	62±30	86±9	75±6	30±6	67±16
4	小试	S	0.025	900	3∶3	366±37	51±13	91±4	34±6	23±6	33±17
5	小试	P	0.112	210	1∶3	2157	1716	20	104	98	6
6	小试	P	0.112	210	1∶3	2157	1450	33	104	90	13
7	小试	P	0.112	210	1∶3	2157	1142	47	104	81	22
8	小试	P	0.112	210	1∶3	2157	918	57	104	76	27
9	小试	S	0.018	1200	1.5∶0.5	200±26	40	80	20±3	1	941
10	小试	S	0.018	1200	1.5∶0.5	200±26	40	80	20±3	1	951
11	小试	S	0.018	1200	1.5∶0.5	200±26	100	50	20±3	3	872
12	小试	S	0.018	1200	1.5∶0.5	200±26	190	5	20±3	—	—
13	小试	P	0.0071	430	1∶3	2464	559	77.3	121	46	61.8
14	小试	P	0.008	1600	3∶1	4254	1791	57.9	159.2	120.4	24.4
15	小试	P	0.008	1600	2∶2	4254	1306	69.3	159.2	117.3	26.3
16	小试	P	0.008	1600	1∶3	4254	617	85.5	159.2	81	39.0

（续）

编号	规模	类型	面积（m²）	水力负荷[L/（m²·d）]	排空时间比（h：h）	COD 进水（mg/L）	COD 出水（mg/L）	COD 去除率（%）	NH₄⁺-N 进水（mg/L）	NH₄⁺-N 出水（mg/L）	NH₄⁺-N 去除率（%）
17	小试	S	0.025	480	1.5 : 0.5	189.6	11.8	94	20.1	1.1	95
18	小试	S	0.025	480	1 : 3	246.7	50.1	79.7	27.2	20.4	24.9
19	小试	S	0.025	480	2 : 3	246.7	23.9	90.3	27.2	10.5	61.4
20	小试	S	0.025	480	3 : 3	246.7	28.1	88.6	27.2	8.7	68.1
21	小试	S	0.025	480	4 : 3	246.7	36.0	85.4	27.2	11.5	57.9
22	小试	S	0.025	480	5 : 3	246.7	36.0	85.4	27.2	10.4	61.8
23	小试	W	0.328	22.5	—	30	22	23	24.4	1.0	95.5
24	小试	S	0.007	440	6.75 : 0.5	590	252	49	42	23.5	43
25	小试	S	0.007	440	5.75 : 1.5	436	133	65	46	13.9	70
26	小试	S	0.007	440	4.75 : 2.5	552	91	83	51	2.2	96
27	小试	S	0.007	440	4.75 : 2.5	207	78	62	55	3.3	94
28	小试	S	0.007	440	4.75 : 2.5	224	64	70	52	2.2	96
29	小试	S	0.007	440	4.75 : 2.5	464	81	82	50	2.5	95
30	中试	P	40.03	120	—	2750	557	80	201	84	58
31	中试	S	8.9	191	—	428	5.2	98.7	—	—	—
32	中试	D	13.2	0.15	1 : 0.5	206±84	3.4±3.8	98	49±18	4.3±10.5	91

注：污水类型：P—猪场废水；D—生活污水；S—合成废水；W—污水处理厂二级废水。

2.7.5 跌水复氧人工湿地

跌水是一种自然的复氧方法，其不受外部动力条件的约束，运行稳定，将这种自然的方式引入人工湿地中可以极大地节省能源，在强化人工湿地运行效果的同时可以降低人工湿地的运行费用。跌水复氧人工湿地是为了提高传统类型人工湿地氧传输量和污染物去除率而发展出来的一种人工湿地，有机地结合了跌水的复氧方式。跌水复氧人工湿地不仅能减少能源消耗，节省运行成本，还可以利用丘陵地形特点进行因地制宜的设计，减少了工程造价。

跌水复氧人工湿地复氧能力与跌水高度有关。英国水污染研究实验室（1973）曾经同时在实验室和野外对跌水的复氧效应进行了系统的研究，并建立如下线性方程（司马卫平，2009）：

$$\frac{r-1}{1+0.046\,T}=1+0.38abh(1-0.11h) \tag{2-1}$$

式中　r——氧比亏；

h——跌水的自由落差（m）；

T——温度（℃）；

a——水质参数；

b——曝气系数，取值随跌水的方式改变，普通自由下落跌水为1.0，阶梯跌水为1.3，多级阶梯跌水为1.35。

$$r=\frac{C_s-C_a}{C_s-C_b} \tag{2-2}$$

式中　r——氧比亏；

C_a、C_b——跌水上、下游溶解氧浓度（mg/L）；

C_s——给定温度下的饱和溶解氧浓度（mg/L）。

此外，通过实验得到由 r 和 T 建立的一次回归曲线及方程如图2-13所示。

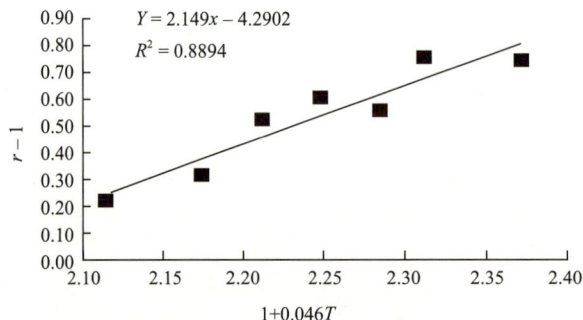

图2-13　跌水复氧效应试验中进水溶解氧与温度的关系

在本试验中，$h = 1.5\ \text{m}$，$b = 1.0$ 时，由回归方程得出 $r = 0.099T - 1.14$，从而得到跌水复氧表达式如下：

$$C_b = C_s - \frac{C_s - C_a}{0.099T - 1.14} \tag{2-3}$$

模型建立之后笔者又进行了跌水复氧检验，将实验测定值与模型计算值进行比较，验证跌水复氧模型的准确程度。通过模型分析得出复氧的预测值与实测值基本一致，并且通过分析可知：在本实验条件下，当室外温度为20~30℃，1.5 m 高的跌水复氧时，其跌水复氧效果较好，一般复氧量为 2.2~3.3 mg/L。然而本实验仅仅测试了跌水高度为1.5 m 时人工湿地的复氧能力，并没有在其他高度下进行比较。

Zou 等（2012）研究发现，多级串联的跌水复氧人工湿地的复氧能力相比传统人工湿地有显著提高，且受跌水高度的影响，每跌落 1 m，水中溶氧量能提高 2~6 mg/L。这印证了李杰（2008）的研究，后者通过跌水曝气高度、流量与复氧量关系的研究发现，增加跌水高度和曝气时间可使复氧量增加，但复氧量的增加趋势随跌水高度的增加而逐渐平缓，在 2.5 m 左右能达到较好的跌水曝气效果。表 2-5 总结了近几年跌水复氧人工湿地处理污水效果情况。因此种新型人工湿地具有投资少、运行成本低、污染物去除率高、易维护等优点，它可以作为农村污水处理的新型替代品，但由于受到场地条件和卫生条件的限制，跌水复氧技术适用范围有限。

表 2-5　跌水复氧人工湿地污水处理效果对比

编号	规模	污水类型	面积（m²）	水力负荷[L/（m²·d）]	跌水级数	COD			NH₄⁺-N		
						进水（mg/L）	出水（mg/L）	去除率（%）	进水（mg/L）	出水（mg/L）	去除率（%）
1	工程	D	56	900	4	172~239	52~130	37.5~61	30~70	15~35	36.4~72
2	小试	D	2.5	300~400	3	100~400	< 50	79~88	10~70	2.5~10	66.7~71.4
3	工程	P	1334	1200	3	313.95	125.4	59.2	64.7	40.6	35.7
4	工程	D	1067	—	5	100~400	59	62	10~45	0.83	96
5	中试	D	0.75	192	2	36~462	5~20	50~90	35~115	5~90	5~36

注：D—生活污水；P—猪场废水。

2.7.6　流向往复人工湿地

为了解决传统水平潜流人工湿地进水端容易堵塞的问题，Shen 等（2010）通过定期轮替水平潜流湿地床进水端和出水端的研究发现，该方法可提高污染物去除效率，并且通过微生物测试发现，采用这种流向往复循环运行方法的湿地床体中的微生物量要多于传统人工湿地，进而有效地防止了有机物的累积。同时与传统水平潜流人工湿地对比研究发现，在传统水平潜流人工湿地出现明显堵塞现象时，这种流向往复运行的湿地运行正常，并没有任何堵塞的征兆。

2.7.7　蚯蚓人工湿地

据美国环保局对 100 多个运行中人工湿地的调查，有将近一半的湿地系统在投入使用后的 5 年内出现了堵塞问题，其水力传导系数降低，除污效果变差，运行寿命缩短（朱洁和陈洪斌，2009）。人工湿地的堵塞问题越来越成为其应用的障碍，使得探寻相应的解决措施和预防对策十分必要且迫切。

蚯蚓在大自然生态系统中担当着分解者的角色，其发挥的作用主要有：①蚯蚓对水体中氮磷以及土壤中重金属的去除发挥着重要作用；②蚯蚓自身活动能改善土壤渗透能力；③蚯蚓产生的粪便具有类似活性炭的疏松多孔结构，对一些有机化合物以及恶臭气体具有吸附作用；④蚯蚓对微生物生长和酶活性也有一定的促进作用。

蚯蚓喜潮湿，但是遇水则逃逸，在垂直流人工湿地或潜流人工湿地中，基质一般不会一直淹水在水中，而潮湿的基质能提供给蚯蚓栖居场所且有利于蚯蚓生长繁殖。因此，为了解决或缓解人工湿地的堵塞过程，在人工湿地中引入蚯蚓逐渐得到了相关学者的关注。Chiarawatchai 和 Nuengjamnong（2009）的试验结果表明，蚯蚓能够减少40% 垂直流人工湿地内污泥累积量。Xu 等（2013）发现，蚯蚓还能提高湿地植物生物量进而提高氮、磷的去除率，但是由于植物养分含量有限，引入蚯蚓并不能显著提高污染物去除率。

2.7.8　生物强化型人工湿地

人工湿地的生物强化是指将具有某些特定代谢功能的微生物引入湿地床体，从而加速相应污染物的生物降解过程（Nurk et al., 2009; Gerard and Nathalie, 2012）。一般在人工湿地建造完成后至人工湿地污染物去除达到稳定需要较长时间，生物强化方法可以通过改善湿地床体特殊菌落以及菌群数量来缩短这个适应过程。除此之外，生物强化方法还被用于强化农药和有机化工产品等特定污染物的去除（Runes et al., 2001; Simon et al., 2004; Park et al., 2008）。

2.7.9　廊道循环人工湿地

人工湿地因为成本低的优点在过去几十年得到了广泛应用，但是在直接处理高浓度废水的时候人工湿地会出现堵塞或者处理效率低等问题。考虑到将处理水部分循环可以提高污水 TN 的去除率，彭剑峰等（2012）在处理猪场废水时研究出一种新式廊道循环人工湿地（图 2-14），其原理是在出水区域设置溢流堰使一定量已处理污水回流至进水口，在处理高负荷污水时，这种处理方法不仅能加强总氮去除，还能避免因高浓度污染物给湿地微生物及植物带来的负面影响。

(a) 平面图

(b) 剖面图

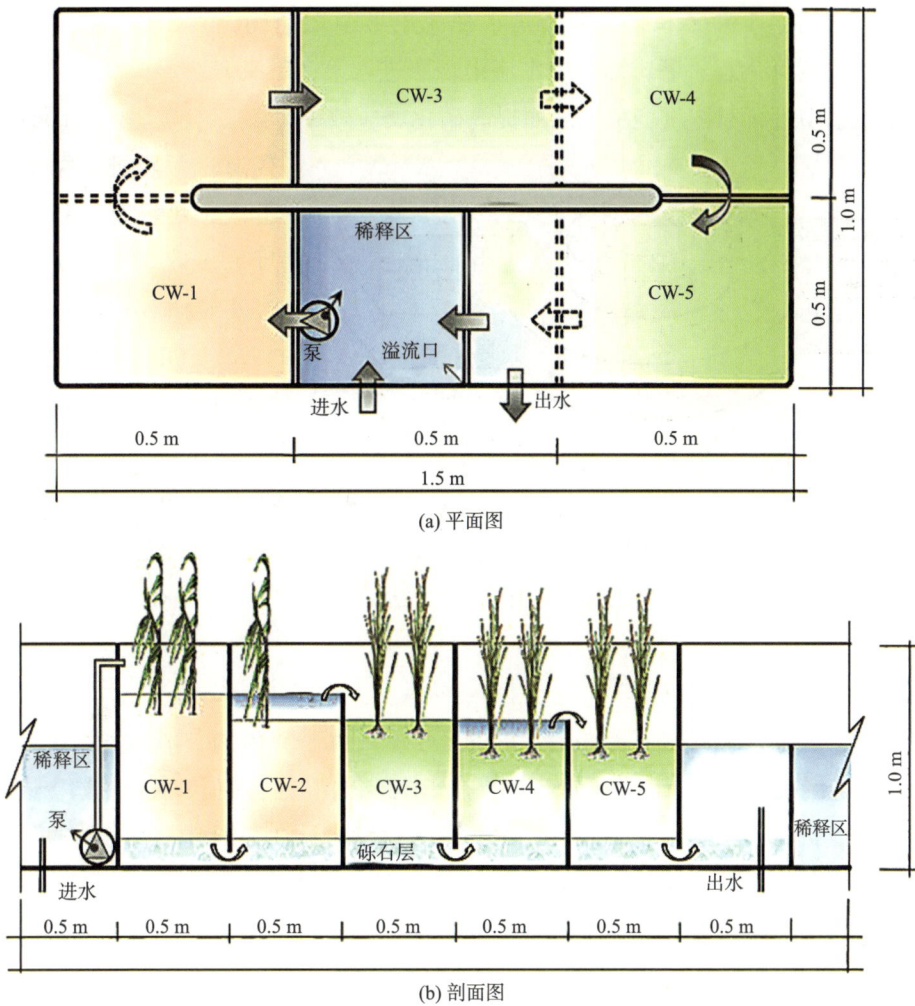

图 2-14 廊道循环人工湿地示意图

张克强等（2008）通过廊道式人工湿地系统对生活污水的处理试验，系统分析了湿地 COD 去除效果及脱氮除磷效果，结果表明，廊道式人工湿地系统在不同季节对污水中 COD、氮、磷等均有很好的去除效果，且人工湿地内水生植物的长势对 NH_4^+-N 的去除有显著影响，对磷的去除效果影响不大。刘月敏等（2008）通过廊道式人工湿地研究了该处理系统内部 NH_4^+-N 的变化规律，结果表明，廊道式人工湿地处理系统 NH_4^+-N 的平均去除率可达 88%，效率高且稳定。廊道循环人工湿地对各污染物具有较好的去除效果，且抗冲击负荷较好，同时造价低廉，十分适合农村等地分散的生活污水处理。

2.7.10 塔式复合人工湿地

为了提高脱氮效率，一种新型三阶段塔式复合人工湿地结构应运而生（Ye and Li,

2009）。它的第 1 部分和第 3 部分是水平流矩形湿地结构；第 2 部分分 3 层，呈圆形，水流呈紊流状态。塔式结构中水流由顶层进入第 2 层及底层形成瀑布溢流，水流的冲击使水中溶解氧浓度增加，从而提高硝化反应效率（图 2-15）。由于部分废水直接通过旁路进入第 2 部分并带入了足量有机物，系统的反硝化效率也有所增加。经过实验研究证明，该系统对 TSS、COD、NH$_4^+$-N、TN 和 TP 的去除率分别为 89%、85%、83%、83% 和 64%，低水力负荷和高水力负荷

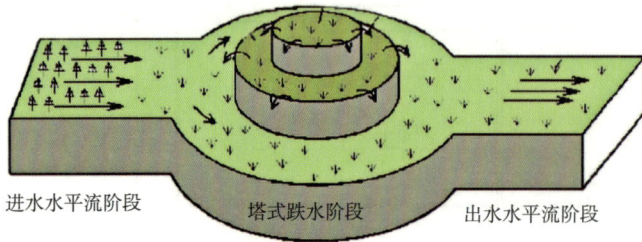

图 2-15　塔式复合人工湿地示意图

（16 cm/d 和 32 cm/d）对于塔式复合人工湿地结构的性能没有显著影响。通过硝化和反硝化速率的测定，发现硝化和反硝化过程仍是湿地脱氮的主要途径。

2.7.11　折流式人工湿地

目前，人工湿地的水流流态最常见的有水平流和垂直流两种形式，除此之外还可以通过增加湿地水流的曲折性来提高水流在床体的停留时间，避免出现短流，这种做法渐渐发展成折流人工湿地（Tee et al., 2012）。这种设计往往通过垂直方向的隔板或者隔墙将水平潜流人工湿地进行分割，使水流在总体水平方向流动的同时上下流动，增加水流与植物根系的接触面积和时间（图 2-16）。Tee 等（2012）对折流人工湿地与传统的水平潜流人工湿地进行对比研究后发现，在 2 天、3 天和 5 天的水力停留时间条件下，折流潜流人工湿地中氨氮的去除率分别可以达到 74%、84% 和 99%，均高于普通水平潜流人工湿地（55%、70% 和 96%）。折流人工湿地的处理效果虽然有所提高，但其设计过程有别于传统的水平潜流人工湿地，尤其需要注意床体底部坡度。

图 2-16　折流式人工湿地示意图

2.7.12　微生物燃料电池耦合人工湿地

典型的微生物燃料电池由厌氧室和好氧室组成，分别发生还原反应和氧化反应，假设人工湿地也由好氧区和厌氧区组成，那么这两种相似的技术结构就可以结合。微

生物燃料电池阳极本质上属于厌氧处理过程，尽可能增大阳极比表面积更易吸附电子介体，提高化学活性。而人工湿地基质具有高比表面积，加之湿地底部充分的厌氧环境为微生物燃料电池在人工湿地中的应用提供了得天独厚的有利工作条件（图2-17）（Zhao et al., 2013）。因此，在垂直流人工湿地中构建微生物燃料电池，通过湿地系统中数量丰富的微生物，形成电极－微生物生物电极效应，植物－微生物根际效应，基质－微生物生物膜效应，既可拓展有机物降解途径，又能促进微生物燃料电池的产电性能。微生物燃料电池耦合人工湿地作为一种低成本及环境友好的污水同步产电技术，显示出巨大的实际应用潜力（李先宁 等，2012）。

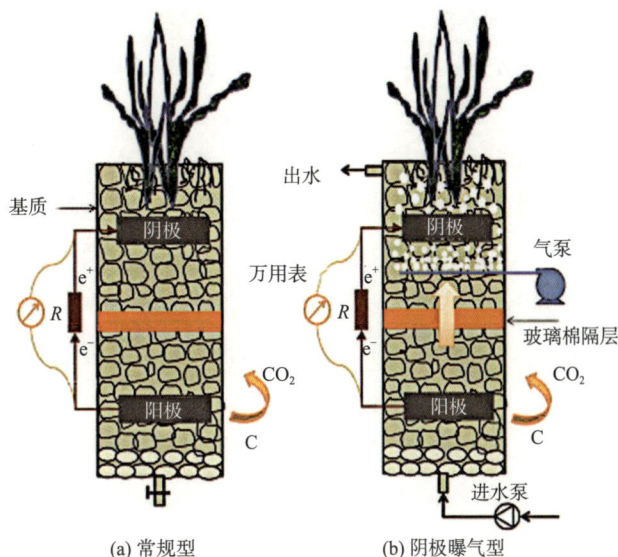

图2-17　微生物燃料电池耦合人工湿地示意图

2.7.13　电子供体强化型人工湿地

　　人工湿地中硝氮主要是通过植物根系吸收和微生物反硝化作用去除，而反硝化过程需要有机碳源作为电子供体。人工湿地系统中的有机碳源主要来自污水和植物根际释放。然而，在处理有机碳源较少但硝氮丰富的农业径流和污染地下水时，仅仅依靠植物根系分泌的碳源远不足以满足反硝化过程对有机碳源的需求。因此，向人工湿地中强化供给电子供体的方法逐渐衍生出来。

　　为增强人工湿地反硝化作用，研究人员在过去几十年间尝试往湿地中添加各种碳源，如葡萄糖、乙酸钠、甲醇、淀粉等。虽然可以显著强化硝氮的去除效果，但是这种方式使得人工湿地的运行成本非常昂贵（Sirivedhin and Gray, 2006; Li et al., 2009; Lin et al., 2002）。因此人们逐渐寻找一些可以释放碳源的替代品。植物生物质中含有大量的木质纤维素（纤维素、半纤维素和木质素），在木质纤维素分解菌的作用下可释放出单糖和其他营养元素。因此逐渐有学者将湿地植物混合添加在湿地床体基质中，作为反硝化的碳源释放源，促进人工湿地反硝化作用和增强脱氮效果。

2.7.14　电化学耦合潮汐流人工湿地

虽然潮汐流人工湿地较好的复氧能力及较高的氧利用率可以强化硝化过程的发生，使 NH_4^+-N 最大程度地被氧化为 NO_3^--N，然而这种好氧环境却直接限制了反硝化过程的发生，使湿地系统出水中富集大量的 NO_3^--N，直接限制了其对总氮的彻底脱除。同时，良好的有机物去除率，使得出水中碳源浓度很低，影响后续脱氮处理过程，必须额外添加碳源，一定程度上增加了成本与运行维护的难度。因此，如何在维持潮汐流人工湿地强硝化能力的基础上，适当调控潮汐流人工湿地的复氧量和氧化还原环境，促进总氮脱除，成为探究潮汐流人工湿地强化脱氮的重要内容。

同时，与其他的人工湿地一样，由于基质的吸附能力有限，潮汐流人工湿地中磷酸盐的去除受到限制。电解法在除磷方面存在一定的优势并具备低碳源条件下提供电子供体的潜力。鞠鑫鑫（2013）将潮汐流人工湿地技术与电解工艺相结合，设计了一种潮汐流人工湿地耦合电化学技术协同强化脱氮除磷的方法及系统（图 2-19）（Ju et al., 2014; 鞠鑫鑫，2014），通过分析其运行效果，研究污染物质在组合系统中的迁移转化规律，探讨不同因素作用下的脱氮除磷机理，分析组合系统对硝化反硝化细菌以及温室气体释放的影响，旨在充分发挥潮汐流人工湿地及电解工艺的优点，利用物理、化学和生物三重协同作用来实现对污水的高效净化，为新型人工湿地的设计及强化脱氮除磷污水净化新技术的推广提供理论依据。

结果表明，采用耦合电化学技术的潮汐流人工湿地中磷酸盐（$PO_4^{3-}-P$）去除率高逾98%，无耦合的对照组的 $PO_4^{3-}-P$ 去除率则由试验初期的 60% 降至 29%。电解组湿地系统在 $PO_4^{3-}-P$ 的去除效果上展现出的优势很大程度上归功于牺牲铁阳极产生的混凝

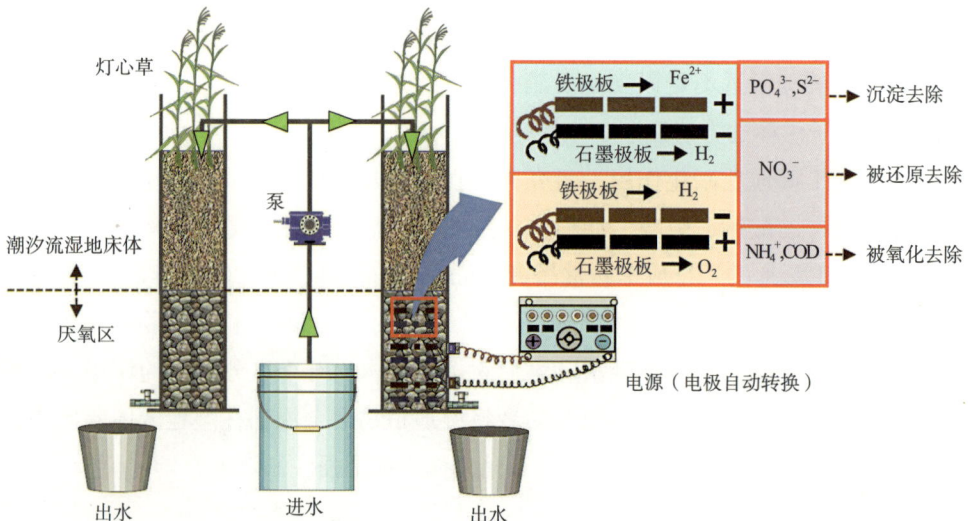

图 2-18　电化学耦合潮汐流人工湿地强化脱氮除磷系统示意图

剂，提高了基质对磷酸盐的吸附沉淀性能。同时，电解产生的 Fe^{2+} 与硫化物进行了络合沉淀，有效控制了污水处理过程中硫化物的形成，降低了硫化氢的释放。通过调节电流密度和电解时间，实现系统高效稳定除磷的同时，保证出水中不含多余的 Fe^{2+}；同时，电解组和非电解组微生物总量及分布的差异并不明显，说明了电解作用不会严重影响微生物的活性。

2.7.15　磁场强化型人工湿地

在废水处理过程中使用永磁体诱导的磁场具有无二次污染、不需要额外能源、节约成本、易于管理和操作的优点（Li et al., 2023）。研究表明，磁场可以通过影响水的理化性质，包括絮凝作用、表面张力和渗透压来促进废水的净化（图2-19）。更重要的是，磁场对微生物和微生物酶具有积极的作用。例如，磁场可能对微生物的生长和代谢产生积极影响。Zieliński 等（2017）研究表明，施加 8.1 mT 的磁场提高了好氧活性污泥中氨氧化菌的活性，可大大缩短硝化时间。Xu 等（2020）也证明了 30 mT 的磁场可以增加污泥中反硝化细菌（Zoogloea）的丰度，以及反硝化酶活性（NIR）和基因丰度（nosZ，nirS 和 nirK）。此外，Niu 等（2014）研究了低温条件下磁场（强度为30 mT）对活性污泥活性的影响，使冷适应性较好的革兰阴性菌大量富集，保证了低温反应器的抗寒性。Ji 等（2010）发现，在磁场下可以激活活性污泥和有机污染物的生物降解过程，从而提高废水处理效率。Tao 和 Zhou 的研究也表明，应用静态磁场并通过提高生物电化学活性和微生物脱氢酶活性，可以进而改善微生物燃料电池的产电和底物降解（2014）。最近的实验表明，不同的磁场强度可以刺激微生物的生长并产生更多的细胞外聚合物，强化废水处理过程（Hu et al., 2020）。

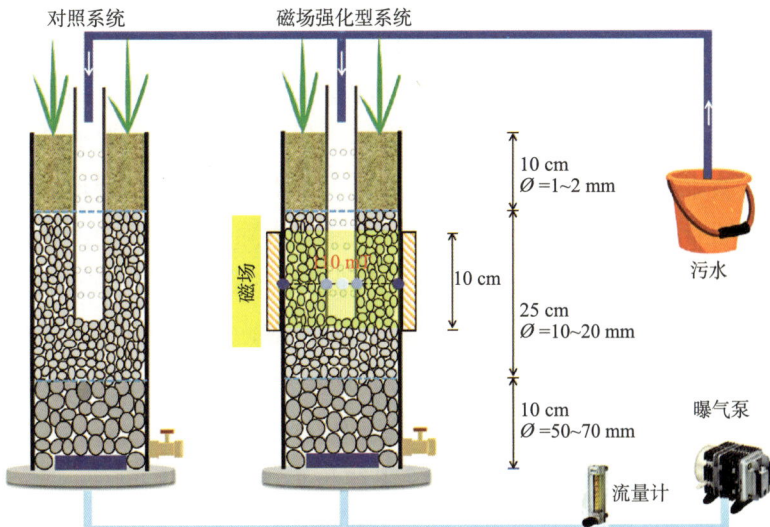

图 2-19　磁场强化型人工湿地示意图

　　Li 等（2022）开发了一种新型的磁场强化型人工湿地处理系统，并探究了磁场对提高湿地植物和微生物群落处理性能和响应的影响。结果表明，施加磁场（平均强度为 110 mT）对有机物和氮的去除效果显著增强。磁场作用下的人工湿地对 NH_4^+-N 和 TN 的去除率分别比普通人工湿地高 10.14% 和 9.16%，同时，其对 COD 的去除率也有所提高。从植物的生化特性发现，磁场对湿地植物没有造成严重的胁迫，但磁场的应用对湿地微生物群落有显著的改变。磁场暴露显著提高了硝化菌的相对丰度，分别为 *Nitrospira*（2.36%）、*Dokdonella*（0.27%）和 *Nitrosomonas*（0.17%），并且与硝化过程相关微生物酶（AMO）活性提高了 63%。

　　综上所述，在人工湿地中引入磁场可以强化生物过程中有机物和氮的去除。

2.7.16　模块化人工湿地

　　潜流人工湿地发生堵塞后，填料内部水力负荷降低，水流在湿地内停留时间延长，厌氧反应持续的时间也会延长，好氧微生物无法快速分解有机物。而在基质过滤作用下，无机物也会进一步沉淀，堵塞情况加剧，需要尽快更换填料。如何在不破坏湿地整体结构和湿地植物的前提下，快速更换填料，降低施工难度，减少工程量，同时提升填料回用率。因此，模块化人工湿地防堵塞结构设计逐渐被人们所重视。模块化人工湿地具有以下优点：①快速更换填料，提升填料回用率；②局部收割植物，提升净污效率；③提高床体含氧量，减少管道铺设；④多种填料组合灵活、拆分方便；⑤尺寸灵活，扩大推广应用范围。

　　针对人工湿地防堵塞结构设计需要，有学者提出一种填料可替换的模块化人工湿地，整体结构如图 2-20 所示，湿地的外层固定，内层可活动，便于替换填料，并为植物提供生长载体。同时，采用多个模块组合式的湿地配置，方便用来引导水流在重力作用下形成上行流、下行流，充分延长水流路径，提升水流含氧量，营造多种湿地类型。

　　此外，传统人工湿地对土地的大量需求也会影响其利用效率。因此，集约化的设计和配置策略可有效降低人工湿地土地占用率。层叠式组合人工湿地设计是一种将多层人工湿地垂直堆叠在一起的设计（图 2-21）。层叠式组合人工湿地系统通常具有模块化和紧凑的设计，不仅外观美观，而且在污染物去除效率、抗冲击载荷能力和占地面积等方面也表现出色（Fu et al., 2023）。这种设计有效利用了垂直空间，在限定土地上实现多阶段处理，减少了对土地的总体需求。同时，层叠式组合人工湿地通过其独特的污水再循环设计产生的湍流可提高湿地内部溶解氧（DO）水平，改善反硝化效果和其他处理性能，进一步提升了系统的处理效能。

　　然而，污水的再循环时间会影响层叠式组合人工湿地中的 DO 浓度。较短的再循环时间促进氧气进入湿地床层，增加水流速度。过快的再循环速度可能会减弱微生物与废水的相互作用。因此，适当控制再循环时间的流速是保证层叠式组合人工湿地效能的关键。

图 2-20　模块化人工湿地施工示意图

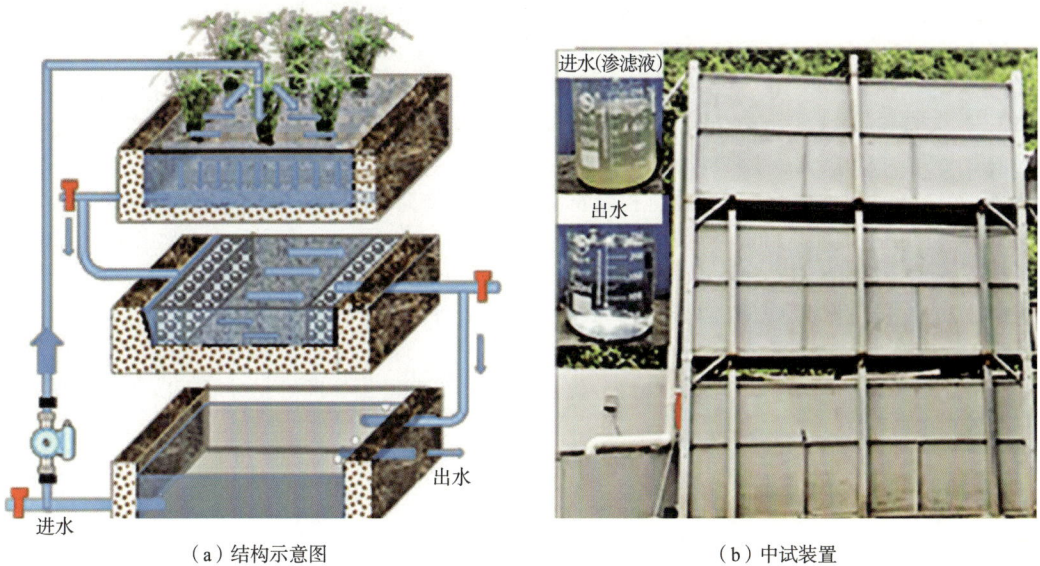

（a）结构示意图　　　　　　　　　　（b）中试装置

图 2-21　集约化人工湿地示意图

　　针对潜流人工湿地经常出现的局部堵塞问题所提出的模块化和集约化人工湿地的设计方案，有望将人工湿地技术引入住宅小区、城市道路绿化带、休闲空间等有雨水调蓄净化需求或有污水净化需求但没有较大空间来建设人工湿地的城市区域，对于提升城市雨水控制管理利用效率、推进海绵城市建设等非常有益。减少人工湿地占地面积是一个需要综合考虑技术、工程、设计、管理等方面的关键问题。总体来说，模块化的层叠和污水再循环策略通过优化策略和技术创新，使人工湿地的土地利用率得到提升，拓宽了其应用范围，对提升人工湿地性能和未来发展有积极影响。

参考文献

包涵，吴树彪，吕涛，等，2012. 回流对水平潜流人工湿地污染物分布及去除效果的影响 [J]. 中国农业大学学报，(5): 29.

潮洛蒙，李小凌，俞孔坚，2003. 城市湿地的生态功能 [J]. 城市问题，(3): 9-12.

崔理华，卢少勇，2009. 污水处理的人工湿地构建技术 [M]. 北京：化学工业出版社.

丁峰元，左本荣，庄平，等，2005. 长江口南汇潮滩湿地污水处理系统的净化功能 [J]. 环境科学与技术，28(3): 3-5.

何斌源，范航清，王瑁，等，2007. 中国红树林湿地物种多样性及其形成 [J]. 生态学报，(11): 4859-4870.

黄河湿地社会实践课题组，2007. 黄河三角洲湿地经济价值利用 [J]. 合作经济与科技，(23): 12-13.

鞠鑫鑫，2014. 潮汐流湿地耦合电化学强化脱氮除磷规律研究 [D]. 北京：中国农业大学.

李春燕，2013. 潮汐流人工湿地污水处理效果研究 [D]. 北京：中国农业大学.

李杰，钟成华，邓春光，2008. 跌水曝气高度，流量与复氧量关系研究 [J]. 环境保护科学，34(5): 39-41.

李青山，张华鹏，崔勇，等，2004. 湿地功能研究进展 [J]. 科学技术与工程，(11): 972-976.

李先宁，宋海亮，项文力，等，2012. 微生物燃料电池耦合人工湿地处理废水过程中的产电研究 [J]. 东南大学学报（英文版），28(2): 175-178.

刘峰，2011. 多级跌水复合垂直流湿地控制农村面源污染研究 [D]. 南昌：南昌大学.

刘汉湖，白向玉，夏宁，2006. 城市废水人工湿地处理技术 [M]. 徐州：中国矿业大学出版社.

刘厚田，1995. 湿地的定义和类型划分 [J]. 生态学杂志，14(4): 73-77.

刘月敏，张克强，张洪生，等，2008. 廊道式人工湿地处理污水过程中氨氮的去除效果研究 [J]. 农业工程学报，24(5): 208-212.

柳明慧，吴树彪，鞠鑫鑫，等，2014. 潮汐流人工湿地污水强化处理研究进展 [J]. 水处理技术，40(5): 10-15.

吕涛，吴树彪，柳明慧，等，2013. 潮汐流及水平潜流人工湿地污水处理效果比较研究 [J]. 农业环境科学学报，32(8): 1618-1624.

吕宪国，刘晓辉，2008. 中国湿地研究进展 [J]. 地理科学，28(3): 301-308.

欧维新，杨桂山，2009. 基于生态位的湿地生态—经济功能评价与区划方法探讨 [J]. 湿地科学，7(2): 125-129.

冉全，吕锡武，2012. 山区生活污水无动力生物，生态处理研究 [J]. 安徽农业科学，39(34): 21184-21185.

司马卫平，2009. 新型人工湿地污水处理系统复氧效果研究 [J]. 环境保护科学，35(3): 11-13.

王国平，张玉霞，2002. 水利工程对向海湿地水文与生态的影响 [J]. 资源科学，24(3): 26-30.

王化林，兰彤，1998. 湿地生物多样性 [J]. 林业勘查设计，(1): 59-59.

王继国，2007. 艾比湖湿地调节气候生态服务价值评价 [J]. 湿地科学与管理，3(2): 38-41.

吴树彪，董仁杰，2008. 人工湿地污水处理应用与研究进展 [J]. 水处理技术，34(8): 5-9.

郗敏，刘红玉，吕宪国，2006. 流域湿地水质净化功能研究进展 [J]. 水科学进展，17(4): 566-573.

肖素荣，李京东，2003. 湿地的生态功能 [J]. 生物学教学，(3): 7-8.

辛琨，谭凤仪，黄玉山，等，2006. 香港米埔湿地生态功能价值估算 [J]. 生态学报，26(6): 2020-2026.

徐德福，李映雪，方华，等，2010. 蚯蚓对人工湿地系统优化分析 [J]. 南京信息工程大学学报（自然科学版），2(3): 242-247.

闫巧丽，孙建立，2008. 水生植物在人工湿地污水处理系统中净化性能的对比试验研究 [J]. 科技创新导报，(20): 101-102.

曾贤刚，孙承泳，2002. 湿地经济价值的研究 [J]. 生态经济，(9): 51-54.

张东晓，吴树彪，宋玉丽，等，2011. 潮汐流人工湿地床污水处理效果试验研究 [J]. 中国农业大学学报，16(6): 110-116.

张锋，李自珍，惠苍，2004. 中国湿地物种多样性与生境面积关系及其生态学机理的模拟研究 [J]. 西北植物学报，24(3): 392-396.

张克强，李军幸，杨莉，等，2008. 复合厌氧折流板反应器—廊道式人工湿地系统运行效果 [J]. 农业工程学报，24(6): 226-229.

张清，2011. 人工湿地的构建与应用 [J]. 湿地科学，9(4): 373-379.

张涛，宋新山，严登华，等，2011. 不同回流位置对潜流人工湿地氮分布及去除效果的影响 [J]. 环境工程学报，5(10): 2204-2208.

章光新，郭跃东，2008. 嫩江中下游湿地生态水文功能及其退化机制与对策研究 [J]. 干旱区资源与环境，(1): 122-128.

钟秋爽，王俊玉，付卫国，2013. 厌氧—多级跌水新型人工湿地处理农村生活污水研究 [J]. 给水排水，39(9): 42-45.

钟秋爽，王世和，孙晓文，等，2008. 曝气气水比对人工湿地处理效果的影响 [J]. 环境工程，26(6): 42-44.

朱洁，陈洪斌，2009. 人工湿地堵塞问题的探讨 [J]. 中国给水排水，25(6): 24-28.

ARIAS C A, BRIX H, MARTI E, 2005. Recycling of treated effluents enhances removal of total nitrogen in vertical flow constructed wetlands [J]. Journal of Environmental Science and Health, 40(6-7): 1431-1443.

AUSTIN D C, LOHAN E, VERSON E, 2003. Nitrification and denitrification in a tidal vertical flow wetland polit[J]. Proceedings of the Water Environment Federation, 203(9): 333-357.

AUSTIN D, NIVALA J, 2009. Energy requirements for nitrification and biological nitrogen removal in engineered wetlands [J]. Ecological Engineering, 35(2): 184-192.

AYAZ S, AKTAŞ Ö, FıNDıK N, et al., 2012. Effect of recirculation on nitrogen removal in a hybrid constructed wetland system [J]. Ecological Engineering, 40: 1-5.

BEHRENDS L, BAILEY E, JANSEN P, et al., 2007. Integrated constructed wetland systems: design, operation, and performance of low-cost decentralized wastewater treatment systems [J]. Water science and technology: a journal of the International Association on Water Pollution Research, 55(7): 155-162.

BERGEN S D, BOLTON S M, 2001. Design principles for ecological engineering [J]. Ecological Engineering, 18(2): 201-210.

BLAZEJEWSKI R, MURATBLAZEJEWSKA S, 1997. Soil clogging phenomena in constructed wetlands with subsurface flow [J]. Water Science and Technology, 35(5): 183-188.

BRIX H, 1990. Gas exchange through the soil-atmosphere interphase and through dead culms of phragmites australis in a constructed reed bed receiving domestic sewage [J]. Water Research, 24(2): 259-266.

BRIX H, 1994. Functions of macrophytes in constructed wetlands [J]. Water Science & Technology, 29(4): 71-78.

BRIX H, 1994. Use of constructed wetlands in water-pollution control: historical development, persent status, and future perspectives [J]. Water Science & Technology, 30(8): 209-224.

BRIX H, ARIAS C A, 2005. The use of vertical flow constructed wetlands for on-site treatment of domestic wastewater: New Danish guidelines [J]. Ecological Engineering, 25(5): 491-500.

BRIX H, SCHIERUP H H, 1989. The use of aquatic macrophytes in water-pollution control [J]. Ambio Stockholm, 18(2): 100-107.

BULC T G, 2006. Long term performance of a constructed wetland for landfill leachate treatment [J]. Ecological Engineering, 26(4): 365-374.

BULC T, VRHOVSEK D, KUKANJA V, 1997. The use of constructed wetland for landfill leachate treatment [J]. Water Science & Technology, 35(5): 301-306.

BURGOON P S, KADLEC R H, HENDERSON M, 1999. Treatment of potato processing wastewater with engineered natural systems [J]. Water Science & Technology, 40(3): 211-215.

CHAWAKA S N, BOETS P, GOETHALS P L M, et al., 2018. Does the protection status of wetlands safeguard diversity of macroinvertebrates and birds in southwestern Ethiopia?[J]. Biological Conservation, 226: 63-71.

CHAZARENC F, GAGNON V, COMEAU Y, et al., 2009. Effect of plant and artificial aeration on solids accumulation and biological activities in constructed wetlands [J]. Ecological Engineering, 35(6): 1005-1010.

CHIARAWATCHAI N, NUENGJAMNONG C, 2009. The use of earthworms in lab-scale constructed wetlands to treat swine wastewater [J]. Thai J Vet Med, 39(2): 157-162.

CHIARAWATCHAI N, NUENGJAMNONG C, RACHDAWONG P, 2007. Potential Study of Using Earthworms as an Enhancement to Treat High Strength Wastewater [J]. Thai Journal of Veterinary Medicine, 37(4): 25-32.

COOPER P F, JOB G D, GREEN M B, et al., 2006. Reed beds and constructed wetlands for wastewater treatment [M]. Swindon, United Kingdom: WRc Publications.

COOPER P, 1993. The use of reed bed systems to treat domestic sewage: the European design and operations guidelines for reed bed treatment systems [J]. Constructed Wetlands for Water Quality Improvement, CRC Press: 203-217.

COOPER P, SMITH M, MAYNARD H, 1997. The design and performance of a nitrifying vertical-flow reed bed treatment system [J]. Water Science and Technology, 35(5): 215-221.

DONG H Y, QIANG Z M, LI T G, et al., 2012. Effect of artificial aeration on the performance of vertical-flow constructed wetland treating heavily polluted river water [J]. J Environ Sci, 24(4): 596-601.

DU X, XU Z, WANG S, 2010. Enhanced removal of organic matter and ammonia nitrogen in a one-stage vertical flow constructed wetland system [J]. Environmental Progress & Sustainable Energy, 29(1): 60-67.

DUNNE E, CULLETON N, O'DONOVAN G, et al., 2005. An integrated constructed wetland to treat contaminants and nutrients from dairy farmyard dirty water [J]. Ecological Engineering, 24(3): 219-232.

FAN J L, LIANG S, ZHANG B, et al., 2013. Enhanced organics and nitrogen removal in batch-operated vertical flow constructed wetlands by combination of intermittent aeration and step feeding strategy [J]. Environmental Science and Pollution Research, 20(4): 2448-2455.

FAN J L, WANG W G, ZHANG B, et al., 2013. Nitrogen removal in intermittently aerated vertical flow constructed wetlands: Impact of influent COD/N ratios [J]. Bioresource Technology, 143: 461-466.

FLETCHER D E, LINDELL A H, STANKUS P T, et al., 2020. Metal accumulation in dragonfly nymphs and crayfish as indicators of constructed wetland effectiveness[J]. Environmental Pollution, 256: 113387.

FOLADORI P, RUABEN J, ORTIGARA A R C, 2013. Recirculation or artificial aeration in vertical flow constructed wetlands: A comparative study for treating high load wastewater [J]. Bioresource Technology, 149: 398-405.

FONDER N, HEADLEY T, 2013. The taxonomy of treatment wetlands: A proposed classification and nomenclature system [J]. Ecological Engineering, 51: 203-211.

FU J, ZHAO Y, YANG Y, et al., 2023. A glance of configuration-operational strategies and intensification of constructed wetland towards land-effective occupation [J]. Journal of Water Process Engineering 56: 104473.

GARCIA J, ROUSSEAU D P , MORATO J, et al., 2010. Contaminant Removal Processes in Subsurface-Flow Constructed Wetlands: A Review [J]. Critical Reviews in Environmental Science and Technology, 40(7): 561-661.

GARCIA-PEREZ A, HARRISON M, GRANT B, 2009. Recirculating Vertical Flow Constructed Wetland: Green Alternative to Treating Both Human and Animal Sewage [J]. Journal of Environmental Health, 72(4): 17-20.

GERARD M, NATHALIE C, 2012. Lab-Scale Performance Evaluation of Vertical Flow Reed Beds for the Treatment of Chlorobenzene Contaminated Groundwater [J]. Journal of Environmental Protection, 8(8A): 847-855.

HE L S, LIU H L, XI B D, et al., 2006. Enhancing treatment efficiency of swine wastewater by effluent recirculation in vertical-flow constructed wetland [J]. Journal of Environmental Sciences, 18(2): 221-226.

HEADLEY T R, TANNER C C, 2012. Constructed wetlands with floating emergent macrophytes: an innovative stormwater treatment technology [J]. Critical Reviews in Environmental Science and Technology, 42(21): 2261-2310.

HILEY P D, 1995. The reality of sewage treatment using wetlands [J]. Water Science and Technology, 32(3): 329-338.

HU Y, ZHAO Y, RYMSZEWICZ A, 2014. Robust biological nitrogen removal by creating multiple tides in a single bed tidal flow constructed wetland [J]. Science of the Total Environment, 470: 1197-1204.

HUANG X, LIU C X, GAO C F, et al., 2013. Comparison of nutrient removal and bacterial communities between natural zeolite-based and volcanic rock-based vertical flow constructed wetlands treating piggery wastewater [J]. Desalination and Water Treatment, 51(22-24): 4379-4389.

JI Y, WANG Y, SUN J, et al., 2010. Enhancement of biological treatment of wastewater by magnetic field. Bioresour [J]. Technol, 101(22): 8535-8540.

JIA L, LIU H, KONG Q, et al., 2020. Interactions of high-rate nitrate reduction and heavy metal mitigation in iron-carbon-based constructed wetlands for purifying contaminated groundwater [J]. Water research, 169: 115285.

JU X, WU S, ZHANG Y, DONG R, 2014. Intensified nitrogen and phosphorus removal in a novel electrolysis-integrated tidal flow constructed wetland system [J]. Water Research, 59: 37-45.

JUWARKAR A, OKE B, JUWARKAR A, et al., 1995. Domestic wastewater treatment through constructed wetland in India [J]. Water Science & Technology, 32(3): 291-294.

KADLEC R H, 1995. Overview: surface flow constructed wetlands [J]. Water Science & Technology, 32(3): 1-12.

KADLEC R, 2009. Comparison of free water and horizontal subsurface treatment wetlands [J]. Ecological engineering, 35(2): 159-174.

KADLEC R, WALLACE S, 2008. Treatment wetlands [M]. CRC Press.

KANTAWANICHKUL S, KLADPRASERT S, BRIX H, 2009. Treatment of high-strength wastewater in tropical vertical flow constructed wetlands planted with Typha angustifolia and Cyperus involucratus [J]. Ecological Engineering, 35(2): 238-247.

KAPELLAKIS I E, PARANYCHIANAKIS N V, TSAGARAKIS K P, et al., 2012. Treatment of olive mill wastewater with constructed wetlands [J]. Water, 4(1): 260-271.

KNOWLES P, DOTRO G, NIVALA J, et al., 2011. Clogging in subsurface-flow treatment wetlands: Occurrence and contributing factors [J]. Ecological Engineering, 37(2): 99-112.

KOZUB D, LIEHR S, 1999. Assessing denitrification rate limiting factors in a constructed wetland receiving landfill leachate [J]. Water Science & Technology, 40(3): 75-82.

LAVROVA S, KOUMANOVA B, 2010. Influence of recirculation in a lab-scale vertical flow constructed wetland on the treatment efficiency of landfill leachate [J]. Bioresource technology, 101(6): 1756-1761.

LESAGE E, ROUSSEAU D, MEERS E, et al., 2007. Accumulation of metals in a horizontal subsurface flow constructed wetland treating domestic wastewater in Flanders, Belgium [J]. Science of the Total Environment, 380(1-3): 102-115.

LI H Z, WANG S, YE J F, et al., 2011. A practical method for the restoration of clogged rural vertical subsurface flow constructed wetlands for domestic wastewater treatment using earthworm [J]. Water Science & Technology, 63(2): 283-290.

LI L, YANG Y, TAM N F Y, et al., 2013. Growth characteristics of six wetland plants and their influences on domestic wastewater treatment efficiency [J]. Ecological engineering, 60: 382-392.

LI M, ZHANG J, LIANG S, et al., 2022. Novel magnetic coupling constructed wetland for nitrogen removal: enhancing performance and responses of plants and microbial communities [J]. Sci. Total Environ, 819: 152040.

Li Q, Long Z, Wang H, et al., 2021. Functions of constructed wetland animals in water environment protection–A critical review [J]. Science of The Total Environment, 760: 144038.

LIN Y F, JING S R, WANG T W, et al., 2002. Effects of macrophytes and external carbon sources on nitrate removal from groundwater in constructed wetlands [J]. Environmental Pollution, 119(3): 413-420.

LIU C W, XUE C, YANG Y Z, et al., 2012. Novel tidal-flow constructed wetland for advanced treatment of domestic sewage [J]. China Water and Wastewater, 28(1): 10-13.

LV T, WU S, HONG H, et al., 2013. Dynamics of nitrobenzene degradation and interactions with nitrogen transformations in laboratory-scale constructed wetlands [J]. Bioresource Technology 133: 529-536.

LV T, WU S, LIU M, 2013. Comparison of Purification Performance in Tidal Flow and Horizontal Subsurface Flow Constructed Wetlands [J]. Journal of Agro-Environment Science, 32(8): 1618-1624.

MAINE M A, SUEN N, HADAD H, et al., 2006. Nutrient and metal removal in a constructed wetland for wastewater treatment from a metallurgic industry [J]. Ecological Engineering, 26(4): 341-347.

MANTOVI P, MARMIROLI M, MAESTRI E, et al., 2003. Application of a horizontal subsurface flow constructed wetland on treatment of dairy parlor wastewater [J]. Bioresource Technology, 88(2): 85-94.

MCBRIDE G B, TANNER C C, 1999. Modelling biofilm nitrogen transformations in constructed wetland mesocosms with fluctuating water levels [J]. Ecological Engineering, 14(1): 93-106.

MEERBURG B G, VEREIJKEN P H, DE VISSER W, et al., 2010. Surface water sanitation and biomass production in a large constructed wetland in the Netherlands [J]. Wetlands Ecology and Management, 18(4): 463-470.

MITSCH W J, GOSSELINK J G, 2007. Wetlands (4th Edtion) [M]. New York: Wiley Publishers.

NERALLA S, WEAVER R W, LESIKAR B J, et al., 2000. Improvement of domestic wastewater quality by subsurface flow constructed wetlands [J]. Bioresource Technology, 75(1): 19-25.

NIU C, LIANG W, REN H, et al., 2014. Enhancement of activated sludge activity by 10–50 mT static magnetic field intensity at low temperature. Bioresour. Technol, 159: 48-54.

NIVALA J, HEADLEY T, WALLACE S, et al., 2013. Comparative analysis of constructed wetlands: The design and construction of the ecotechnology research facility in Langenreichenbach, Germany [J]. Ecological Engineering, 61: 527-543.

NIVALA J, HOOS M, CROSS C, et al., 2007. Treatment of landfill leachate using an aerated, horizontal subsurface-flow constructed wetland [J]. Science of the Total Environment, 380(1): 19-27.

NIVALA J, WALLACE S, HEADLEY T, et al., 2013. Oxygen transfer and consumption in subsurface flow treatment wetlands [J]. Ecological Engineering, 61: 544-554.

NOORVEE A, POLDVERE E, MANDER U, 2005. The effect of a vertical flow filter bed on a hybrid constructed wetland system [J]. Water science & technology: a journal of the International Association on Water Pollution Research, 51(9): 137-144.

NURK K, ZAYTSEV I, TALPSEP I, et al., 2009. Bioaugmentation in a newly established LECA-based horizontal flow soil filter reduces the adaptation period and enhances denitrification [J]. Bioresource Technology, 100(24): 6284-6289.

O'NEILL A, FOY R, PHILLIPS D, 2011. Phosphorus retention in a constructed wetland system used to treat dairy wastewater [J]. Bioresource technology, 102(8): 5024-5031.

OUELLET-PLAMONDON C, CHAZARENC F, COMEAU Y, et al., 2006. Artificial aeration to increase pollutant removal efficiency of constructed wetlands in cold climate [J]. Ecological Engineering, 27(3): 258-264.

PAN J Z, ZHANG H H, LI W C, et al., 2012. Full-Scale Experiment on domestic wastewater treatment by combining artificial aeration vertical- and horizontal-flow constructed wetlands system [J]. Water Air and Soil Pollution, 223(9): 5673-5683.

PARK Y J, KO J J, YUN S L, et al., 2008. Enhancement of bioremediation by Ralstonia sp. HM-1 in sediment polluted by Cd and Zn [J]. Bioresource Technology, 99(16): 7458-7463.

PENG J, SONG Y, LIU Z, et al., 2012. Performance of a novel Circular-Flow Corridor wetland toward the treatment of simulated high-strength swine wastewater [J]. Ecological Engineering, 49: 1-9.

PERKINS J, HUNTER C, 2000. Removal of enteric bacteria in a surface flow constructed wetland in Yorkshire, England [J]. Water Research, 34(6): 1941-1947.

POE A C, PIEHLER M F, THOMPSON S P, et al., 2003. Denitrification in a constructed wetland receiving agricultural runoff [J]. Wetlands, 23(4): 817-826.

PROST-BOUCLE S, MOLLE P, 2012. Recirculation on a single stage of vertical flow constructed wetland: Treatment limits and operation modes [J]. Ecological Engineering, 43: 81-84.

REED S C, BROWN D S, 1992. Constructed wetland design: the first generation [J]. Water Environment Research: 776-781.

REUTER J E, DJOHAN T, GOLDMAN C R, 1992. The use of wetlands for nutrient removal from surface runoff in a cold climate region of california-results from a newly constructed wetland at lake tahoe [J]. Journal of Environmental Management, 36(1): 35-53.

RUNES H, JENKINS J, BOTTOMLEY P, 2001. Atrazine degradation by bioaugmented sediment from constructed wetlands [J]. Applied microbiology and biotechnology, 57(3): 427-432.

SASIKALA S, TANAKA N, WAH WAH H, et al., 2009. Effects of water level fluctuation on radial oxygen loss, root porosity, and nitrogen removal in subsurface vertical flow wetland mesocosms [J]. Ecological Engineering, 35(3): 410-417.

SCHAAFSMA J A, BALDWIN A H, STERB C A, 1999. An evaluation of a constructed wetland to treat wastewater from a dairy farm in Maryland, USA [J]. Ecological Engineering, 14(1): 199-206.

SCHOLZ M, HARRINGTON R, CARROLL P, et al., 2007. The integrated constructed wetlands (ICW) concept [J]. Wetlands, 27(2): 337-354.

SHEN C, YANG D, DONG B, 2010. A new operation mode solving clogging problems of horizontal subsurface constructed wetlands [J]. Water Science & Technology, 62(5): 1045-1051.

SIMON M A, BONNER J S, PAGE C A, et al., 2004. Evaluation of two commercial bioaugmentation products for enhanced removal of petroleum from a wetland [J]. Ecological Engineering, 22(4): 263-277.

SIRIVEDHIN T, GRAY K A, 2006. Factors affecting denitrification rates in experimental wetlands: field and laboratory studies [J]. Ecological Engineering, 26(2): 167-181.

SONGLIU L, HONGYING H, YINGXUE S, et al., 2009. Effect of carbon source on the denitrification in constructed wetlands [J]. Journal of Environmental Sciences, 21(8): 1036-1043.

STEFANAKIS A I, TSIHRINTZIS V A, 2009. Effect of outlet water level raising and effluent recirculation on removal efficiency of pilot-scale, horizontal subsurface flow constructed wetlands [J]. Desalination, 248(1): 961-976.

SUN G Z, ZHAO Y Q, ALLEN S, 2005. Enhanced removal of organic matter and ammoniacal-nitrogen in a column experiment of tidal flow constructed wetland system [J]. Journal of Biotechnology, 115(2): 189-197.

SUN G, GRAY K R, BIDDLESTONE A J, et al., 1999. Treatment of agricultural wastewater in a combined tidal flow-downflow reed bed system [J]. Water Science and Technology, 40(3): 139-146.

SUN G, ZHAO Y, ALLEN S, 2005. Enhanced removal of organic matter and ammoniacal-nitrogen in a column experiment of tidal flow constructed wetland system [J]. Journal of Biotechnology, 115(2): 189-197.

SUN G, ZHAO Y, ALLEN S, et al., 2006. Generating "tide" in pilot-scale constructed wetlands to enhance agricultural wastewater treatment [J]. Engineering in Life Sciences, 6(6): 560-565.

TANNER C C, D'EUGENIO J, MCBRIDE G B, et al., 1999. Effect of water level fluctuation on nitrogen removal from constructed wetland mesocosms [J]. Ecological Engineering, 12(1): 67-92.

TAO Q, ZHOU S, 2014. Effect of static magnetic field on electricity production and wastewater treatment in microbial fuel cells. Appl. Microbiol. Biotechnol, 98 (23): 9879-9887.

TARNOCAL C, 1980. Canadian wetland registry; proceedings of the Proceeding of a workshop on Canadian wetlands: meeting of the Natl Wetl Work Group [C]. Saskatoon, Saskat, 11-13 F.

TEE H C, LIM P E, SENG C E, et al., 2012. Newly developed baffled subsurface-flow constructed wetland for the enhancement of nitrogen removal [J]. Bioresource Technology, 104: 235-242.

TURON C, COMAS J, POCH M, 2009. Constructed wetland clogging: A proposal for the integration and reuse of existing knowledge [J]. Ecological Engineering, 35(12): 1710-1718.

U. S. EPA. 2000. Guiding principles for constructed treatment wetlands: Providing water quality and wildlife habitat [M]. EPA 843/B-00/003. U.S. EPA Office of Wetlands, Oceans, and Watersheds.

URBANC-BERCIC O, BULC T, 1995. Integrated constructed wetland for small communities [J]. Water Science & Technology, 32(3): 41-47.

VRHOVEK D, KUKANJA V, BULC T, 1996. Constructed wetland (CW) for industrial waste water treatment [J]. Water Research, 30(10): 2287-2292.

VYMAZAL J, 2005. Constructed wetlands for wastewater treatment [J]. Ecological Engineering, 25(5): 475-477.

VYMAZAL J, 2005. Horizontal sub-surface flow and hybrid constructed wetlands systems for wastewater treatment [J]. Ecological Engineering, 25(5): 478-490.

VYMAZAL J, 2007. Removal of nutrients in various types of constructed wetlands [J]. Science of the Total Environment, 380(1-3): 48-65.

VYMAZAL J, 2009. The use constructed wetlands with horizontal sub-surface flow for various types of wastewater [J]. Ecological Engineering, 35(1): 1-17.

VYMAZAL J, MASA M, 2003. Horizontal sub-surface flow constructed wetland with pulsing water level [J]. Water Science & Technology, 48(5): 143-148.

WANG R, ZHAO X, WANG T, et al., 2022. Can we use mine waste as substrate in constructed wetlands to intensify nutrient removal? A critical assessment of key removal mechanisms and long-term environmental risks [J]. Water research, 210: 118009.

WANG W, GAO J, GUO X, et al., 2012. Long-term effects and performance of two-stage baffled surface flow constructed wetland treating polluted river [J]. Ecological Engineering, 49: 93-103.

WEBER K P, GEHDER M, LEGGE R L, 2008. Assessment of changes in the microbial community of constructed wetland mesocosms in response to acid mine drainage exposure [J]. Water Research, 42(1-2): 180-188.

WU H, WANG R, YAN P, et al., 2023. Constructed wetlands for pollution control [J]. Nature Reviews Earth & Environment, 4(4): 218-234.

WU H, ZHANG J, LI P, et al., 2011. Nutrient removal in constructed microcosm wetlands for treating polluted river water in northern China [J]. Ecological Engineering, 37(4): 560-568.

WU H, ZHANG J, NGO H H, et al., 2015. A review on the sustainability of constructed wetlands for wastewater treatment: design and operation [J]. Bioresource technology, 175: 594-601.

WU M Y, FRANZ E H, CHEN S, 2001. Oxygen fluxes and ammonia removal efficiencies in constructed treatment wetlands [J]. Water Environment Research: 661-666.

WU S B, ZHANG D, LIU Q, et al., 2010. Performance optimization of a lab-scale tidal flow constructed wetland for domestic wastewater treatment [J]. Journal of China Agricultural University, 15(2): 106-113

WU S, ZHANG D, AUSTIN D, et al., 2011. Evaluation of a lab-scale tidal flow constructed wetland performance: oxygen transfer capacity, organic matter and ammonium removal [J]. Ecological Engineering, 37(11): 1789-1795.

XU D, JI HM, REN HQ, et al., 2020. Inhibition effect of magnetic field on nitrous oxide emission from sequencing batch reactor treating domestic wastewater at low temperature. J. Environ. Sci, 87: 205-212.

XU D, LI Y, HOWARD A, 2013. Influence of earthworm Eisenia fetida on removal efficiency of N and P in vertical flow constructed wetland [J]. Environmental Science and Pollution Research, 20(9): 5922-5929.

YANG Y, ZHAO Y, LIU R, et al., 2018. Global development of various emerged substrates utilized in constructed wetlands [J]. Bioresource technology, 261: 441-452.

YE F, LI Y, 2009. Enhancement of nitrogen removal in towery hybrid constructed wetland to treat domestic wastewater for small rural communities [J]. Ecological Engineering, 35(7): 1043-1050.

YEH T, WU C, 2009. Pollutant removal within hybrid constructed wetland systems in tropical regions [J]. Water Science & Technology, 59(2): 233-240.

ZHANG L Y, ZHANG L, LIU Y D, et al., 2010. Effect of limited artificial aeration on constructed wetland treatment of domestic wastewater [J]. Desalination, 250(3): 915-920.

ZHAO Y Q, SUN G, ALLEN S J, 2004. Purification capacity of a highly loaded laboratory scale tidal flow reed bed system with effluent recirculation [J]. Science of the Total Environment, 330(1-3): 1-8.

ZHAO Y Q, SUN G, LAFFERTY C, et al., 2004. Optimising the performance of a lab-scale tidal flow reed bed system treating agricultural wastewater [J]. Water Science and Technology, 50(8): 65-72.

ZHAO Y, COLLUM S, PHELAN M, et al., 2013. Preliminary investigation of constructed wetland incorporating microbial fuel cell: Batch and continuous flow trials [J]. Chemical Engineering Journal 229: 364-370.

Zieli´nski M, Cydzik-Kwiatkowska A, Zielinska M, et al., 2017. Nitrification in activated sludge exposed to static magnetic field. Water, Air, Soil Pollut, 228 (4): 126.

ZOLTAI S C, 1979. An outline of the wetland regions of Canada [C]// Proc. workshop on Canadian Wetlands, 12: 1-8.

ZOU J, GUO X, HAN Y, et al., 2012. Study of a Novel Vertical Flow Constructed Wetland System with Drop Aeration for Rural Wastewater Treatment [J]. Water, Air, & Soil Pollution, 223(2): 889-900.

3

有机物的去除机理及
影响因素

在人工湿地系统中，有机物的去除离不开物理、化学、生物的互相作用和协同作用。本章总结了人工湿地系统中有机物去除的相关最新研究进展，以便于了解在人工湿地中，各种因素（物理、化学、生物）是如何互相作用去除有机污染物的。研究人员还讨论了不同种类有机污染物的主要降解途径和影响人工湿地有机污染物去除效果的主要因素。

3.1 人工湿地中有机物的来源

人工湿地中有机物的来源有：污水中的有机质、植物根系分泌物、农药和腐殖质等。它们主要以挥发态、溶解态和固体态形式存在。小颗粒有机物通过范德华力或被大颗粒物质吸附聚集成大颗粒有机物，大颗粒有机物通过沉淀、絮凝或基质和植物根系的过滤作用被截留。挥发性有机物（volatile organic compounds, VOCs）包括芳香烃、卤代烃、脂肪烃等。由于水平潜流人工湿地基质一直处于水饱和状态，VOC 不能直接被吸附，因此 VOC 首先溶解于水中，然后被基质吸附。

农药的大量使用使农作物产量得到提升，但同时，农药使用不当或排放到水体中时，会导致水污染（Oliver et al., 2012）。人工湿地已经成为去除非点源农业污水中农药的最佳技术之一。到目前为止，表面流人工湿地已得到广泛使用，而垂直潜流人工湿地和水平潜流人工湿地也在逐步被推广使用，但具体对农药的降解研究仍较少。从目前调查的数据来看，人工湿地对于农药的去除效果很好，但是去除效果还是会因为使用不同的人工湿地类型和不同的农药类型而存在较大的差异。水解、光降解、沉淀、吸附、微生物降解、植物蒸腾作用都是去除农药的途径，但是各种去除途径在整个去除过程中发挥的程度大小决定于具体的条件，单独评价某个途径对于农药的去除贡献是很难的。目前的数据表明，植物对于农药的去除有很大的作用。农药的类别也是影响其在人工湿地中去除效果的重要因素，有机氯、甲氧基丙烯酸酯类杀菌剂、有机磷和菊酯去除率较高，而三嗪酮和脲等去除率较低（Vymazal and Brezinov, 2015）。

有机物表现出复杂的理化性质，许多具体的毒性作用在国内农业污水的常见污染物中很少遇到。因此，从潜在方面和已知方面，对特定种类的有机物的理化性质和生物效应进行全面透彻的评估，有助于优化人工湿地的设计和运行模式。

3.2 人工湿地中有机物的去除机理

人工湿地中有机物的去除可能包含多种途径。Kadlec（1989）列举了挥发、光化学氧化、沉淀、吸附和生物降解等过程，并指出它们皆是人工湿地内有机物去除的主要途径。不同有机物去除途径的相对重要性变化很大，这取决于被处理的有机污染物种类、湿地类型、具体的运行条件（如水力停留时间）、环境条件、人工湿地系统内的植物类型以及基质种类（Susarla et al., 2002）。明确的处理目标和处理效果评价是确定适当的设计和运行参数的初步要求，特别是针对有机污染物的处理，这样的评价是格外重要的。在传统的废水处理中，有机物去除的评价主要是基于 COD 和 BOD_5 值，这一方法可以追溯到 20 世纪 50 年代初（Vymazal, 2005），但现在人工湿地中对新兴痕量有机物的处理仍处于起步阶段。在下面的叙述中，有机污染物在人工湿地系统中与各种因素的关系将会得到突出体现。

3.3 人工湿地中有机物非降解去除途径

在人工湿地污水处理过程中，通过有机物的非降解去除途径（如吸附和挥发），可能仅仅是降低其污染物浓度，将污染物进行了转移。因此，在评估这些污染物潜在的环境危害时，必须充分考虑污染物从水中转移到其他介质（土壤、大气）的可能性。

3.3.1 挥发和植物蒸腾作用

湿地中污染物除了直接从水中排放到大气中（挥发）外，一些湿地植物也可以通过根系吸收污染物并通过蒸腾流将它们转移到大气中，这个过程称为植物挥发（Hong et al., 2001; Ma and Burken, 2003）。

在一些水生植物中，这种转移过程一般通过通气组织发生（Pardue, 1999）。挥发性有机物（VOCs）一般被定义为在 25℃的条件下蒸汽压力大于 2.7 Pa 的物质（NPI, 2007）。亨利系数被定义为对有机污染物的挥发作用进行预测的一项价值指标，它全面解释了挥发性污染物从水中到大气中的转移过程和程度。此外，在非饱和土壤区域，扩散过程表明 VOCs 的有效排放。直接挥发和植物挥发被认为是适合处理如丙酮和苯酚等亲水性化合物的途径（Grove and Stein, 2005; Polprasert et al., 1996），而挥发可能是挥发性疏水性化合物的重要去除途径，如低氯代苯、氯化乙烯和苯系化合物（Bankston et al., 2002; Wallace, 1999）。由于甲基叔丁基醚的特点是较低的亨利系数、高的水溶性以及在厌氧条件下的顽拗性，在处理人工湿地中的该有机物，极其可能造成该化合物释放到大气中（Deeb et al., 2000）。因此，对于一些挥发性有机物来讲，蒸腾流的吸收和挥发到大气都会通过茎叶，这可能是一个主要的污染物去除过程。

此外，由于人工湿地植被加强了水向上移动到不饱和区域发生的过程，水上移的这一区域挥发作用便会增强（Winnike et al., 2003）。如果挥发类有机物的大气半衰期是像甲基叔丁基醚一样短（在25℃的条件下为3 d），其毒理学危险度也会相对较低，同时在湿地中，水与大气之间的污染物转移可能会处于一个可控的状态。即使如此，挥发性有机物的挥发也会导致空气污染和污染物的扩散，这一事实及相应的风险评估，被认为是难以利用植物去除挥发性有机物的有力论据（Mccutcheon and Rock, 2001）。

植物挥发可能与水平潜流人工湿地系统有特殊的关联。在水平潜流人工湿地系统里，由于挥发性有机物的挥发需要通过床体的不饱和区以及水层流饱和区，这些区域可能会降低挥发污染物的传质，放缓污染物扩散率从而抑制了直接挥发，因此，污染物的直接挥发在表面流人工湿地中更加明显（Kadlec and Wallace, 2009）。

3.3.2　植物吸收

人工湿地对有机物有较强的降解能力，植物作为人工湿地的重要组成部分，其生长需要吸收大量污水中的营养物质，包括有机物、氮、磷、金属离子等。运行多年的成熟人工湿地，其内部植物具有密集的植物茎叶和强大的根区系统，可以截留、过滤污水中悬浮物以及大颗粒物质。废水中的不溶性有机物通过湿地沉淀、过滤作用，从废水中截留下来而被微生物利用；可溶性有机物则通过植物根系生物膜的吸附、吸收和生物代谢降解过程被去除（丁疆华和舒强，2000）。湿地植物的光合作用产生氧气，植物将氧气输送到根区，经过根区的扩散作用，从而在根区形成好氧、缺氧和厌氧的交替环境，能够促进硝化、反硝化作用和微生物对磷的积累作用，有助于提高人工湿地对氮、磷、有机物的去除效果。根据贺锋等（2002）研究表明，人工湿地系统中植物有利于污染物的去除，有植物的人工湿地系统对 NO_3^--N、NH_4^+-N、NO_2^--N 的去除效果明显优于无植物的人工湿地系统。

3.3.3　吸附和沉淀

吸附是由于基质与有机物分子之间产生的范德华力或其他分子间作用力，把有机物从水中剥离，替代基质表面的水分子的过程。基质吸附能力主要与基质本身特质、被吸附离子种类、pH 值、基质表面积等因素有关。溶解性有机物（DOM）包括由腐殖质（腐殖酸、富里酸等）、蛋白质降解物、植物分泌物质和湿地床中死亡生物降解物质组成（钟润生 等，2008）。DOM 是湿地中微生物碳的主要来源，DOM 可能含有羟基、氨基等活性官能团，能与多种金属离子结合，从而抑制水中颗粒物质对重金属物质的吸附作用，增强基质对重金属物质的吸附能力，同时 DOM 对提高其他污染物的溶解度，增强光解速率，提高基质对有机物的吸附能力，降低污染物对环境的毒性都有重要作用（贾陈忠 等，2012；Yamamoto et al., 2003）。

3.4　人工湿地中有机物降解去除过程

3.4.1　植物降解

"植物降解"一词在本章中指植物的代谢式降解，亦指植物酶或辅酶因子对有机污染物的降解。现已发现多种植物存在对有机物的代谢式转化过程，如芦苇、宽叶香蒲等湿地生植物和一些杨属植物（Newman and Rednolds, 2004; Wang et al., 2004）。至于哪些有机物能被植物降解，这主要取决于植物的生长和代谢特性。例如，芦苇中只存在能降解每分子含 3 个或 3 个以下氯原子的多氯联苯的酶，具有更多氯原子的多氯联苯则不会被降解。对杂交白杨和其他一些湿地植物在人工湿地中降解氯化溶剂的研究是研究植物对有机物代谢式转化的著名范例（Newman et al., 1997）。植物代谢式降解对此类污染物可能具有强力的清除作用。例如，Wang 等（2004）证明，杨树对四氯化碳污染的水具有显著的净化作用。

3.4.2　微生物降解

微生物是人工湿地去除有机物的主导者。湿地中的有机物，尤其是溶解性有机物是微生物的重要碳源，不论是合成代谢还是分解代谢，都有有机物的参与。微生物活动在酶的参与下分解代谢如式（3-1）所示，有机物 $C_xH_yO_z$ 分解成 CO_2 和 H_2O，并为微生物的合成代谢提供能量，微生物的合成代谢如式（3-2）所示，细胞合成自身组织（$C_5H_7NO_2$ 表示）（杨洋，2013）。

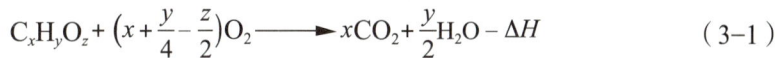

$$C_xH_yO_z + \left(x + \frac{y}{4} - \frac{z}{2}\right)O_2 \longrightarrow xCO_2 + \frac{y}{2}H_2O - \Delta H \qquad （3-1）$$

$$nC_xH_yO_z + nNH_3 + \left(x + \frac{y}{4} - \frac{z}{2} - 5\right)O_2 \longrightarrow \left(C_5H_7NO_2\right)_n + n(x-5)CO_2 + \frac{n}{2}(y-4)H_2O - \Delta H \quad （3-2）$$

如图 3-1 所示，微生物分解代谢产物可直接排入外部环境，合成代谢产物作为细胞组织进入细胞。细胞的合成和分解代谢都有酶的参与，尤其是土壤酶能促进有机质

污水中的有机污染物 $C_xH_yO_z$ ＋ O_2

代谢产物 CO_2、H_2O、NH_3 ＋ 能量

合成细胞物质 $C_5H_7NO_2$ ＋ O_2

内源呼吸产物 CO_2、H_2O、NH_3 ＋ 能量

内源呼吸残留物

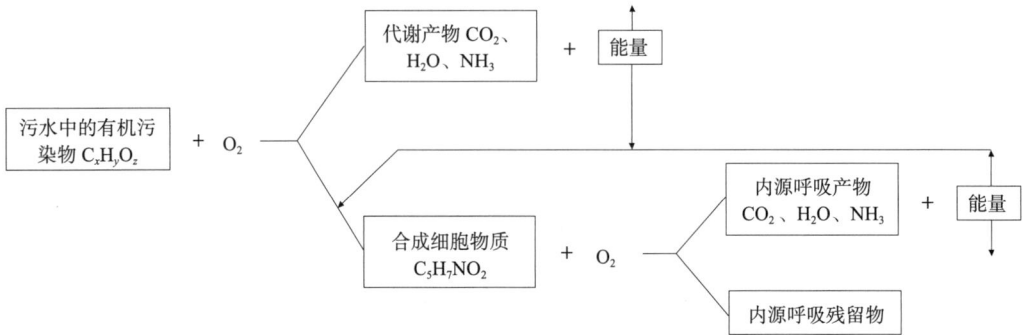

图 3-1　微生物分解与合成代谢模式图

的分解，一方面可以通过测定微生物数量及活性；另一方面可以将酶活性作为人工湿地净化效果的评价标准（岳春雷 等，2004）。

由于杀虫剂、防腐剂和农药大量使用，污染河水中出现大量如烃类、苯环类等难降解有机物，此类物质大部分由人工合成，具有毒性且难被分解，在生态环境中持续时间长，通过生物的积累和传递，对人类健康造成潜在危害。

在人工湿地中，微生物可降解污染物的种类亦与污染物的物理化学性质密切相关。事实上，对于有机物能否被降解的问题，可以从该种有机物的化学结构（如是否存在仲碳、叔碳、季碳或是官能团）上寻找答案。由于所有在斯德哥尔摩会议上被归为持久性有机污染物的物质都被指明含有氯代烷基，如何使碳氯键断裂在对人工湿地的生物治理应用上就具有了重要意义。Reddy 和 D'Angelo（1997）曾讨论过关于人工湿地中有毒有机物的消除及其指示物的问题。他们的研究表明，有毒有机物的消除主要是一个微生物介导过程，而且有好氧和厌氧两种。也有其他研究表明，部分人工湿地中有毒有机物的消除归功于微生物的降解作用。总的来讲，有助于阐明微生物降解的途径或量化有机物降解难易程度的试验资料仍然不足，但是，一些间接的办法，如吸附、挥发或是不考虑具体的过程去看总体质量的守恒变化等却常被用来评估微生物降解的贡献。

对于难降解有机物的处理方式通常有：自然修复、植物修复和微生物修复（李轶 等，2007）。自然修复是通过自然过程来隔离、破坏或降低难降解有机污染物的生物可利用性或毒性。植物修复是通过植物根系产生根际效应，微生物吸收、转化和降解水中难降解有机物。微生物修复是指利用土著微生物或投加外源微生物对难降解有机物污染物进行生物降解。作为微生物的碳源，不同种类微生物需要相互协同利用碳源，因为单一种类微生物不具备完整降解难降解有机物的酶系统，需相互协同作用，或作为非基质通过共代谢方式进行降解，从而达到去除难降解有机物的目的（毛莉 等，2007）。

3.5　人工湿地对有机物去除效果影响因素

人工湿地类型、有机物种类、氧化还原环境、溶解氧是影响人工湿地有机物净化效果的重要因素。DOM 能增强其他有机物溶解性，提高基质对 DOM 的吸附能力，氧化还原条件和电子受体浓度都能限制微生物对有机物的转化速率，提高溶解氧浓度，直接改善微生物去除有机物效果，这些因素存在复杂的关联性。氧化还原环境、溶解氧浓度受基质种类、基质深度、植物种类、种植密度及气候变化等多种因素的影响（冯琳，2009）。何起利等（2008）认为基质表层的氧化还原电位、氧化酶活性、耗氧速率均高于中下层，氧化酶活性受季节的影响，多酚氧化酶和过氧化氢酶的活性在秋季最高。

综上所述，人工湿地中有机物的去除受多因素影响。下面分别就不同的人工湿地类型、人工湿地深度、植物以及环境因素对有机物降解的影响进行阐述。

3.5.1　人工湿地类型

（1）潜流人工湿地

潜流人工湿地对有机污染物有较好的去除能力，污水中可溶性有机物通过生物膜的吸附及微生物的代谢过程去除，而不溶性有机物则通过湿地的沉淀、过滤从污水中被截留下来，被微生物、原生动物及后生动物利用（Comin et al., 1997）。

在水平潜流人工湿地中，易被生物降解的有机物可以同时通过好氧和厌氧两种途径降解，然而好氧和厌氧过程对有机物降解的定量化表征受到多种因素的影响而难以确定（Vamazal, 1999）。Ottova 等（1997）通过试验研究发现，在进入水平潜流人工湿地的待处理废水中好氧微生物数量高于厌氧微生物数量，然后在人工湿地出水中厌氧微生物的数量相对较高，这说明在水平潜流人工湿地系统中，厌氧的环境不适于好氧微生物的生存而使其逐渐衰亡。

潜流人工湿地对有机物的去除具有周年的相对稳定性，季节以及气温的变化影响相对较小。同时，由于水平潜流人工湿地常处于水饱和状态，其复氧能力较差，所以与垂直人工湿地相比，水平潜流人工湿地的有机物去除效率略低。

（2）表面流人工湿地

表面流人工湿地全年或一年中的大多数时间都有表面水存在，这使得湿地与污水接触面积较大且污水停留时间较长，因此对悬浮物和有机物去除效果理想。表面流人工湿地有机物去除途径如图 3-2 所示。

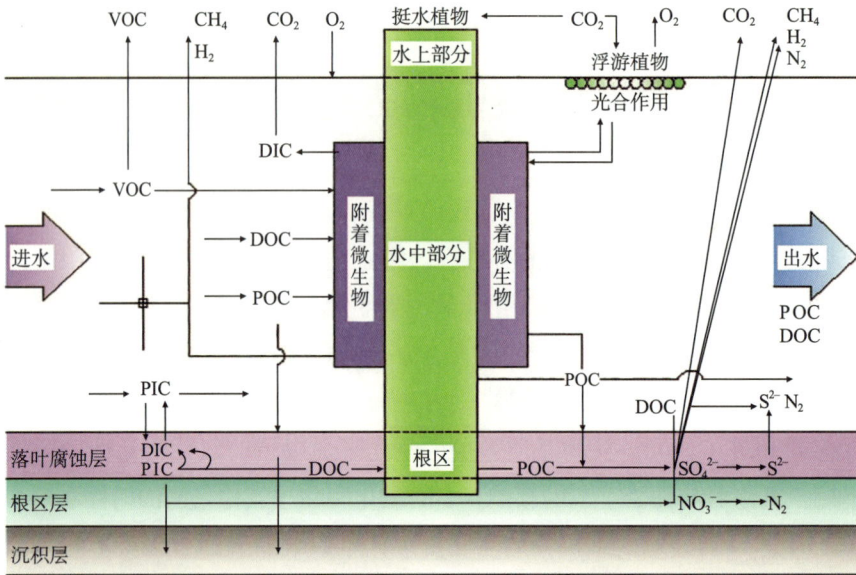

图 3-2　表面流人工湿地有机物去除途径

注：POC—颗粒有机碳；DIC—溶解无机碳；VOC；挥发有机碳；PIC—颗粒无机碳；DOC—溶解有机碳。

3.5.2　人工湿地深度

　　人工湿地的深度对有机物的去除也有一定影响，尤其是在水平潜流人工湿地中表现得更加明显。在 Paula Aguirre 等（2010）的试验中，采用 8 个平均面积为 54~56 m^2 的人工湿地处理城市污水，变量设计为：长宽比、基质粒径和湿地水深。在两年的试验运行中发现，水位较浅（水深 0.27 m）的水平潜流人工湿地对 COD、BOD_5、氨氮（NH_4^+-N）和溶解性活性磷的去除率分别是 72%~81%、72%~85%、35%~56%、8%~23%，明显优于水位较深（水深 0.5 m）的水平潜流人工湿地对其的去除率（COD 59%~64%、BOD_5 51%~57%、氨氮 18%~29%、溶解性活性磷 0~7%）。De la Varga 等（2013）在对 3 个污水来源一样的水平潜流人工湿地（深度分别为 0.3 m、0.6 m、0.6 m）观测发现，当进水负荷较高时，水位较深的人工湿地对有机物去除效果更好，而在进水负荷较低时，水位较浅的人工湿地对有机物去除效果更好。因此，人工湿地的水位深度对有机物的去除也是一个重要影响因子。在一定范围内，水位深度较浅的人工湿地对有机物的去除更加有利，但同时由于水位深浅与水力停留时间密切相关，因此，还要充分考虑到人工湿地其他因素对有机物去除的交互影响。

3.5.3　植　物

　　如前文所述，植物在人工湿地中对有机物的去除发挥着重要作用。水生植物的根茎为微生物的生长提供了巨大的表面积，植物组织为可进行光合作用的藻类、细菌和原生动物群落提供附着。微生物作用是污水中有机污染物降解的主要途径，而酶参与了微生物作用的大部分生化过程（刘顺明 等，2008）。孙广智等（1997）认为人工湿地系统在处理高浓度污水时，BOD_5 的去除分吸附和生物降解两步，吸附过程可用弗罗因德利希（Freundlich）方程描述，生物降解可用一级动力学模型表达。植物的选择是人工湿地研究的一个重点。不同植物对污染物的吸收、利用以及富集程度不同，对不同污染物不同植物之间也有差异性。成水平等（1998）、张甲耀等（1999）通过对不同植物研究表明，芦苇、灯心草、美人蕉等湿地植物根区存在大量微生物，微生物数量与氮、磷去除具有一定相关性。王全金等（2008）比较了风车草、茭白、薏苡和美人蕉的脱磷除氮的效果，表明美人蕉对氮的去除效果相对较好，茭白对磷的去除效果相对较好。除此之外，芦苇、香蒲、茭白、慈姑等都能够有效降低污水中 COD、BOD_5 浓度（贺峰和吴振斌，2003）。

（1）植物根区为好氧微生物输送氧气

在根区形成有氧区域，为好氧微生物群落提供了一个适宜的生长环境，而根区以外则适于兼性厌氧或厌氧微生物群落的生存，通过反硝化反应和厌氧发酵，使有机物得到降解。

（2）植物根系分泌物为附着微生物提供碳源和营养物质

植物可将输入根部的大部分碳水化合物释放到根际，形成根际沉积物。根际沉积物包括分泌物、黏胶质和细胞脱落物等。根际的碳沉积是连接植物、土壤和微生物的纽带，在由"植物－土壤－微生物"构成的根际微生态系统中，根际沉积物对于植物的碳素平衡、根际微生物的生长代谢至关重要。植物还会向根区释放其他化学物质，如在一些早期研究中，德国马克斯·普朗克研究所的 Seidel 博士证明，灯心草可从根部释放抗生素类物质，当污水经过灯心草植被后，一系列细菌如大肠杆菌、沙门氏菌属和肠球菌明显消失。然而，目前的研究结果还很难解释根系分泌物对微生物同时存在的促进（为微生物提供基质）以及抑制（杀菌）作用，因此还需要对其机理作用做进一步的研究（籍国东和倪晋仁，2004）。

（3）植物种类影响微生物的数量和种类

研究表明，种植芦苇的湿地系统存在优势菌属：假单胞菌属、产碱杆菌属、黄杆菌属，并且芦苇根际比香蒲更适合亚硝酸盐细菌的生长（李科德和胡正嘉，1995；项学敏等，2004）。同时，种植不同植物的湿地系统根区微生物数量不同，其湿地净化效果也不同（Vamazal，2002）。

3.5.4　环境因素

（1）温　度

温度主要是和湿地系统所处的区域有关，会随着昼夜、季节和纬度变化而发生变化。温度变化不仅影响湿地系统中微生物的代谢速率，还影响到其他重要的环境因子，如水的分层、营养循环和初级生产等。这些因子影响着微生物种群和群落的动力学乃至群落的结构和功能，从而影响有机物降解效率。因此从理论上说，温度可能会影响有机物降解效率，然而如 Vymazal（1999）基于捷克35个人工湿地系统的研究发现，BOD_5 的常年去除较为稳定，并不受温度的影响。总之，温度对于有机物在人工湿地中的去除没有直接影响，但是会影响人工湿地系统中整个生态系统的活力，从而间接影响到有机物和其他污染物的去除。

（2）溶解氧

由于湿地系统各区域溶解氧（DO）状况的不同，可分别为好氧、微好氧、兼性厌氧和厌氧的微生物提供相应的生境。水平潜流人工湿地系统内部通常为厌氧环境，在根区附近存在好氧环境。在水平潜流式人工湿地系统或升流式饱和的垂直流人工湿地系统中，好氧过程主要发生在近根部和根表面的氧化区，厌氧过程（如反硝化、硫酸盐还原和产甲烷过程）主要发生在其他深层水体的还原区。

（3）pH 值

大量研究表明，微生物受 pH 值的影响较大。在低 pH 值条件下，湿地中真菌类微生物的活性较强，而高 pH 值条件下会影响湿地系统对氮磷的去除。湿地植物在不同的 pH 值条件下其活性有所不同。pH 值的变化还会影响土壤中离子的电离，从而影响土壤对污水中有机物的吸附去除作用。

（4）盐　度

高浓度无机盐对废水生物处理的毒害作用表现为升高的环境渗透压破坏微生物的细胞膜和菌体内的酶，从而破坏微生物的生理活动。高浓度无机盐对废水生物处理的影响与无机物的类型和浓度有关，一般随着浓度升高，对生物反应速率的影响可分为刺激作用、抑制作用和毒害作用。

研究发现，高盐浓度会对生物处理系统的运行效果和系统内微生物产生不利影响。Stewart 等（1962）研究了盐度交替变化对延时曝气处理系统的影响，发现当进水从淡水变为海水盐度的咸水时，系统会出现暂时的处理效率下降。Ludzack 等（1965）研究了盐度冲击对活性污泥处理系统和污泥消化的影响，将进水盐度从 0.1 g/L 增长到 20 g/L，造成出水澄清度的降低，导致大量的污泥流失。高盐度条件下，活性污泥 BOD_5 去除率降低，同时污泥的絮凝性变坏，出水悬浮物升高，硝化细菌受到抑制。Ingram（1939）考察了盐度对杆菌的生长影响，发现当 NaCl 浓度大于 10 g/L 时，微生物呼吸速率降低。Glenn 等（1995）研究发现，同一般的生物反应器一样，盐度对湿地处理系统会起到一定的有害作用，可以引起细胞浆溶解，降低细胞的活性，导致湿地系统运行效率降低。

参考文献

成水平，夏宜争，1998. 香蒲，灯芯草人工湿地的研究：净化污水的机理 [J]. 湖泊科学，10(2): 66-71.

丁疆华，舒强，2000. 人工湿地在处理污水中的应用 [J]. 农业环境保护，19(5): 320-321.

冯琳，2009. 潜流人工湿地中有机污染物降解机理研究综述 [J]. 生态环境学报，18(5): 2006-2010.

何起利，梁威，贺锋，等，2008. 复合垂直流人工湿地基质氧化还原酶活性研究 [J]. 应用与环境生物学报，14(1): 94-98.

何起利，梁威，贺锋，等，2008. 人工湿地氧化还原特征及其与微生物活性相关性 [J]. 华中农业大学学报，26(6): 844-849.

贺锋，吴振斌，2003. 水生植物在污水处理和水质改善中的应用 [J]. 植物学通报，20(6): 641-647.

贺锋，吴振斌，付贵萍，等，2002. 复合构建湿地运行初期理化性质及氮的变化 [J]. 长江流域资源与环境，11(3): 279-283.

籍国东，倪晋仁，2004. 人工湿地废水生态处理系统的作用机制 [J]. 环境污染治理技术与设备，5(6): 71-75.

贾陈忠，孔淑琼，张彩香，2012. 溶解性有机物的特征及对环境污染物的影响 [J]. 广州化工，40(3): 98-100.

李科德，胡正嘉，1995. 芦苇床系统净化污水的机理 [J]. 中国环境科学，15(2): 140-144.

李轶，李晶，胡洪营，等，2008. 难降解有机物污染底质原位修复技术研究进展 [J]. 生态环境，17(6): 2482-2487.

刘顺明，陈嘉川，杨桂花，2008. 造纸废水处理新思路：人工湿地系统 [J]. 湖北造纸，(4): 34-37.

毛莉，唐玉斌，陈芳艳，等，2007. 难降解有机物污染水体微生物修复研究进展 [J]. 净水技术，26(1): 34-38.

孙广智，1997. 下行流芦苇床污水处理试验研究与设计方程 [J]. 中国给水排水，(1): 4-6.

王全金，李丽，李忠卫，2008. 四种植物潜流人工湿地脱氮除磷的研究 [J]. 环境污染与防治，30(2): 33-36.

项学敏，宋春霞，李彦生，等，2004. 湿地植物芦苇和香蒲根际微生物特性研究 [J]. 环境保护科学，30(124): 35-38.

杨洋，2013. 人工湿地去除污染河水有机物的研究 [D]. 西安：西安建筑科技大学.

岳春雷，常杰，葛滢，等，2004. 人工湿地基质中土壤酶空间分布及其与水质净化效果之间的相关性 [J]. 科技通报，20(2): 112-115.

张甲耀, 夏盛林, 邱克明, 等, 1999. 潜流型人工湿地污水处理系统氮去除及氮转化细菌的研究 [J]. 环境科学学报, 19(3): 323-327.

钟润生, 张锡辉, 管运涛, 等, 2008. 三维荧光指纹光谱用于污染河流溶解性有机物来源示踪研究 [J]. 光谱学与光谱分析, 28(2): 347-351.

AGUIRRE P, OJEDA E, GARCIA J, et al., 2005. Effect of water depth on the removal of organic matter in horizontal subsurface flow constructed wetlands [J]. Journal of Environmental Science and Health, 40(6-7): 1457-1466.

BANKSTON J L, SOLA D L, KOMOR A T, et al., 2002. Degradation of trichloroethylene in wetland microcosms containing broad-leaved cattail and eastern cottonwood [J]. Water Research, 36(6): 1539-1546.

COMIN F A, ROMERO J A, ASTORGA V, et al., 1997. Nitrogen removal and cycling in restored wetlands used as filters of nutrients for agricultural runoff [J]. Water Science & Technology, 35(5): 255-261.

DE LA VARGA D, RUIZ I, SOTO M, 2013. Winery Wastewater Treatment in Subsurface Constructed Wetlands with Different Bed Depths [J]. Water, Air, & Soil Pollution, 224(4): 1-13.

DEEB R A, SCOW K M, ALVAREZ-COHEN L, 2000. Aerobic MTBE biodegradation: an examination of past studies, current challenges and future research directions [J]. Biodegradation, 11(2-3): 171-185.

GLENN E, THOMPSON T L, FRYE R, et al., 1995. Effects of salinity on growth and evapotranspiration of Typha domingensis Pers [J]. Aquatic Botany, 52(1): 75-91.

GROVE J K, STEIN O R, 2005. Polar organic solvent removal in microcosm constructed wetlands [J]. Water Research, 39(16): 4040-4050.

HONG M S, FARMAYAN W F, DORTCH I J, et al., 2001. Phytoremediation of MTBE from a groundwater plume [J]. Environmental Science & Technology, 35(6): 1231-1239.

INGRAM M, 1939. The Endogenous Respiration of Bacillus cereus: The Effect of Salts on the Rate of Absorption of Oxygen [J]. Journal of Bacteriology, 38(6): 613.

KADLEC R H, 1989. Hydrologic factors in wetland water treatment [J]. Constructed wetlands for wastewater treatment: Municipal, industrial and agricultural: 21-40.

KADLEC R H, WALLACE S, 2009. Treatment wetlands [M]. CRC press.

LUDZACK F, NORAN D, 1965. Tolerance of high salinities by conventional wastewater treatment processes [J]. Water Pollution Control Federation, 37(10): 1404-1416.

MA X, BURKEN J G, 2003. TCE diffusion to the atmosphere in phytoremediation applications [J]. Environmental Science & Technology, 37(11): 2534-2539.

MCCUTCHEON S C, ROCK S A, 2001. Phytoremediation: state of the science conference and other developments [J]. International Journal of Phytoremediation, 3(1): 1-11.

NEWMAN L A, REYNOLDS C M, 2004. Phytodegradation of organic compounds [J]. Current Opinion in Biotechnology, 15(3): 225-230.

NEWMAN L A, STRAND S E, CHOE N, et al., 1997. Uptake and biotransformation of trichloroethylene by hybrid poplars [J]. Environmental Science & Technology, 31(4): 1062-1067.

OLIVER D P, KOOKANA R S, ANDERSON J S, et al., 2012. Off-site transport of pesticides in dissolved and particulate forms from two land uses in the Mt. Lofty Ranges, South Australia [J]. Agricultural Water Management, 106: 78-85.

OTTOV V, BALCAROV J, VYMAZAL J, 1997. Microbial characteristics of constructed wetlands [J].

Water Science & Technology, 35(5): 117-123.

PARDUE J H, 1999. Remediating chlorinated solvents in wetlands: natural processes or an active approach [C]. Second International Conference on Wetlands & Remediation.

POLPRASERT C, DAN N, THAYALAKUMARAN N, 1996. Application of constructed wetlands to treat some toxic wastewaters under tropical conditions [J]. Water Science & Technology, 34(11): 165-171.

REDDY K, D'ANGELO E, 1997. Biogeochemical indicators to evaluate pollutant removal efficiency in constructed wetlands [J]. Water Science & Technology, 35(5): 1-10.

STEWART M J, LUDWIG H F, KEARNS W H, 1962. Effects of varying salinity on the extended aeration process [J]. Water Pollution Control Federation, 34(11): 1161-1177.

SUSARLA S, MEDINA V F, MCCUTCHEON S C, 2002. Phytoremediation: an ecological solution to organic chemical contamination [J]. Ecological Engineering, 18(5): 647-658.

VYMAZAL J, 1999. Removal of BOD in constructed wetlands with horizontal sub-surface flow: Czech experience [J]. Water Science & Technology, 40(3): 133-138.

VYMAZAL J, 2002. The use of sub-surface constructed wetlands for wastewater treatment in the Czech Republic: 10 years experience [J]. Ecological Engineering, 18(5): 633-646.

VYMAZAL J, 2005. Horizontal sub-surface flow and hybrid constructed wetlands systems for wastewater treatment [J]. Ecological Engineering, 25(5): 478-490.

VYMAZAL J, BŘEZINOV T, 2015. The use of constructed wetlands for removal of pesticides from agricultural runoff and drainage: A review [J]. Environment International, 75: 11-20.

WALLACE S, 1999. On-site remediation of petroleum contact wastes using subsurface-flow wetlands[C]. Second International Conference on Wetlands & Remediation: 125-132.

WANG X, DOSSETT M P, GORDON M P, et al., 2004. Fate of carbon tetrachloride during phytoremediation with poplar under controlled field conditions [J]. Environmental Science & Technology, 38(21): 5744-5749.

WINNIKE-MCMILLAN S, ZHANG Q, DAVIS L, et al., 2003. Phytoremediation of Methyl Tertiary-Butyl Ether [M]. Water Encyclopedia.

YAMAMOTO H, LILJESTRAND H M, SHIMIZU Y, et al., 2003. Effects of physical-chemical characteristics on the sorption of selected endocrine disruptors by dissolved organic matter surrogates [J]. Environmental Science & Technology, 37(12): 2646-2657.

4

氮的去除机理及
强化措施

>> **4.1 人工湿地脱氮机理**
>> **4.2 人工湿地脱氮影响因素**
>> **4.3 人工湿地强化脱氮措施**

　　随着自然水体富营养化程度的加剧，污染水体中氮的去除成为日益紧迫的问题，而湿地在自然水体富营养化的防治中有重要作用，天然湿地再辅以合理的人工举措后可大大提高污染物去除效率和生态效应，其中氮的去除是人工湿地的一项重要功能，对人工湿地处理污水中氮去除机理的系统总结可为人工湿地的可持续设计和运行管理提供理论依据。

4.1　人工湿地脱氮机理

　　人工湿地系统通过多种机理协同去除污水中的氮，这些机理主要包括物理、化学和生物等方面（表4-1）。

表4-1　人工湿地中的氮去除机理（卢少勇 等，2006）

脱氮机理	方式	具体描述
物理	沉积 挥发	固体物质的重力沉淀，通常对湿地中氮去除的影响很小 氨气从湿地中挥发，pH 值是影响湿地中氨氮挥发的重要因素
化学	吸附	氨氮吸附通常是快速可逆的，但并非湿地中氮去除的长期途径
生物	微生物作用 植物吸收	氨化和硝化-反硝化过程，低氮条件下植物摄取的氮量较显著

　　在防渗人工湿地系统中，如果忽略人工湿地和周围水体氮交换的条件下，人工湿地中氮的循环与转化途径示意图如图4-1所示，主要包括有机氮的氨化、氨氮挥发、生物硝化反硝化、植物微生物组织摄取、基质吸附和厌氧氨氧化等多种物理、化学以及生物过程（Bohlke et al., 2006; Vymazal, 2007）。其中，基质的吸附沉淀在特殊基质湿地或者湿地使用初期具有较好作用，但对于长期运行的成熟人工湿地来讲，微生物作用下氮的转化和去除一直被认为是氮去除的主要途径（Gray et al., 2000; Cui et al., 2003; Garcia et al., 2010）。其他如厌氧氨氧化等氮的去除途径，理论上可能在处理高氨氮废水人工湿地中具有较大的贡献（Shipin et al., 2005; Paredes, et al., 2007; Zhu et al., 2010; Dong and Sun, 2007）。

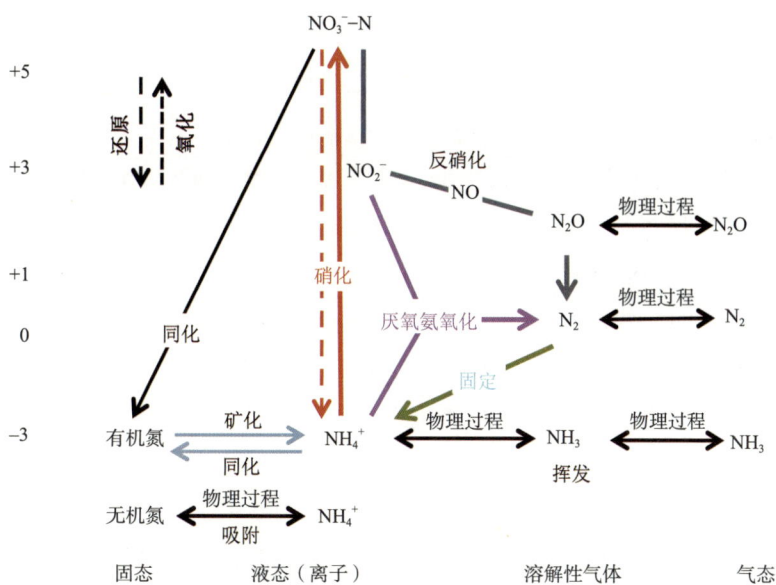

图 4-1　人工湿地系统氮循环转化途径示意图

4.1.1　硝化过程

硝化作用是指氨氮在微生物作用下被氧化为亚硝态氮并进一步被氧化为硝态氮的过程。硝化作用主要由自养型细菌分两阶段完成，其反应的化学式表达见式（4-1）~式（4-3）。

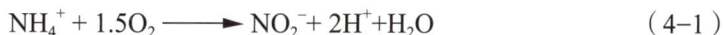

$$NH_4^+ + 1.5O_2 \longrightarrow NO_2^- + 2H^+ + H_2O \tag{4-1}$$

$$NO_2^- + 0.5O_2 \longrightarrow NO_3^- \tag{4-2}$$

总反应式为：

$$NH_4^+ + 2O_2 \longrightarrow NO_3^- + 2H^+ + H_2O \tag{4-3}$$

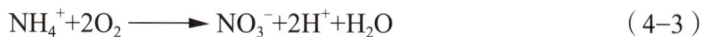

硝化反应的第一阶段为亚硝化过程，即氨氮被氧化为亚硝态氮的阶段。参与这个阶段活动的亚硝酸细菌主要有 5 个属：亚硝化毛杆菌属（*Nitrosomonas*）、亚硝化囊杆菌属（*Nitrosocystis*）、亚硝化球菌属（*Nitrosococcus*）、亚硝化螺菌属（*Nitrosospira*）和亚硝化肢杆菌属（*Nitrosogloea*）。其中，尤以亚硝化毛杆菌属的作用居主导地位。第二阶段为硝化过程，即亚硝态氮被氧化为硝态氮的阶段。参与这个阶段活动的硝化细菌主要有 3 个属：硝酸细菌属（*Nitrobacter*）、硝酸刺菌属（*Nitrospina*）和硝酸球菌属（*Nitrococcus*）。其中以硝酸细菌属为主，常见的有维氏硝酸细菌（*Nitrobacter winogradskyi*）和活跃硝酸细菌（*N. agilis*）等（Hooper et al., 1997; Koops and Pommerening-Roser, 2001）。除上述的自养型微生物外，土壤中还有大量多种异养型微生物，其也能将氨和有机氮化物氧化

为 N_2O 或 N_2，且其硝化能力可能低于自养型硝化细菌。

人工湿地的设计和结构不同，氨氮的硝化去除效果也有所不同。在表面流人工湿地、垂直流人工湿地以及组合人工湿地中，均有较强的硝化过程发生且去除大量氨氮，但程度有所不同（Cooper, 2005; Andersson, et al., 2005; Kietlinska et al., 2005）。一般来讲，由于垂直流的复氧效果好于水平潜流人工湿地，故硝化作用强度一般要大于水平潜流湿地（Cottingham et al., 1999; Kadlec and Wallace, 2009）。而且运行条件的不同也影响到硝化作用强度的不同，如垂直流湿地中采用的潮汐运行方式和水平潜流湿地前期的曝气预处理均提高了系统的硝化强度（Sun et al., 2006; Sun et al., 2005; Zhao et al., 2004）。

根据化学计量学计算得知，完全硝化 1 kg 氨氮需要 4.6 kg 氧（Hammer, 1986）。Paredes 等（2007）在进行人工湿地污水处理的研究总结中发现，如果溶解氧的浓度低于 2.5 mg/L，亚硝酸盐的氧化容易被抑制从而出现浓度积累。植物虽然能够通过根系泌氧的功能在根区周围强化硝化过程，但不同种类的湿地植物其根系泌氧能力也大有不同，而且不同的氧传输速率也影响到根区硝化作用强化区域的大小（Zhu and Sikora, 1995; Munch et al., 2005; Eriksson and Andersson, 1999; Bojcevska and Tonderski, 2007）。

硝化细菌最佳的活跃温度为 28~36℃，然而在湿地污水处理的研究中发现，在温度 0~5℃时也存在显著的硝化作用（Sundberg, et al., 2007）。Cookson 等（2002）认为硝化细菌可以根据温度的变化逐渐适应环境温度并可以在低温下维持其活力。但其他相关研究普遍认为在温度低于 10℃的环境下硝化强度受到抑制，且当温度低于 6℃时硝化作用急剧下降（Xie et al., 2003）。Alleman（1985）在研究中发现，在低温情况下，氨氮氧化仍可进行但是亚硝酸盐的氧化受到抑制，致使环境中亚硝酸盐累积进而影响整个硝化过程的完成。因此，由于硝化细菌对温度的敏感性使得人工湿地中硝化作用极易受到季节变化的影响（Kuschk et al., 2003; Song et al., 2006）。

4.1.2 反硝化过程

反硝化过程是指反硝化细菌将硝酸盐（NO_3^-）中的氮（N）通过一系列中间产物（NO_2^-、NO、N_2O）还原为氮气分子（N_2）的生物化学过程。其反应过程的化学方程式见式（4-4）~式（4-8）。

$$2NO_3^- + 4H^+ \longrightarrow 2NO_2^- + 2H_2O \tag{4-4}$$

$$2NO_2^- + 4H^+ \longrightarrow 2NO + 2H_2O \tag{4-5}$$

$$2NO + 2H^+ \longrightarrow N_2O + H_2O \tag{4-6}$$

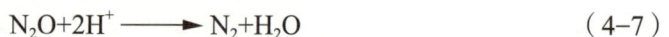
$$N_2O + 2H^+ \longrightarrow N_2 + H_2O \tag{4-7}$$

总反应式为：

$$2NO_3^- + 12H^+ \longrightarrow N_2 + 6H_2O \tag{4-8}$$

反硝化过程在自然界氮循环中具有重要意义，是氮循环的关键一环。在人工湿地污水处理方面，与硝化反应一起构成了生物脱氮的主要方式（Korom, 1992; Gruber and Sarmiento, 1997; Payne, 1976）。反硝化过程的环境制约因素包括氧环境、氧化还原电位、温度、pH 值和有机碳源等（Bremner and Shaw, 2002）。硝化作用需要复氧环境，但是反硝化作用需要厌氧环境，这使得在同一湿地环境中，理论上的同步硝化和反硝化成了制约湿地脱氮的重要因素。反硝化作用最适宜的 pH 值为 6~8。当 pH 值低于 5 时，反硝化强度虽然能够进行，但是其速率明显下降，当 pH 值低于 4 时，反硝化作用往往被完全抑制（Simek et al., 2002; Glass and Silverstein, 1998; Imek and Cooper, 2002）。反硝化作用的适宜温度为 30~35℃，温度在 2~9℃时，温度越低，反硝化作用越弱（Bachard and Home, 1999; Dawson and Murphy, 1972）。

由上述反硝化过程方程式可知，完全的反硝化过程的产物为氮气（N_2），在不完全的状态下会生成 N_2O。由于 N_2O 是一种温室气体，其全球暖化潜势等效于 CO_2 的 310 倍，尽管人工湿地中不完全反硝化的排放量对于全球的温室效应而言微不足道，但近年来也逐渐引起众多学者的重视和关注（Kuusemets et al., 2003; Fey et al., 1999; Inamori et al., 2007; Picek et al., 2007; Liikanen et al., 2006）。Teiter 和 Mander（2005）的研究发现，垂直流人工湿地中 N_2O 的释放量远远大于水平潜流人工湿地。Mander 等（2003）对水平潜流人工湿地不同部位采用封闭罩采样法测得的 N_2O 排放量在湿地入水口处明显高于其他区域，同时发现其排放速率与湿地床体内部含水率呈高度相关性。Inamori 等（2007）在小规模湿地研究中发现，N_2O 的排放具有明显的季节性变化，而且随进水有机物浓度的升高而排放量增大。

人工湿地反硝化强度因湿地运行方式、进水污染物成分组成以及湿地植物种类的不同而不同。Tanner 等（2002）对一系列试验室规模水平潜流型人工湿地的研究测得其反硝化强度为 0.47~1.99 g/（$m^2 \cdot d$）。Mayo 和 Bigambo（2005）应用数学模型对两个种有芦苇的水平潜流人工湿地进行模拟得出的反硝化强度为 0.44 g/（$m^2 \cdot d$），并且认为反硝化是永久脱氮的主要途径。Senzia 等（2003）对种有香蒲和芦苇的湿地的反硝化强度进行对比发现，种有香蒲的湿地（19.3%）的反硝化率略大于种有芦苇的湿地（15.3%），这可能与芦苇的根系泌氧量大于香蒲有关。

反硝化过程中需要有机碳源作为电子供体，因此湿地床体中有机物的积累有助于提高反硝化作用强度。Søvik 和 Mørkved 研究发现，将日常生活中的有机废弃物如树皮、秸秆等与砾石混合作为湿地基质，可以较大程度地提高湿地系统的反硝化速率，尤其是在湿地的运行初期，湿地中有机物含量较少，但这种做法也会带来潜在的问题，如有机废弃物在湿地床体中被过分腐蚀变为溶解性有机物，会增加出水中 BOD_5 负荷（Sovik and Morkved, 2008; Gok and Ottow, 1988; Catanzaro and Beauchamp, 1985）。

4.1.3　植物摄取

氮是植物生长的必需营养元素，无机氮可被人工湿地中的植物吸收合成为植物自身物质，最后通过对湿地植物地上部分定期收割可将部分无机氮从人工湿地系统中彻底去除（Tanner, 1996; Koottatep and Polprasert, 1997; Brix, 1997）。植物对无机氮的吸收去除受到植物组织产量和组织内含氮量的限制，通过植物吸收方式强化湿地脱氮效果的应用在热带区域较为适宜，因为热带地区季节性变化较小，湿地植物可常年生长，故植物的收割可进行多次，以此提高植物组织对无机氮的吸收去除。

湿地植物的固氮能力众说不一，其中 Tanner 等（2002）对一系列种有水葱的试验室规模水平潜流湿地进行试验，测得植物对氮的吸收量为 0.28~0.47 g/（m^2·d）。Mayo 和 Bigambo（2005）对种有芦苇的两个水平潜流人工湿地研究发现，植物对氮的摄取量为 0.297 g/（m^2·d），其中 0.140 g/（m^2·d）以植物废弃物的形式又重新返回了水体。Brix（1997）认为湿地挺水植物对氮的摄取量为 0.27~0.68 g/（m^2·d）。

4.1.4　氨化作用

氨化主要是指含氮有机物如蛋白质等被湿地床体中微生物分解而转变为氨的过程（Myers, 1975; Ladd and Jackson, 1982）。人工湿地污水处理的氮循环中有关氨化作用的研究并未像硝化和反硝化等氮转化过程引起了研究者的关注和重视。现已报道的人工湿地氨化强度为 0.004~0.530 g/（m^2·d）（Vamazal, 2005）。

4.1.5　氨挥发

人工湿地系统中部分氨氮可以通过挥发的方式从系统中逸出。氨挥发量受气候、水力条件、植物生长状态等因素影响。Reddy 和 Patrick（1984）认为，当 pH<7.5 时，氨挥发作用可忽略。只有当 pH>9.3 时，氨挥发作用才比较显著（Van-Oostrom, 1995; Xue et al., 1999）。湿地氨挥发包括湿地地面氨挥发和植物叶片氨挥发两部分，其中，湿地地面氨挥发需要在水体 pH>8 的情况下发生，一般人工湿地的 pH 值为 6~7，因此，通过湿地地面挥发损失的氨氮可以忽略不计（Vymazal, et al., 1998; Jayaweera and Mikkelsen, 1991）。但是，当人工湿地中填充的是石灰石等介质时，湿地系统中的 pH 值会很高，此时通过挥发损失的氨氮需要考虑。近年来，关于植物叶片的氨挥发引起了相关研究者的注意，许多研究者发现农作物叶片的氨挥发现象，并认为其可能是植物生长后期氮素积累降低的原因之一（Wilson et al., 1992; Takahashi and Yagi, 2002）。

4.1.6　厌氧氨氧化

厌氧氨氧化过程即是在厌氧条件下，厌氧氨氧化菌以亚硝酸盐为电子受体，以氨氮为电子供体，直接将氨氮氧化为氮气的生物反应过程（Engstr et al., 2005; Kuenen, 2008）。其反应的化学计量式如下见式（4-9）。

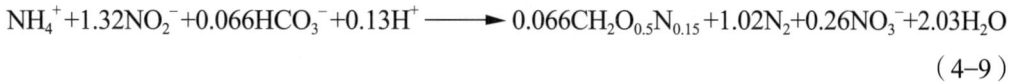

$$NH_4^+ + 1.32NO_2^- + 0.066HCO_3^- + 0.13H^+ \longrightarrow 0.066CH_2O_{0.5}N_{0.15} + 1.02N_2 + 0.26NO_3^- + 2.03H_2O$$

$$(4-9)$$

这种反应通常对外界条件（pH 值、温度、溶解氧等）的要求比较苛刻（Dapena-Mora et al., 2007），但其优点是：由于氨氮直接作为反硝化反应的电子供体，可免去外源有机物（如甲醇）的添加，既可节约运行费用，又可防止二次污染。由于大部分氨没有经过完全硝化过程而直接参与厌氧氨氧化反应，使氧的有效利用率增加，供氧能耗下降，同时其产酸量下降，这样可以减少中和所需的化学试剂，降低运行费用，也可以减轻二次污染（Kuenen, 2008）。厌氧氨氧化脱氮过程具有无需外加碳源、脱氮效率高、N_2O 产生量少以及能耗低等优势，在处理含氮废水方面有较大的应用潜力。实现厌氧氨氧化菌的累积是成功实现厌氧氨氧化工艺的关键，厌氧氨氧化菌的世代周期长，污泥产率低，适用于处理高温（>30℃）高氨氮浓度（>500 mg N/L）的污水（Hendrickx et al., 2012）。除了厌氧氨氧化的成功累积，如何在工艺中提供稳定的亚硝酸盐，也是实现厌氧氨氧化技术应用的重要问题。近年来，学者多致力于在人工湿地系统中推行厌氧氨氧化及其他生物脱氮工艺，探索厌氧氨氧化依赖的脱氮路径在人工湿地中的脱氮效率及各自所占的脱氮贡献。厌氧氨氧化工艺在人工湿地中进行氮转化和去除的主要途径，包括部分硝化/厌氧氨氧化（PN/A）、部分反硝化/厌氧氨氧化（PD/AMX）、同时亚硝化/厌氧氨氧化/反硝化（SNAD）及利用亚硝酸盐的完全自养脱氮（CANON）等（Negi et al., 2022）。研究表明，人工湿地间歇曝气下亚硝酸盐氧化菌的有效抑制、维持较多的厌氧氨氧化菌生物量以及维持进水较低的碳氮比（C/N）可在人工湿地系统中稳定实现部分硝化、厌氧氨氧化和反硝化同时进行的工艺，该工艺在人工湿地中可完成氨氮 84%~92% 和 TN80%~91% 的高效去除（Hou et al., 2018）。两级人工湿地系统中可现了部分硝化/厌氧氨氧化工艺，当第一级湿地系统在空闲时间为 7.5 h、反应时间为 16 h 以及出水 NO_2^--N/NH_4^+-N 比值为 1.24 时，第二级湿地可稳定实现厌氧氨氧化的脱氮，两级湿地的 TN 去除率在 81% 以上，亚硝化毛杆菌（37.5%）和厌氧氨氧化菌（26.5%）分别是两级人工湿地中的优势菌属，分别负责部分硝化和厌氧氨氧化的完成（Lin et al., 2020）。厌氧氨氧化工艺因其自身特点，受环境和运行参数影响较大，如溶解氧、温度、酸碱度、碳氮比、有机物负荷、水力停留时间、基质类型等，这些影响因素对厌氧氨氧化在人工湿地中的稳定应用提出了较大的挑战，目前，人工湿地中氨氧化工艺的探索仍局限于实验室水平。目前，该技术在工业处理焦化废水、垃圾渗滤液等废水方面逐渐被应用，在人工湿地污水处理方面虽有报道，但相关研究仍不充分。

4.1.7 氧化亚氮释放

目前普遍认为，人工湿地脱氮的主要机理是污水中的氮在微生物的硝化—反硝化共同作用下，最终以 N_2、N_2O 气体的形式逸出（赵联芳 等，2013；Saeed and Sun，2012）。由于 N_2O 是一种强势增温气体，其温室效应强度约为 CO_2 的 298 倍，且对全球环境的影响具有长期性和潜在性，因此对人工湿地 N_2O 释放规律的研究非常重要（Forster，2006；Solomon，2007）。

关于人工湿地系统中 N_2O 的排放研究始于 1997 年，Freeman 等（1997）首次提出应用人工湿地技术净化污水会向大气释放一定量的 N_2O，自此国外开始有相关研究报道（Karjalainen et al.，2007；Maltais-Landry et al.，2009；Uggetti et al.，2012；Mander et al.，2003）。国内的相关研究起步较晚，最早的研究报道见于 2009 年（吴娟 等，2009；Wu et al.，2009；张后虎 等，2009）。现有研究对人工湿地系统 N_2O 的释放量及其对全球增温潜力（GWP）影响的认识还没有得到统一（Johansson et al.，2003；Mander et al.，2008）。一些研究结果表明人工湿地系统 N_2O 的排放量很小，表现为 N_2O 的"汇"。例如，Johansson 等（2003）的研究结果表明人工湿地系统表现为 N_2O 的"汇"，其排放量为 $-8.4\ mg/(m^2 \cdot d)$，且释放的 N_2O 对 GWP 的贡献可以忽略不计。另外，一些研究结果表明虽然人工湿地系统 N_2O 的释放量总体小于污水处理厂的排放量（Pan et al.，2011），但一般可达天然湿地排放量的 2~10 倍（Jorgenser et al.，2012；Sovik and KI-Ve，2007；Zhou et al.，2008），其值最高可达 $1000\ mg/(m^2 \cdot d)$，GWP 可达 5700~26 000 $CO_2 mg/(m^2 \cdot d)$，可占其总温室气体 GWP 的 1/3（Str et al.，2007）。因此，随着人工湿地技术的大面积推广应用，有必要对其向大气中排放 N_2O 的研究现状做一个全面了解，为全面评价人工湿地技术及为我国今后开展此领域的基础研究工作提供一定的参考。

人工湿地中 N_2O 的产生机理如下。

（1）硝化过程中 N_2O 的产生

微生物在好氧条件下，将 NH_4^+-N 氧化成 NO_3^--N 的硝化过程，可分为两个阶段进行：第一阶段为亚硝化过程，即在氨单加氧酶（AMO）、羟胺氧化酶（HAO）的催化作用下，氨氧化细菌（AOB）将 NH_4^+-N 氧化为 NO_2^--N；第二阶段为硝化过程，即在亚硝酸盐氧化还原酶（NOR）的催化作用下，亚硝酸盐氧化菌（NOB）将 NO_2^--N 进一步氧化成 NO_3^--N 的过程。图 4-2 为这两个阶段中可能产生 N_2O 的生物化学过程。可以看出，N_2O 既不是硝化反应的中间产物也不是最终产物，而是这一反应的副产物，且 N_2O 主要产生于亚硝化反应阶段。

在 NH_4^+-N 氧化生成 NO_2^--N 的亚硝化反应过程中，主要有以下 3 种可能产生 N_2O

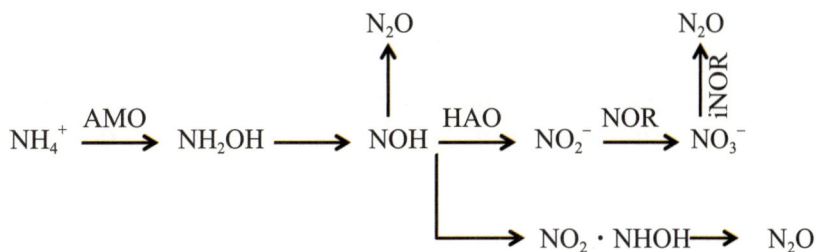

$$NH_4^+ \xrightarrow{AMO} NH_2OH \longrightarrow NOH \xrightarrow{HAO} NO_2^- \xrightarrow{NOR} NO_3^- \xrightarrow{iNOR} N_2O$$

图 4-2　消化过程中 N_2O 产生途径示意图

的途径：①亚硝化过程第一中间产物羟胺（NH_2OH）的氧化及其与 NO_2^- 之间发生化学反应（耿军军 等，2010；Poughon et al.，2001）；②硝酰基（NOH）的非生物反应，即 NOH 通过双分子聚合反应生成次亚硝酸盐，进而水解生成 N_2O 逸出；③自养氨氧化细菌 AOB 的好氧反硝化作用，即在低氧条件下由于 NO_2^-–N 的进一步氧化受到抑制，为了避免 NO_2^-–N 在细胞内的积累，AOB 会诱发产生异构亚硝酸盐还原酶（iNOR），利用 NO_2^-–N 作为电子受体产生 N_2O（刘秀红 等，2006）。目前，大量的研究表明，AOB 的好氧反硝化过程可能是硝化过程产生 N_2O 的主要方式。

（2）反硝化过程中 N_2O 的产生

反硝化过程是指反硝化微生物在缺氧条件下，将 NO_3^-–N 还原为 N_2 或 N_2O 的过程。反硝化微生物多为异养兼性厌氧菌，反硝化过程通常认为按照 4 个连续反应进行，催化该系列过程的酶有：硝酸还原酶（NAR）、亚硝酸还原酶（NIR）、一氧化氮还原酶（NOR）及氧化亚氮还原酶（NOS）等。反硝化过程如图 4-3 所示（Huang et al.，2013）。

$$NO_3^- \longrightarrow NO_2^- \longrightarrow NO \longrightarrow N_2O \longrightarrow N_2$$

图 4-3　反硝化过程中 N_2O 产生途径示意图

可以看出，N_2O 是反硝化过程的一个中间产物，在 NOS 的作用下进一步被还原为最终产物 N_2，因此，NOS 的活性对 N_2O 的产生量起着关键作用。不利的环境条件会造成 NOS 的活性受到抑制或完全丧失，从而影响 N_2O 被进一步还原，导致 N_2O 的积累和排放。在低溶氧条件下，许多反硝化细菌会发生好氧反硝化（Anderson and Levine，1986; Robertson et al.，1988），所生成的 N_2O 比缺氧条件下多得多，而产生的 N_2 却减少了，这可能是由于氧气对 N_2O 还原酶的抑制造成的。另外的一些研究发现，部分反硝化细菌体内不具有 NosZ 基因酶系统（Wood et al.，2001），不具备进一步将 N_2O 还原为 N_2 的能力，其最终产物为 N_2O。因此，对这些菌种而言，反硝化过程 N_2O 的排放是不可避免的。

（3）硝酸盐氨化过程中 N_2O 的产生

硝酸盐氨化过程是在硝酸盐氨化细菌作用下，将 NO_3^--N 转化为 NO_2^--N，再转化为 NH_4^+-N 的过程，催化该过程的酶有硝酸盐还原酶（NAR）和亚硝酸盐还原酶（NIR）。该反应常发生在缺氧、低氧化还原能力条件下（Smith, 1982），由于在这个过程中的发酵菌仅能将 NO_2^--N 转化为 N_2O，而不能进一步还原为 N_2，因此会释放出 N_2O。Mrkved 等在以贝壳砂为人工湿地填料时，发生了显著的硝酸盐异化还原反应，并释放出一定量的 N_2O。

4.2　人工湿地脱氮影响因素

4.2.1　pH 值

pH 值是影响微生物脱氮作用的一个重要因素，微生物的生命活动只有在一定的 pH 值条件下才能发生。一般氨化作用的最佳 pH 值范围是 6.5~8.5，硝化作用的最佳 pH 值范围是 7.5~8.6，而反硝化作用的最佳 pH 值范围是 7~8，在这个 pH 值条件下，反硝化速率最高，pH 值过高或者过低都会影响反硝化的进行（Al-Omari and Fayyad, 2003）。

在水中氨氮的两种存在形式（NH_3 和 NH_4^+）之间的平衡转化主要是受 pH 的影响。传统的物理脱氮法氨的吹脱去除技术，就是对污水加以曝气吹脱，使水的 pH 值升高，以促进氨从水中逸出。例如，在 25℃、pH=7 的环境条件下，非离子氨只占 TN 的 0.6%。在 30℃、pH=9.5 条件下，非离子氨占总氨的比例增加到 72%。在无植物覆盖和遮挡的开阔水面中，藻类的大量繁殖导致 pH 值上升，从而使氨态氮的平衡向 NH_3 转移，加速氨氮向大气的挥发，在经过优化设计的系统中该过程对 TN 去除效率的贡献最高可在50% 以上。在硝化反应中除了消耗氧之外，还将消耗 HCO_3^-。要使 1 mg/L 氨氮硝化，需要消耗碱度 7.14 mg/L（以 $CaCO_3$ 计）。因此，要将 20 mg/L 的氨氮减少到 2 mg/L，水中总碱度要高于 128 mg/L（蔡明凯和邓春光, 2007）。

对人工湿地来说，湿地系统的 pH 值主要取决于湿地介质以及废水性质。人工湿地构建完毕后，运行期间湿地的 pH 值变动不大。一般人工湿地的 pH 值范围为 7.5~8.0，比较有利于硝化过程的进行。但是，当人工湿地中填充的是特殊介质时，湿地系统中的 pH 值可能会较大地偏离这个范围，同时氨氮的存在形式也发生了变化，硝化过程将会受到抑制（张政 等, 2007）。

4.2.2　溶解氧

溶解氧（dissolved oxygen，DO）是水平潜流湿地脱氮过程中最为主要的限制性因素（代嫣然 等，2010）。一般来说，水平潜流湿地内植物和大气的复氧作用较弱，系统内通常整体是厌氧的，氧化还原电位小于 300 mV。而微生物脱氮过程对氧含量的要求有很大差异，硝化是一个需氧过程，反硝化、厌氧氨氧化则是厌氧过程，单一的氧环境也会影响人工湿地系统的生物脱氮过程。

通常适于硝化反应的 DO 应该高于 2 mg/L，否则 DO 将成为反应的限制因素。研究表明，每将 1 g 氨氮转化成 $NO_3^- -N$，需要消耗 4.3 g 氧，氧化 2 mg/L 的氨氮要消耗 8.6 mg/L 溶解氧，这个值高于水的饱和氧，因此形成的氧亏需不断地由大气复氧补充。对于传统的水平潜流人工湿地而言，实践和研究表明从植物根部渗透的少量氧气相对于城市污水在实际负荷中所需氧气来说微不足道（蔡明凯和邓春光，2007）。

同时，0.2 mg/L 被认为是硝化过程发生的最低 DO 要求。另外，反硝化反应的 DO 应控制在 0.5 mg/L 以下，高于该值后反硝化作用将受到严重抑制。有研究表明，利用通气管对湿地系统内部进行复氧，能极大增强系统硝化能力，增强有机物和氮的去除效果（Ouellet-Plamondon et al., 2006）。

4.2.3 温　度

温度对湿地脱氮性能的影响主要有两方面：一是对微生物的影响；二是对植物的影响。一方面，在较低温度条件下（–8~18℃），氮的去除能力只有 3%~15%（Braskerud，2002）。一般硝化作用的最佳温度范围是 30~40℃，反硝化作用的最佳温度范围是 15~30℃。此外，Kuschk 等（2003）研究发现，氮的去除率在春、秋季与氮的负荷呈线性关系，而冬、夏季却与氮的负荷无关。另一方面，温度变化对植物影响明显，植物在冬季摄氮明显低于夏季。冬季温度降低，植物枯萎死亡，停止吸收并且逐渐向系统中释放氮，由于微生物活性降低，不能及时将植物和微生物释放出的氮降解掉，导致系统脱氮效率降低。

4.2.4 水力停留时间

一般随水力停留时间（hydraulic retention time，HRT）的延长，污水中的氮能与湿地内的微生物及基质发生充分接触，因而脱氮效率也会随之上升。王世和等的相关研究表明，当水力停留时间在 1~3 d 时，氨氮去除率只有 51.1%~56.0%，停留时间为 5 d 时，氨氮去除率达到最大值 65.3%。但水力停留时间过长，可能会导致污水的滞留和厌氧。

4.2.5 重金属

随着基质容纳重金属离子的"饱和"，以水溶态和交换态存在的重金属离子就会对反硝化等微生物过程产生抑制作用进而削弱除氮功能。Lim 等（2001）的研究结果表明，不同重金属对氮的去除率影响不同，镉（Cd）、铅（Pb）和锌（Zn）对氨氮的去除率都有抑制作用，随着它们在污水中负荷的增加氨氮的去除效率不断下降，它们对系统氨氮去除率的抑制作用强弱顺序是：镉 > 铅 > 锌。

4.2.6 碳 源

碳源主要对反硝化过程产生影响。每反硝化 1 g NO_3^--N 成 N_2，需要消耗相当于 2.86 g BOD_5 的有机物，而系统中碳源的分布并不与反硝化作用活跃的区域同步（张军等，2004）。在湿地前端碳源充足，但水中的氮主要以有机氮和氨氮的形式存在，而有限的溶解氧也被用来降解有机物，硝化过程难以进行。明显的硝化过程只有当 BOD_5 降低至 50 mg/L 后才能发生，因为人工湿地对有机物的去除效果较好，可能会造成碳源不足进而影响反硝化过程。一般认为 BOD_5/TN 值小于 5 即可认为碳源不足。

4.2.7 植物多样性

许多在草地上的研究表明，物种多样性能够提高生态系统功能（Palmborg et al.，2005；Tilman et al.，2006）。近年来也有关于人工湿地中植物多样性对系统功能的影响研究，试图通过在人工湿地中配置植物多样性来强化这一生态系统的净化功能。Engelhardt 和 Ritchie（2002）的研究表明，生物量随物种多样性增加呈现反向取样效应，而总磷损失随着物种多样性增加而降低。Zhu 等（2010）在大型人工湿地中的研究显示，随物种多样性增加，基质中硝氮的存留量和地上生物量增加。Zhang 等（2011）在模拟人工湿地中的研究表明。植物生物量及微生物中的碳氮磷含量随物种多样性增加而增加，BOD_5、COD_{Cr} 及基质中氨氮与硝氮的积累量随物种多样性增加而降低。

人工湿地中植物多样性能促进植物生物量、微生物氮固持量的增加，最终强化基质中硝化作用和反硝化作用（Laughlin et al.，2010；Sutton-Grier et al.，2011；Oelmann et al.，2007）。同时，多样性也能够使各物种间产生互补效应，增强对资源利用的完全程度，进而降低出水和基质氮含量（Oelmann et al.，2007）。

张培丽（2012）为了研究植物多样性对人工湿地生态系统的氮去除功能和硝化作用的影响，在模拟人工湿地中配置了单种和 4 种植物混种两个系统，并以氨态氮为唯一入水氮源负荷。结果表明，混种系统出水中的无机氮浓度显著低于单种系统（分别为 3.4 mg/L 和 7.2 mg/L，$p < 0.05$），氨态氮浓度也显著低于单种系统（分别为 1.35 mg/L 和 4.11 mg/L，$p < 0.05$）。而出水硝氨浓度比（NO_3^-：NH_4^+ = 1.55）则高于单种系统（0.80），说明植物多样性增强了系统的硝化作用。混种系统基质的无机氮存留量（1455 mg/m^2）低于单种系统（2235 mg/m^2），说明混种系统中可能存在资源的互补利用。根据物质平衡法推算出混种系统中植物总的氮吸收量对无机氮去除的贡献率（48%）大于单种（31%），植物的地上可移除部分对无机氮移除的贡献率也呈现此规律（混种系统和单种系统分别为 33% 和 20%）。因此，混种系统中的反硝化作用、氨挥发和微生物的氮

固持等对氮去除的贡献率低于单种系统。

4.2.8 昼夜变化规律

对脱氮而言，最理想的环境就是好氧和厌氧条件兼备。在湿地中实现好氧－厌氧过程的依次发生对脱氮会具有良好的促进作用。Dong 等（2011）的研究发现，湿地中植物根系释氧存在随光强变化而变化的规律，白天释氧、夜间停止释氧，变化规律符合高斯函数的单峰曲线。从植物释氧的规律来看，湿地中存在白天溶解氧浓度高，夜间溶解氧浓度低的变化过程。

基于湿地植物这一自然释氧规律，陈孟银等（2013）使用复合垂直流人工湿地单元，根据植物释氧规律调节不同的运行方式，研究人工湿地中植物释氧的昼夜变化对硝化与反硝化反应所产生的影响。

对于连续运行方式来说，在夜间忽略大气复氧的情况，进水携氧仍然是系统的氧源，系统内整体溶解氧水平维持在 $1\sim2$ mg/L，这对于反硝化作用来说并不是最有利的条件。改变人工湿地运行方式后，在白天与连续运行方式相比，流速的增大使得单位时间内系统中氧的传输速率变大，系统内各部位溶解氧都比传统连续运行方式下高，且硝化反应的底物 NH_4^+-N 随进水也增多，这就使好氧的硝化作用变强。从产物 NO_3^--N 来看，新的运行方式下 NO_3^--N 的累积量明显变大，是传统连续运行方式的 5 倍。而在夜间，系统停止进水，系统内没有任何外部氧源，外加植物呼吸作用消耗掉一部分溶解氧，使得整个系统内的溶解氧水平很低（<1 mg/L），呈现厌氧缺氧环境，相对于传统运行方式，新的运行方式下系统内的环境更有利于反硝化作用的进行，NO_3^--N 浓度的降幅比传统运行方式下平均大 45%。该研究为实际人工湿地工程的运行提供了一种新思路，新型运行方式在不增加额外运行费用的基础上充分利用湿地植物自身的释氧规律，根据进水与停水时间的比例调节进水流速来达到与传统运行方式相同的水力负荷，最终达到优化脱氮的目的，对人工湿地处理分散型农村生活污水有一定的参考价值。

4.3 人工湿地强化脱氮措施

4.3.1 湿地植物的选择

湿地植物的选择主要考虑气候适应性、提供湿地系统溶解氧含量和微生物附着点。此外，如果湿地以脱氮为主要功能，那么植物吸附脱氮的能力也很重要。因此，在植物筛选时，应该选择地上生物量较大、根系发达、针对不同形式氮都有较强吸收能力的植物。芦苇的根系深度为 $60\sim70$ cm，适合种植于多数潜流人工湿地中。另外，菖蒲和水葱都属于深根散生型植物，抗逆性强，具有很好的景观效应且能安全越冬，适合配种于北方潜流人工湿地。

4.3.2　湿地基质的选择

基质的存在对微生物数量有着直接的影响，而通过微生物代谢过程进行硝化－反硝化是人工湿地脱氮的主要途径。有些基质由于疏松、通气性好、比表面积大，有利于空气中的氧气进入湿地，为硝化细菌提供充足氧气，有利于硝化作用除氮。而一些多孔基质由于含水率高，能使湿地形成厌氧环境，有利于反硝化作用除氮。靳同霞等（2012）在研究中发现，两种湿地的填料表层和底层的氨氮去除率均高于中层填料，其原因应是表层填料中溶解氧含量高，有利于硝化反应。底层溶解氧含量低，有利于反硝化反应进行。因此，通过选择合适基质进行层级配置，使湿地中形成上层以硝化菌为主的硝化反应区和下层以反硝化菌为主的反硝化区，将有利于提高湿地脱氮效率。

刘慎坦等（2011）通过对组合基质和煤渣基质人工湿地的脱氮效果对比研究，发现组合基质人工湿地脱氮效果更好。其原因在于基质类型对人工湿地中硝化菌和反硝化菌的数量和空间分布有较大影响。在上层，组合基质人工湿地硝化细菌数是煤渣基质人工湿地的2.8倍，而在下层，反硝化细菌数是煤渣基质人工湿地的1.8倍。

基质除了作为微生物生长繁殖的场所以及为微生物脱氮提供良好环境外，基质自身还能通过吸附和过滤作用除氮。其中，沸石显示出比砾石和碎石都要好的去除效果。李旭东等（2003）研究发现，在同样的进水水质和水力负荷下，沸石床体在脱氮方面明显优于砾石床。尹连庆等（1999）研究粉煤灰对生活污水的去除结果表明，粉煤灰湿地对COD、SS、氨氮均具有良好的去除效果。此外，聂发辉等（2004）研究又发现，蛭石的饱和吸附量达20.83 mg/g，超过现在使用广泛的沸石，因此可考虑使用蛭石作为基质来提高脱氮效果。此外，通过多种基质的合理搭配所产生的互补效应，也可以提高湿地基质层的去污能力。徐丽花等（2002）通过研究沸石、沸石－石灰石、石灰石3种填料的净化能力，发现沸石和石灰石混合使用不会降低沸石吸附氨氮的能力，并且由于沸石和石灰石发生了协同作用，对TN、TP的去除效果均好于其单独使用。目前，国内外研究的基质填料主要有沸石、石灰石、石英砂、煤灰渣、高炉渣、草炭、粉煤灰、活性炭、陶瓷、硅石、自然岩石与矿物材料等。每种填料性能各有优缺点，应根据污水水质及经济适用性原则进行选择，以充分发挥填料的作用。为了综合发挥各填料优势，潜流湿地床体通常由多种填料组成，填料级配十分重要，以有效去除各种污染物质，同时有效避免堵塞。

基质的选择应遵循材料的易得、高效、价廉及安全无毒等原则。设计人工湿地时，选择基质应首先选对污染物去除能力强的当地材料，这样既能提高人工湿地对污水的净化能力和减少成本投入，又能延长生态工程的使用寿命。另外，由于不同基质的渗透系数存在比较大的差异，应根据不同的人工湿地设计而选用不同的基质。多种基质材料合理搭配，便可发挥各基质的优势效应以综合提高去污能力。

4.3.3 人工增氧

人工增氧的措施包括：①调节湿地内液面高度（潮沙流、干湿交替等），②动力增氧（湿地底部鼓风曝气），③进水预曝气。鄢璐等（2007）采用湿地前端强化供氧方式运行潜流人工湿地系统，结果表明，人工湿地内氧环境改善明显，有利于各类好氧反应的进行，从而使有机物和氮类物质的去除率提高明显。李松等（2011）设计了自动增氧人工湿地进行农村生活污水处理对比研究，脱氮效率提升明显，且系统中脱氮微生物数量高于普通人工湿地。

采用强化供氧的方式可以改善人工湿地内部溶解氧不足的状况，其中水气比是一个比较重要的控制因素。水气比太小则无法提供足够的氧气，不能满足微生物硝化作用的需要，而水气比太大，则破坏了湿地中好氧厌氧的交替状态，使微生物自身氧化速度过快进而影响脱氮效果。张迎颖等（2009）考察了在采用沸石和砾石作为填料的复合垂直流人工湿地处理农村生活污水时，不同水气比对 TN 脱除效果的影响。试验中参照城市生活污水处理厂曝气池的运行参数，设置了 6 组气水比作为试验运行工况，采用软管连接空气压缩机和曝气管，对湿地系统下行柱体中部充氧。试验结果表明，气水比 <8 时，TN 的面积负荷去除率随着气水比的增加而增加；气水比 >8 时，TN 的面积负荷去除率有所降低。因此，该试验的脱氮效果的最佳气水比约为 8。

改变湿地的进水方式，将连续进水改为间歇进水。因为间歇进出水方式能有效提高湿地上层大气复氧能力。宋铁红等（2005）研究了人工湿地在平均水力负荷 4.8 cm/d 时，间歇流人工湿地和连续流人工湿地 COD 平均去除率分别为 78% 和 64%；NH_4^+-N 平均去除率分别为 60% 和 44%；结果表明，间歇流进水能够提高床体内的含氧量，缓解植物根系放氧不足，采取间歇进出水方式运行可以明显提高污染物去除率。而且在间歇期，可使吸附在填料中的含氮污染物得到生物降解，使填料再生。徐丽花等（2002）认为，沸石吸附的氨氮在间歇期进行了生物降解，使沸石一直保持高效去除的能力，即使沸石发生了生物再生。

4.3.4 添加碳源

人工湿地中的碳源包括进入湿地污水中所含的碳源、湿地系统中的内源碳和外加碳源。现有的外加碳源大体又分为两类：一是以葡萄糖、甲醇、乙酸等液态有机物为主的传统碳源；二是以一些低廉的固体有机物为主，包含纤维素类物质的天然植物及一些可生物降解聚合物等在内的新型碳源。理论上说，碳源分子越小，微生物利用越好。因此，甲醇、乙醇等低分子有机物被认为是理想的外加碳源。但该类物质也存在一些不容忽视的缺点，如甲醇脱氮的效率虽高，但本身的毒性会对环境造成潜在的危害，同时甲醇的运营成本高，出水的 COD 往往也较高。乙醇和乙酸等有机物碳源虽然毒性没有甲醇强，但运行成本高，出水的有机碳含量超标仍是阻碍其进一步被开发使用的瓶颈问题。

Vymazal（2003）提出将垂直流、水平流进行分流，部分进水超越垂直段，直接进入水平流人工湿地以增加系统反硝化碳源。谭洪新等（1998）利用潜流和表面流组合湿地处理 Anoxic/Oxic 工艺（A/O 工艺）出水发现，由于 A/O 工艺反应器消耗了大量的 COD，使湿地接受的有机物负荷相当低，进水 C/N 严重失调，导致湿地系统脱氮效率受到了进水碳源的限制。通过向湿地进水中混合少量城市原污水，将湿地进水的 C/N 从 1.00 升高到 3.55，提高了湿地系统的反硝化效率，TN 去除率可达 65.9%，面负荷提高到 5.42 g/（m^2·d），是采用原工艺情况下面积负荷的 3.4 倍。但是，以污水作为外碳源时反硝化速率很大程度上受到了原污水中低分子有机物含量的限制，如果原污水中低分子有机物含量低，那么将不会有效地提高湿地系统的反硝化效率。因此，以污水作为外加碳源时应根据现场条件，尽量选择低分子有机物含量较高的污水，同时必须控制污水的投加比例，防止出水水质恶化（刘刚 等，2010）。

为降低水体脱氮成本，近年来许多研究者通过多种途径寻找无毒、廉价的碳源来代替传统碳源。富含纤维素类物质的天然固体有机物正逐渐被用作外加碳源。纤维素类碳源取材方便、来源充足、成本低廉。目前研究的富含纤维素类物质的固态有机碳源主要有棉花、纸、麦秆等。然而，利用天然固体有机物作为反硝化系统的碳源，同样存在一些问题亟待解决，如碳源的释放不能得到有效控制、需要较长的水力停留时间、出水水质易受外界温度影响等。可生物降解多聚物（BDPs）是人工合成的一种高分子聚合物，近年来作为高分子缓释碳源也受到学者的关注。常见的高分子缓释碳源有聚丁二酸丁二醇酯（PBS）、聚羟基丁酸戊酸共聚酯（PHBV）和聚乳酸（PLA）。通常，这些合成碳源的释碳能力比传统碳源更加稳定和可控，可以有效地提升人工湿地系统的反硝化作用，且出水中的溶解性有机碳含量更小。Sun 等在垂直流人工湿地系统中添加 PHBV 作为外加碳源，同时采用人工微曝气增氧，结果表明，氨氮和硝氮均表现出较高的去除效果，分别从 60.0% 和 3.7% 提升至 90.4% 和 93.1%，很好地解决了因进水碳氮比低而导致的人工湿地反硝化效率低的问题（2018）。高分子缓释碳源的机械强度高，对水体无害，不会造成二次污染，释碳速率稳定，能提高人工湿地的脱氮效率，但是其化学成分普遍比较单一，制备流程复杂，造价昂贵。因此，单独 BDPs 材料在人工湿地中的大规模应用受到限制。表 4-2 对湿地碳源进行分类描述（丁怡，2013）。

添加液体碳源和固体碳源是目前普遍的湿地碳源补充方式。添加液体碳源是指向污水中投加一定比例的葡萄糖、甲醇、乙酸等易生物降解的有机物质。不同的碳源反映出不同的反硝化速率。赵联芳等（2006）使用芦苇碎石床体复合垂直流人工湿地处理污染河水的小试试验中，使用了葡萄糖作为外加碳源以解决河水中反硝化碳源不

表 4-2 碳源分类及其描述

碳源类型	不同类型碳源特点
污水中碳源	目前城市污水的特点是低 C/N 比，对反硝化作用造成严重影响
系统内碳源	植物根系释放，死亡植物分解、微生物分解及湿地内部沉积有机物的缓慢释放产生的有机碳源，其作为湿地碳源供应是远远不够的
外加碳源	富含维生素类物质的天然有机物，如棉花、稻壳等；易生物降解的液体碳源，如甲醇、乙酸、醋酸钠等；糖类物质，如葡萄糖、果糖、蔗糖等；天然植物材料，如植物秸秆(芦苇秆、麦秆)、植物枯叶、植物提取液；可生物降解多聚物(BDPS)，如聚 -β- 羟丁酸（PHB）、聚乙内酯（PCL）

足的问题。补充碳源后，湿地的 C/N 由 2.0 提高到 8.0，TN 去除率由未补充碳源前的 55% 上升到 89%。Lin 等（2002）使用果糖作为人工湿地反硝化碳源。在进水硝氮浓度为 40 mg/L 时，随着进水中果糖投加量的增加，湿地系统中硝酸盐的去除率显著提高，当进水 C/N 为 3.5 时，硝氮去除率在 90% 以上。Rustige 等在使用垂直－水平复合流人工湿地处理垃圾渗滤液时，在水平流段添加了乙酸作为反硝化碳源。垂直流段氨氮的去除率达到 94%，随着乙酸剂量的增加，反硝化速率也随之增加，硝氮去除率最高可达 98%。由此可见，投加此类易生物降解的有机化合物可以有效提高湿地反硝化速率和脱氮效果。

Sikora 等（1995）发现不投加碳源时湿地的硝酸盐去除率仅为 14%~30%，以乙酸盐作为碳源后，硝酸盐去除率上升至 55%~70%。由此可见，投加低分子碳水化合物可以有效提高人工湿地的反硝化速率。但是，以低分子碳水化合物作为外碳源时，微生物的氧化作用也会增强，从而消耗更多的碳源，降低碳源的有效利用率。Lin 等（2002）在研究中发现，以果糖为外碳源时，去除 1 mg 硝氮需要投加的外源性 COD 为 6.7~8.0 mg，这是以葡萄糖为碳源时的理论值的 1.4 倍，并且由于低分子碳水化合物通常为水溶性物质，很容易随水流失。为了使湿地系统达到稳定脱氮效果和高效的碳源使用率，需要增加碳源投加系统，如加药泵、储药池、计量器和配套管路及防止投加过量而设置的监测系统，增加了系统维护的难度和运行费用。

植物是人工湿地重要组成部分，植物生长过程中在吸收污水中的营养元素的同时，产生了大量的生物质。在温带植物中干物质产量可达 3000~4500 g/（$m^2 \cdot d$），在热带可达 6500~8500 g/（$m^2 \cdot d$）。植物生物质中含有大量的木质纤维素（纤维素、半纤维素和木质素），在木质纤维素分解菌的作用下可释放出单糖和其他营养元素，作为反硝化碳源。木质纤维素中纤维素和半纤维素较易降解，因此纤维素和半纤维素含量越多，植物生物质就越容易释放碳源。表 4-3 中列出了植物的生物质组成。从表中可以看出，湿地植物中纤维素和半纤维素含量较多，两者之和占植物生物质的 40% 以上，因而较易释放有机碳源（Zhao et al., 2009; Osborne et al., 2007; Nguyen, 2000; Barik et al., 2000）。

表4-3　不同植物的生物质组成

单位: %

项目	香蒲	水葱	凤眼莲	魁叶萍	稻草
碳	45.9	44.9	36.0	38.0	41.0
氮	7.7	2.4	1.9	1.0	1.5
半纤维素	22.6	26.7	42.1	34.5	38.0
纤维素	20.8	27.7	42.4	33.6	53.4
木质素	10.5	22.7	12.8	11.8	17.1

Maia 等（2002）在试验室模拟研究了以香蒲枯叶为外加碳源的表面流人工湿地中的反硝化过程。研究指出，枯叶和基质分层填装的反硝化速率比混合填装的高出33%。通过分层测定表明，分层装填的人工湿地系统反硝化主要发生在香蒲枯叶层，这是因为香蒲枯叶层不仅为微生物的生长提供了更大的附着面积，而且植物残体的分解还为反硝化微生物提供了溶解性有机碳源。

Ingersoll 和 Bakerzahi（1998）研究了切碎后的香蒲作为反硝化碳源对表面流人工湿地去除水中硝酸盐的强化作用及对出水水质的影响。在水力负荷为 $0.2 \, m^3/(m^2 \cdot d)$，香蒲干物质投加量为 0.86 g/d 时硝氮去除率可以超过 $4 \, g/(m^2 \cdot d)$，大约是自由表面流人工湿地的 10 倍。研究结果表明，反硝化速率常数与香蒲干物质投加量直接相关，并且在 C/N 上升至 5 以后，硝氮的去处速率不再增加。但是通过分析出水中 DOC 与 THMs 生成势关系发现，THMs 浓度最低时与自来水中的浓度相近，约为 81 μg/L，但是在水力负荷为 $0.05 \, m^3/(m^2 \cdot d)$，香蒲干物质投加量为 0.86 g/d 时，THMs 生成量可达 400 μg/L。生物质投加后对出水的负面影响，如消毒前体物的产生，仍然需要进一步研究。

Hamersley 和 Howes（2002）利用曝气人工湿地处理粪便废水时，在好氧段投加了从湿地中收割的香蒲（33%）和麦秆（67%）作为碳源物质。结果表明，投加外碳源后系统的反硝化速率比原系统提高了 1 倍，至 $0.58 \, g \, N/(L \cdot h)$，出水的硝氮也从 12.7 mg/L 降至 6.4 mg/L。主要原因可能是投加生物质后不仅增加了系统中有机碳源的量，同时还消耗了水中的溶解氧，在植物枯叶中形成了厌氧环境，为好氧段反硝化的进行创造了有利条件。

以上研究都表明，投加植物生物质作为外加碳源可以有效地强化湿地的反硝化过程。但是对于植物生物质的最优投加量、投加位置、投加周期及投加生物质碳源后对出水水质影响的研究较少，因而不足以指导其工程应用。

Asian 等（2005）发现在用秸秆作为碳源的连续流反应器中，不仅可以实现对氮的有效去除，而且对水的色度也有很好的去除效果。Sami 和 Stephen（2006）以轧棉工业的废弃棉花作为有机碳源直接覆盖在湿地表层，对比未投加任何碳源的相应湿地，结果表明投加废弃棉花的湿地基质内部平均可矿化有机碳含量要高出 1.5 倍，同时反硝化速率也有明显提高。Bachalld 等（1999）构建湿地，使用 3 种湿地植物（芦苇、香蒲、大型植物和草的混合物）进行了微生物反硝化，不同类型固态碳源的硝氮去除率相差较大，以香蒲作为碳源的氮去除率为 565 mg/（m² · d），以芦苇作为碳源的氮去除率为 261 mg/（m² · d），以混合碳源形式添加后的氮去除率为 835 mg/（m² · d），总的来说反硝化效果均较好。国内近年来也开始这方面的研究，刘江霞、罗泽娇等（2008）选取 4 种农业废弃物（麦秆、稻草、木屑、稻壳）作为反硝化细菌的碳源，以菜园土和白蚁侵烛过的木条为接种物的有氧条件下，研究了 100 mg/L 硝酸盐废水的氮去除情况。研究结果表明，填充麦秆和稻草的反应具有较好的反硝化效果，且最终无亚硝氮的积累。此外，学者探究了在人工湿地中添加小麦秸秆、核桃皮以及杏核皮等农业废弃物作为缓释碳源对低碳废水中氮的去除性能，3 种废弃物在不同 C/N 下均有效提高了 TN 的去除效率（19.42%~96.89%）（Jia et al., 2018）。

以低分子碳水化合物（葡萄糖、乙酸、甲醇和乙醇等）作为外碳源时，不仅会增加系统的投资和运行的费用，而且其生产、运输和使用过程都会产生二氧化碳的排放。与低分子碳水化合物相比，人工湿地中以植物生物质作为外加碳源有其独特优势。植物生物质可以从湿地中获取，价格低廉（表 4-4），以低分子碳水化合物为碳源时，去除 1 kg 氮需要花费 4~17.91 元，而以植物生物质为碳源时，去除 1 kg 氮仅需要花费 0.28~1.79 元。并且植物生物质来源充足，操作成本低，在强化系统脱氮的同时，解决了湿地植物的处置问题。植物的生长主要依靠太阳能，不会增加系统潜在的能量消耗，符合国家节能降耗的要求。根据理论计算可知，以植物生物质为外碳源的反硝化过程中，CO_2 的释放量较低分子碳水化合物为外碳源时要少见表 4-4（邵留 等，2009；Boley et al., 2009; Ovez et al., 2006），以植物生物质（以纤维素计）为碳源时，去除 1 kg 氮会产生 0.79 kg CO_2，而以低分子碳水化合物为碳源时，去除 1 kg 氮产生的 CO_2 升高为 1.96~3.93 kg。并且植物中的碳主要来自光合作用过程中吸收的 CO_2，在其作为反硝化碳源时仅有部分发生分解，因而不会增加湿地系统的 CO_2 排放量。因此，植物生物质是一种很好的人工湿地反硝化碳源。

表 4-4　不同碳源的脱氮费用

碳源	价格（元 /kg）	碳源消耗（kg/kg）	脱氮费用（元 /kg）
乙酸	3.1	3.5	10.85
乙醇	2.0	2.0	4.00
甲醇	4.5	2.08~3.98	9.36~17.91
葡萄糖	2.4	4.6	11.11
芦苇	0.3	0.94	0.28
稻草	0.23	7.8	1.79

近年来，生物炭（biochar）作为一种孔隙结构发达、环境稳定性高、吸附性能良好的绿色功能材料，被广泛应用于土壤肥力改良、作物增量、碳的增汇减排等农业可持续发展与环境修复领域。生物炭通常是指生物质在无氧或少氧的条件下经高温热解炭化产生的一类富含碳素的固态物质（Gupta et al., 2015；Mohan et al., 2014）。常见的生物炭包括木炭、竹炭、秸秆炭等。生物炭因其高度的物理稳定性、生物化学抗分解性等特点，从而可以长期存在于环境中（Zhou et al., 2017）。生物炭可有效提升系统对污染物的吸附能力，促进植物生长；同时，生物炭为微生物提供良好的生存环境，促进微生物的生长繁殖和生物膜的形成，从而提高污染物的降解和去除效率。因此，生物炭在人工湿地、土壤渗透等生态污水处理技术领域具有巨大的应用潜能，得到越来越多的关注。Gupta 等研究发现，将生物炭作为人工湿地的填料可以有效地吸附污水中的有机物（NH_4^+-N 和 NO_3^--N），增加污染物的去除率（2015）。此外，生物炭作为基质也被应用于人工湿地当中。Rozari 等研究表明，生物炭添加到潜流人工湿地中，对总磷（TP）的去除率从 42% 提升到 91%，对磷酸盐（PO_4-P）的去除率从 43% 提升到 92%（2016）。此外，生物炭能吸附和固定污水中的重金属离子，如 Cu^{2+}、Zn^{2+}、Cd^{2+} 和 Hg^{2+} 等（蒋艳艳 等，2013）。

针对传统的人工湿地在处理低碳氮比污水时普遍存在的因溶解氧低、碳源不足等导致的脱氮效能低下问题，Zhou 等创新研发了基于生物炭的微生物碳源补给技术，将农林废弃物制备而成的生物炭应用于人工湿地污水处理系统，考察了不同进水负荷对人工湿地氮去除和 N_2O 排放的影响（2018）。试验设定了 4 个进水污染负荷（Ⅰ、Ⅱ、

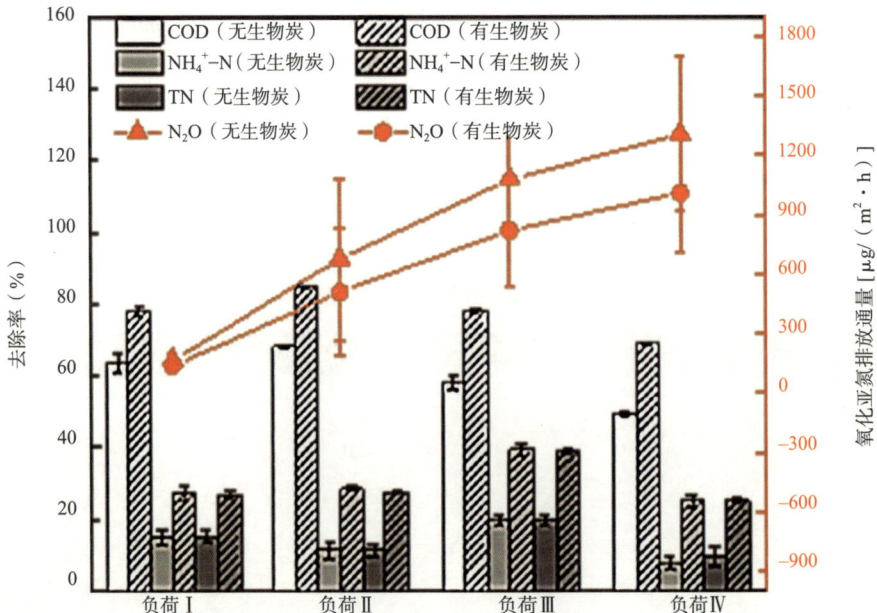

图 4-4　人工湿地系统污染物去除率及氧化亚氮排放通量

Ⅲ和Ⅳ），负荷Ⅰ～负荷Ⅳ的进水污染浓度依次增加（图4-4）。其中，负荷Ⅰ～负荷Ⅳ中的COD进水浓度分别为207.01 mg/L、433.32 mg/L、616.43 mg/L和872.29 mg/L，NH_4^+-N进水浓度分别为41.27 mg/L、84.58 mg/L、136.67 mg/L和182.42 mg/L。研究结果表明，在不同负荷下，生物炭人工湿地系统的TN去除率明显高于无生物炭系统，并有效减少N_2O的排放；原因在于生物炭减少系统NO_3^--N的积累，促进反硝化过程的顺利进行（Kizito et al., 2017）。

　　进一步基于三维荧光和紫外光谱技术，研究了试验前后系统生物炭溶解性有机物的释放特征。研究结果表明，试验后生物炭释放溶解性有机物（DOM）含量明显大于试验前，生物炭溶解性有机物的释放速率可达2 mg/（g·d）；且试验后生物炭释放DOM的光谱斜率比值（S_R）、生物可降解性指数（BIX）和新鲜度指数（β：α）值高于试验前，而腐殖化指数（HIX）和紫外吸收特征值（$SUVA_{254}$）低于试验前，表明主要通过生物炭对有机物的反复吸附-解吸作用和溶解性有机物缓释功能，显著提升人工湿地系统TN去除率（Zhou et al., 2019）。

4.3.5　添加铁基填料

　　铁具有较高的化学活性，作为典型的金属电子供体，在生物脱氮过程中起着至关重要的作用。铁氧化可以参与反硝化过程，1996年，Straub等首次在淡水沉积物富集的培养物中观察到硝酸盐还原和铁离子氧化作用的同时发生。硝酸盐依赖型的铁氧化过程分为非生物过程和生物过程，但由于人工湿地系统中缺乏催化剂，非生物过程的反应速率往往较低，因此硝酸盐依赖型的铁氧化由微生物主导。零价铁和二价铁均可作为生物反硝化的电子供体。Zhang等将Fe促进微生物反硝化作用分为4个方面：①Fe可直接作为电子供体向硝酸盐传递电子，完成硝酸盐还原；②依赖于Fe腐蚀产生的氢气作为电子供体完成氢自养反硝化；③腐蚀产生的Fe(Ⅱ)可刺激铁自养反硝化的产生；④产乙酸菌利用产生的氢气在体系中产生乙酸，乙酸为低分子有机酸盐，容易被微生物利用，可为氮去除提供碳源（Zhang et al., 2019）。具体公式见式（4-10）～式（4-12）。Ma（2021）等对比分析了以砾石和铁屑分别为基质的人工湿地脱氮性能，结果表明，添加铁屑的人工湿地脱氮效率可提升至71%，自养反硝化菌是铁屑基人工湿地中的主要菌群。Cao（2022）等以钢渣和沸石构建潮汐流人工湿地系统，结果表明，钢渣基人工湿地系统对NH_4^+-N和TN的去除率分别可达71%和46%，反硝化的碳消耗为1.51 mg BOD/mg N。

$$2Fe^0+2H_2O \longrightarrow H_2+Fe^{2+}+2OH^- \qquad (4-10)$$

$$4Fe^0+2NO_3^-+7H_2O \longrightarrow 4Fe^2+2NH_4^++10OH^- \qquad (4-11)$$

$$5Fe^0+2NO_3^-+6H_2O \longrightarrow 5Fe^2+2N_2+120OH^- \qquad (4-12)$$

Fe(Ⅱ)介导的微生物反硝化主要包括两个过程式（4-13）。第一是依赖于硝酸盐的厌氧亚铁氧化，其中 Fe(Ⅱ) 氧化提供的电子被用来将硝酸盐转化为亚硝酸盐。第二步依赖于亚硝酸盐的厌氧亚铁氧化过程。Song 等在垂直流连续人工湿地中，探究了进水中添加 Fe(Ⅱ) 对不同 C/N 下硝酸盐去除效率的影响，结果表明，在 C/N 为 2、Fe(Ⅱ) 浓度为 30 mg/L 时，硝氮的去除率最高（2016）。此外研究发现，进水中不含任何机碳源的情况下，添加零价铁对提升硝酸盐去除率作用不大，这是因为 Fe(Ⅱ) 和 Fe(Ⅲ) 不会被还原，而是形成氢氧化物沉淀，从而无法实现铁循环促进脱氮。在高 C/N（>4）时，Fe(Ⅱ) 对反硝化的影响也不明显，这是因为系统中大部分有机碳将直接用于异养反硝化脱氮过程（2016）。Fe(Ⅱ) 虽然可作为电子供体促进反硝化脱氮，但是随着反应进行，会出现铁氧化膜包覆现象，即"铁壳"现象，导致硝酸盐还原菌 / Fe(Ⅱ) 氧化细菌失活，进而降低反硝化脱氮效率。今后的研究需要进一步优化人工湿地中铁介导反硝化以去除或避免铁壳现象。

$$2Fe^0+2H_2O \longrightarrow H_2+Fe^{2+}+2OH^- \tag{4-13}$$

从式（4-13）可以看出，自养反硝化菌和铁之间存在反应动力学竞争，如何降低铁的化学还原以及刺激铁介导的自养反硝化过程以减少 NH_4^+-N 是铁基反硝化脱氮的关键。为了降低 NH_4^+-N 产生，Till 等将铁与硝酸盐污水分离开，并在反应器中培养反硝化副球菌属，H_2 通过从一个反应装置扩散到硝酸盐反应装置中，这样实现硝氮的完全去除（1998）。显然，在人工湿地系统中无法实现铁基质与污水的分离。研究表明，在废水中添加一定比例的铁和含碳物质（如活性炭），会形成以废水为电解质溶液，铁为阳极、含碳物质为阴极的原电池，原电池在酸性条件下会生成还原性［H］、H_2 以及 Fe(Ⅱ) 等电子供体，为自养反硝化菌提供能源，促进硝氮的转化（贾利霞，2020）。相比于单独 Fe^0，Fe^0 耦合活性炭形成的铁碳微电解系统会加快硝酸盐的生物还原过程。贾利霞以生物炭和零价铁共混作为人工湿地中的功能填料，在人工湿地中建立铁碳微电解体系，同时采取间歇微曝气技术，在降低了氨氮副产物生成的同时，提高了硝氮反硝化成氮气的效率（2020）。

4.3.6　添加硫基填料

自然界中，S^0、S^{2-}、$S_2O_3^{2-}$、SO_3^{2-} 是硫的主要存在形式，由于价态多变，往往形成复杂的硫循环。利用硫素作为电子供体的硫基自养反硝化受到了学者们的广泛关注。硫基自养反硝化是无机化养或光养细菌在缺氧条件下，以还原态硫作为电子供体，硝酸盐作为电子受体产生氮气、硫酸盐等的过程（Sahinkaya et al., 2015）。硫素介导的自养反硝化过程大都基于单质硫、溶解性的硫化物（如 HS 和 $S_2O_3^{2-}$）以及固体硫化物

［如黄铁矿（FeS₂）］等（Di et al., 2019）。由于价格低廉，易于处理和运输，并且可以作为能源和生物质的来源，单质硫广泛用于脱硝，其反应方程式见式 4-14~ 式 4-16。但是其极低的水溶解度严重限制了硫从固相到水相的传质，从而限制了单质硫（S^0）化学物质的生物氧化速率。硫铁矿是地壳中普遍存在的矿物，黄铁矿驱动反硝化还原可以让 1 mg NO_3^-–N/L 生成 4.61 mg SO_4^{2-}/L。相比于单质硫和其他硫化物，$S_2O_3^{2-}$ 具有更高的生物利用度和脱氮效率。基于 $S_2O_3^{2-}$ 营养型的自养反硝化细菌和反硝化生物膜表现出优异的性能、稳定性和弹性，但是高的硫酸盐副产物的生成限制了硫代硫酸盐的广泛使用，还原 1 mg NO_3^-–N/L，会产生 11.067 mg SO_4^{2-}，分别是使用 S^0 和 H_2S 作为电子供体产生硫酸盐的 1.4 倍和 2.0 倍。反应的化学方程式见式（4-14）~式（4-16）。

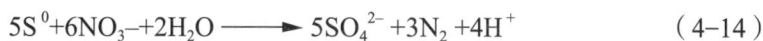

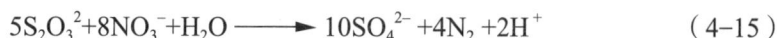

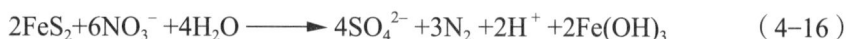

$$5S^0+6NO_3^-+2H_2O \longrightarrow 5SO_4^{2-}+3N_2+4H^+ \qquad (4-14)$$

$$5S_2O_3^{2-}+8NO_3^-+H_2O \longrightarrow 10SO_4^{2-}+4N_2+2H^+ \qquad (4-15)$$

$$2FeS_2+6NO_3^-+4H_2O \longrightarrow 4SO_4^{2-}+3N_2+2H^++2Fe(OH)_3 \qquad (4-16)$$

基于以上理论，研究者在人工湿地系统中利用硫基自养反硝化开展强化脱氮研究。董璐（2021）分别利用硫磺、铁屑、硫磺和铁屑、黄铁矿为功能填料构建硫基、铁基、硫铁基、黄铁矿基人工湿地系统处理低碳氮比的地下水硝酸盐污染，研究结果表明硫基、铁基及硫 - 铁基人工湿地的脱氮效率分别可达 97%、41%、56%。添加硫磺的人工湿地的脱氮效果显著高于其他填料，但是产生的硫酸盐副产物浓度为 400~500 mg/L，远超于《地表水环境质量标准》（GB 3838—2002）中饮用水地表水源补给项目中硫酸盐的浓度限值（250 mg/L）。宋孟在现场构建硫磺基垂直潜流人工湿地单元进行污水处理厂尾水的深度脱氮，示范工程研究结果表明，尾水中的 TN 并没有得到很好的去除，原因可能是工程实施在秋季，温度较低不利于硫自养反硝化菌的生长，且在人工湿地单元前端设有生物澄清调节池，悬浮污泥的减少不利于微生物在湿地填料上的挂膜（2020）。由于硫铁矿价格更低，且硫酸盐副产物生成浓度较硫单质低，硫铁矿在人工湿地中的应用潜力较大。Ge 等利用自然黄铁矿和石灰岩作为功能填料构建水平潜流人工湿地系统进行了年的长期水质监测表明，相比于单独石灰岩人工湿地系统，黄铁矿 - 石灰岩人工湿地系统可显著提升 TN 去除效果，且石灰岩的存在会中和因黄铁矿氧化消耗的碱度从而维持湿地系统内部 pH 值。但是仍然存在的问题是硫酸盐的过量产生，出水硫酸盐浓度为 600~800 mg/L（2019）。李丽雅（2022）分别以硫化亚铁和硫铁矿作为功能填料构建人工湿地系统，研究表明，硫化亚铁和硫铁矿均能显著提高人工湿地反硝化效率，且硫铁矿和硫化亚铁矿物的联合应用会提高人工湿地系统内反硝化酶活性和电子传系统活性，反硝化效率（56%~96%）高于单一物质填充下的反硝化效率。硫化亚铁基、硫铁矿基人工湿地及硫化亚铁 / 硫铁矿基人工湿地出水硫酸盐浓度仅为 18~30 mg/L，远远低于《地表水环境质量标准》中饮用水地表水源补给项目中硫酸盐的浓度限值（250 mg/L）。

为了进一步减少硫酸盐副产物的积累以及加快硫素单独介导的自养反硝化人工湿地系统启动时间，研究者将硫化物和固体碳源耦合作为人工湿地系统的功能填料。硫基反硝化系统中添加碳源被认为可以促进 TN 去除、减少亚硝酸盐积累和硫酸盐生成，同时可以平衡因硫/硫化物介导反硝化消耗的碱度（Qiu et al., 2020）。研究发现，在硫-木屑介导的混养反硝化系统中，TN 去除率显著高于其在硫单质介导的反硝化系统，且出水硫酸盐浓度几乎为 0（Li et al., 2016）。进一步构建硫单质-活性炭基人工湿地系统处理硝酸盐主导的模拟污水，研究结果表明，活性炭在硫基人工湿地中的添加会实现细菌的混养（异养-自养）反硝化脱氮，同时会促进植物根系的生长，从而达到 TN 的高效去除（>95%）。此外，相比于以硫单质为功能基质的人工湿地系统，出水硫酸盐浓度较低（80 mg/L），有效避免了出水的二次污染现象（Li et al., 2021）。

4.3.7　添加锰基填料

除了铁和硫，锰［Mn(Ⅱ)］被发现可被微生物利用参与微生物反硝化脱氮过程。在厌氧和富锰体系中，锰氧化物可作为电子受体，促进 NH_4^+-N 向 N_2、NO、N_2O、NO_2^--N 或 NO_3^--N 的氧化，同时高价态的锰氧化物可被还原为低价态锰［Mn(Ⅱ)］。理论上讲，在 NO_3^--N 还原过程中，氧化还原对（Mn^{4+}/Mn^{2+}：1.223V）与 NO_3^--N 一系列的氧化还原对（NO_3^-/N_2：0.75V；NO_3^-/NO_2^-：0.43V；NO_2^-/NO：0.35V；NO/N_2O：1.18V；N_2O/N_2：1.35V；NO_3^-/NH_4^+：0.36V）耦合，其中 NO_3^-/N_2 氧化还原对的电极电势比 Mn^{4+}/Mn^{2+} 低，因此，Mn(Ⅱ) 介导的硝酸盐还原反应在热力学上是允许的，反应方程见式（4-17）。目前在已有研究的培养试验中发现，不动杆菌（*Acinetobacter*）和假单胞菌（*Pseudomonas*）可表现出利用 Mn(Ⅱ) 作为能源达到高效脱氮（3.12 mg NO_3^--N/L/h）。不动杆菌的一个菌株 *Acinetobacter* sp. *strain SZ28* 也可利用 Fe^{2+} 和 S^{2+} 为电子供体参与反硝化过程（Su et al., 2013）。自然界中，锰一般以锰矿石的形式存在，而锰矿石中锰元素主要有 Mn(Ⅲ) 和 Mn(Ⅳ) 两种氧化价态。有研究在人工湿地系统中实现了 Mn(Ⅱ) 氧化和硝酸盐还原的耦合。研究结果表明，相比于河砂基人工湿地，添加锰矿石的人工湿地系统的氨氮、硝态氮和 TN 去除效果都显著提升至 91.74%，83.29% 和 65.12%。锰矿石在湿地系统中的引入会增加反硝化细菌的相对丰度，促进了微生物的反硝化作用，高丰度锰氧化细菌和较低浓度的 Mn(Ⅱ) 监测结果间接表明 Mn(Ⅱ) 可作为电子供体促进微生物反硝化脱氮（Xie et al., 2018）。但是由于湿地微生物体系较为复杂，微生物是否可以利用 Mn(Ⅱ) 以及如何形成有效的锰循环过程促进反硝化过程，同时 Mn(Ⅱ) 在自养反硝化体系中的毒性阈值是多少，这些科学问题仍值得进一步探究。

$$5Mn^{2+} + 2NO_3^- + 4H_2O \longrightarrow 5MnO_2 + N_2 + 8H^+ \quad \Delta G^0 = -14.35 \text{ kJ/mol} \quad （4-17）$$

4.3.8　出水回流

有机碳源是反硝化作用主要的电子供体，潜流湿地大部分区域处于缺氧和厌氧状态，在碳源充足情况下，湿地沿程均具有较强的反硝化潜力，能保证反硝化脱氮过程有效进行。但随着有机污染物的沿程降解，湿地后段的反硝化过程中往往存在碳源不足的问题，这是制约反硝化的关键因素。

当人工湿地出水回流，回流混合液中的反硝化细菌利用原污水中的有机物作为碳源，将回流中的大量 NO_3^--N 还原成 N_2 或 N_2O，从而达到脱氮目的。另外，回流时可对进水进行一定的稀释，减轻污水负荷，若回流时采用低扬程水泵，通过水力喷射或跌水等方式还可增加水中的溶解氧提高其硝化效率并减少出水中可能出现的臭味等。同时，出水回流的运行方式加强了污水中污染物与湿地内附着在植物根系与填料表面生物膜的相互接触，有利于湿地净化效果的发挥。但是，目前针对回流运行措施的研究还不够全面，仅有的研究也主要集中在回流处理对含氮废水的去除效率影响上，张涛等（2011）通过脱氮试验比较了不同回流位置（进水口、前部、中部、后部）对潜流人工湿地的氮浓度空间分布状况和氮去除效果的影响。结果表明，4 种回流与未回流处理相互之间的 NH_4^+-N 空间分布无明显差异，而回流位置越靠近进水口，湿地中 TN 分布浓度越低。将湿地出水按 1/3 的回流比回流到湿地进水口，对 NH_4^+-N 去除率的影响差异未达到显著水平，但获得了较好的 TN 去除率，在 60% 以上，相比未回流处理的 TN 去除率提高了约 20%。

4.3.9　湿地结构改进

针对水平潜流湿地溶解氧浓度低、脱氮效率不高的问题，Seidel（1964）首次提出了垂直流系统，并将其进一步设计为以卵石代替土壤作为基质的垂直流湿地。与水平流相比，垂直流湿地布水更均匀、充氧更充分，有利于好氧微生物的生长和硝化反应的进行，因而对氮的去除有了较大提高。吴振斌等（2000）构建了下行流–上行流相结合的复合垂直流人工湿地，该湿地较其他同类型人工湿地具有更高的净化能力。

为了进一步提高湿地脱氮效果，研究学者在垂直流人工湿地中插装竖直通气管，并采用慢灌快排方式使系统充分换气，极大提高了对 NH_4^+-N 的去除效果（Green et al., 1998）；而在水平潜流人工湿地中采用铺设分层通气管，再辅以连续进水、间歇出水的方式实现了自动增氧，显著提高了湿地的净化能力和抗冲击负荷能力（孙亚兵 等，2006）。由于通气管向周围介质进行氧扩散的范围有限，因而又改进为在湿地底部进行强化曝气，由此明显改善了湿地的缺氧环境，提高了对有机物和氮的去除（Tao and

Wang，2009）。研究还发现，在湿地后端强化曝气净化效果更具优势，且能耗较低。另外，强化曝气可使湿地具有较理想的水力特性，尤其冬季时可显著增强基质微生物的活性（任拥政 等，2007）。同时，为了满足湿地系统反硝化反应所需的缺氧环境和节约能源的要求，将其中的连续曝气改进为间歇曝气，可显著降低出水中硝态氮的浓度，提高对 TN 的去除（Tang et al.，2009; Nivala et al.，2007）。然而，关于最佳停曝时间比却因其影响因素较多（如水力负荷、有机物浓度、TN 浓度等），而得出了差别较大的结论（Tao et al.，2010）。Zhang 等（2010）采用一种限制性强化曝气方式，即溶解氧浓度达到设定值便停止曝气，这很好地解决了停曝时间比难以设定的问题，同时也节约了曝气费用。此外，也有学者探究了昼夜变化（即明暗循环）对人工湿地去除污染物包括氮去除效果的影响，结果表明，昼夜变化可以改变微生物群落结构，TN 去除在白天条件下比夜间条件下高 1.31 倍，这对优化人工湿地结构、进一步提高脱氮效率有一定的参考价值（Zhao et al.，2022）。

4.3.10　优化系统组合方式

潜流人工湿地系统可与表面流湿地系统或一些高效稳定塘床等多级串联组合，以增强脱氮效果。例如，成都市活水公园人工湿地塘床系统就是将人工湿地处理污水工艺与城市园林艺术相结合，为人工湿地处理污水的应用开拓了更广泛的领域。国内有不少人对湿地床体与塘床的组合方式做了研究，如陈德强等（2003）就比较研究了推流床湿地、下行流湿地、上行流湿地、好氧塘和兼性塘的不同组合工艺对污水的净化效果，发现下行流湿地加氧化塘对 NH_4^+–N 的去除效果最好，上行流湿地有利于对 NO_3^-–N 的去除。何成达等（2004）将厌氧悬浮填料床体和波式潜流人工湿地工艺串联起来，其中短水力停留时间厌氧单元在较大程度上发挥了将颗粒有机物转化为溶解性有机物的作用，为后续湿地处理提供了有利的条件。白永刚等（2005）应用滴滤池与人工湿地相结合技术设计相对集中的污水处理系统，达到很好的脱氮效果。

（1）湿地串联

前期研究结果表明，垂直流湿地具有较好的硝化能力，而水平流湿地即使在碳氮比很低的情况下反硝化作用也很好，因此有研究学者分析了垂直流与水平流湿地不同串联方式下的净化效果，对比研究后推荐水平流 – 垂直流 – 垂直流 – 水平流湿地串联系统，该串联系统不仅具有较好的脱氮效果，而且有效防止了垂直流湿地的堵塞问题（Cooper，1999）。同时，研究也证实了下行垂直流 – 表面流串联人工湿地的脱氮率可在 70% 以上（刘峰 等，2011）。采用二级串联潜流人工湿地处理污水时，不仅表现出良好的去污效果，而且湿地串联有利于保持冬季时出水水质稳定。另外，如复合垂直流人工湿地、金字塔式人工湿地、梯田式人工湿地等都可看作是湿地串联的形式

（詹鹏 等，2008）。

（2）湿地与其他污水处理工艺组合

近年来，人工湿地与其他污水处理工艺的结合显著扩大了其应用范围，可以说这是人工湿地技术快速发展的一个重要举措。目前，已出现许多新型组合污水处理系统，如动态膜生物反应器－人工湿地组合系统（DMBR-IVCW）（贺锋 等，2009）、生物膜－人工湿地组合工艺（BBFR-IVCW）（贺锋 等，2009）、SMBR-IVCW 复合系统（Xiao et al., 2010）、内外循环厌氧反应器－序批式生物膜反应器－人工湿地组合工艺（IOC-SBBR-CW）（万金保 等，2011）、生物接触氧化－复合人工湿地组合工艺（朱琼璐 等，2012）、微生物燃料电池人工湿地（CW-MFC）（Tao et al., 2021; Wang et al., 2019）等，它们被广泛应用于生活污水、高浓度含氮污水、猪场废水、工业废水的处理，结果显示，组合工艺处理效果明显优于单一工艺，且处理效果稳定、抗冲击负荷强。

4.3.11　强化特异微生物脱氮

厌氧氨氧化菌在厌氧条件下以 CO_2 作为碳源，可将亚硝态氮与氨氮作为底物代谢产生氮气（Zhu et al., 2010）。这种反应不需要氧气和有机物的参与，且几乎不产生 N_2O，避免了传统硝化－反硝化反应产生的温室气体排放。范改娜等（2010）证实了人工湿地中存在厌氧氨氧化菌，且它们对于湿地中氮的转化有着重要作用。然而，由于厌氧氨氧化菌培养条件苛刻，其用于强化湿地脱氮还有待研究。好氧反硝化菌可在有氧条件下进行反硝化作用，从而可实现同步硝化－反硝化脱氮。Robertson 等（1988）首次分离出 1 株好氧反硝化菌，该菌株具有同步异养硝化与好氧反硝化的功能。王莹等（2010）从增氧型人工湿地中分离出 1 株高效好氧反硝化菌，脱氮速率高达 20.58 mg/（L·h）。同时，研究显示采用异养硝化－好氧反硝化菌的多孔填料具有良好的脱氮性能，这为强化湿地微生物脱氮提供了研究基础（王磊 等，2010；苏俊峰 等，2010）。

参考文献

白永刚，吴浩汀，2005. 太湖地区农村生活污水处理技术初探 [J]. 电力环境保护，21(2): 44-45.

蔡明凯，邓春光，2007. 人工湿地氮转移影响要素及研究建议 [J]. 安徽农业科学，35(22): 6902-6902.

陈德强，吴振斌，成水平，等，2003. 不同湿地组合工艺净化污水效果的比较 [J]. 中国给水排水，19(9): 12-15.

陈梦银，朱伟，董婵，2013. 基于植物昼夜释氧变化规律的复合垂直流人工湿地氮形态 [J]. 湖泊科学, 25(3): 392-397.

代嫣然, 梁威, 吴振斌, 2010. 低碳高氮废水的人工湿地脱氮研究进展 [J]. 农业环境科学学报, 29(3): 305-309.

丁怡, 2013. 补充碳源提取液对水平潜流人工湿地脱氮效果的影响研究 [D]. 上海: 东华大学.

董璐, 2021. 基于硫—铁循环调控人工湿地同步去除地下水硝酸盐与重金属的效能及机制 [D]. 咸阳: 西北农林科技大学.

范改娜, 祝贵兵, 王雨, 等, 2010. 河流湿地氮循环修复过程中的新型功能微生物 [J]. 环境科学学报, 30(8): 1558-1563.

耿军军, 王亚宜, 张兆祥, 等, 2010. 污水生物脱氮革新工艺中强温室气体 N_2O 的产生及微观机理 [J]. 环境科学学报, (9): 1729-1738.

何成达, 季俊杰, 葛丽英, 等, 2004. 厌氧悬浮床 / 潜流湿地处理生活污水 [J]. 中国给水排水, 20(7): 11-15.

贺锋, 曹湛清, 夏世斌, 等, 2009. 生物膜—人工湿地组合工艺处理城镇生活污水的研究 [J]. 农业环境科学学报, 28(8): 1655-1660.

贺锋, 孔令为, 夏世斌, 等, 2009. DMBR-IVCW 系统处理生活污水的研究 [J]. 环境科学与技术, 32(6): 367-70.

贾利霞, 2020. 铁碳基人工湿地强化处理硝酸盐 - 重金属复合污染地下水的效能与机理研究 [D]. 咸阳: 西北农林科技大学.

蒋艳艳, 胡孝明, 金卫斌, 2013. 生物炭对废水中重金属吸附研究进展 [J]. 湖北农业科学, 52(13): 2984-2988.

靳同霞, 王程丽, 张永静, 等, 2012. 两种人工湿地不同填料层净化污水效果研究 [J]. 河南师范大学学报 (自然科学版), 40(1): 116-120.

李丽雅, 2022. 硫铁矿 / 硫化亚铁强化人工湿地同步脱氮除磷的试验研究 [D]. 合肥: 合肥工业大学.

李松, 王为东, 强志民, 等. 2011. 自动增氧人工湿地处理农村生活污水脱氮研究 [J]. 环境科学与技术, 34(3): 19-22, 28.

李旭东, 张旭, 薛玉, 等, 2003. 沸石芦苇床除氮中试研究 [J]. 环境科学, 24(3): 158-160.

刘峰, 梁文艳, 隋丽丽, 等, 2011. 垂直流—表流串联人工湿地处理生活污水的研究 [J]. 中国给水排水, 27(5): 12-15.

刘刚, 闻岳, 周琪, 2010. 人工湿地反硝化碳源补充研究进展 [J]. 水处理技术, 36(4): 1-5.

刘江霞, 罗泽娇, 靳孟贵, 等, 2008. 地下水有氧反硝化的固态有机碳源选择研究 [J]. 生态环境, 17(1): 41-46.

刘慎坦, 王国芳, 谢祥峰, 等, 2011. 不同基质对人工湿地脱氮效果和硝化及反硝化细菌分布的影响 [J]. 东南大学学报 (自然科学版), 41(2): 400-405.

刘秀红, 杨庆, 吴昌永, 等, 2006. 不同污水生物脱氮工艺中 N_2O 释放量及影响因素 [J]. 环境科学学报, 26(12): 1940-1947.

卢少勇, 金相灿, 余刚, 2006. 人工湿地的氮去除机理 [J]. 生态学报, 26(8): 2670-2677.

聂发辉, 吴晓芙, 胡曰利, 2004. 人工湿地中蛭石填料净化污水中氨氮能力 [J]. 城市环境与城市生态, 16(6): 280-282.

任拥政, 章北平, 海本增, 2007. 局部充氧提高波形潜流人工湿地除污效能的研究 [J]. 中国给水排水, 23(11): 28-31.

邵留, 徐祖信, 金伟, 等, 2009. 以稻草为碳源和生物膜载体去除水中的硝酸盐 [J]. 环境科学, 30(5): 1414-1419.

宋孟, 2020. 硫自养人工湿地强化污水厂尾水深度脱氮研究 [D]. 北京: 北京林业大学.

宋铁红,尹军,崔玉波,2005. 不同进水方式人工湿地除污效率对比分析 [J]. 安全与环境工程,12(3): 46-48.

苏俊峰,黄廷林,刘燕,等,2010. 异养型同步硝化反硝化处理微污染水源水 [J]. 环境科学与技术,33(3): 141-143.

孙亚兵,冯景伟,田园春,等,2006. 自动增氧型潜流人工湿地处理农村生活污水的研究 [J]. 环境科学学报,26(3): 404-408.

帖靖玺,钟云,郑正,等,2007. 二级串联人工湿地处理农村污水的脱氮除磷研究 [J]. 中国给水排水,23(1): 88-91.

万金保,陈琳,吴永明,等,2011. IOC—SBBR—人工湿地组合工艺在猪场废水处理中的应用 [J]. 给水排水,37(7): 47-51.

王磊,汪苹,刘健楠,等,2010. 固定异养硝化—好氧反硝化菌脱氮能力的研究 [J]. 北京工商大学学报(自然科学版),28(1): 18-23.

王世和,王薇,俞燕,2003. 水利条件对人工湿地处理效果的影响 [J]. 东南大学学报(自然科学版),33(3): 359-362.

王莹,周巧红,梁威,等,2010. 人工湿地高效好氧反硝化菌的分离鉴定及反硝化特性研究 [J]. 农业环境科学学报,29(6): 1193-1198.

吴娟,张建,贾文林,等,2009. 人工湿地污水处理系统中氧化亚氮的释放规律研究 [J]. 环境科学,30(11): 3146-3151.

吴娟,2009. 人工湿地污水处理系统 N_2O 的释放与相关微生物研究 [D]. 济南:山东大学.

吴振斌,雷志洪,2002. 一种污水处理方法及装置: 001146939[P]. 2002-01-30.

徐丽花,周琪,2002. 不同填料人工湿地处理系统的净化能力研究 [J]. 上海环境科学,21(10): 603-605.

鄢璐,王世和,钟秋爽,等,2007. 强化供氧条件下潜流型人工湿地运行特性 [J]. 环境科学,28(4): 736-741.

尹连庆,张建平,1999. 粉煤灰基质人工湿地系统净化污水的研究 [J]. 华北电力大学学报,26(4): 76-79.

詹鹏,王湘英,朱建林,等,2008. 梯田式人工湿地处理生活污水的初步研究 [J]. 水资源保护,24(1): 27-30.

张后虎,张毅敏,何品晶,2009. 人工湿地处理渗滤液 N_2O 的释放规律及控制 [J]. 环境科学研究,(6): 723-729.

张军,周琪,何蓉,2004. 表面流人工湿地中氮磷的去除机理 [J]. 生态环境,13(1): 98-101.

张培丽,陈正新,裘知,等,2012. 模拟人工湿地中植物多样性对铵态氮去除的影响 [J]. 生态学杂志,31(5): 1157-1164.

张涛,宋新山,严登华,等,2011. 不同回流位置对潜流人工湿地氮分布及去除效果的影响 [J]. 环境工程学报,5(10): 2204-2208.

张迎颖,丁为民,陈秀娟,等,2009. 复合垂直流人工湿地的脱氮机理及影响因素分析 [J]. 环境工程,27(5): 36-39.

张政,付融冰,顾国维,等,2006. 人工湿地脱氮途径及其影响因素分析 [J]. 生态环境,15(6): 1385-1390.

赵联芳,梅才华,丁小燕,等,2013. 人工湿地污水脱氮中 N_2O 的产生机理和影响因素 [J]. 科学技术与工程,(29): 8705-8714.

赵联芳,朱伟,赵建,2006. 人工湿地处理低碳氮比污染河水时的脱氮机理 [J]. 环境科学学报,26(11): 1821-1827.

朱琼璐, 楼倩, 崔理华, 等, 2012. 生物接触氧化——复合人工湿地组合工艺对工业园区污水的处理效果研究 [J]. 环境污染与防治, 34(1): 37-41.

ALLEMAN J E, 1985. Elevated nitrite occurrence in biological wastewater treatment systems [J]. Water Science & Technology, 17(2): 409-419.

AL-OMARI A, FAYYAD M, 2003. Treatment of domestic wastewater by subsurface flow constructed wetlands in Jordan [J]. Desalination, 155(1): 27-39.

ANDERSON I C, LEVINE J S, 1986. Relative rates of nitric oxide and nitrous oxide production by nitrifiers, denitrifiers, and nitrate respirers [J]. Applied and Environmental Microbiology, 51(5): 938-945.

ANDERSSON J L, BASTVIKEN S K, TONDERSKI K S, 2005. Free water surface wetlands for wastewater treatment in Sweden: nitrogen and phosphorus removal [J]. Water Science & Technology, 51(9): 39-46.

ASLAN Ş, T RKMAN A, 2005. Combined biological removal of nitrate and pesticides using wheat straw as substrates [J]. Process Biochemistry, 40(2): 935-943.

BACHAND P A, HORNE A J, 1999. Denitrification in constructed free-water surface wetlands: Effects of vegetation and temperature [J]. Ecological Engineering, 14(1): 17-32.

BAKER L, 1998. Design considerations and applications for wetland treatment of high-nitrate waters [J]. Water Science & Technology, 38(1): 389-395.

BARIK S K, MISHRA S, AYYAPPAN S, 2000. Decomposition patterns of unprocessed and processed lignocellulosics in a freshwater fish pond [J]. Aquatic Ecology, 34(2): 185-204.

BOHLKE J K, SMITH R L, MILLER D N, 2006. Ammonium transport and reaction in contaminated groundwater: Application of isotope tracers and isotope fractionation studies [J]. Water Resources Research, 42(5): 1-19.

BOJCEVSKA H, TONDERSKI K, 2007. Impact of loads, season, and plant species on the performance of a tropical constructed wetland polishing effluent from sugar factory stabilization ponds [J]. Ecological Engineering, 29(1): 66-76.

BOLEY A, MüLLER W R, HAIDER G, 2000. Biodegradable polymers as solid substrate and biofilm carrier for denitrification in recirculated aquaculture systems [J]. Aquacultural Engineering, 22(1): 75-85.

BRASKERUD B, 2002. Factors affecting nitrogen retention in small constructed wetlands treating agricultural non-point source pollution [J]. Ecological Engineering, 18(3): 351-370.

BREMNER J, SHAW K, 1958. Denitrification in soil. II. Factors affecting denitrification [J]. The Journal of Agricultural Science, 51(1): 40-52.

BRIX H, 1997. Do macrophytes play a role in constructed treatment wetlands? [J]. Water Science & Technology, 35(5): 11-17.

BRIX H, 1997. Do macrophytes play a role in constructed treatment wetlands? [J]. Water Science & Technology, 35(5): 11-18.

CAO X K, ZHENG H, LIAO Y, et al., 2022. Effects of iron-based substrate on coupling of nitrification, aerobic denitrification and Fe(II) autotrophic denitrification in tidal flow constructed wetlands [J]. Bioresource Technol, 361, 127657.

CATANZARO J, BEAUCHAMP E, 1985. The effect of some carbon substrates on denitrification rates and carbon utilization in soil [J]. Biology and Fertility of Soils, 1(4): 183-187.

COOKSON W R, CORNFORTH I S, ROWARTH J S, 2002. Winter soil temperature (2~15℃) effects on nitrogen transformations in clover green manure amended or unamended soils; a laboratory and field study [J]. Soil Biology and Biochemistry, 34(10): 1401-1415.

COOPER P, 1999. A review of the design and performance of vertical-flow and hybrid reed bed treatment systems [J]. Water Science & Technology, 40(3): 1-9.

COOPER P, 2005. The performance of vertical flow constructed wetland systems with special reference to the significance of oxygen transfer and hydraulic loading rates [J]. Water Science & Technology, 51(9): 81-90.

COTTINGHAM P D, DAVIES T H, HART B T, 1999. Aeration to promote nitrification in constructed wetlands [J]. Environmental Technology, 20(1): 69-75.

CUI L, ZHU X, LUO S, LIU Y, 2003. Purification efficiency of vertical-flow wetland system constructed by cinder and turf substrate on municipal wastewater [J]. Chinese Journal of Applied Ecology, 4: 597-600.

DAPENA-MORA A, FERNÁ NDEZ I, CAMPOS J, et al., 2007. Evaluation of activity and inhibition effects on Anammox process by batch tests based on the nitrogen gas production [J]. Enzyme and Microbial Technology, 40(4): 859-865.

DAWSON R, MURPHY K, 1972. The temperature dependency of biological denitrification [J]. Water Research, 6(1): 71-83.

DI CAPUA F, PIROZZI F, LENS P N L, et al., 2019. Electron donors for autotrophic denitrification[J]. Chem Eng J, 362: 922-937.

DONG C, ZHU W, GAO M, et al., 2011. Diurnal fluctuations in oxygen release from roots of Acorus calamus Linn in a modeled constructed wetland [J]. Journal of Environmental Science and Health, Part A, 46(3): 224-229.

DONG Z Q, SUN T H, 2007. A potential new process for improving nitrogen removal in constructed wetlands-Promoting coexistence of partial-nitrification and ANAMMOX [J]. Ecological Engineering, 31(2): 69-78.

ENGELHARDT K A, RITCHIE M E, 2002. The effect of aquatic plant species richness on wetland ecosystem processes [J]. Ecology, 83(10): 2911-2924.

ENGSTR M P, DALSGAARD T, HULTH S, et al., 2005. Anaerobic ammonium oxidation by nitrite (anammox): implications for N2 production in coastal marine sediments [J]. Geochimica et Cosmochimica Acta, 69(8): 2057-2065.

ERIKSSON P G, ANDERSSON J L, 1999,. Potential nitrification and cation exchange on litter of emergent, freshwater macrophytes [J]. Freshwater Biology 42(3): 479-486.

ERLER D V, EYRE B D, DAVISON L, 2008. The contribution of anammox and denitrification to sediment N2 production in a surface flow constructed wetland [J]. Environmental Science & Technology, 42(24): 9144-9150.

FEY A, BENCKISER G, OTTOW J, 1999. Emissions of nitrous oxide from a constructed wetland using a groundfilter and macrophytes in waste-water purification of a dairy farm [J]. Biology and Fertility of Soils 29(4): 354-359.

FLEMING-SINGER M S, HORNE A J, 2002. Enhanced nitrate removal efficiency in wetland microcosms using an episediment layer for denitrification [J]. Environmental Science & Technology, 36(6): 1231-1237.

FORSTER P M F, 2006. Climate forcing and climate sensitivities diagnosed from atmospheric global circulation models [J]. Journal of Climate, 19(23): 6181-6194.

FREEMAN C, LOCK M A, HUGHES S, et al., 1997. Nitrous oxide emissions and the use of wetlands for water quality amelioration [J]. Environmental Science & Technology, 31(8): 2438-2440.

GARCIA J, ROUSSEAU D P L, MORATO J, et al., 2010. Contaminant removal processes in subsurface-flow constructed wetlands: a review [J]. Critical Reviews in Environmental Science and Technology, 40(7): 561-661.

Ge Z B, Wei D Y, Zhang J, et al., 2019. Natural pyrite to enhance simultaneous long-term nitrogen and phosphorus removal in constructed wetland: Three years of pilot study. Water Res, 148: 153-161.

GLASS C, SILVERSTEIN J A, 1998. Denitrification kinetics of high nitrate concentration water: pH effect on inhibition and nitrite accumulation [J]. Water Research, 32(3): 831-839.

GöK M, OTTOW J, 1988. Effect of cellulose and straw incorporation in soil on total denitrification and nitrogen immobilization at initially aerobic and permanent anaerobic conditions [J]. Biology and Fertility of Soils, 5(4): 317-322.

GRAY S, KINROSS J, READ P, et al., 2000. The nutrient assimilative capacity of maerl as a substrate in constructed wetland systems for waste treatment [J]. Water Research, 34(8): 2183-2190.

GREEN M, FRIEDLER E, SAFRAI I, 1998. Enhancing nitrification in vertical flow constructed wetland utilizing a passive air pump [J]. Water Research, 32(12): 3513-3520.

GRUBER N, SARMIENTO J L, 1997. Global patterns of marine nitrogen fixation and denitrification [J]. Global Biogeochemical Cycles, 11(2): 235-266.

Gupta P, Ann T W, Lee S M, 2016. Use of biochar to enhance constructed wetland performance in wastewater reclamation [J]. Environ Eng Res, 21(1): 36-44

HAMERSLEY M R, HOWES B L, 2002. Control of denitrification in a septage-treating artificial wetland: the dual role of particulate organic carbon [J]. Water Research, 36(17): 4415-4427.

HAMMER M J, 1986. Water and wastewater technology [M]. Englewood Cliffs: Prentice Hall.

Hendrickx T L G, Wang Y, Kampman C, et al., 2012. Autotrophic nitrogen removal from low strength waste water at low temperature [J]. Water Res, 46: 2187-2193.

HOOPER A B, VANNELLI T, BERGMANN D J, et al., 1997. Enzymology of the oxidation of ammonia to nitrite by bacteria [J]. Antonie Van Leeuwenhoek International Journal of General and Molecular Microbiology, 71(1): 59-67.

HOU J, WANG X, WANG J, et al., 2018. Pathway governing nitrogen removal in artificially aerated constructed wetlands: Impact of aeration mode and influent chemical oxygen demand to nitrogen ratios[J]. Bioresource Technol. (257): 137-146.

HUANG L, GAO X, GUO J, et al., 2013. A review on the mechanism and affecting factors of nitrous oxide emission in constructed wetlands [J]. Environmental Earth Sciences, 68(8): 2171-2180.

IMEK M, COOPER J, 2002. The influence of soil pH on denitrification: progress towards the understanding of this interaction over the last 50 years [J]. European Journal of Soil Science, 53(3): 345-354.

INAMORI R, GUI P, DASS P, et al., 2007. Investigating CH_4 and N_2O emissions from eco-engineering wastewater treatment processes using constructed wetland microcosms [J]. Process Biochemistry, 42(3): 363-373.

INGERSOLL T L, BAKER L A, 1998. Nitratfe removal in wetland microcosms [J]. Water Research, 32(3): 677-684.

JAYAWEERA G R, MIKKELSEN D S, 1991. Assessment of ammonia volatilization from flooded soil systems [J]. Advances in Agronomy, 45(3): 303-356.

JIA L X, WANG R G, FENG L K, et al., 2018. Intensified nitrogen removal in intermittently-aerated vertical flow constructed wetlands with agricultural biomass: Effect of influent C/N ratios[J]. Chem. Eng. J., 345: 22-30.

JOHANSSON A, KLEMEDTSSON Å K, KLEMEDTSSON L, et al., 2003. Nitrous oxide exchanges with the atmosphere of a constructed wetland treating wastewater [J]. Tellus B, 55(3): 737-750.

JORGENSEN C J, STRUWE S, ELBERLING B, 2012. Temporal trends in N_2O flux dynamics in a Danish wetland-effects of plant-mediated gas transport of N_2O and O_2 following changes in water level and soil mineral-N availability [J]. Global Change Biology, 18(1): 210-222.

KADLEC R H, 1994. Detention and mixing in free water wetlands [J]. Ecological Engineering, 3(4): 345-380.

KADLEC R, WALLACE S, 2009. Treatment wetlands [M]. Boca Raton: CRC Press.

KARJALAINEN S, HUTTUNEN J, LIIKANEN A, 2007. Climate change 2007-the physical science basis: Working group I contribution to the fourth assessment report of the IPCC [M]. Cambridge: Cambridge University Press.

KIETLINSKA A, RENMAN G, JANNES S, et al., 2005. Nitrogen removal from landfill leachate using a compact constructed wetland and the effect of chemical pretreatment [J]. Journal of Environmental Science and Health, 40(6): 1493-1506.

KIZITO S, TAO L, WU S, et al., 2017. Treatment of anaerobic digested effluent in biochar-packed vertical flow constructed wetland columns: Role of media and tidal operation[J]. Total Environ., 592: 197-205.

KOOPS H P, POMMERENING-ROSER A, 2001. Distribution and ecophysiology of the nitrifying bacteria emphasizing cultured species [J]. FEMS Microbiology Ecology, 37(1): 1-9.

KOOTTATEP T, POLPRASERT C, 1997. Role of plant uptake on nitrogen removal in constructed wetlands located in the tropics [J]. Water Science & Technology, 36(12): 1-8.

KOROM S F, 1992. Natural denitrification in the saturated zone: A review [J]. Water Resources Research, 28(6): 1657-1668.

KUENEN J G, 2008. Anammox bacteria: from discovery to application [J]. Nature Reviews Microbiology, 6(4): 320-326.

KUSCHK P, WIE NER A, KAPPELMEYER U, et al., 2003. Annual cycle of nitrogen removal by a pilot-scale subsurface horizontal flow in a constructed wetland under moderate climate [J]. Water Research, 37(17): 4236-4242.

KUUSEMETS V, LHMUS K, MAURING T, et al., 2003. Nitrous oxide, dinitrogen and methane emission in a subsurface flow constructed wetland [J]. Water Science & Technology, 48(5): 135-142.

LADD J, JACKSON R, 1982. Biochemistry of ammonification [J]. Nitrogen in Agricultural soils, 173-228.

LAUGHLIN D C, HART S C, KAYE J P, et al., 2010. Evidence for indirect effects of plant diversity and composition on net nitrification [J]. Plant and Soil, 330(2): 435-445.

LI M, DUAN R, HAO W, et al., 2021. Utilization of Elemental Sulfur in Constructed Wetlands Amended with Granular Activated Carbon for High-Rate Nitrogen Removal [J]. Water Res., 195: 116996.

LI R, FENG C P, HU W W, et al., 2016. Woodchip-sulfur based heterotrophic and autotrophic denitrification (WSHAD) process for nitrate contaminated water remediation [J]. Water Res., 89: 171-179.

LIIKANEN A, HUTTUNEN J T, KARJALAINEN S M, et al., 2006. Temporal and seasonal changes in greenhouse gas emissions from a constructed wetland purifying peat mining runoff waters [J]. Ecological Engineering 26(3): 241-251.

LIM P, WONG T, LIM D, 2001. Oxygen demand, nitrogen and copper removal by free-water-surface and subsurface-flow constructed wetlands under tropical conditions [J]. Environment International, 26(5): 425-431.

LIN Y F, JING S R, WANG T W, et al., 2002. Effects of macrophytes and external carbon sources on nitrate removal from groundwater in constructed wetlands [J]. Environmental Pollution, 119(3): 413-420.

LIN Z Y, XU F Y, WANG Y M, et al., 2020. Autotrophic nitrogen removal by partial nitrification-anammox process in two-stage sequencing batch constructed wetlands for low-strength ammonium wastewater. J. Water Process[J]. Eng., 38: 101625.

LLOYD D, BODDY L, DAVIES K J, 1987. Persistence of bacterial denitrification capacity under aerobic conditions: the rule rather than the exception [J]. FEMS Microbiology Letters, 45(3): 185-190.

MA Y H, ZHENG X Y, HE S B, et al., 2021. Nitrification, denitrification and anammox process coupled to iron redox in wetlands for domestic wastewater treatment [J]. Clean. Prod., 300: 126953.

MALTAIS-LANDRY G, MARANGER R, BRISSON J, et al., 2009. Greenhouse gas production and efficiency of planted and artificially aerated constructed wetlands [J]. Environmental Pollution, 157(3): 748-754.

MANDER U, KUUSEMETS V, LOHMUS K, 2003. Nitrous oxide, dinitrogen and methane emission in a subsurface flow constructed wetland [J]. Water Science & Technology, 48(5): 135-142.

MANDER Ü, L HMUS K, TEITER S, et al., 2008. Gaseous fluxes in the nitrogen and carbon budgets of subsurface flow constructed wetlands [J]. Science of the Total Environment, 404(2): 343-353.

MAYO A W, BIGAMBO T, 2005. Nitrogen transformation in horizontal subsurface flow constructed wetlands I: Model development [J]. Physics and Chemistry of the Earth, 30(16): 658-667.

MOHAN D, SARSWAT A, OK Y S, et al., 2014. Organic and inorganic contaminants removal from water with biochar, a renewable, low cost and sustainable adsorbent: a critical review [J]. Bioresource Technol., 160(5): 191-202

MRKVED P, SVIK A, KLVE B, et al., 2005. Removal of nitrogen in different wetland filter materials: use of stable nitrogen isotopes to determine factors controlling denitrification and DNRA [J]. Water Science & Technology, 51(9): 63-71.

MUNCH C, KUSCHK P, ROSKE I, 2005. Root stimulated nitrogen removal: only a local effect or important for water treatment? [J]. Water Science & Technology, 51(9): 185-192.

MYERS R, 1975. Temperature effects on ammonification and nitrification in a tropical soil [J]. Soil Biology and Biochemistry, 7(2): 83-86.

NEGI D, VERMA S, SINGH S, et al., 2022. Nitrogen removal via anammox process in constructed wetland - A comprehensive review [J]. Chem. Eng. J., 437: 135-434.

NGUYEN L M, 2000. Organic matter composition, microbial biomass and microbial activity in gravel-bed constructed wetlands treating farm dairy wastewaters [J]. Ecological Engineering, 16(2): 199-221.

NIVALA J, HOOS M, CROSS C, et al., 2007. Treatment of landfill leachate using an aerated, horizontal subsurface-flow constructed wetland [J]. Science of the Total Environment, 380(1): 19-27.

OELMANN Y, WILCKE W, TEMPERTON V M, et al., 2007. Soil and plant nitrogen pools as related to plant diversity in an experimental grassland [J]. Soil Science Society of America Journal, 71(3): 720-729.

OSBORNE T Z, INGLETT P W, REDDY K R, 2007. The use of senescent plant biomass to investigate relationships between potential particulate and dissolved organic matter in a wetland ecosystem [J]. Aquatic Botany, 86(1): 53-61.

OUELLET-PLAMONDON C, CHAZARENC F, COMEAU Y, et al., 2006. Artificial aeration to increase pollutant removal efficiency of constructed wetlands in cold climate [J]. Ecological Engineering, 27(3): 258-264.

OVEZ B, OZGEN S, YUKSEL M, 2006. Biological denitrification in drinking water using Glycyrrhiza glabra and Arunda donax as the carbon source [J]. Process Biochemistry, 41(7): 1539-1544.

PALMBORG C, SCHERER-LORENZEN M, JUMPPONEN A, et al., 2005. Inorganic soil nitrogen under grassland plant communities of different species composition and diversity [J]. Oikos, 110(2): 271-282.

PAN T, ZHU X D, YE Y P, 2011. Estimate of life-cycle greenhouse gas emissions from a vertical subsurface flow constructed wetland and conventional wastewater treatment plants: A case study in China [J]. Ecological Engineering, 37(2): 248-254.

PAREDES D, KUSCHK P, MBWETTE T S A, et al., 2007. New aspects of microbial nitrogen transformations in the context of wastewater treatment - A review [J]. Engineering in Life Sciences, 7(1): 13-25.

PAYNE W J, 1976. Denitrification [J]. Trends in Biochemical Sciences, 1(10): 220-222.

PICEK T, CIZKOVA H, DUSEK J, 2007. Greenhouse gas emissions from a constructed wetland—Plants as important sources of carbon [J]. Ecological Engineering, 31(2): 98-106.

POUGHON L, DUSSAP C G, GROS J B, 2001. Energy model and metabolic flux analysis for autotrophic nitrifiers [J]. Biotechnology and Bioengineering, 72(4): 416-433.

QIU Y Y, ZHANG L, MU X T, et al., 2020. Overlooked pathways of denitrification in a sulfur-based denitrification system with organic supplementation [J]. Water Res., 169: 115084.

REDDY K R, PATRICK W H, 1984. Nitrogen transformations and loss in flooded soils and sediments [J]. Critical Reviews in Environmental Control, 13(4): 273-309.

ROBERTSON L A, VAN NIEL E W, TORREMANS R A, et al., 1988. Simultaneous nitrification and denitrification in aerobic chemostat cultures of Thiosphaera pantotropha [J]. Applied and Environmental Microbiology, 54(11): 2812-2818.

ROZARI P, GREENWAY M, EL HANANDEH A, 2016. Phosphorus removal from secondary sewage and septage using sand media amended with biochar in constructed wetland mesocosms [J]. Sci. Total Environ, 569-570: 123-133.

SAEED T, SUN G, 2012. A review on nitrogen and organics removal mechanisms in subsurface flow constructed wetlands: Dependency on environmental parameters, operating conditions and supporting media [J]. Journal of Environmental Management, 112: 429-448.

SAHINKAYA E, DURSUN N, 2015. Use of elemental sulfur and thiosulfate as electron sources for water denitrification. Bioproc [J]. Biosyst Eng, 38: 531-541.

SEIDEL K, 1964. Abbau von bacterium coli durch höhere wasserpflanzen [J]. Naturwissenschaften, 51(16): 395.

SENZIA M, MASHAURI D, MAYO A, 2003. Suitability of constructed wetlands and waste stabilisation ponds in wastewater treatment: nitrogen transformation and removal [J]. Physics and

Chemistry of the Earth, 28(20): 1117-1124.

SHIPIN O, KOOTTATEP T, KHANH N T T, et al., 2005. Integrated natural treatment systems for developing communities: low-tech N-removal through the fluctuating microbial pathways [J]. Water Science & Technology, 51(12): 299-306.

SIKORA F J, TONG Z, BEHRENDS L L, et al., 1995. Ammonium removal in constructed wetlands with recirculating subsurface flow: removal rates and mechanisms [J]. Water Science & Technology, 32(3): 193-202.

SIMEK M, JISOVA L, HOPKINS D W, 2002. What is the so-called optimum pH for denitrification in soil? [J]. Soil Biology & Biochemistry, 34(9): 1227-1234.

SMITH M S, 1982. Dissimilatory Reduction of NO_2^- to NH_4^+ and N_2O by a Soil Citrobacter sp [J]. Applied and environmental Microbiology, 43(4): 854-860.

SOARES M I M, ABELIOVICH A, 1998. Wheat straw as substrate for water denitrification [J]. Water Research, 32(12): 3790-3794.

SOLOMON S, 2007. Climate change 2007-the physical science basis: Working group I contribution to the fourth assessment report of the IPCC [M]. Cambridge University Press.

SONG X S, WANG S Y, WANG Y H, et al., 2016. Addition of Fe^{2+} increase nitrate removal in vertical subsurface flow constructed wetlands[J]. Ecol. Eng., 91: 487-494.

SONG Z W, ZHENG Z P, LI J, et al., 2006. Seasonal and annual performance of a full-scale constructed wetland system for sewage treatment in China [J]. Ecological Engineering, 26(3): 272-282.

SOVIK A, KL VE B, 2007. Emission of N_2O and CH_4 from a constructed wetland in southeastern Norway [J]. Science of the Total Environment, 380(1): 28-37.

SØVIK A, MØRKVED P, 2008. Use of stable nitrogen isotope fractionation to estimate denitrification in small constructed wetlands treating agricultural runoff [J]. Science of the Total Environment, 392(1): 157-165.

STR M L, LAMPPA A, CHRISTENSEN T R, 2007. Greenhouse gas emissions from a constructed wetland in southern Sweden [J]. Wetlands Ecology and Management, 15(1): 43-50.

STRAUB K L, BENZ M, SCHINK B, et al., 1996. Anaerobic, nitrate-dependent microbial oxidation of ferrous iron[J]. Appl. Environ. Microb, 62: 1458-1460.

SU J M, BAO P, BAI T L, et al., 2013. CotA, a Multicopper Oxidase from Bacillus pumilus WH4, Exhibits Manganese-Oxidase Activity[J]. Plos One, 8: e60573.

SUN G Z, ZHAO Y Q, ALLEN S, 2005. Enhanced removal of organic matter and ammoniacal-nitrogen in a column experiment of tidal flow constructed wetland system [J]. Journal of Biotechnology, 115(2): 189-197.

SUN G, AUSTIN D, 2007. Completely autotrophic nitrogen-removal over nitrite in lab-scale constructed wetlands: Evidence from a mass balance study [J]. Chemosphere, 68(6): 1120-1128.

SUN G, ZHAO Y, ALLEN S, et al., 2006. Generating "tide" in pilot-scale constructed wetlands to enhance agricultural wastewater treatment [J]. Engineering in Life Sciences, 6(6): 560-565.

SUN H M, YANG Z C, WEI C J, et al., 2018. Nitrogen removal performance and functional genes distribution patterns in solid-phase denitrification sub-surface constructed wetland with micro aeration [J]. Bioresource Technol, 263: 223-231.

SUNDBERG C, K. STENDAHL J S, TONDERSKI K, et al., 2007. Overland flow systems for treatment of landfill leachates–Potential nitrification and structure of the ammonia–oxidising bacterial community during a growing season [J]. Soil Biology and Biochemistry, 39(1): 127-138.

SUTTON-GRIER A E, WRIGHT J P, MCGILL B M, et al., 2011. Environmental conditions influence the plant functional diversity effect on potential denitrification [J]. PloS one, 6(2): e16584.

TAKAHASHI S, YAGI A, 2002. Losses of fertilizer-derived N from transplanted rice after heading [J]. Plant and Soil, 242(2): 245-250.

TANG X, HUANG S, SCHOLZ M, et al., 2009. Nutrient removal in pilot-scale constructed wetlands treating eutrophic river water: assessment of plants, intermittent artificial aeration and polyhedron hollow polypropylene balls [J]. Water, Air, and Soil Pollution, 197(4): 61-73.

TANNER C C, KADLEC R H, GIBBS M M, et al., 2002. Nitrogen processing gradients in subsurface-flow treatment wetlands - influence of wastewater characteristics [J]. Ecological Engineering, 18(4): 499-520.

TANNER C C, 1996. Plants for constructed wetland treatment systems—A comparison of the growth and nutrient uptake of eight emergent species [J]. Ecological Engineering, 7(1): 59-83.

TAO M N, JING Z Q, TAO Z K, et al., 2021. Improvements of nitrogen removal and electricity generation in microbial fuel cell-constructed wetland with extra corncob for carbon- limited wastewater treatment[J]. J Clean Prod, 297.

TAO M, HE F, XU D, et al., 2010. How artificial aeration improved sewage treatment of an integrated vertical-flow constructed wetland [J]. Polish Journal of Environmental Studies, 19(1): 183-191.

TAO W, WANG J, 2009. Effects of vegetation, limestone and aeration on nitritation, anammox and denitrification in wetland treatment systems [J]. Ecological Engineering, 35(5): 836-842.

TEITER S, MANDER, 2005. Emission of N_2O, N_2, CH_4, and CO_2 from constructed wetlands for wastewater treatment and from riparian buffer zones [J]. Ecological Engineering, 25(5): 528-541.

TILL B A, WEATHERS L J, ALVAREZ P J J, 1998. Fe(0)-supported autotrophic denitrification[J]. Environ. Sci. Technol, 32: 634-639.

TILMAN D, HILL J, LEHMAN C, 2006. Carbon-negative biofuels from low-input high-diversity grassland biomass [J]. Science, 314(5805): 1598-600.

UGGETTI E, GARC A J, LIND S E, et al., 2012. Quantification of greenhouse gas emissions from sludge treatment wetlands [J]. Water Research, 46(6): 1755-1762.

ULLAH S, FAULKNER S P, 2006. Use of cotton gin trash to enhance denitrification in restored forested wetlands [J]. Forest Ecology and Management, 237(1): 557-563.

VAN OOSTROM A, 1995. Nitrogen removal in constructed wetlands treating nitrified meat processing effluent [J]. Water Science and Technology, 32(3): 137-147.

VYMAZAL J, BRIX H, COOPER P F, et al., 1998. Removal mechanisms and types of constructed wetlands[J]. Constructed wetlands for wastewater treatment in Europe: 17-66.

VYMAZAL J, MASA M, 2003. Horizontal sub-surface flow constructed wetland with pulsing water level [J]. Water Science & Technology, 48(5): 143-148.

VYMAZAL J, 2005. Constructed wetlands for wastewater treatment [J]. Ecological Engineering, 25(5): 475-477.

VYMAZAL J, 2007. Removal of nutrients in various types of constructed wetlands [J]. Science of the Total Environment, 380(1): 48-65.

WANG X O, TIAN Y M, LIU H, et al., 2019. Effects of influent COD/TN ratio on nitrogen removal in integrated constructed wetland-microbial fuel cell systems [J]. Bioresource Technol, 271: 492-495.

WILSON C E, GUINDO D, WELLS B, et al., 1992. Seasonal accumulation and partitioning of nitrogen-15 in rice [J]. Soil Science Society of America journal (USA), 56(5): 1521-1527.

WOOD D W, SETUBAL J C, KAUL R, et al., 2001. The genome of the natural genetic engineer Agrobacterium tumefaciens C58 [J]. Science, 294(5550): 2317-2323.

WU J, ZHANG J, JIA W, et al., 2009. Impact of COD/N ratio on nitrous oxide emission from microcosm wetlands and their performance in removing nitrogen from wastewater [J]. Bioresource Technology, 100(12): 2910-2917.

XIAO E R, LIANG W, HE F, et al., 2010. Performance of the combined SMBR–IVCW system for wastewater treatment [J]. Desalination, 250(2): 781-786.

XIE H J, YANG Y X, LIU J H, et al., 2018. Enhanced triclosan and nutrient removal performance in vertical up-flow constructed wetlands with manganese oxides [J]. Water Res, 143: 457-466.

XIE S G, ZHANG X J, WANG Z S, 2003. Temperature effect on aerobic denitrification and nitrification [J]. J Environ Sci, 15(5): 669-673.

XUE Y, KOVACIC D A, DAVID M B, et al., 1999. In situ measurements of denitrification in constructed wetlands [J]. J Environ Qual, 28(1): 263-269.

ZHANG C B, LIU W L, WANG J, et al., 2011. Effects of monocot and dicot types and species richness in mesocosm constructed wetlands on removal of pollutants from wastewater [J]. Bioresource Technology, 102(22): 10260-10265.

ZHANG L Y, ZHANG L, LIU Y D, et al., 2010. Effect of limited artificial aeration on constructed wetland treatment of domestic wastewater [J]. Desalination, 250(3): 915-920.

ZHANG Y P, DOUGLAS G B, KAKSONEN A H, et al., 2019. Microbial reduction of nitrate in the presence of zero-valent iron [J]. Sci. Total Environ, 646: 1195-1203.

ZHAO B H, YUE Z B, NI B J, et al., 2009. Modeling anaerobic digestion of aquatic plants by rumen cultures: cattail as an example [J]. Water Research, 43(7): 2047-2055.

ZHAO X Y, CHEN J T, GUO M R, et al., 2022. Constructed wetlands treating synthetic wastewater in response to day-night alterations: Performance and mechanisms [J]. Chem. Eng, 446: 137460.

ZHAO Y Q, SUN G, LAFFERTY C, et al., 2004. Optimising the performance of a lab-scale tidal flow reed bed system treating agricultural wastewater [J]. Water Science & Technology, 50(8): 65-72.

ZHOU S, HOU H, HOSOMI M, 2008. Nitrogen removal, N_2O emission, and NH_3 volatilization under different water levels in a vertical flow treatment system [J]. Water, Air, and Soil Pollution, 191(4): 171-182.

ZHOU X, JIA L, LIANG C, et al., 2018. Simultaneous enhancement of nitrogen removal and nitrous oxide reduction by a saturated biochar-based intermittent aeration vertical flow constructed wetland: Effects of influent strength [J]. Chem. Eng. J., 334: 1842-1850.

ZHOU X, WANG R, LIU H, et al., 2019. Nitrogen removal responses to biochar in intermittent-aerated subsurface flow constructed wetland microcosms: Enhancing role and mechanism [J]. Ecol Eng, 128C: 57-65.

ZHOU X, WANG X, ZHANG H, et al., 2017. Enhanced nitrogen removal of low C/N domestic wastewater using a biochar-amended aerated vertical flow constructed wetland. Bioresource Technol, 241: 269-275.

ZHU G B, JETTEN M S M, KUSCHK P, et al., 2010. Potential roles of anaerobic ammonium and methane oxidation in the nitrogen cycle of wetland ecosystems [J]. Applied Microbiology and Biotechnology, 86(4): 1043-1055.

ZHU S X, GE H L, GE Y, et al., 2010. Effects of plant diversity on biomass production and substrate nitrogen in a subsurface vertical flow constructed wetland [J]. Ecological Engineering, 36(10): 1307-

1313.

ZHU T, SIKORA F J, 1995. Ammonium and nitrate removal in vegetated and unvegetated gravel bed microcosm wetlands [J]. Water Science & Technology, 32(3): 219-228.

5

磷的去除机理及强化措施

➤ 5.1 磷的存在形态及影响因素
➤ 5.2 磷的地球化学循环基本方式与转入途径
➤ 5.3 人工湿地中磷的转化过程
➤ 5.4 人工湿地中磷的去除途径
➤ 5.5 人工湿地中磷的去除影响因素
➤ 5.6 人工湿地中强化除磷的措施

　　磷元素超标是导致水体富营养化的主要原因之一。污水中磷一般包括正磷酸盐（$H_2PO_4^-$、HPO_4^{2-}、PO_4^{3-}）、聚合磷酸盐（pyro-、meta-、poly-）和有机磷酸盐 3 种，主要以溶解态和颗粒态两种形式存在。污水进入人工湿地系统后，经过系统中复杂的物理、化学和生物作用，磷会发生各种形式的循环和转化。本章主要是针对人工湿地污水处理过程中磷的去除机理及影响因素等问题开展论述。

5.1　磷的存在形态及影响因素

　　无机磷（inorganic phosphorus, IP）和有机磷（organic phosphorus, OP）是人工湿地基质中磷的两种主要存在形态（孙宏发 等，2006）。根据溶解性差异又可分为可溶态磷和难溶态磷两种类型。基质对可溶态磷的吸附和解吸过程是动态平衡过程，基质类型及磷存在形态不同，其吸附－解吸特性也会有所不同。生物残体以及微生物的生理生化反应会产生磷酸肌醇、磷脂、核酸、磷蛋白、磷酸糖等有机磷化合物。

　　人工湿地基质中磷的存在形态受温度、pH 值、盐度、溶解氧等环境因子和酶活性等生物因子影响，还与基质自身理化特性，如粒径大小、金属离子含量、有机质含量等密切相关。与砂土基质相比，黏土颗粒具有较大的比表面积，在相同条件下，能够通过吸附和交换过程形成较多的结合态无机磷（Koch et al., 2001）。在达到最大吸附容量前，基质对铁铝等金属离子的吸附量随离子浓度的增加而增加，两者之间存在一定的正相关性（Andrieux-Loyer and Aminot, 2001）。基质中的有机质与有机磷之间具有较强的耦合关系，随着有机质的增加，基质表面磷竞争吸附位点的数量会减少，从而导致吸附态磷的含量降低。此外，湿地类型和内部沉积环境以及人类活动也会造成基质中不同形态磷的分布差异（袁和忠 等，2010）。

5.2　磷的地球化学循环基本方式与转入途径

磷循环的主要地球化学过程包括：岩石的风化（涉及机械的、化学的、生物和生物化学的作用）释放；磷被陆地生物吸收及利用，最终通过降解回到土壤和沉积物中；磷在地下水与土壤颗粒之间的交换反应；磷在湿地水流层沉积；磷在淡水湖泊中的迁移转化；水体对可溶性磷和颗粒磷的搬运等。自然界的磷随着湿地系统岩石风化和土壤中磷酸盐通过地表的搬运大部分进入水体中，途中的一部分可溶态的磷被湿地生物群落截获进入生物循环，同时也可以被土壤和沉积物吸附而重新被固定。以水为基础的磷酸盐的生物循环和以土壤为基础的磷酸盐生物循环，其共同点在于磷作为原生质重要且必需的组分，可以把可溶性磷酸盐合成复杂的有机化合物，然后经过各种降解作用可以把磷的有机物降解为可溶性磷酸盐，使之再一次对植物有效；植物体内的有机磷酸盐通过各级食物链，最后被微生物分解为无机磷酸盐，再次被植物吸收利用。以上过程即为磷的湿地生物循环，且该过程对防治水体营养化尤为重要（周启星和黄国宏，2001）。

湿地生态系统中生物的生理、生化过程会形成多种含磷化合物，如核酸、磷脂等。磷是三磷酸腺苷（ATP）、二磷酸腺苷（ADP）、还原型辅酶Ⅱ（NADPH）等物质的重要成分，在生物碳水化合物的代谢和运输过程中，磷酸化合物及许多含磷辅酶在糖的合成、转化和降解过程中起到重要作用（叶琳琳 等，2012），且这些含磷化合物会随生物理化反应的进行而累积在湿地生态系统中。聚磷酸盐等含磷化合物在微生物细胞中占有重要比例，研究发现，细菌、酵母菌、真菌和藻类的细胞中均存在聚磷酸盐（靳振江 等，2011）。于洋等（2009）利用脱氧核糖核酸（DNA）提取方法对湿地基质中的核酸态磷进行了测定发现，基质中核酸态磷占有机磷总量的0.27%~0.37%。动物活动会增加水源中营养盐的含量。降水中营养盐的含量受人类活动的影响而具有不同的组成和分布，降水会增加水源中营养盐的含量，且降水能够通过渗滤汇入地下水，或通过蒸发重新返回到大气中，其中营养盐的含量会随不同过程的进行而有所变化。同时，地表水和地下水中营养盐的成分会受到地质条件、湿地生态系统自身及流域人文活动的影响（Niedermeier and Robinson, 2009）。

5.3　人工湿地中磷的转化过程

磷在湿地生态系统中以多种形态存在，且多为较稳定的不溶解态，不同形态的磷在湿地生态系统中的转化方式和主要的存储途径存在差异，且受环境因子和人类活动等因素的影响（Kadlec and Wallace, 2008）。溶解活性磷能够直接被生物利用于自身生理代谢过程，而有机磷及其他大部分不溶解态的磷需要经过微生物作用转化为可溶态活性磷后才可以被生物利用。微生物（如不动杆菌、气单胞菌属、放线菌属等高效除磷菌）细胞中的磷占 2%，且能够从周边环境中摄取和转化数倍于此含量的磷（Huang et al., 2012）。在碱性环境中，可溶解态磷酸盐能够与金属离子反应，形成的水合磷酸盐化合物沉积于基质中，且这部分结合态磷的含量和分布因基质理化性质差异和系统运行条件的不同而有所不同（He et al., 2013）。此外，湿地基质在一定时间内能够通过吸附过程滞留一部分磷酸盐化合物。然而，系统各种随机因素所引发的湿地生态系统内部环境的改变会导致沉积吸附的磷再悬浮释放出来，且微生物也能够通过改变化合物的溶解性进而影响其吸附解吸程度。植物主要从基质中吸收溶解态活性磷用于自身生长代谢（Tanner and Headley, 2011），同时植物对磷的吸收会促进水体中的磷向基质中沉积。植物组织细胞中的无机磷可被用于合成辅酶、ATP、磷脂等有机成分，而植物体中的有机磷成分也会通过植物体的死亡枯落存储于有机质中，其存储量因植物培养条件、生长周期、植物组织和器官类型的不同而有所差异。

5.4 人工湿地中磷的去除途径

现在普遍认为，人工湿地对磷的去除主要是通过植物的吸收和积累作用，微生物的正常同化和聚磷菌的过量摄磷，基质的物理化学作用 3 种途径，见表 5-1（卢少勇 等，2004）。

防渗湿地系统中，进水磷的分配途径有出水、植物吸收、微生物的吸收和积累以及沉积、吸附沉淀。未防渗湿地系统中，还要考虑湿地与周围水体交换的磷量，如图 5-1 中所示的过程⑥，本章下文中所提及的湿地均指防渗湿地。降水带入的磷的质量浓度

表 5-1 湿地中的磷去除机理

方式	除磷机理	具体描述
物理	沉积	固体物质的重力沉淀
化学	沉淀	不溶物的形成或共沉淀
	吸附	吸附在基质或植物表面
生物	微生物作用	微生物吸收量取决于生长所需，积累量和环境中的氧状态有关
	植物吸收	适宜条件下植物摄取量较显著

一般很低。通常情况下，沉积、吸附、沉淀和微生物的吸收与积累是湿地中最主要的磷去向。另外，在湿地系统中，由于植物土壤蒸发蒸腾作用导致湿地中部分水分损失，而降水导致湿地水量增加，湿地与周围水体存在水量交换，因此进水量可能与出水量差别较大。

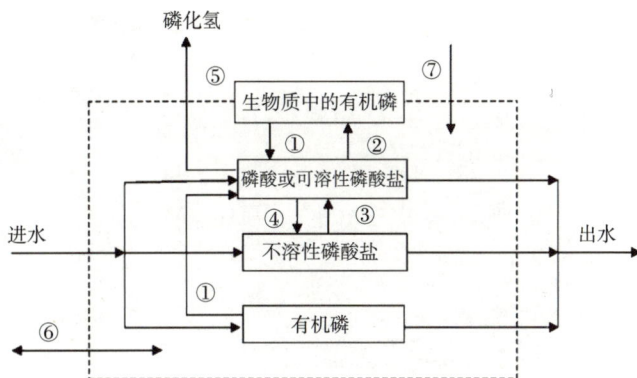

图 5-1　湿地系统中的磷形态转化

5.4.1　物理作用

湿地中磷的沉积是指进水中的可溶性磷酸盐通过物理作用导致磷存储于湿地内部的过程。湿地系统通常具有较好的静止沉积条件，在湿地表层具有较松散的枯枝落叶层和沉积物层（湿地拦截的悬浮物、腐熟的植物残体）。但是在来水水量剧增（如暴雨期）、采样与进行植物收割时的人为行走、湿地中动物的活动以及收割后的湿地受强度较高的气流等的影响下，湿地中的沉积物可能会再悬浮，导致沉积物中磷的释放（Kadlec, 1995）。

5.4.2　化学作用

化学作用（吸附和络合沉淀）是人工湿地的主要除磷机理之一，但是化学作用中最主要的机理是配位交换的定位吸附还是沉淀反应，目前仍无统一看法。一些研究表明，吸附导致了溶液中磷的快速去除，但此快速去除过程后的慢速反应过程，不像离子交换，而被假设为不溶性磷的沉淀或转变为双核络合物，或两种过程均存在。

湿地土壤的磷吸附和固定受氧化还原电位（Eh），pH值，铁矿物、铝矿物、钙矿物，有机质和土壤中磷本底值等因素的影响（潘继花 等，2004；Johnston, 1991）。Eh 低于 250 mV 时 Fe^{3+} 还原为 Fe^{2+}，释放吸附的磷。此外，淹水引起 Eh 的降低能引起晶体 Al 和 Fe 矿物转化为无定形形式。而无定形 Al 和 Fe 水合氧化物比晶体氧化物更容易吸附磷，因为它们有更多的单络合表面羟基离子。配位交换作用是湿地中重要的磷固定过程，磷酸根替换 Fe 和 Al 水合氧化物表面的水或羟基，而在水合氧化物的配位球内形成单齿和双核络合物。如图 5-2 所示，Brix 和 A. Arias 等（2005）应用以方解石为滤料的三级滤罐作为进入水平潜流湿地之前的脱磷预处理方式，结果表明，经过湿地前处理系统，污水中磷含量由 6.0 mg/L 下降为 1.5 mg/L。

湿地基质中钙（Ca）与有机物的含量与对磷的吸附能力有直接影响。从吸附的磷

图 5-2 方解石三级滤料湿地脱磷预处理装置实物图

的形态转化来看，黄褐土、下蜀黄土和蛭石吸附的磷主要转化为 Fe-P，沙子、沸石、粉煤灰和矿渣主要转化为 Ca-P。基质中的游离氧化铁、胶体氧化铁和铝的含量越高，其固定形式的磷酸铁盐和磷酸铝盐数量越多，基质净化磷的能力就越强。试验条件下，这些填料吸附饱和后释放的磷素低于饱和量的 11%。李旭东等（2005）的研究表明，3 种填料磷等温吸附试验表明，沸石、砾石和土壤对 PO_4^{3-} 的最大吸附量分别为 0.03 mg/g、0.107 mg/g 和 1.11 mg/g。

5.4.3 生物作用

（1）微生物在人工湿地除磷过程中的作用

人工湿地中微生物对磷的去除包括微生物的正常同化作用以及聚磷菌的过量摄磷两种方式。所有的微生物均含有一定数量的磷，一般占灰分总量的 30%~50%（以 P_2O_5 计）。磷在微生物细胞中主要存在于核酸、核苷酸、磷脂和其他含磷化合物中，壁酸和聚磷酸盐为主要的磷化合物。在细菌、酵母菌、真菌和藻类细胞中均有聚磷酸盐（郑兴仙和李亚新，1998）。基质、植物根茎表面和悬浮在水中的微生物需要吸收和利用污水中的无机磷酸盐供其生长繁殖。聚磷菌利用其厌氧释磷及好氧或缺氧超量摄磷的特性达到去除污水中磷的目的（豆俊峰 等，2005）。但是受到系统中聚磷菌更新速率慢的限制，聚磷菌吸收对磷的去除贡献较小（Richardson and Qian, 1999）。Wang 等（2000）对湿地中的磷转化和迁移进行模型研究，结果表明，人工湿地中 14% 左右的磷是依靠微生物的作用得以去除，而且这部分被微生物吸收利用的磷处在不断地吸收和释放的动态过程中，当微生物死亡后会被迅速释放回水体中。一般认为，微生物对人工湿地总磷的去除贡献并不大（梁威 等，2004）。

（2）植物在人工湿地除磷过程中的作用

植物在人工湿地污水净化过程中起着重要作用。植物发达的根系与基质交错成网为微生物的生长提供了场所,有利于生物膜的形成,促进污染物被微生物降解利用。植物可以通过光合作用吸收污染物供自身新陈代谢,同时,将氧气输送至人工湿地床体中,使植物根区周围形成好氧-缺氧-厌氧的小环境,有利于硝化反硝化及磷的过量积累与释放。

人工湿地植物除磷的机制是吸收和同化污水中可溶性磷酸盐,合成 ATP、DNA 和核糖核酸(RNA)等有机成分,最后通过植物的收割而去除。但是,植物对人工湿地除磷的贡献并不大,大多数的植物对磷的吸收能力弱。Geary 和 Moore(1990)研究证明,在高负荷条件下,湿地主要的除磷途径还是基质的吸附和沉淀,而不是植物的作用。张荣社等(2005)对植物脱氮除磷效果的影响进行了中试研究,研究表明,植物收割对磷的去除效果仅有 3% 的影响,说明植物的变化对磷的影响较小,进而说明植物吸收对除磷作用不大。通过植物的收割对磷的去除一般不足 TP 去除的 5%。

大型植物的磷摄入量低于氮摄入量,因为植物组织中磷的质量分数远低于氮的质量分数。植物摄取磷的潜在速度受其净生长量和植物组织中磷的质量分数的限制。磷贮存量取决于植物组织中的磷含量和最终生物量积累潜力,即最大直立产量(单位面积生物量)。因此要求作为磷同化和贮存的植物应具有快速生长、高组织磷含量和达到高直立产量的能力(Vamazal et al., 1998)。不同湿地植物类型对磷的摄入量差别较大,其摄入量(即植物收获所能去除的量)见表 5-2。

李林锋等(2009)利用水平潜流人工湿地研究了植物吸收在人工湿地脱氮除磷中的贡献。结果表明,不同湿地植物其组织中对 TP 的去除效果差异极显著,湿地植物对 TP 吸收量为 0.5~9.0 g/(m² · a)。按全年衡算,

表 5-2 不同植物的磷摄入量

植物类型	磷摄入量 [kg/(hm² · a)]
浮水植物(如水葫芦)	350
挺水植物	8.5~150
沉水植物	<120

湿地植物对 TN 和 TP 的吸收量分别占人工湿地 TP 去除量的 1.4%~41.2%。但由于湿地植物吸收的 TN 和 TP 中有相当一部分是贮存在湿地植物的地下部分,植物地上部的 TP 吸收量仅占人工湿地 TP 去除量的 0.8%~19.6%。由此可见,湿地植物的直接吸收在人工湿地系统磷去除中不占重要地位。

5.5 人工湿地中磷的去除影响因素

人工湿地系统中磷的去除影响因素主要有温度、pH 值、氧化还原电位以及人为因素等其他条件。

5.5.1 温　度

温度的升高可以使磷从土壤向水体迁移，进一步造成水体的营养化，从而不利于磷的去除（张秀梅 等，2001）。王庭健（1994）等对南京玄武湖底泥磷释放的模拟试验表明，35℃比25℃时磷的释放量提高了1倍。Liikanen（2002）试验也证明，无论好氧与厌氧，磷的释放都随温度升高而增加，温度升高1~3℃，将使底泥中总磷的释放增加9%~57%。Paula 等（2009）的温室塘对照试验也表明，在北方的夏、秋季，温室塘（比对照塘高2~3℃）的磷释放分别占磷负荷的65%和72%，而对照塘的磷释放分别占磷负荷的49%和32%。温度升高、微生物活力增强、有机物质分解加速，导致氧气的损耗和氧化还原电位的降低，使Fe^{3+}还原为Fe^{2+}，磷从正磷酸铁和氢氧化铁沉淀物中释放出来。

5.5.2 pH值

pH值是通过影响湿地沉积物磷释放从而影响磷的去除效果。在碱性条件下，促进氢氧化钠可提取磷（NaOH-P）的释放，在酸性条件下，促进盐酸可提取磷（HCl-P）的释放，而且在不同的营养状态条件下，其影响程度不同。Ponnamperuma（1972）发现pH值的改变、Fe和Al的磷酸盐的水解以及阴离子交换都可以促进湿地沉积物对吸收磷的释放。也有研究表明，在没有其他因素影响的情况下，湖水pH值为7.0左右时，湖底泥磷的释放最小。因为磷以HPO_4^{2-}和$H_2PO_4^{-}$的形态存在时，最易被吸收。降低pH值，磷酸盐以溶解为主，铝磷最先释放。升高pH值，以离子交换为主，即OH^{-}与被束缚的磷酸盐阴离子产生竞争，所以都使磷的释放增强（De-Montigny and Prairie, 1993）。

5.5.3 氧化还原电位（ORP）

尽管磷不像N、Fe、Mg那样随电位的改变而直接发生变化，但它可在土壤的沉积物中与无转化的几种元素相结合而受到间接的影响，在以下3种条件下，磷被转化为植物和微生物难以利用的无效磷：①在氧化条件下，不溶的磷酸盐与Fe^{3+}，以及Ca^{2+}与Al^{3+}一并沉淀；②磷被黏土颗粒、有机泥炭、Fe^{3+}与Al^{3+}的氢氧化物和氧化物所吸附；③磷与有机质相束缚进入活的生物体。磷在还原条件下更容易溶解，研究表明，还原性湿地土壤中溶解态磷的浓度比在氧化性土壤中的浓度高（Whitney et al., 1981）。

5.5.4 其他因素

（1）人为因素

许多湿地中的地球化学循环因人为修渠建坝、排污、毁林等活动已发生显著变化。在河流上修渠建坝可导致许多湿地的淹水频率发生变化从而改变磷的运移量。有机类农药和化肥的使用、污水灌溉等活动也可增加湿地中磷的输入,同时也会带来其他废物,并对湿地磷的循环产生区域性的影响。围湖造田、围湖养殖等农业活动,造成的农业面源污染,也很大程度上对湿地磷的循环产生影响。同时,工农业排污可直接影响铁结合磷和铝结合磷进入到湿地生态系统中(朱广伟 等,2003)。

(2)藻 类

研究滇池表明,即使没有外源污染,在水体 DIP 的浓度也非常低的情况下,滇池藻类依然可以正常生长。滇池沉积物在藻类生长的影响下,具有较强的 P 释放潜力,释放速率可达 19.2 mg/($m^2 \cdot d$);滇池藻类生长时(不考虑其他磷释放条件的变化),对 P 的大量需求是通过 OH^- 对沉积物 Fe 结合态 P 阴离子置换,以及对金属 Fe 离子的有机螯合以增加 Fe 结合态 P 的解吸两种主要途径来获得的,藻类 Fe-P 吸收利用 P 的主要来源为沉积物中 Fe 结合态 P(余天应和杨浩,2005)。

5.6 人工湿地中强化除磷的措施

微生物除磷过程易受生物生命活动影响较大,磷往往处于微生物的吸收和释放的动态变化中,即所固定的磷在微生物死亡后重新释放到人工湿地系统中;植物的除磷作用也易受植物的生命周期所影响,在植物生长过程中,植物不断吸收可溶性磷酸盐转化合成 ATP、DNA 和 RNA 等,但在植物停止生长、枯萎阶段,植物对磷酸盐的吸收积累能力大幅降低,甚至通过根系释放等途径将磷素又重新释放到湿地系统中。只有将植物定期收割,方能从湿地中真正去除植物固定的磷素。研究表明,在人工湿地中植物和微生物去除磷酸盐的贡献很少,分别占据 0~20%(李林锋 等,2009)和 0~14.5%(冀泽华 等,2016),因此学者大都通过基质的选用来强化人工湿地除磷。

5.6.1 湿地基质的选择

人工湿地中基质主要通过其对磷的物理化学作用去除污水中的磷。基质的物理化学作用包括基质对有机磷、无机磷的拦截、沉积和蓄留作用以及基质对磷的直接吸附等。吸附和沉淀是人工湿地基质最主要的除磷方式。人们对基质除磷的这两种方式一般不加以区分,统称为吸附除磷作用。根据污水中磷与基质表面分子结合力的性质,可分为物理吸附和化学吸附。物理吸附由吸附质和吸附剂分子间引力所引起,结合力较弱,吸附热较小,容易脱附。化学吸附由吸附质与吸附剂间的化学键所引起,比如化学反应,吸附常是不可逆的,吸附热通常较大。

（1）人工湿地基质对磷的物理吸附

在固液体系中，固体吸附剂对溶剂中的吸附质都有一定的吸附作用。污水在人工湿地基质中流动时，磷通过扩散作用而被吸附在基质的表面，并沿基质表面孔道进一步向内部迁移。这种吸附的作用力不强，当污水中磷的浓度较低时，磷会被脱附重新释放到水中。

另外，基质表面与磷酸根之间会通过静电引力的作用发生阴离子交换吸附，这类吸附没有专一性，又称为非专性吸附。在酸性条件下，活性铝离子、铁离子上的羟基离子质子化而带正电荷，通过静电引力吸附带负电荷的磷酸根。这类依靠静电引力维持的吸附作用很弱，并且对一般带负电的阴离子都能产生非专性吸附。由于活性铝离子、铁离子必须先质子化才能进行交换吸附，所以这类吸附只能在活性铝离子、铁离子等电位点以下的 pH 值环境中进行。在酸性越强的环境中，羟基质子化越多，该类吸附作用力也越大。

（2）人工湿地基质对磷的化学吸附

化学吸附具有选择吸附性，在某种程度上具有专一性，它不仅仅是静电引力，更重要的是化学力（共价键）的作用。人工湿地中的化学吸附主要是污水中可溶性磷酸盐与基质中的铝、铁、钙等金属离子、金属氧化物和氢氧化物以及黏土矿物通过配位体交换发生吸附和沉淀作用，生成难溶性磷酸盐而固定下来。

在酸性条件下，基质对于磷的化学吸附主要依靠基质中的铝、铁成分。Al^{3+}、Fe^{3+} 与磷酸根离子发生反应，生成难溶性的 Al-P、Fe-P 化合物（温胜芳，2009）。

$$Fe^{3+} + H_nPO_4^{-3+n} \longrightarrow FePO_4 \downarrow + nH^+ \tag{5-1}$$

$$Al^{3+} + H_nPO_4^{-3+n} \longrightarrow AlPO_4 \downarrow + nH^+ \tag{5-2}$$

基质中铝、铁容易形成大量羟基基团，磷酸根离子可以通过配位体交换被吸附于基质表面（Yang et al., 2006）：

$$2{\equiv}Al\text{-}OH + H_2PO_4^- \Longrightarrow ({\equiv}Al)_2HPO_4 + H_2O + OH^- \tag{5-3}$$

$$2{\equiv}Fe\text{-}OH + H_2PO_4^- \Longrightarrow ({\equiv}Fe)_2HPO_4 + H_2O + OH^- \tag{5-4}$$

这类反应常常会引起人工湿地系统内水体 pH 值升高。

在碱性条件下，基质主要通过 Ca^{2+} 与磷酸根发生反应，形成 Ca-P 沉淀将磷从污水中去除。在水体 pH 值较高时，磷酸根离子（主要是 HPO_4^{2-} 和 PO_4^{3-}）容易与自来水厂

污泥中的 Ca^{2+} 产生磷酸钙沉淀，达到除磷效果（Lee et al., 2009）。

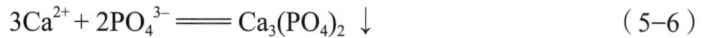

$$3Ca^{2+} + 2OH^- + 2HPO_4^{2-} \rule[0.5ex]{1.5em}{0.4pt} Ca_3(PO_4)_2 \downarrow + 2H_2O \qquad （5-5）$$

$$3Ca^{2+} + 2PO_4^{3-} \rule[0.5ex]{1.5em}{0.4pt} Ca_3(PO_4)_2 \downarrow \qquad （5-6）$$

所生成的磷酸钙又可以转变成更为稳定的羟基磷酸钙 $Ca_5(OH)(PO_4)_3$，反应方程式如下：

$$5Ca^{2+} + 4OH^- + 3HPO_4^{2-} \rule[0.5ex]{1.5em}{0.4pt} Ca_5(OH)(PO_4)_3 \downarrow + 3H_2O \qquad （5-7）$$

Reddy 等（1998）研究证明，人工湿地中 70%~87% 的磷都是通过基质去除的。基质在人工湿地除磷过程中发挥着重要的作用，往往被认为人工湿地中磷的最终归宿。基质除磷作用研究已经成为人工湿地污水处理技术的一个研究热点。因此，根据理化特性筛选那些具有高磷吸附能力的填料并将其用于潜流人工湿地的构建十分重要。在筛选除磷填料时，主要对含氢氧化（或氧化）铁或铝基团的天然矿物质，以及能促成钙磷形成的含钙矿物质进行对比和筛选。含 Fe^{3+}、Al^{3+}、Ca^{2+} 矿物质的磷吸附效率受其 Eh、pH 和吸附表面积等因素影响。在实际工程应用中选择填料应根据其磷吸附效率水力传导性、材料易得性和价格等因素综合考虑。

胡静（2010）构建水平潜流人工湿地模拟系统对自来水厂污泥人工湿地基质除磷效果进行了研究，图 5-3 为系统进出水 TP 浓度及去除率变化，研究结果表明，在进水 TP 浓度达到 50 mg/L 的高磷浓度负荷下，该系统出水磷的浓度能够达到一级排放标准，

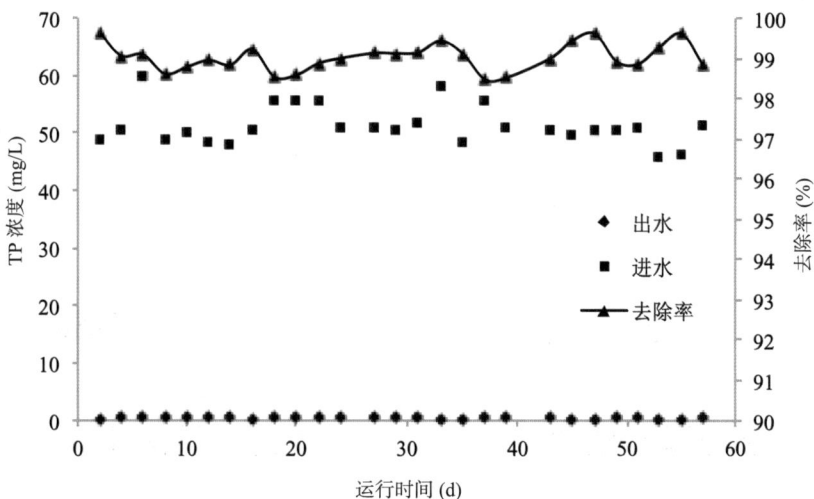

图 5-3 系统进出水 TP 浓度及去除率变化

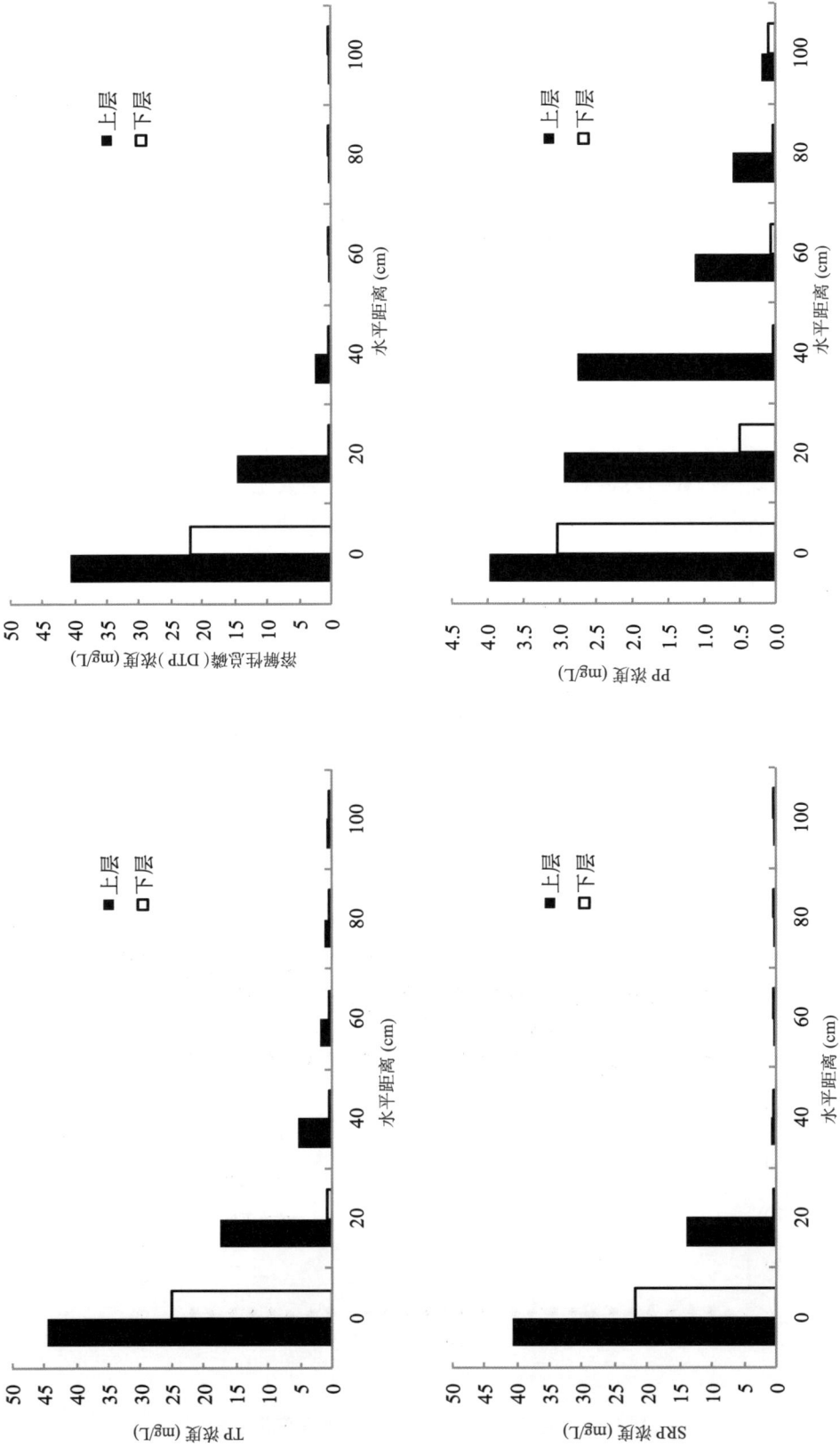

图 5-4 湿地系统中不同磷形态空间分布

对磷的去除率在 99% 以上，远高于常规人工湿地系统。该系统对磷的去除主要依靠基质对磷的吸附作用。由于自来水厂铝污泥中含有大量的铝、铁成分，它们通过配位体交换作用吸附系统污水中的磷，这将导致污水中 pH 值沿水体流动方向逐渐升高。

　　胡静（2010）在对磷在湿地中的空间分布研究时还发现，在该湿地系统中，计算颗粒态磷（particulate phosphorus, PP）的含量较高，其浓度在空间分布上呈现出逐渐降低的趋势（图 5-4）。在湿地前端，PP 浓度较高，在水平方向距离湿地入口处 10 cm 的上下两个取样口处，PP 浓度分别为 3.95 mg/L 和 3.04 mg/L，高于进水中 PP 浓度。这是因为部分活性反应磷（soluable reactive phosphorus, SRP）与基质中间隙水中的铝、铁、钙等离子及其水化物等，形成难溶性化合物，形成 PP 存在于水体中。PP 浓度沿水平方向逐渐降低，这因为随着水体流动方向，SRP 浓度逐渐降低，转化为 PP 的 SRP 的比例也随着降低。

　　目前，湿地除磷基质主要包括天然矿物、工业副产物、养殖副产物和人造材料 4 类（表 5-3）。天然型基质有明矾、矾土、白云石、石灰石、草炭、铁锰矿石、火山岩、粗砂、沸石、麦饭石等，这些天然型基质价格低廉，来源广泛，但部分因为容易产生堵塞、对植物生长不利及工程应用造价高等问题，不适合人工湿地填料的广泛使用。常被应用于人工湿地中的有砾石、石灰石、沸石、火山岩及铁锰矿石等，这些天然物质通常在人工湿地中充当惰性介质，如何合理配置这些天然物质或者与其他材料组合强化，是当前人工湿地强化污染物去除的研究热点之一。

　　工业生产或采矿选矿过程中产生的经济价值不高的副产物，如煤渣、炉渣、钢渣、粉煤灰等可选择性应用为湿地除磷填料，同时可实现"以废治废"和资源回收利用的目标，但是一些工业副产物易受生产工艺、原材料等因素影响，应用前应进行可行性分析等，以避免二次污染现象的产生。常见的养殖副产物型基质有牡蛎壳、海蛎壳等，牡蛎壳因具有较高的钙含量对磷具有很好的去除效果，但因其较好的抑菌效果而导致其对氨氮和 COD 等其他污染物去除率不高（蒙浩焱 等，2021）。相比于其他类型的除磷基质，人造材料具有较高的可控性，可利用物理、化学等手段改性或者人工合成等方式得到吸附磷素能力更好的吸附材料。王瑞刚（2019）选取了工业尾矿（煤矸石）、天然矿石类（赤铁矿、锰矿石和磁铁矿）和人造材料类（不同陶粒）等 6 种材料，探究了这些材料对磷的吸附能力及其作为人工湿地填料时的长期除磷效果，研究结果表明，煤矸石的吸附容量较小且容易产生磷素解析现象，陶粒基人工湿地除磷效果较好但略差于锰矿物基人工湿地，矿物中含有较多的金属离子，包括 Fe^{3+}、Mn^{2+}、Al^{3+}、Ca^{2+} 及氢氧化物或氧化物，通过沉淀及物理化学吸附作用实现污水中磷素的固定。Sun 等（2021）将固相碳源材料（PHBV、PLA 和木屑）与零价铁耦合并研制成固相碳源/零价铁复合功能材料，通过批次试验表明，该复合材料对磷具有很好的去除效果（0.21 mg PO_4^{3-}-P/L/h）。王纳川（2021）使用单一除磷效果较好的 3 种填料（钢渣、

表 5-3　人工湿地除磷填料研究现状

填料	种类	材料特点	应用优势	应用限制	参考文献
砾石	天然矿物	粒径 2~64 mm，有尖锐棱角的岩石或矿产物碎屑，pH=8.76，磷的最大吸附量 Qm=0.081~1.036 mg/g	价格低廉，来源广泛	对磷的吸附效果一般，预计寿命较短；多充当人工湿地惰性介质	王瑞刚，2019
白云石	天然矿物	主要成分为 CaMg(CO₃)₂ Qm=0.014~1.061 mg/g；主要为物理吸附	价格低廉，来源广泛	吸附容量小，通透性差，投产后需更换	赵桂瑜，2007
石灰石	天然矿物	主要成分为 CaCO₃，Qm=0.233 mg/g	价格低廉，机械强度高，除磷能力高	不利于微生物生长繁殖	徐丽 等，2021
草炭	天然矿物	主要成分为有机物，Qm=2.439 mg/g	分布较广，除磷能力高	粒径较小，作为填料容易堵塞	吴晓乾，2015
磁铁矿石	天然矿物	主要成分 FeO 和 Fe₂O₃，具有强磁性，Qm=0.068~0.270 mg/g	来源广泛	价格偏高，除磷效果一般，不适合大规模应用	权婧婧 等，2017；王瑞刚，2019
火山岩	天然矿物	微孔结构，微孔体积占 50% 以上，Qm=0.873~1.172 mg/g	多孔结构，较大比表面积，比重轻，抗腐蚀，吸附效果好	价格高，不耐磨，容易被产生细小颗粒造成堵塞	万正芬 等，2015
粗砂	天然矿物	粒径大于 0.5mm 的石砂，主要成分为 SiO₂，Qm=0.873~1.172 mg/g	价格低廉，来源广泛，通透性较好	吸附效果一般，对其他污染物去除能力差	赵东源 等，2018
沸石	天然矿物	硅铝酸盐矿石，Qm=0.087~0.370 mg/g	表面积大，优良的离子交换性能和吸附能力；适合微生物挂膜，对 COD 和氨氮去除性能好	不同产地沸石对磷的吸附能力，差异较大	吴晓乾，2015；赵东源 等，2018
麦饭石	天然矿物	硅酸盐矿物，Qm=0.724 mg/g	表面带负电，对正电荷污染物有较好的吸附效果	除磷效果好，但工程应用造价高	万正芬 等，2015；王诗博 等，2017
锰矿石	天然矿物	主要成分为 MnO₂ 及其他金属氧化物，Qm=0.76~1.253 mg/g	分布较广	除磷效果好，但可能会存在二次污染问题，使用前应进行评估	王瑞刚，2019；杨上，2018
赤铁矿	天然矿物	主要成分为 Fe₂O₃，Qm=0.33 mg/g	分布较广	除磷效果较好	王瑞刚，2019
硫铁矿	天然矿物	—	除磷效果好，硫酸盐积累浓度很低，可实现氮磷的同步去除	单独应用为填料微生物量少，组合其他固体源应用	李丽雅，2022

（续）

填料	种类	材料特点	应用优势	应用限制	参考文献
煤矸石/煤渣	工业副产物	燃煤设备产生副产物，主要成分为 SiO_2 和 Al_2O_3，Qm=0.29~1.221 mg/g	多微孔结构，比表面积大，对污染物吸附效果好	工业副产物中有效成分因工艺而有所差异，应用前评估其吸附容量	李林永 等，2011；汪文飞，2021
炉渣	工业副产物	火法冶金副产物，以氧化物为主，包含 SiO_2、Al_2O_3、CaO、MgO 等，孔隙率高 Qm=0.815~3.15 mg/g	价格低廉，对磷吸附效果较好	材料性质与冶金原料	周光红，2011
钢渣	工业副产物	炼钢副产物，主要成分为 CaO、Al_2O_3、Fe_2O_3，Qm=1.1~35.5 mg/g	价格低廉，除磷效果极佳	碱性过强，不利于植物生长及微生物生存，需要与其他填料组合应用	朱文涛 等，2011
粉煤灰	工业副产物	煤电厂副产物，主要成分为 SiO_2、Al_2O_3、Fe_2O_3，Qm=4.041 mg/g	机械强度高热稳定性好，表面能高，吸附能力强	碱性过强，不利于植物生长及微生物生存，需要与其他填料组合应用	吴潇，2020
牡蛎壳/海蛎壳	养殖副产物	牡蛎壳/海蛎壳，主要含有大量 $CaCO_3$，Qm=1.93~5.43 mg/g	价格较低，强度好，耐磨性好，除磷效果较佳	碱性过强，不利于微生物和植物生长，需与其他填料组合再应用	陈文韬，2013；蒙浩焱 等，2021
生物质/黏土陶粒	人造材料	农作物秸秆，制药残渣，河湖底泥，黏土等 Qm=0.15 mg/g	价格低廉，吸附效果略高于砾石	材料较轻	王瑞刚，2019
铁屑/黏土陶粒	人造材料	黏土、废铁屑等，Qm=0.14 mg/g	价格低廉，吸附效果略高于砾石	—	王瑞刚，2019
页岩陶粒	人造材料	以页岩陶土为原料高温烧制，主要成分为 SiO_2 和 Al_2O_3，Qm=0.119~0.232 mg/g	活性高，制造成本低，吸附性能好	制造工艺不同导致除磷效果差异大	吴晓乾，2015
固相碳源/零价铁镧/铝（La/Al）复合材料	人造材料	粒径 4~6 mm；Qm=21.3 mg/g	除磷效果好，可实现氮的同步去除	需定期更换材料，避免出现铁壳现象	Sun et al.，2021
改性凹凸棒石/生物炭复合材料	人造材料	—	—	—	Yin et al.，2022
自来水厂污泥/膨润土、沸石和粉煤灰复合材料	人造材料	Qm=7~30 mg/g	除磷效果稳定，pH 稳定，无二次污染释放	—	Gao et al.，2020

火山岩、牡蛎壳）进行不同比例的混合，结果发现三者混合比例为 3：2：1 时，磷酸盐的去除率可达 99.6%，接着使用填料和菌种活化液制备了载菌组合填料并应用于人工湿地系统除磷，湿地运行结果表明，相比于石灰石基人工湿地的除磷效果（63.56%），添加了载菌组合填料的湿地系统除磷效果为 94.89%，得到了显著提升。

综上可以看出，在筛选或者研发除磷填料时，主要对含金属（Fe、Mn、Al）氢氧化物或氧化物的天然矿物，或能促成钙磷形成的含钙矿物质进行对比筛选，在适宜 pH 值、Eh 值等条件下，这些含矿物质对磷的吸附能力较好。在实际工程应用中选择填料应根据其磷吸附效率水力传导性、材料易得性和价格等因素综合考虑。

5.6.2　湿地植物的选择

植物根系通过吸收、吸附或富集等过程在磷净化中发挥了一定的作用。不同植物对磷素的去除效率存在显著差异。

温胜芳（2009）利用室内根箱试验，采用根系形态分析技术、根际土壤溶液原位抽提和微量溶液分析等技术研究了喜旱莲子草、香蒲、慈姑和芦苇 4 种不同种类湿地植物的根际土壤溶液磷素时空变化。通过分析植物磷素吸收有效性、磷素利用有效性和根系分泌有机酸、根际土壤有效磷素及 pH 值变化，得出的结果表明，不同种类湿地植物对磷素吸收的根际效应不同。室内根箱培养条件下，喜旱莲子草、香蒲、慈姑和芦苇 4 种湿地植物的根际土壤有效磷素和水溶性磷素含量和非根际土壤相比有了不同程度的降低，喜旱莲子草和香蒲根际土壤水溶性磷素含量分别减少了 81% 和 42%，慈姑和芦苇则减少了近 20%。喜旱莲子草和香蒲的根际溶液的磷素含量均明显低于非根际溶液；喜旱莲子草的根际土壤溶液中 PO_4^{3-} 质量浓度为 2.53 mg/L，显著低于香蒲的根际 5.43 mg/L（$p<0.05$）。田间条件下，和非根际土壤相比，芦竹的根际土壤有效磷含量降低了 37%，芦苇、香蒲和水葱的根际土壤有效磷含量减少了 7%~16%，而喜旱莲子草的根际土壤有效磷含量则增加了近 50%。同时，香蒲的根际土壤溶液磷素含量比非根际有所降低，芦苇、芦竹、水葱和喜旱莲子草根际土壤溶液磷素含量则有不同程度的提高，水葱的根际土壤溶液磷素含量没有显著变化。

▨ 参考文献

陈文韬，2013. 牡蛎壳组成特性及其综合利用研究 [D]. 福州：福建农林大学 .

豆俊峰，罗固源，刘翔，2005. 生物除磷过程厌氧释磷的代谢机理及其动力学分析 [J]. 环境科学学报，25(9): 1164-1169.

胡静，2010. 自来水厂污泥除磷性能研究及其在人工湿地中的应用 [D]. 北京：中国农业大学 .

冀泽华，冯冲凌，吴晓芙，等，2016. 人工湿地污水处理系统填料及其净化机理研究进展 [J]. 生态学杂志，35(8): 2234-2243.

靳振江，刘杰，肖瑜，等，2011. 处理重金属废水人工湿地中微生物群落结构和酶活性变化 [J]. 环境科学，32(4): 1202-1209.

李丽雅，2022. 硫铁矿/硫化亚铁强化人工湿地同步脱氮除磷的试验研究 [D]. 合肥：合肥工业大学.

李林锋，年跃刚，蒋高明，2009. 植物吸收在人工湿地脱氮除磷中的贡献. 环境科学研究 [J]. 22(3): 337-342.

李林永，王敦球，张华，等，2011. 煤渣作为人工湿地除磷基质的性能评价 [J]. 桂林理工大学学报，31(2): 246-251.

李旭东，周琪，张荣社，等，2005. 三种人工湿地脱氮除磷效果比较研究 [J]. 地学前缘，S1: 73-76.

梁威，吴振斌，詹发萃，等，2004. 人工湿地植物根区微生物与净化效果的季节变化 [J]. 湖泊科学，16(4): 312-317.

卢少勇，张彭义，余刚，等，2004. 农田排灌水的稳定塘—植物床复合系统处理 [J]. 中国环境科学，24(5): 605-609.

蒙浩焱，杨名帆，罗国芝，2021. 载铁牡蛎壳粉对水中磷的吸附性能及机理 [J]. 环境工程学报，15(2): 446-456.

潘继花，何岩，邓伟，等，2004. 湿地对水中磷素净化作用的研究进展 [J]. 生态环境，13(1): 102-104.

权婧婧，班云霄，张小玲，2017. 改性磁铁矿的制备及其对水中磷的吸附 [J]. 工业水处理，37(5): 26-29.

孙宏发，刘占波，谢安，2006. 湿地磷的生物地球化学循环及影响因素 [J]. 内蒙古农业大学学报(自然科学版)，27(1): 148-152.

万正芬，张学庆，卢少勇，2015. 19 种人工湿地填料对磷吸附解吸效果研究 [J]. 水处理技术，41(4): 35-39, 44.

汪文飞，2021. 不同填料类型在折流人工湿地系统脱氮除磷效应的影响研究 [D]. 兰州：兰州交通大学.

王纳川，2021. 强化型人工湿地除磷湿地床的构建及其除磷性能研究 [D]. 长沙：中南林业科技大学.

王瑞刚，2019. 人工湿地中强化吸附型填料筛选及其去污性能比较研究 [D]. 咸阳：西北农林科技大学.

王诗博，宁平，瞿广飞，等，2017. 改性麦饭石吸附除磷性能研究 [J]. 化工新型材料，45(12): 137-140, 144.

王庭健，苏睿，金相灿，等，1994. 城市富营养湖泊沉积物中磷负荷及其释放对水质的影响 [J]. 环境科学研究，7(4): 12-19.

温胜芳，2009. 不同种类湿地植物的磷素根际效应 [D]. 青岛：中国海洋大学.

吴潇，2020. 沙—土—粉煤灰基质雨水生物滞留池中氮磷去除特性及微生物多样性研究 [D]. 南京：南京信息工程大学.

吴晓乾，2015. 人工湿地组合基质除磷效果试验研究 [D]. 苏州：苏州科技学院.

徐丽，范莉婷，2021. 组合改性石灰石对农村分散性生活污水除磷性能研究 [J]. 沈阳建筑大学学报(自然科学版)，37(4): 753-759.

杨上，2018. 天然锰矿石人工湿地对磷的去除效果与机理研究 [D]. 重庆：重庆大学.

叶琳琳，史小丽，张民，等，2012. 巢湖夏季水华期间水体中溶解性碳水化合物的研究 [J]. 中国环境科学，32(2): 318-323.

于洋，王晓燕，吴在兴，等，2009. 沉积物中核酸态有机磷及其矿化过程研究 [J]. 农业环境科学学报，28(7): 1469-1472.

余天应，杨浩，2005. 藻类生长对滇池沉积物磷释放影响的研究 [J]. 土壤，37(3): 321-325.

袁和忠，沈吉，刘恩峰，等，2010. 太湖水体及表层沉积物磷空间分布特征及差异性分析 [J]. 环境科学，31(4): 954-960.

张荣社，李广贺，周琪，等，2005. 潜流湿地中植物对脱氮除磷效果的影响中试研究 [J]. 环境科学，26(4): 83-86.

张秀梅，梁涛，耿元波，2001. 河口、海湾沉积磷在全球变化区域响应研究中的意义 [J]. 地理科学进展，20(2): 161-168.

赵东源，张生，赵胜男，等，2018. 基于除磷效果的人工湿地基质组合筛选及影响因素的动力学分析 [J]. 环境污染与防治，40(10): 1085-1089, 1094.

赵桂瑜，2007. 人工湿地除磷基质筛选及其吸附机理研究 [D]. 上海：同济大学.

郑兴灿，李亚新，1998. 污水除磷脱氮技术 [M]. 北京：中国建筑工业出版社.

周光红，2011. 几种固体废弃物吸附除磷性能及其机理探讨 [D]. 大连：大连理工大学.

周启星，黄国宏，2001. 环境生物地球化学及全球环境变化 [M]. 科学出版社.

朱广伟，高光，秦伯强，等，2003. 浅水湖泊沉积物中磷的地球化学特征 [J]. 水科学进展，14(6): 714-719.

朱文涛，司马小峰，方涛，2011. 几种基质对水中磷的吸附特性 [J]. 中国环境科学，31(7): 1186-1191.

ANDRIEUX-LOYER F, AMINOT A, 2001. Phosphorus forms related to sediment grain size and geochemical characteristics in French coastal areas [J]. Estuarine, Coastal and Shelf Science, 52(5): 617-629.

BELLIER N, CHAZARENC F, COMEAU Y, 2006. Phosphorus removal from wastewater by mineral apatite [J]. Water Research, 40(15): 2965-2971.

BRIX H, ARIAS C A, 2005. The use of vertical flow constructed wetlands for on-site treatment of domestic wastewater: New Danish guidelines [J]. Ecological Engineering, 25(5): 491-500.

CHA W, KIM J, CHOI H, 2006. Evaluation of steel slag for organic and inorganic removals in soil aquifer treatment [J]. Water Research, 40(5): 1034-1042.

DE MONTIGNY C, PRAIRIE Y T, 1993. The relative importance of biological and chemical processes in the release of phosphorus from a highly organic sediment [J]. Hydrobiologia, 253(1-3): 141-150.

DRIZO A, COMEAU Y, FORGET C, et al., 2002. Phosphorus saturation potential: a parameter for estimating the longevity of constructed wetland systems [J]. Environmental Science & Technology, 36(21): 4642-4648.

Gao J Q, Zhao J, Zhang JS, et al., 2020. Preparation of a new low-cost substrate prepared from drinking water treatment sludge (DWTS)/bentonite/zeolite/fly ash for rapid phosphorus removal in constructed wetlands [J]. Clean. Prod., 261: 121-110.

GEARY P, A MOORE J, 1999. Suitability of a treatment wetland for dairy wastewaters [J]. Water Science & Technology, 40(3): 179-185.

HE W, ZHANG Y, TIAN R, et al., 2013. Modeling the purification effects of the constructed Sphagnum wetland on phosphorus and heavy metals in Dajiuhu Wetland Reserve, China [J]. Ecological Modelling, (252): 23-31.

HUANG L, GAO X, LIU M, et al., 2012. Correlation among soil microorganisms, soil enzyme activities, and removal rates of pollutants in three constructed wetlands purifying micro-polluted river water [J]. Ecological Engineering, (46): 98-106.

JOHNSTON C A, 1991. Sediment and nutrient retention by freshwater wetlands: effects on surface water quality [J]. Critical Reviews in Environmental Science and Technology, 21(5-6): 491-565.

KADLEC R H, WALLACE S, 2008. Treatment wetlands [M]. Boca Raton: CRC press.

KADLEC R H, 1995. Overview: surface flow constructed wetlands [J]. Water Science & Technology, 32(3): 1-12.

KARACA S, G RSES A, EJDER M, 2004. Kinetic modeling of liquid-phase adsorption of phosphate on dolomite [J]. Journal of Colloid and Interface Science, 277(2): 257-263.

KOCH M, BENZ R, RUDNICK D, 2001. Solid-phase phosphorus pools in highly organic carbonate sediments of northeastern Florida Bay [J]. Estuarine, Coastal and Shelf Science, 52(2): 279-291.

LEE C, KWON H, JEON H, et al., 2009. A new recycling material for removing phosphorus from water [J]. Journal of Cleaner Production, 17(7): 683-687.

LIIKANEN A, MURTONIEMI T, TANSKANEN H, et al., 2002. Effects of temperature and oxygenavailability on greenhouse gas and nutrient dynamics in sediment of a eutrophic mid-boreal lake [J]. Biogeochemistry, 59(3): 269-286.

NIEDERMEIER A, ROBINSON J, 2009. Phosphorus dynamics in the ditch system of a restored peat wetland [J]. Agriculture, Ecosystems & Environment, 131(3): 161-169.

ÖZACAR M, 2006. Contact time optimization of two-stage batch adsorber design using second-order kinetic model for the adsorption of phosphate onto alunite [J]. Journal of Hazardous Materials, 137(1): 218-225.

PAULA W H, 2009. Integrated constructed wetland systems employing alum sludge and oyster shells as filter media for P removal [J]. Ecological Engineering, 35(8): 1275-1282.

PONNAMPERUMA F, 1972. The chemistry of submerged soils [J]. Advances in agronomy, (24): 29-96.

REDDY K, O CONNOR G, GALE P, 1998. Phosphorus sorption capacities of wetland soils and stream sediments impacted by dairy effluent [J]. Journal of Environmental Quality, 27(2): 4438-4473.

RICHARDSON C J, QIAN S S, 1999. Long-term phosphorus assimilative capacity in freshwater wetlands: a new paradigm for sustaining ecosystem structure and function [J]. Environmental Science & Technology, 33(10): 1545-1551.

RIZZUTI A M, COHEN A D, HUNT P G, 2002. Retention of nitrogen and phosphorous from liquid swine and poultry manures using highly characterized peats [J]. Journal of Environmental Science and Health, Part B, 37(6): 587-611.

Sun H M, Zhou Q, Zhao L, et al., 2021. Enhanced simultaneous removal of nitrate and phosphate using novel solid carbon source/zero-valent iron composite[J]. Clean. Prod., 289: 125757.

TANNER C C, HEADLEY T R, 2011. Components of floating emergent macrophyte treatment wetlands influencing removal of stormwater pollutants [J]. Ecological Engineering, 37(3): 474-486.

TANNER C, SUKIAS J, UPSDELL M, 1999. Substratum phosphorus accumulation during maturation of gravel-bed constructed wetlands [J]. Water Science & Technology, 40(3): 147-154.

VYMAZAL J, BRIX H, COOPER P, 1998. Constructed wetlands for wastewater treatment in Europe [M]. Backhuys Leiden.

WANG N, MITSCH W J, 2000. A detailed ecosystem model of phosphorus dynamics in created riparian wetlands [J]. Ecological Modelling, 126(2): 101-130.

WHITNEY D, CHALMERS A, HAINES E, et al., 1981. The cycles of nitrogen and phosphorus [M].

The ecology of a salt marsh. Springer.

YAN J, KIRK D W, JIA C Q, LIU X, 2007. Sorption of aqueous phosphorus onto bituminous and lignitous coal ashes [J]. Journal of Hazardous Materials, 148(1): 395-401.

YANG Y, ZHAO Y, BABATUNDE A, et al., 2006. Characteristics and mechanisms of phosphate adsorption on dewatered alum sludge [J]. Separation and Purification Technology, 51(2): 193-200.

Yin H B, Zhang M, Huo L, et al., 2022. Efficient removal of phosphorus from constructed wetlands using solidified lanthanum/aluminum amended attapulgite/biochar composite as a novel phosphorus filter [J]. Sci. Total Environ., 833: 155233.

6

重金属的去除机理及强化措施

重金属废水来源广泛，种类多。人们在认识到重金属对环境特别是对人类自身产生的危害后，采取了诸多措施，如化学沉淀法、离子交换吸附法、电解法膜分离法等，而这些方法各有其优缺点与适用范围。人工湿地能去除各种重金属污染物并具有低建造费用和低维护费用的优点，在重金属污水处理中得到广泛应用。

6.1 人工湿地中重金属的积累与分布

人工湿地中重金属积累与分布情况因其所处系统位置而异。Lesage 等（2007）研究了水平潜流人工湿地处理生活污水时基质中重金属的积累与分布，结果显示，湿地系统运行 3 年后，入口处粗碎石基质中 Zn、Cu 和 Cd 的浓度有显著提高，分别为（934 ± 299）mg/kg、（288 ± 84）mg/kg 和（2.5 ± 0.8）mg/kg，而基质中 Cr 和 Ni 在整个湿地中的浓度都比较低。我国学者对广东韶关凡口宽叶香蒲人工湿地系统的进出水口土壤剖面 Pb、Zn、Cu 和 Cd 含量进行分析，结果显示，重金属主要存在于基质土壤中，重金属总量从进水口到出水口呈上升趋势，而有效态则相反；而从土壤垂直剖面上看，重金属总量和有效态含量均随基质土壤深度的增加而递减（阳承胜和蓝崇钰，2002）。另有研究显示，含重金属的废水流经潜流式人工湿地 4 个月后，基质上层（5~10 cm）的土壤中 Cu、Zn、Pb、Cd 的含量变化不大，中层（10~15 cm）和下层（15~20 cm）的土壤中 Cu、Zn、Pb、Cd 的含量皆呈增加趋势，增加幅度大小顺序为下层土壤 > 中层土壤，随着时间的推移，湿地下层土壤富积 Cu、Zn、Pb、Cd，其含量逐渐增加以至反超中层土壤，整体或局部湿地土壤各层的 Cu、Zn、Pb 和 Cd 含量大小顺序由中层土壤 > 下层土壤 > 上层土壤逐渐变化为下层土壤 > 中层土壤 > 上层土壤，结合湿地水流路线分析，湿地的水流路线埋深主要在中、下层，故上层土壤重金属含量变化不大，主要由中、下层土壤吸附污水中的重金属，且湿地内水流流动伴有上、下波动，土壤水向下渗流，重金属随之迁移，故下层土壤富积相对大量的重金属（陈娟，2006）。

陈学龙等（2013）以大庆龙凤湿地生态系统为研究对象，对重金属 Cu、Zn、Pb、Cd、As 和 Hg 等在湿地生态系统中的含量和富集特征进行分析，图 6-1 为研究区采样

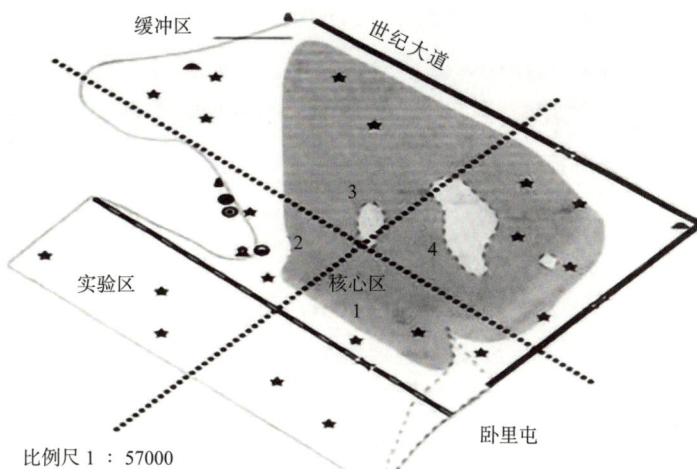

图 6-1　研究区采样点示意图

表 6-1　龙凤湿地水体重金属含量

单位：mg/kg

样区编号	Cu	Cd	Zn	Pb	As	Hg
1	0.009	0.001	0.02	0.011	0.001	0.0009
2	0.007	0.006	0.04	0.016	0.005	0.001
3	0.016	0.005	0.10	0.013	0.004	0.0009
4	0.011	0.001	0.03	0.010	0.002	0.0008
均值	0.011	0.003	0.05	0.013	0.003	0.0009
Ⅰ级标准	0.010	0.001	0.05	0.010	0.050	0.00005
Ⅱ级标准	1.000	0.005	1.00	0.010	0.050	0.00005

点示意图。表 6-1 为龙凤湿地水体重金属含量，由表 6-1 可知，根据《地表水环境质量标准》（GB 3838—2002）规定，龙凤湿地 Zn 和 As 的均值满足地表水环境质量 Ⅰ级标准，Cu 和 Cd 能够满足地表水环境质量 Ⅱ级标准，而 Hg 的积累量最大，仅能满足地表水环境质量Ⅳ类标准规定限制（≤ 0.001 mg/L）。

6.2　人工湿地中重金属的去除机理

人工湿地去除重金属的机理包括物理作用（过滤、沉淀等）、化学作用（吸附、共沉淀等）和生物作用（如植物吸收）三方面。植物吸收、生物富集作用填料的吸附沉淀作用、金属离子与 S^{2-} 形成硫化物沉淀是人工湿地去除重金属的主要方式。通常来说，人工湿地由基质、水体、水生植物、好氧或厌氧微生物种群、水生动物 5 部分组成，各组成成分分别起着不同的作用，据研究，废水中的重金属得到有效净化的主要机理是共沉淀、化学吸附和植物吸收，因而人工湿地中的填料、植物、微生物在重金属废水处理中具有举足轻重的作用（Amon et al., 2007）。

6.2.1　物理作用

物理作用主要包括吸附、过滤和沉积作用，在人工湿地重金属去除中具有重要作用。土壤 – 植物是一个活的过滤器，重金属进入湿地后，经过基质层及密集的植物茎叶和根系，悬浮物被过滤、截留，并沉积在基质中。但这种转移过程处于一种动态平衡之中，重金属可以从水体向沉积物中转移，同时沉积物中的重金属也可能在一定条件下再次释放到水体中（窦磊 等，2007）。

6.2.2　化学过程

（1）吸附作用

在各种化学过程中，最重要的是吸附作用，通过吸附作用使污染物短期保持或长期固定。吸附作用是金属离子从水溶液中向土壤中转移的过程。吸附包括吸持和分配两个过程。吸持是指化学污染物在固相上的表面吸附现象，是一种固定点位吸附作用；分配是指土壤中的有机质对外来化学物质或污染物的溶解作用，通常有 4 种形式：与土壤胶体吸附、与腐殖质发生离子交换、与腐殖酸或富里酸等结合或螯合、发生化学反应产生沉淀。吸附在腐殖质或黏土胶体上的重金属不会发生降解，随着时间和沉积环境的变化而改变（Wie Ner et al., 2005）。

（2）金属的氧化和水解

氧化和水解是好氧湿地中最重要的金属去除机制。大部分重金属污水中所含的金属污染物主要是 Fe、Al 和 Mn。在湿地系统中 Fe、Al 和 Mn 经过水解和氧化反应生成各种氧化物、羟基氧化物和氢氧化物。Fe 的去除率受 pH 值、Eh 值和各种阴离子浓度的影响，对氧化作用最为敏感。当 Fe^{2+} 被氧化成 Fe^{3+} 后将发生水解，生成氢氧化物并沉淀下来。Fe^{2+} 氧化过程与环境的 pH 值密切相关，因为 pH 值在 8 左右时，水体中溶解氧的浓度很低，需要将水体 pH 值控制在 4~5，利用微生物的氧化作用将 Fe^{2+} 氧化成 Fe^{3+}。而 Fe^{3+} 的水解过程与环境 pH 值和 Fe^{3+} 浓度密切相关。Al 的去除完全受 pH 值的影响，当 pH 值在 5 左右，Al 的氢氧化物开始沉淀。与 Fe、Al 相比，Mn 的去除要复杂一些，Mn 在废水中多以 Mn^{2+} 存在，需要调节 pH 至中性或弱碱性，使 Mn^{2+} 发生氧化，最终以难溶的 Mn^{4+} 或 $MnCO_3$ 形式去除（Hallberg and Johnson, 2005）。

（3）沉淀和共沉淀

在去除重金属的各种过程中，沉淀和共沉淀也是一种重要的吸附机理。沉淀受金属元素的溶度积、湿地系统的 pH 值、金属离子的浓度和相关阴离子的影响。重金属和次生矿物间的共沉淀是一种重要的去除过程。如 Cu、Ni、Zn、Mn 能以铁氧化物为载体而发生共沉淀，Co、Fe、Ni、Zn 易与锰氧化物发生共沉淀，As 和 Zn 能够被植物根系表层铁斑固定（Otte et al., 1995）。氢氧化铁胶体表面在酸性条件下带正电荷，而在碱性条件下带负电荷，因此在酸性条件下，易于吸收和去除阴离子金属，如 As（Ⅴ）等。金属阳离子如 Cu^{2+} 等只有在碱性条件下才会发生共沉淀。由于金属元素共沉淀和吸附现象与铁、锰的氧化物密切相关，当氧的浓度发生变化后，这部分金属有可能发生重溶。因此，共沉淀和吸附作用并不能长期去除或固定重金属。

（4）金属碳酸盐和硫化物沉淀

当水体中重金属碳酸盐的浓度较高时，重金属元素可以生成碳酸盐沉淀。尽管金属碳酸盐没有金属硫化物稳定，但是金属碳酸盐沉淀在重金属的初始固定过程中具有重要作用。当湿地沉积物中碳酸氢盐碱度较高或在酸矿水中加入石灰石，重金属迅速与其发生反应，生成金属碳酸盐沉淀，其反应过程见式（6-1）。

$$M^{2+}（SO_4^{2-}，Cl^-）+Na_2CO_3 \longrightarrow MCO_3 \downarrow +Na(SO_4^{2-}，Cl^-) \qquad （6\text{-}1）$$

式中，M 表示金属元素。

许多微生物在生长代谢过程中能够产生一些有利于重金属沉淀的产物，如厌氧硫酸盐还原菌（SRB）及其他微生物可将 SO_4^{2-} 还原为 H_2S，产生的 H_2S 可与多种重金属生成难溶的金属硫化物。在缺氧条件下，还原硫酸盐的细菌数量大，种类多，不易被废水中的污染物所抑制，而且一些菌类的分泌物还能促进重金属沉淀，如一种抗镉的柠檬酸菌，能分泌酸性磷酸酯酶并产生 PO_4^{3-}，PO_4^{3-} 可与重金属形成磷酸盐沉淀（Hallberg and Johnson, 2005），酸性矿山废水中富含硫酸盐，在 SRB 的作用下被还原成 H_2S，见式（6-2）。

$$2CH_2O+ SO_4^{2-} \longrightarrow H_2S+2HCO_3^- \qquad （6\text{-}2）$$

式中，CH_2O 代表有机质。

当 SO_4^{2-} 被还原成 H_2S 后，pH ≥ 3 时，H_2S 将与金属离子反应生成不溶的金属硫化物沉淀，其反应过程见式（6-3）。

$$M^{2+} + H_2S + 2HCO_3^- \longrightarrow MS \downarrow + 2H_2O + 2CO_2 \qquad (6-3)$$

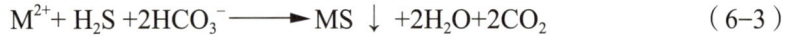

故以硫化物的形式去除酸性矿山废水中的重金属离子可以作为人工湿地中一种长效的金属去除机制，需要指出的是生成硫化物沉淀的必要前提是湿地中要有足够的有机质存在，并要保持湿地的缺氧状态，这就需要定期向湿地系统补充适量有机物。

（5）重金属解析

人工湿地中也会出现由于水体中悬浮物或沉积物吸附的重金属解析造成的重金属释放现象。研究表明，影响重金属解析的因素有：①重金属与有机配位体形成可溶性络合物，当络合物具有较高的稳定性时，使得重金属从悬浮颗粒或沉积物上解析下来；②当水体的盐度或硬度增大时，水中的 Na、Ca、Mg 等此类碱金属和碱土金属可将吸附的 Cu、Pb、Zn 等重金属离子置换出来，造成重金属解析；③水体中氢离子和重金属离子竞争，降低了重金属离子的吸附量，即 pH 值降低，重金属的碳酸盐和氢氧化物沉淀溶解，致使水体中重金属浓度增加；④当水体氧化还原电位较低，铁、锰氧化物易于溶解，吸附或者共沉的重金属离子容易解析。此外，水力的混合效应、生物扰动等也会造成重金属的解析现象。水环境中重金属解析顺序一般为 Cd>Cr>Pb>Cu>Zn>Ni>Mn>Fe，载体释放重金属的顺序为铁锰氧化物 > 有机质结合态 > 黏土（宁可佳，2011）。

6.2.3 生物学作用

（1）植 物

人工湿地中植物对重金属的去除作用主要是调节痕量金属在固相和液相中的分布。植物对重金属的去除作用分为植物表面的快速吸附和生物质中缓慢的沉积、迁移两个过程（Lesage et al., 2007）。一方面，湿地植物从大气中吸收氧并传到根部，湿地植物的根部能够在湿地一定深度的区域形成有氧区域，其中一部分氧扩散至已沉淀的硫化物中，使其重新氧化，从而使金属释放至液体中。而且湿地植物能够减缓水流的速度，使污染物颗粒的停留时间增长（Hedmark and Scholz, 2008）。另外，植物释放出的有机碳传至金属沉淀物表面使其变成还原状态，因此，种植湿地植物加强了硫的循环和金属在氧化态和还原态间的转化。相同进水条件下，有植物种植湿地的重金属的浓度比无植物种植的湿地高。Stein 等（2007）研究了在冬季条件下人工湿地去除硫酸盐及后续金属沉淀的情况，结果表明，湿地植物能够提供氧和有机碳，降低硫酸盐的还原作用，然而，金属硫化物能够被再氧化释放到液体环境中。植物对重金属的处理主要分为 3 个部分：①利用金属积累植物或超金属积累植物，从废水中吸取沉淀或富集重金属；②利用微生物活性原则和重金属与微生物的亲和作用，把重金属转化为较低毒性的产物；③通过收割或移去已积累和富集了重金属植物的枝条，从而降低水体重金属的浓度。具体地，植物对重金属的生物学去除过程主要有植物钝化、植物吸收、植物提取和植物挥发等。植物钝化是指植物的分泌物与重金属结合形成沉淀或螯合物，从而降低重金属污染物的生物有效性和可移动性，该过程只是暂时性地降低重金属在环境中的迁移能力；植物吸收是指离子形态的重金属可以通过植物细胞膜的通透性进入植物内部，从而被吸收和蓄积。有些植物甚至可以通过新陈代谢作用将重金属污染物转化为毒性较小的形态进行再利用，从而提高植物的吸收效率。植物提取是指利用重金属超富集植物吸收重金属，并将其转运到可收割的部位，进而通过收获植株达到去除土壤中重金属的目的，是重金属从水相中去除的主要方式。植物提取是利用植物吸收环境中的重金属，是重金属从水相中去除的主要方式；植物挥发是指通过植物吸收将水环境中的重金属挥发到空气中，从而降低水环境中重金属浓度，该方式只适用于挥发性重金属（如汞等）的去除。Anna 等（2014）对植物根部区域人工湿地与重金属交互模式进行了研究，图 6-2（Guittonny-Philippe et al.,2014）为植物人工湿地系统中植物根部区域，人工湿地与重金属之间的主要交互模式。其中，橙色为金属，黄色为微生物。从图中可以看出，重金属可在根的表面（α）或腐烂的有机质表面吸附。它们可以通过植物的分泌物溶解（β）或沉淀（γ），溶解金属可以被植物吸收，放养在根部或转运到芽。

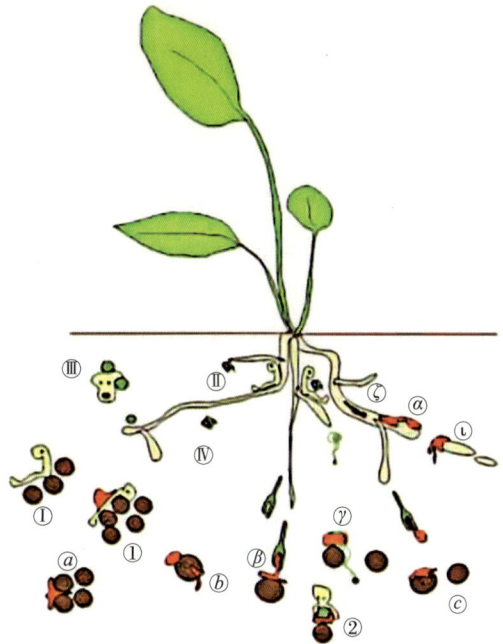

图 6-2　植物根部区域人工湿地与重金属交互模式示意图

（2）微生物

微生物也可去除部分重金属，其机理主要有 3 个方面：①有些微生物为了生存，会从外界吸收或吸附所需的重金属离子到细胞内，有些细菌在生长过程中释放蛋白质，能使溶液中的可溶性重金属转化为沉淀；②微生物在重金属废水处理中能起到催化作用，研究发现植物根区好氧微生物的活动加强了湿地对重金属的吸附和富集作用；③微生物能将可溶性离子转化为不溶性化合物而被去除，在厌氧条件下，利用硫酸盐还原菌将硫酸盐还原成 H_2S，废水中的重金属便可以和 H_2S 反应生成溶解度很低的金属硫化物沉淀，从而被去除。

人工湿地去除重金属的效果也取决于进水的水质以及进水中重金属的种类（不同金属种类具有不同的去除机理），美国加州萨克拉曼多的人工湿地运行结果表明，重金属去除是多因素平衡的结果。植物的吸收及其与基质的交互作用，形成络合物以及沉淀都决定了人工湿地去除重金属的效率。Ghermandi 等（2007）研究了表面流人工湿地中重金属的去除效果，结果表明，各种重金属的去除率较为稳定。

总之，人工湿地去除重金属的主要机理是重金属沉淀滞留在湿地中以及微生物和植物的吸收。其他的作用机理根据不同的进水的微生物种类、金属种类和含量及水体的物化参数（如 pH 值和 Eh）和人工湿地的类型而有所不同。

6.3 人工湿地中重金属去除的影响因素

6.3.1 pH 值

pH 值对重金属在水相和沉积物表层的迁移转化有显著的影响。酸度对重金属的影响比较复杂：第一，酸度能通过改变金属的水解平衡来改变游离金属离子的浓度；第二，H^+ 与金属离子的竞争作用可改变水体和沉积物中元素的络合平衡；第三，酸度还能影响颗粒物的吸附过程（金属氧化物的共沉淀、生物表面吸附等）（刘清 等，1996）。研究表明，在酸性区，沉积物中的重金属释放率随 pH 值的升高而迅速降低（解吸作用和沉淀的溶解作用），转折点的 pH 值为 4~5；在碱性区，其释放率随 pH 值的升高而略有升高（有机质的分解将与之结合的重金属重新释放出来）；在中性区，释放率一般很低。进一步的生物试验表明，重金属的生物毒性会随着 pH 值的降低而降低，这可能是由于 H^+ 和金属离子在吸附位上的竞争引起的；也有试验表明，重金属的生物毒性会随着 pH 值的降低而增加。

6.3.2 Eh

重金属污水对氧化还原电位（Eh）极为敏感。当重金属污水处于氧化性条件时，铁、锰、铝的水合氧化物对水体中的溶解态重金属具有很强的吸附作用，当处于还原状态时，铁、锰、铝的水合氧化物吸附的重金属离子就会释放进入水体中，甚至会迁移至上层水体，且迁移释放强度随水流紊动程度的提高而增强。当沉积物从氧化状态转向还原状态时，铁锰氧化物会发生部分或完全溶解，甚至部分重金属从铁锰氧化物的颗粒表面释放出来。在 Eh 一定的条件下，重金属的释放量取决于它们的化学结合形态，特别是铁锰氧化物结合态的含量，而当重金属的化学结合态相对稳定时，Eh 越低，重金属的释放量越大（Forstner and Wittnann，2012）。

6.3.3 总有机碳含量

污水的重金属含量与人工湿地系统中总有机碳（TOC）的含量呈显著的正相关，且人工湿地沉积物的剖面上层重金属含量较高，剖面下层含量较低。大部分研究认为，沉积物中有机质的存在可以降低重金属的生物毒性，因为与有机质结合降低了游离形态重金属的浓度，Tack 等（1996）的研究表明，水体沉积物氧化还原条件发生变化时沉积物有机质发生矿化分解，释放出游离态的 Cd、Cu、Pb 等元素，使其活性增强。Stone 等（1996）也发现沉积物中有机质结合态是 Zn、Pb 等重金属的主要存在形态。

6.4 人工湿地中重金属去除的强化措施

人工湿地处理重金属污水系统的设计应考虑或模仿自然条件下湿地系统。其包含的净化过程主要有物理、化学以及生物过程。通常情况下重金属污水湿地处理系统是由相连的一个个单独的湿地床体、矿物基质以及湿地植物构成，如图 6-3 所示（Zhang et al.，2010）。

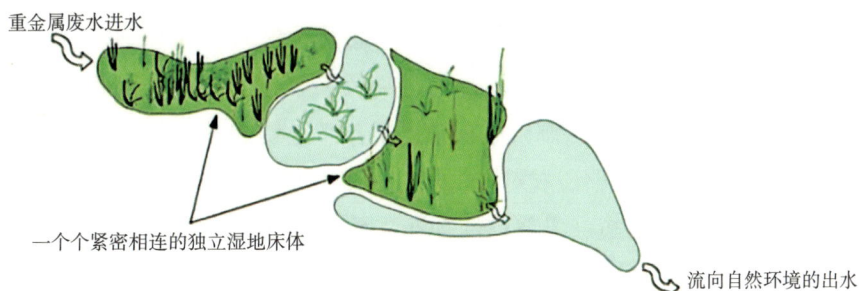

图 6-3 人工湿地处理重金属废水模型示意图

水质、水力学作用、水温、土壤化学作用、溶解氧、微生物作用、湿地植物以及它们之间的相互作用均对人工湿地系统去除重金属的净化效果有一定的影响。因此，对于控制这些因素的植物种类以及基质的选择都对湿地系统去除重金属有一定影响。因而，适宜的湿地结构参数、植物及基质的选择都是人工湿地去除重金属强化措施所要考虑的部分，图 6-4 为人工湿地去除重金属的物理学以及生物学参数示意图。

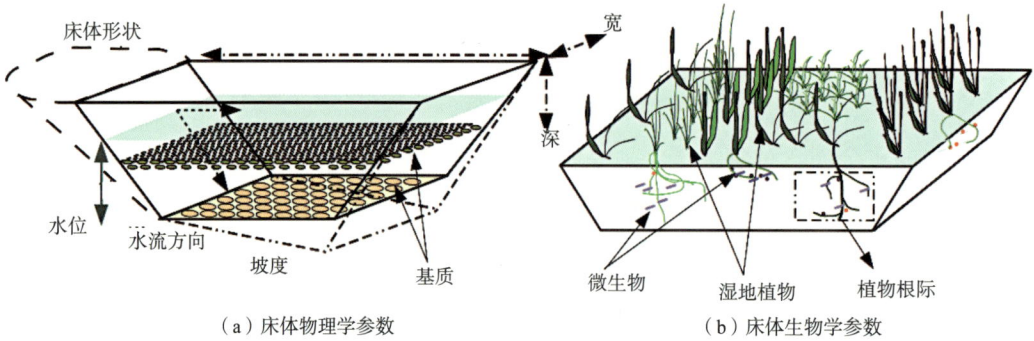

（a）床体物理学参数　　　　　（b）床体生物学参数

图6-4　人工湿地去除重金属的物理学以及生物学参数示意图

6.4.1　湿地植物的选择

（1）人工湿地重金属常规累积植物

常规累积植物对重金属具有一定的解毒与累积能力，但超出解毒范围后，植物会迅速衰败死亡。植物累积化学元素的情况有两种：一种是由于某区域环境中元素含量高，使该区域所有植物体内该化学元素的含量高；另一种是某种植物能针对性吸收某种或某些化学元素，即在同一土壤中有的植物能选择性吸收富集这些元素，而有的植物能选择吸收另外一些元素。因此，为获得较高的重金属吸收量，需比较湿地植物对重金属的耐受性与吸收量，筛选出耐受性强、吸收量大的湿地植物进行种植（陈雪龙和齐艳萍，2013）。

李鸣等（2008）采用野外采样系统分析法，对鄱阳湖湿地22种杂草植物进行Cu、Pb、Zn、Cd积累能力的初步系统研究，表6-2为鄱阳湖湿地植物重金属富集系数和转移系数。研究结果表明，鄱阳湖湿地已受到重金属的不同程度污染。灰化薹草对Pb的富集能力强；飞廉和小窃衣对Zn的富集系数和转移系数都大于1，且叶部Zn含量大；南荻、一年蓬、飞廉、鼠麹草具有重金属Cd富集植物的基本特征，此6种植物

表6-2　鄱阳湖湿地植物重金属富集系数和转移系数

植物	植物部位	富集系数				转移系数			
		Cu	Pb	Zn	Cd	Cu	Pb	Zn	Cd
灰化薹草	根	0.3	1.4	0.4	0.5	0.7	1.4	0.7	0.7
	地上	0.2	2.0	0.3	0.3				
南荻	根	0.3	1.5	0.9	1.1	1.0	0.0	0.6	2.4
	地上	0.3	0.0	0.5	2.8				
一年蓬	根	0.2	0.1	0.3	0.7	0.8	0.0	1.7	1.3
	地上	0.3	0.4	0.7	1.4				

（续）

植物	植物部位	富集系数				转移系数			
		Cu	Pb	Zn	Cd	Cu	Pb	Zn	Cd
飞廉	根	0.0	0.0	0.4	0.1	2.2	0.0	2.3	4.5
	地上	0.1	0.0	1.0	0.4				
小窃衣	根	0.2	0.3	0.7	0.9	0.8	3.2	1.8	0.7
	地上	0.2	1.0	1.3	0.6				
鼠麹草	根	0.4	0.1	0.6	0.7	1.0	0.5	1.5	2.5
	地上	0.4	0.1	0.9	1.8				

可以作为鄱阳湖湿地重金属污染修复植物的选择对象。

（2）人工湿地重金属超积累植物

超积累植物对重金属具有很强的解毒和积累能力，对重金属污染处理有着重要作用。Brooks 等（2001）把植物叶片或地上部（干重）中 Cd 的含量 ≥ 100 mg/kg，含 Co、Cu、Ni、Pb 的含量 ≥ 1000 mg/kg，Mn、Zn 的含量 ≥ 10 000 mg/kg 的植物称为超积累植物。一般来说，能在某种重金属含量较高的环境中生存的可能就是重金属超积累植物。目前发现的超积累植物有 500 余种（王科 等，2008），绝大多数属于镍超积累植物。相对于国际上较丰富的超积累植物资源，我国发现的超积累植物却为数不多，东南景天是我国发现的一种锌超积累植物（Yang et al., 2002）。Zhao 等（2002）的研究结果进一步表明了凤尾蕨是一种砷超积累植物。通过野外调查研究李氏禾对铬的富集特征，结果表明，多年生禾本科李氏禾对铬具有明显的超积累特性。另外，我国还发现了其他超积累植物，包括：Cu 超积累植物高山甘薯、金鱼藻、海州香薷、紫花香薷、鸭跖草等；Mn 超积累植物粗脉叶澳洲坚果、商陆等；Ni 超积累植物九节木属等；Pn 超积累植物圆叶遏蓝菜、苎麻、蜈蚣草、鬼针草、木贼和香附子等；Al 超积累植物茶树、多花野牡丹等；轻稀土元素超积累植物天然蕨类铁芒萁、柔毛山核桃、山核桃、乌毛蕨等（李东旭和文雅，2011）。

我国已经将重金属超积累植物用于矿山排水的治理中，并逐步展开了对重金属超积累植物的应用。山西省深受汞、铅、铬、砷和六价铬离子的危害，结合这一特点和山西省的土壤气候特征，常选用加拿大杨、龙葵、蜀葵、向日葵、蜈蚣草等超积累植物来处理重金属废水。Baker 等（1994）的研究中指出，超富集植物遏蓝菜吸收重金属的能力很强，其每年从土壤中吸收的 Zn 量为 30 kg/hm²，然而其生物量小。印度芥菜对重金属的富集能力虽不如遏蓝菜属，但其生物量至少是它的 20 倍。

目前，许多研究表明超积累植物在重金属离子处理中具有较大的发展潜力，由于对该研究处于浅显阶段，仍存在着一些不足，主要表明在：①种类较少。目前发现的超积累植物种类只有 500 多种，且吸收的重金属比较单一，镍超积累植物占多数，缺乏适应多种重金属污染土壤的植物。②修复周期长。大部分超积累植物都属于草本植物，生长缓慢，生物量小，导致修复效率低下。③适应性差。离开原生长地区后，对新环境的土壤、气候等条件很难适应等（Sheoran and Sheoran，2006）。

6.4.2　湿地基质的选择

与湿地生态系统中水和植物的重金属含量相比，土壤基质中积累的 Zn、Cu、Pb、Cr 和 As 等重金属含量更高。因此，湿地基质的组成及其特性对植物的重金属积累存在影响。

由于填料层通过离子交换吸附无机盐，通过提高填料吸附容量以减少占地面积，通过提供缓冲层以缓冲气候对植物系统的影响，因而填料的选择对人工湿地处理重金属废水工艺影响非常大。一方面，常作为填料的天然矿物价廉，来源广，无二次污染，吸附容量较大（Shukla and Skuardande，1992），因而填料对重金属的吸附是整个工艺处理效果的一个重要组成部分，国外许多研究者（张永峰和许振良，2003）也报道了对重金属有吸附性能的物质，并得出了廉价吸附剂对重金属的吸附容量，可以看出填料对重金属的吸附是重金属去除的一个重要途径，在实践中，也可通过比较填料的吸附容量作为填料选择的重要依据；另一方面，由于湿地中植物对重金属的耐受浓度有限，浓度稍大可能导致植物生长受到抑制甚至死亡，而填料却可以为其起到一个缓冲作用，以免植物受到过量重金属的毒害，从而更好地长期吸收重金属（周海兰，2007）。

目前，应用于人工湿地中去除重金属的基质主要有生物炭、沸石、炉渣、煤渣等。人工湿地基质优化是强化重金属去除的方法之一。熊维霞（2021）探究了沸石、生物炭及沸石-生物炭基人工湿地系统处理复合重金属污水的效果，结果表明，生物炭-沸石基人工湿地对 Cu、Pb、Zn、Cd 的去除效果（>95%）均高于生物炭基人工湿地和沸石人工湿地，表明生物炭和沸石的联合使用更有利于重金属的去除。针对地下水中的重金属污染，贾利霞（2020）探究了生物炭和零价铁屑共混对重金属 Cr 和 Pb 的去除效果，结果表明，生物炭-铁屑在人工湿地中可实现对 Cr 和 Pb 的高效去除（94%~97%），生物炭-零价铁形成的铁碳微电解通过促进 Cr（Ⅳ）的还原，进一步通过沉淀、共沉淀实现铬酸盐的去除，而 Pb 在砾石基、铁基和铁碳基人工湿地中均可实现高效去除，说明 Pb 在湿地中可通过基质吸附、氧化还原、沉淀、共沉淀等作用实现重金属的去除。类似地，董璐（2021）在硫基、铁基以及黄铁矿基人工湿地中也观察到 Cr 和 Cu 的高效去除。Renman 等（2009）用蛋白岩、沙子、钛酸盐以及两种不同锅炉矿渣处理含 Zn、Cu、Mn、Ni 和 Cr 等重金属的生活污水，结果显示，基质中 Zn 积累最多，其次是 Cu、Mn、Ni 和 Cr，除填充沙子的柱子，其余柱子积累 Zn 在 53%~

83%，钚酸盐柱子 Mn 的去除能力达 98%，而只有沙子柱子能去除 Ni。Scholz（2001）对人工湿地处理城市污水（含高浓度 Pb 和 Cu）的问题进行了研究，结果显示，湿地系统对重金属污染的净化效果良好，且去除效果与土壤的吸附性能和土壤的氧化还原状况有关。

人工湿地在处理高浓度重金属废水时，湿地植物吸收重金属过程缓慢且吸收量有限，当基质吸附量趋于饱和后，人工湿地的长时间运营会导致重金属的处理效果较差（董路，2021）。基于以上问题，李宏伟（2015）构建高效藻塘与复合型富氧人工湿地耦合系统以强化重金属的去除，重金属 Zn、Cr、Pb 得到了较高地去除（93.2%~98.8%），其中耦合系统中高效藻塘起主要作用，约占总去除量的 60%。在藻塘单元中，重金属的大部分去除主要依靠藻类生长代谢，少部分则依靠沉淀作用、微生物代谢及其他方式（8%~20%）；卢守波（2011）提出微电场－人工湿地耦合法，即将外加电场下的电解与人工湿地处理污染物耦合起来，充分发挥一系列电化学、物理、化学及生物过程的作用，完成重金属的强化去除。相比于传统的砾石基人工湿地，微电场人工湿地系统对 Cu、Pb、Cr、Zn 的平均去除率分别提升 1.86%、0.54%、9.88%、28.32%。在人工湿地系统中引入电场，在系统中发生一系列电解反应、氧化还原反应、电絮凝、电沉积等反应，在人工湿地基质和植物各器官中均检测到更多的重金属含量，表明电场提升了人工湿地系统对重金属的富集能力。

参考文献

陈娟，2006. 潜流人工湿地种植美人蕉对污水重金属的去除效果及机理研究 [D]. 江苏：扬州大学.

陈雪龙，齐艳萍，2013. 重金属元素在湿地生态系统中的迁移与分配 [J]. 水土保持通报，33(4): 279-283.

董璐，2021. 基于硫—铁循环调控人工湿地同步去除地下水硝酸盐与重金属的效能及机制 [D]. 咸阳：西北农林科技大学.

窦磊，周永章，蔡立梅，等，2007. 酸矿水中重金属人工湿地处理机理研究 [J]. 环境科学与技术，29(11): 109-111.

贾利霞，2020. 铁碳基人工湿地强化处理硝酸盐 - 重金属复合污染地下水的效能与机理研究 [D]. 咸阳：西北农林科技大学.

李东旭，文雅，2011. 超积累植物在重金属污染土壤修复中的应用 [J]. 科技情报开发与经济，21(1): 177-180.

李宏伟，2015. 高效藻塘与复合型人工湿地耦合系统处理重金属废水的研究 [D]. 上海：东华大学.

李鸣，吴结春，李丽琴，2008. 鄱阳湖湿地 22 种植物重金属富集能力分析 [J]. 农业环境科学学报，27(6): 2413-2418.

刘清，王子健，汤鸿霄，1996. 重金属形态与生物毒性及生物有效性关系的研究进展 [J]. 环境科学，

17(1): 89-92.

卢守波 , 2011. 微电场—人工湿地耦合系统处理重金属废水初探 [D]. 上海 : 东华大学 .

宁可佳 , 2011. 重金属在新型复合型人工湿地中的去除、迁移及累积规律 [D]. 重庆 : 重庆大学 .

王科 , 李红 , 2008. 重金属超积累植物浅谈 [J]. 萍乡高等专科学校学报 , 25(3): 88-91.

熊维霞 , 2021. 不同基质人工湿地对复合重金属污水的处理研究 [D]. 重庆 : 西南大学 .

阳承胜 , 蓝崇钰 , 2002. 重金属在宽叶香蒲人工湿地系统中的分布与积累 [J]. 水处理技术 , 28(2): 101-104.

张永锋 , 许振良 , 2003. 重金属废水处理最新进展 [J]. 工业水处理 , 23(6): 1-5.

周海兰 , 2007. 人工湿地在重金属废水处理中的应用 [J]. 环境科学与管理 , 32(9): 89-91.

AMON J P, AGRAWAL A, SHELLEY M L, et al., 2007. Development of a wetland constructed for the treatment of groundwater contaminated by chlorinated ethenes [J]. Ecological Engineering, 30(1): 51-66.

Baker A J M, Brooks R R , Pease A J , et al., 1983. Studies on copper and cobalt tolerance in three closey related taxa with in the genus Science L. from Zaire [J]. Plant and Soil, 73: 377-385.

BAKER A, MCGRATH S, SIDOLI C, et al., 1994. The possibility of in situ heavy metal decontamination of polluted soils using crops of metal-accumulating plants [J]. Resources, Conservation and Recycling, 11(1): 41-49.

FORSTNER U, WITTMANN G T, 2012. Metal pollution in the aquatic environment [M]. Springer Science & Business Media.

GHERMANDI A, BIXIO D, THOEYE C, 2007. The role of free water surface constructed wetlands as polishing step in municipal wastewater reclamation and reuse [J]. Science of the Total Environment, 380(1): 247-258.

GUITTONNY-PHILIPPE A, MASOTTI V, H HENER P, et al., 2014. Constructed wetlands to reduce metal pollution from industrial catchments in aquatic Mediterranean ecosystems: A review to overcome obstacles and suggest potential solutions [J]. Environment International, 64: 1-16.

HALLBERG K B, JOHNSON D B, 2005. Biological manganese removal from acid mine drainage in constructed wetlands and prototype bioreactors [J]. Science of the Total Environment, 338(1): 115-124.

HEDMARK Å, SCHOLZ M, 2008. Review of environmental effects and treatment of runoff from storage and handling of wood [J]. Bioresource Technology, 99(14): 5997-6009.

LESAGE E, MUNDIA C, ROUSSEAU D, et al., 2007. Sorption of Co, Cu, Ni and Zn from industrial effluents by the submerged aquatic macrophyte Myriophyllum spicatum L [J]. Ecological Engineering, 30(4): 320-325.

LESAGE E, ROUSSEAU D, MEERS E, et al., 2007. Accumulation of metals in a horizontal subsurface flow constructed wetland treating domestic wastewater in Flanders, Belgium [J]. Science of the Total Environment, 380(1): 102-115.

OTTE M, KEARNS C, DOYLE M, 1995. Accumulation of arsenic and zinc in the rhizosphere of wetland plants [J]. Bulletin of Environmental Contamination and Toxicology, 55(1): 154-161.

RENMAN A, RENMAN G, GUSTAFSSON J P, et al., 2009. Metal removal by bed filter materials used in domestic wastewater treatment [J]. Journal of Hazardous Materials, 166(2): 734-739.

SCHOLZ M, 2003. Performance predictions of mature experimental constructed wetlands which treat urban water receiving high loads of lead and copper [J]. Water Research, 37(6): 1270-1277.

SHEORAN A, SHEORAN V, 2006. Heavy metal removal mechanism of acid mine drainage in wetlands: a critical review [J]. Minerals Engineering, 19(2): 105-116.

SHUKLA S, SKHARDANDE V, 1992. Column studies on metal ion removal by dyed cellulosic materials [J]. Journal of Applied Polymer Science, 44(5): 903-910.

STEIN O R, BORDEN-STEWART D J, HOOK P B, et al., 2007. Seasonal influence on sulfate reduction and zinc sequestration in subsurface treatment wetlands [J]. Water Research, 41(15): 3440-3448.

STONE M, DROPPO I, 1996. Distribution of lead, copper and zinc in size-fractionated river bed sediment in two agricultural catchments of southern Ontario, Canada [J]. Environmental Pollution, 93(3): 353-362.

TACK F, CALLEWAERT O, VERLOO M, 1996. Metal solubility as a function of pH in a contaminated, dredged sediment affected by oxidation [J]. Environmental Pollution, 91(2): 199-208.

WIE NER A, KAPPELMEYER U, KUSCHK P, 2005. Influence of the redox condition dynamics on the removal efficiency of a laboratory-scale constructed wetland [J]. Water Research, 39(1): 248-256.

YANG X E, LONG X, NI W, et al., 2002. Sedum alfredii H: a new Zn hyperaccumulating plant first found in China [J]. Chinese Science Bulletin, 47(19): 1634-1637.

ZHANG B Y, ZHENG J S, SHARP R G, 2010. Phytoremediation in Engineered Wetlands: Mechanisms and Applications [J]. Procedia Environmental Sciences, 2: 1315-1325.

ZHAO F, DUNHAM S, MCGRATH S, 2002. Arsenic hyperaccumulation by different fern species [J]. New Phytologist, 156(1): 27-31.

7

新污染物的去除机理及强化措施

7.1 新污染物的来源

近年来，新污染物（emerging organic contaminants，EOCs）受到越来越多的关注，它们在不同的痕量浓度（ng/L~μg/L）下对环境和人类健康产生潜在的不利影响（O'Connor et al., 2022; Surana et al., 2022）。这些新兴有机污染物包括数千种化合物，如药品及个人护理产品（PPCP）、杀虫剂、抗生素、表面活性剂、阻燃剂、增塑剂和工业添加剂等，还包括母体化合物的代谢物和中间降解产物（Ilyas et al., 2021）。目前还没有任何法律对这些新污染物进行监管（Sarkar et al., 2022; Büning et al., 2021）。

EOCs 通过家庭和工业废水、农业径流、垃圾填埋场渗滤液、集中动物饲养作业和水产养殖的径流，以及最值得注意的市政废水处理设施进入水生生态系统（Zhang et al., 2021; Gorito et al., 2017）。传统的废水处理技术并非旨在去除 EOCs（Zhang et al.,

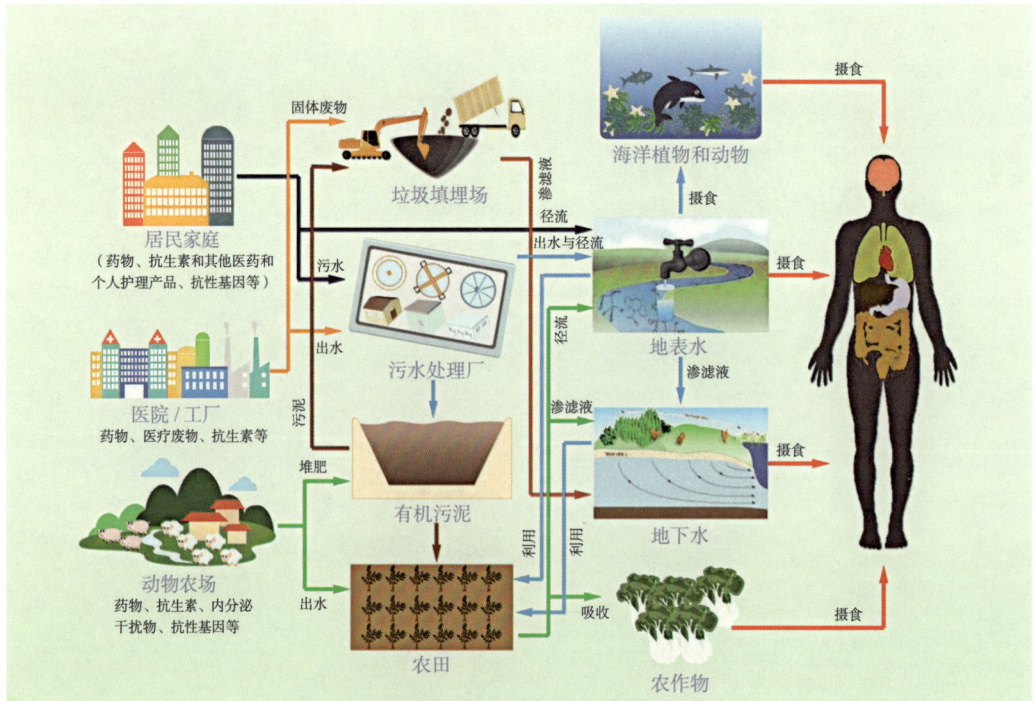

图 7-1 新污染物的可能来源及其迁移途径

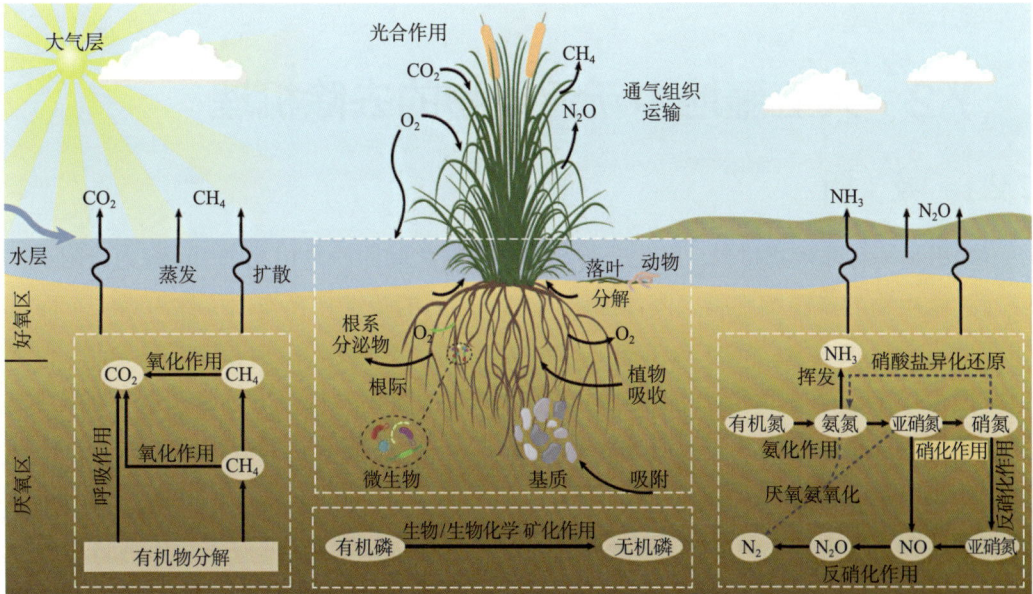

图 7-2 污染物在人工湿地中的去除机制

2021; Wang et al., 2019), 因此市政废水处理设施内的 EOCs 处理通常不完整或不充分（Nuel et al., 2018), 甚至污水处理厂的尾水也已成为 EOCs 进入水环境的重要来源（图 7-1）。臭氧氧化、膜过滤和紫外线辐射（Chowdhury et al., 2022）等高级氧化技术已被发现可有效去除某些 EOCs（Gorito et al., 2017）, 但它们能耗高且成本高, 因此对许多城市来说不切实际（Matamoros et al., 2012; De et al., 2019）。所以, 人们对利用自然技术去除 EDCs 越来越感兴趣, 希望能采用更具成本效益和环境可持续的技术来去除 EOCs（Chowdhury et al., 2022; Kurade et al., 2021）。

人工湿地可通过吸附、光降解、生物降解和植物修复等自然过程吸收和转化营养物质和其他成分（图 7-2）（Wu et al., 2023）。诸多研究表明, 人工湿地可有效去除有机物、悬浮固体、总氮和总磷, 以及 EOCs 等有机外源性物质（Gorito et al., 2017; Wang et al., 2019; Avila et al., 2021; Nottingham et al., 2021）。

人工湿地中去除 EOCs 的研究通常集中于系统中特定化合物的整体去除效果（Schmitt et al., 2015; Cardinal et al., 2014; Matamoros et al., 2017; Krzeminksi et al., 2019; Casierra et al., 2020）, 因此, 深入了解人工湿地中 EOCs 的复杂去除机制, 可为人工湿地的设计和运维策略的制订提供科学参考, 从而实现人工湿地中 EOCs 的高效去除。

7.2　人工湿地中新污染物的去除机理

7.2.1　吸　附

吸附是一种非生物过程，由化合物与底物颗粒之间的静电相互作用（称为吸附），或通过微生物的亲脂细胞膜或固体的脂质部分之间的疏水相互作用（称为吸收）而自然发生（Venditti et al., 2022; Verlicchi et al., 2013）。各种化学结构和组成的 EOCs 在湿地基质内以不同的方式相互作用，并可能以不同的速率进行吸附。带正电荷的 EOCs 通常吸附到带负电荷的基质介质（如有机物或黏土）中而有较大的去除率，而带中性电荷的 EOCs 则通过较弱的范德华力吸附到基质上（Chowdhury et al., 2022）。Brunsch 等（2018）发现中性电荷和带正电荷的化合物的疏水性或离子电荷与其在垂直流湿地中的去除率之间没有显著关系。该结果被认为是其他去除机制（如植物吸收和生物降解）影响去除率。Ravichandran 等（2021）发现，野外条件下湿地基质对 EOCs 的吸附率低于试验室吸附分批试验。这一结果归因于湿地中生物降解和植物吸收的影响，降低了污水中污染物浓度，从而减少水体中可用于吸附到基质上的 EOCs 的量。EOCs 的化学结构、分子质量、离子强度、辛醇－水分配系数等理化性质影响其对污染物的去除效果。Ren 等（2021）和 Ravichandran 等（2021）发现，垂直流人工湿地对疏水性强的化合物去除率最高。

沉积物和基质类型也会影响吸附。传统的基质有砾石、细沙和当地沉积物，但新的基质设计包括但不限于在传统的支撑层中添加生物炭、活性炭和轻质膨胀黏土骨料（LECA），以提高吸附能力。Lei 等研究了传统基质（细沙和砾石）与新材料（LECA、树皮、堆肥、颗粒活性炭、生物炭、颗粒软木和熔岩）对微污染物的吸附能力（2021）。结果发现，高表面积和高微孔结构的颗粒活性炭和生物炭对微污染物的去除率接近100%，其次是树皮、堆肥和颗粒软木。

7.2.2　光降解

光降解是指污染物被太阳辐射降解，可以通过直接或间接的光解发生。直接光解是通过污染物吸收紫外线发生的，它们被分解成潜在危害性较小的物质。而间接光解是通过硝酸盐、亚硝酸盐和溶解性有机物（DOM）等光敏剂吸收光的能量，产生活性物质（如羟基自由基 OH·，碳酸根自由基 CO_3^-· 和三重态 3CDOM*）间接氧化有机化合物（图 7-3）（Mathon et al., 2019）。湿地 EOCs 中光降解机制取决于分子的结构（如吸收光谱和量子产率），环境条件（季节变化、阳光强度、阳光穿透性、水力停留时间、湿地中植被的存在等）以及水的物理化学成分（Lei et al., 2021）。Mathon 等模拟太阳

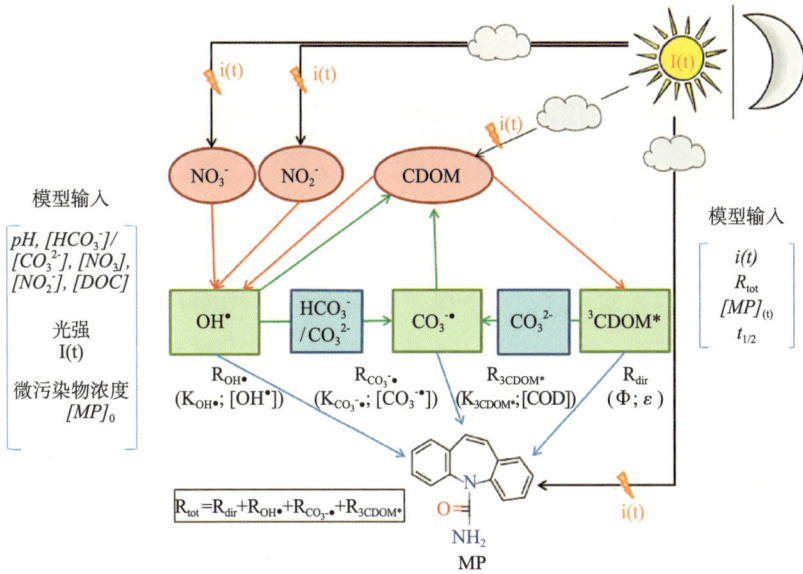

图7-3 通过直接和间接光降解消除微污染物的人工湿地光降解模型示意图

注：橙色闪电表示紫外线的直接作用；红色箭头表示导致间接光降解的化学物质的形成；绿色箭头表示CW水中的化合物对这些物种的吸收；蓝色箭头表示这些物质与微污染物的直接反应。R_{dir} 表示通过直接光降解的去除效率；$R_{OH·}$ 表示羟基自由基的去除效率；$R_{CO_3^-·}$ 表示碳酸盐自由基的去除效率；$R_{3CDOM·}$ 表示CDOM的三重激发态的去除效率。

辐射测试了36种有机微污染物的直接光降解，评估了它们的半衰期，并提出了对光降解敏感的微污染物的化学特性（2021）。

　　光降解可能是湿地中EOCs的重要去除机制，特别是在开阔水域较多、植被较少的环境中。关于光降解的大多数研究常与其他机制相结合，将其作为一种孤立机制的研究要少得多。加强对野外天然湿地和具有自然太阳辐射的人工湿地进行光降解的研究将有助于更好地理解该机制的重要性和应用。

7.2.3　生物降解

　　微生物通过好氧、厌氧或共代谢降解或转化EOCs被认为是有效的去除途径（Chowdhury et al., 2022）。EOCs的生物降解基本上是由各种微生物通过不同的酶促反应进行的，例如羧基化、羟基化、环裂解、氢化和糖基化（Xiong et al., 2018）。微生物降解效率很大程度上取决于EOCs的物理化学性质。其中，化学结构的影响最大，因为酶促反应仅限于EOCs特定的化学结构，其次是生物降解性（Rout et al., 2021; Zhang et al., 2014）。卡马西平是一种在污水和污泥中检出率最为频繁的药品之一。由于卡马西平是一种在中心杂环中具有烯烃双键的苯并氮嗪衍生物，因此在环境底物中具有高持久性，人工湿地对其去除率相当低（Zhang et al., 2012; Li et al., 2014）。当生物降解速率常数（K_{bio}）小于0.1（如双氯芬酸、磺胺甲恶唑等），微生物降解是微不足道的；当 $0.1<K_{bio}<10$ 时（如萘普生），微生物降解部分有效（20%~90%）；当 $K_{bio}>10$

时（如咖啡因、布洛芬），微生物降解作用显著（>90%）（Rout et al., 2021; Joss et al., 2006）。此外，EOCs 的生物降解也受植被的存在、湿地的配置、温度、水力停留时间和氧化还原电位等外部因素的影响（Chowdhury et al., 2022）。

7.2.4　植物修复

刘音和张升堂指出，植物修复是指利用植物对土壤，地表水和地下水，或沉积物等环境中的污染物进行牵制、隔离、去除、修饰或分解（2009）。植物对水体中有机微污染物的修复机理主要有植物提取、植物积累、植物挥发、植物降解和根际修复（Van, 2018; Wang et al., 2017; Ling et al., 2022）。

污染物可以通过多种方式进入植物，包括通过根组织的易位、扩散或灌溉过程中的离子摄取，通过挥发化合物和气溶胶的沉积以及通过气生组织（Bartrons et al., 2017; Trapp et al., 2011）。有机污染物从水相转移到植物组织的可能进入途径以及用于解毒的不同机制如图 7-4（a）所示。虽然植物可以通过空气（叶子）或土壤（根部）吸收有机污染物，但新兴污染物（PPCPs）进入植物的主要入口是根部，因为大多数 PPCPs 具有较小的挥发性，并且通过被动或主动运输与水或土壤接触而暴露于植物（Zhang et al., 2017）。植物有可能通过运输系统吸收外源分子，并通过被动或主动运输机制将营养物质带入植物液泡。被动吸收由通过管胞和木质部的蒸腾流调节，被认为是大多数有机污染物吸收的常见机制，但少数激素类化学物质（如苯氧酸除草剂）只能通过主动吸收来吸收（Collins et al., 2006; Madikizela et al., 2018）。

一旦污染物从外部水相迁移到根部，由于蒸腾作用产生的压力梯度，这些溶质通过质量流向上转移到木质部的芽、叶和果实中。然而，为了从根到达木质部，污染物必须经过几层，包括表皮、皮层、内皮层和中柱鞘［图 7-4（b）］。持续的蒸腾流对转移很重要，主要由叶片表面气孔不断蒸发的水分调节的。水分子的不断相互作用及其在木质部导管壁上的附着产生了吸力和毛细管作用，这是水分从叶片蒸发的结果。PPCPs 随水分从根部到叶片的吸收和转运是通过渗透进行的，随后是"蒸腾—内聚—黏附"机制。与木质部汁液相比，韧皮部含有相对较多的溶解有机物，主要是维管组织负责将光合作用的最终产物从叶子输送到根部（Madikizela et al., 2018）。污染物通过内皮层处的细胞膜和富含脂质的内皮层细胞膜取决于污染物在水相中的溶解度。（Miller et al., 2016）

有机污染物与水和其他营养物质一起通过位于根尖后的幼根毛的无角质层未受污染的细胞壁进入根部［图 7-4（b）］。然后，污染物通过 3 个主要途径向根中的木质部迁移：共质体（通过胞间连丝穿过细胞）、质外体（通过细胞壁旁的自由细胞间隙）和跨膜（通过细胞膜穿过细胞）（Zhang et al., 2017; Kvesitadze et al., 2015）。根皮层中的细胞壁是可渗透的，因为它的多孔性允许污染物在到达内皮层之前自由进入内部。

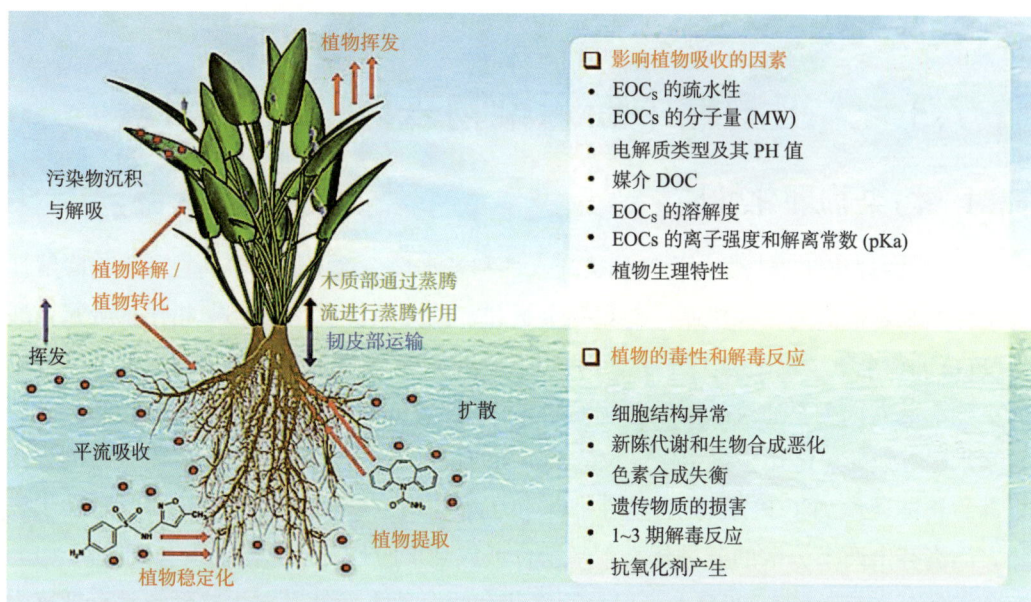

（a）

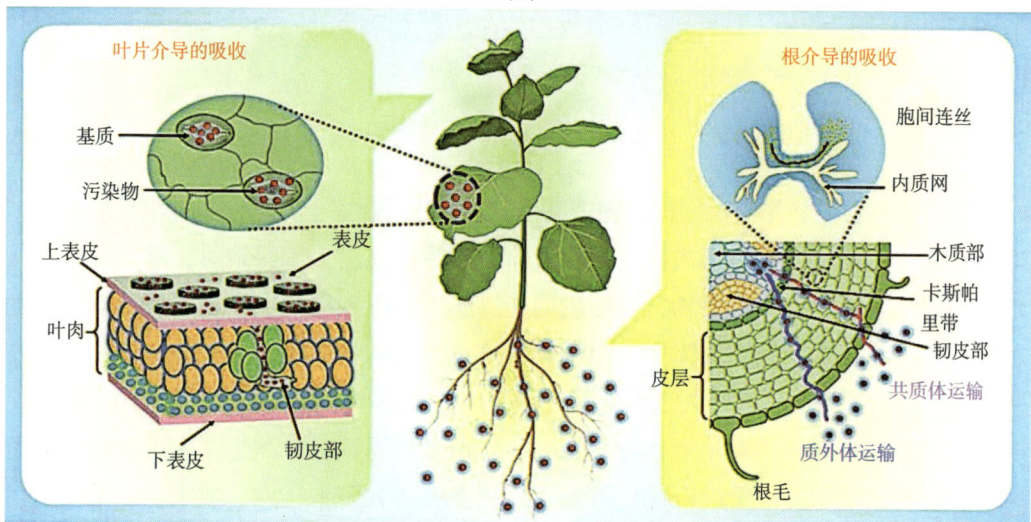

（b）

图7-4 （a）EOCs进入植物的途径和运输途径及影响植物吸收污染物的因素；（b）EOCs在植物组织中的吸收机制通过根和叶组织的截面图（Kurade et al., 2021）

迄今为止，已经发现了高等植物中有机污染物的两种可能的运输途径：细胞间和细胞内运输、传导组织运输，分别称为短距离运输和长距离运输（Zhang et al., 2017）。有机污染物的理化性质影响着迁移机制。例如，污染物分子的大小会影响迁移；分子质量较小的化合物容易穿过膜，并很容易地进出韧皮部和木质部。相反，分子质量大、穿过膜的渗透性有限的化合物在沿着韧皮部的运输中会受到阻碍（Kvesitadze et al., 2015）。

7.3　人工湿地中新污染物去除的影响因素

7.3.1　污染物理化性质

EOCs 的理化性质，如化学结构、疏水性和亲水性、水溶性、电离性和生物降解性等主要控制着他们的去除机制。与短链全氟和多氟烷基物质（PFAS）相比，全氟辛酸（PFOA）和全氟辛烷磺酸（PFOS）等各种长链的 PFAS 在复合人工湿地中的沉淀地单元去除率最高，主要通过悬浮颗粒物的吸附作用（Yin et al., 2017; Zhu et al., 2022）。与亲水性更强的短链化合物相比，长链 PFAS 的疏水性更强，因此通过吸附去除的程度更高。长链还增加了 PFAS 化合物在非饱和土壤中对空气－水界面的保留，有助于去除。酮洛芬由两个分散的芳香环与羰基结合形成高反应性三态，容易发生光降解（Lin et al., 2005; Petrie et al., 2015），但是酮洛芬有两个芳香环使其对生物降解具有抵抗力（Verlicchi et al., 2014）。咖啡因具有极高的水溶性和亲水性，易受到好氧生物降解和植物吸收的影响（Zhang et al., 2014; Petrie et al., 2018）。

7.3.2　基质类型

基质的主要功能是为植物提供物理支持，为各种复杂离子和化合物提供反应界面，也为微生物生长及生物膜形成提供附着载体。当污水流过人工湿地时，基质会通过一系列物理化学途径去除污染物，包括沉淀、过滤、吸附、离子交换和络合反应等。随着污水的不断流入，湿地床体中的微生物也繁殖生长，当人工湿地基质达饱和后，需通过更换基质的方式以保证人工湿地的处理效果。人工湿地基质常用的有土壤、细沙、砾石和灰渣等，但在实际工程运行中，这些常用基质易饱和，缩短了人工湿地的运行周期，限制其推广应用（Lei et al., 2021）。因此，寻找资源丰富、成本低、无二次污染且可持续使用的基质成为提高人工湿地净化效果的重要措施。

研究人员对生物炭、牡蛎壳、轮胎碎屑、建筑垃圾、轻质骨料、轻质膨胀黏土骨料（LECA）、明矾污泥等作为湿地基质已开展研究（Lei et al., 2021; Yang et al., 2018）。Dordio 等（2009）研究了人工湿地中不同填料对氯贝酸、卡马西平和布洛芬的去除效果，发现衍生黏土骨材填料适合卡马西平和布洛芬的去除，蛭石填料对氯贝酸的去除效果较好。Yuan 等（2020）在垂直流人工湿地系统中以锰矿、生物炭和沸石为基质对盐酸环丙沙星和磺胺二甲嘧啶的去除进行了对比分析。结果表明，与沸石（83.71%）相比，锰矿石（93.7%）和生物炭（88.05%）对盐酸环丙沙星的去除率较高，因为锰矿石和生物炭具有较大的比表面积和更多的微孔结构，为污染物和微生物提供了更多的附着点，有利于抗生素的降解。同时，锰矿石（69.38%）对磺胺二甲嘧啶的去除显著高于生物炭（56.57%）和沸石（48.85%），可能是因为锰矿石中铁与锰的氧化物具有较高的氧化还原电位，在氧化还原发生时积极参与了抗生素的降解。此外，磺胺二甲嘧啶的去除效果明显低于盐酸环丙沙星。一般而言，与喹诺酮类抗生素相比，人工湿地中磺胺类抗生素的去除效果要低得多（Liu et al., 2013）。

7.3.3 植物种类

人工湿地中不同的植物在去除 EOCs 时会有不同的处理效果。尽管现在有许多植物比较的相关试验，但没有确切的证据可以证明哪一种是去除污染物最有效的，因为 EOCs 去除的整个过程还受其他因素的影响，如当地气候条件或污水情况等。目前，芦苇、香蒲、美人蕉、再力花、风车草等植物广泛应用于人工湿地中去除 EOCs（Wu et al., 2015; David et al., 2023）。Hijosa-Valsero 等（2010）研究了在人工湿地中是否种植植物以及植物类型（芦苇、香蒲）对 PPCPs 的去除效果。研究发现，植物的存在有助于萘普生、布洛芬、双氯芬酸、卡马西平、咖啡因、二氢茉莉酮酸甲酯和佳乐麝香的去除；芦苇对布洛芬、双氯芬酸、咖啡因和二氢茉莉酮酸甲酯的去除效果优于香蒲。Rocha 等研究发现，漂浮植物（槐叶萍、小浮萍）对红霉素的去除能力在9%~12%，沉水植物（狐尾藻、圆叶节节菜）对红霉素的去除能力在31%~44%，与漂浮植物相比，沉水植物的表面积与水体接触更大，可能导致更高的抗生素吸收效率（Rocha et al., 2022）。3 种水生植物体系 (漂浮型、沉水型和挺水型) 对 17α-炔雌醇的去除率分别为 69%、87% 和 95%（Kumar et al., 2011）。

7.3.4 湿地类型

不同类型人工湿地（表流人工湿地、水平潜流人工湿地和垂直潜流人工湿地）对抗生素和类固醇的去除效果如图 7-5 所示（Kamilya et al., 2023）。从图中可以看出，环丙沙星、白霉素、磺胺地索辛、土霉素、17β-雌二醇在表流人工湿地中的去除率几乎为 100%；在水平潜流人工湿地中氧氟沙星、莫能菌素、磺胺甲嘧啶、新生霉素、雌酮、睾酮和孕酮的去除率为 80%~100%；在垂直流人工湿地中，红霉素、土霉素、睾酮和孕酮的去除率为 90%~100%。由于水力停留时间的增加和好氧—厌氧环境的共存，复合人工湿地对双氯芬酸的去除效果优于潜流人工湿地。由于光降解，双氯芬酸在表流人工湿地中也基本被去除。对乙酰氨基酚在垂直潜流人工湿地（96%~98%）的去除效果优于水平潜流人工湿地（47%~99%）（Chowdhury et al., 2022），表明对乙酰氨基酚更倾向于好氧生物降解。Papaevangelou 等（2016）也报道了类似的结果。在垂直流人工湿地中，间歇进水增强了基质中氧气的传递，促进了好氧生物降解，因此，与水平潜流人工湿地相比，垂直潜流人工湿地中对双酚 A，壬基酚及其乙氧基化合物的降解更高。

（a）表流人工湿地

（b）水平潜流人工湿地

（c）垂直潜流人工湿地

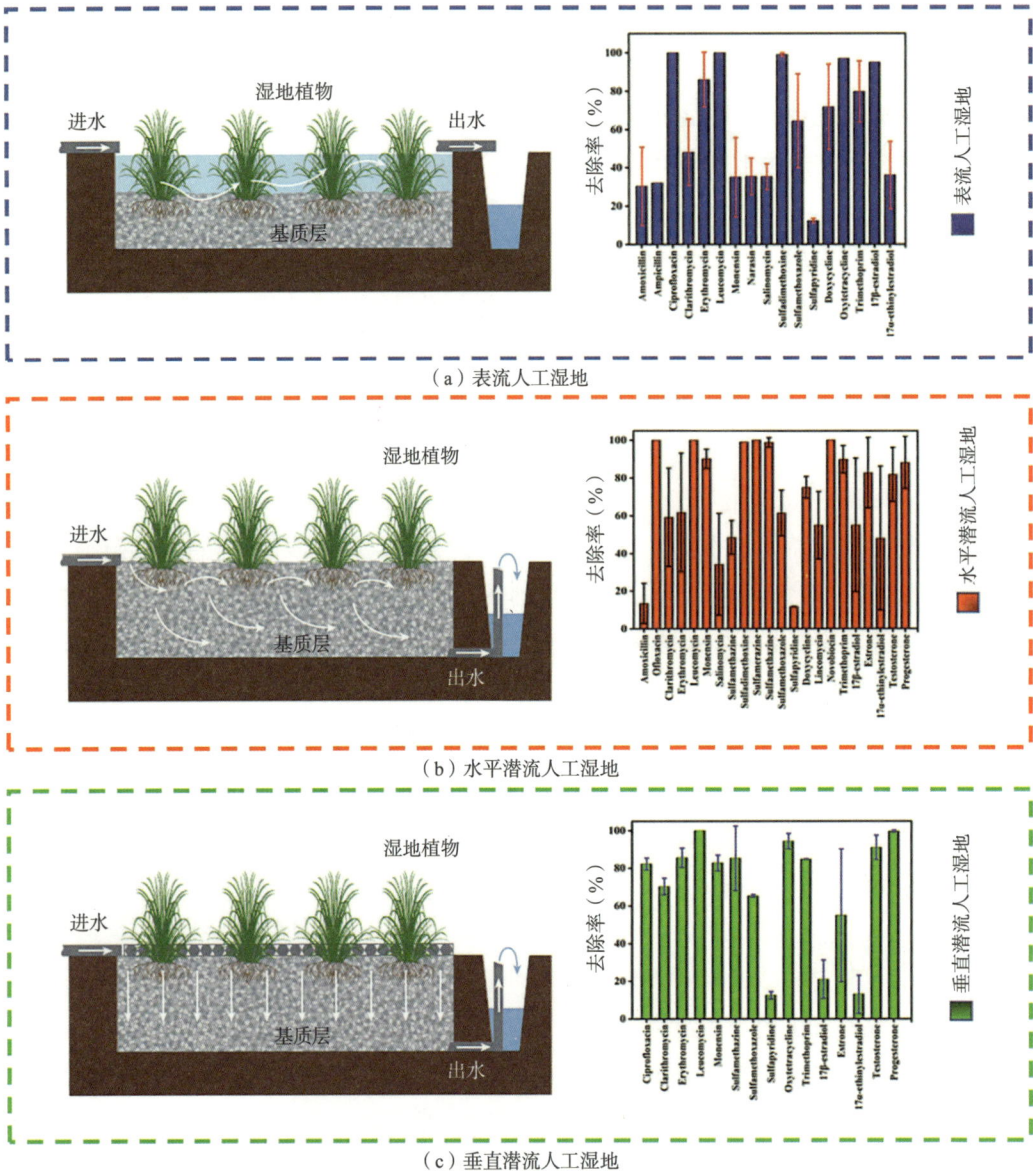

图 7-5　不同类型人工湿地去除抗生素和类固醇效果图

7.3.5　环境因素与运行参数

温度会影响人工湿地中的微生物活性，微生物代谢需要依靠温度，最佳温度在 15~25℃。Truu 等（2009）的研究显示抗生素降解时参与其中的微生物的代谢与温度有很大关系，温度越高硝化细菌等的活性越好；Hijosa-Valsero 等（2010）的试验结果表明，高温对于咖啡因、布洛芬、萘普生、水杨酸、佳乐麝香、吐纳麝香、甲基二氢茉莉酮酸酯等的去除都有积极效应，温度对四环素的降解有显著影响，去除率随温度升高而增加；Dordio 等（2010）的研究结果显示，布洛芬、酰胺咪嗪和氯贝酸 3 种物质的去除率在夏季高于冬季。

pH 值也是影响微生物生长的重要因素，在人工湿地中去除 PPCPs 会有一定的影响。环丙沙星和氧氟沙星的去除率受 pH 值的影响，pH 值越小，抗生素去除效率越高（阿丹，2012）；而在 Hijosa-Valsero 等（2010）的研究中，pH 值对试验结果并无太大影响，没有发现 pH 值与 PPCPs 的去除有显著的线性关系。

人工湿地中氧化还原电位高，则微生物的代谢活力较强，更有利于好氧微生物降解。通常情况下，水位较浅的人工湿地的氧化还原电势较高。Zwiener 和 Frimmel（2003）的研究证明了布洛芬、双氯芬酸、水杨酸在高氧化还原电位的环境下对有更好的去除效果；Matamoros（2005）的试验也得到了相似的试验结论，水位较浅的人工湿地内 PPCPs 的去除率较高；而在 Hijosa-Valsero 等（2009）的研究中显示低氧化还原电位对咖啡因、佳乐麝香、吐纳麝香的去除是有利的。这可能与其他微生物途径或者非生物过程相关。

不同水力停留时间条件下，EOCs 的去除效率不同。王帅等（2013）研究表明，当人工湿地的水力停留时间为 4 天时，双氯芬酸的去除效果优于 2 天，去除率高达 57.12%，且去除效果稳定。阿丹的试验中指出，氧氟沙星的去除率随水力停留时间的增大而降低，且不同的水力停留时间下氧氟沙星的去除效果有显著差异（阿丹，2012）。

人工湿地可以在间歇和连续进水模式下运行。运行模式会影响人工湿地内的氧化还原条件和空气流动（Wu et al., 2015）。Zhang 等（2012）评估了人工湿地中连续进水和间歇进水对 8 种药物的去除效果的影响。结果显示，卡马西平、氯贝酸和萘普生在两种模式下去除效率无明显差别，双氯芬酸、布洛芬、咖啡因、水杨酸和酮洛芬在间歇进水模式下的去除效率有明显提高，说明进水方式也会影响人工湿地去除 PPCPs 的效率。

7.4　人工湿地中新污染物的强化去除措施

基于 EOCs 去除机理，基质吸附是人工湿地的主要去除途径之一。除了选择合适的具有高吸附能力的基质外，对人工湿地基质改性也是一种备受关注的方法。氧化还原酶（如漆酶），是一种对环境无害的降解卡马西平的替代品（Naghdi et al., 2018; Taheran et al., 2016; Nguyen et al., 2016）。Jelic 等（2012）发现，94% 的卡马西平在 6 天后被漆酶降解。此外，通过急性毒性试验检测到吖啶、吖啶酮、10, 11- 环氧卡马西平和 10, 11- 二羟基卡马西平 4 种代谢产物均无毒。但是，漆酶对人工湿地中植物和微生物功能的影响还值得进一步探讨。负载金属离子活性炭兼具活性炭材料良好的微孔结构、巨大的比表面积、高电荷密度与离子交换能力，以及金属离子络合吸附、增加疏水位点、静电吸引的优势，增加基质吸附，同时释放大量碳源，促进微生物活性与降解作用（沈晓彤，2021）。Guo 等（2020）将负载金属铁、锰的活性炭和生物炭应用于人工湿地，增强了苯并荧蒽的去除。高价态的金属离子可以作为电子受体促进苯并荧蒽的微生物降解。然而，负载基活性炭材料在人工湿地中的应用研究仍十分缺乏，未来可关注其在人工湿地中的作用机理。

人工湿地对难降解的 EOCs（如卡马西平、酮洛芬、全氟烷基和多氟烷基物质、有机磷酸酯等）的去除效果并不理想，甚至会出现负去除率。因此，越来越多的学者将人工湿地系统与其他技术耦合，以提高 EOCs 的去除性能。近些年兴起的生物电化学强化型人工湿地技术，包括微生物燃料电池强化型人工湿地（MFC-CW）和外加低压直流电强化型人工湿地（EC-CW），可实现废水中新兴污染物的高效稳定去除（Liu et al., 2021; Zhang et al., 2018; Ji et al., 2020）。生物电化学系统不仅可以构建刺激生物代谢的电池电路，还可以为难降解有机物提供电化学活性微生物群落的选择性富集。磺胺甲恶唑和四环素在 CW-MFCs 中的去除率分别高达 99.7%~100% 和 99.66%~99.85%（Wen et al., 2020），磺胺嘧啶也可被 CW-MFCs 有效降解（Li et al., 2020; Song et al., 2018）。Wang 等（2019）研究了人工湿地微生物燃料电池对多环芳烃（蒽、菲）的去除效果，蒽和菲的去除效率为 88.5%~96.4%，并且微生物在去除过程中起主要作用。Zhao 等（2023）将介质阻挡放电等离子体与人工湿地耦合去除邻苯二甲酸二甲酯（DMP），DMP 的去除率可达 87.7%~97.3%，同时在一定程度上提高了 TN 的去除效果。López-Vinent 等（2023）研究了人工湿地系统耦合太阳光芬顿技术去除微污染物。研究发现，单独人工湿地系统和单独太阳光芬顿技术对微污染物的平均去除率分别为 72% 和 73%，而耦合系统几乎去除了微污染物（去除率为 95%）。

除高级氧化技术外，人工湿地系统也可与其他生物处理过程组合，处理含难降解污染物的废水，并取得了良好的去除效果。Conkle 等（2008）发现曝气氧化塘和表流人工湿地混合（SFCW）系统能有效去除 EOCs。该系统由 3 个曝气氧化塘串联组成，每个曝气氧化塘的停留时间为 9 天（共 27 天），SFCW 的停留时间为 1 天。混合系统的研究结果表明，EOCs 有明显的降解，但低于仪器检测限的结果没有报道。除索他洛尔（82%）和卡马西平（51%）外，所有 EOCs 中污染物（包括布洛芬、萘普生、对乙酰氨基酚、磺胺吡啶、美托洛尔、纳多洛尔、阿替洛尔、咖啡因和可替宁）的总去除率大于 90%。Zhou 等（2021）在人工湿地原有植物组合中添加藻类，结果发现，原有人工漂浮生态系统抗生素去除率为 50%~78%，添加藻类后，每种抗生素的去除率提高了 10%~20%。人工湿地联合固定化微生物反应器处理工业型村镇废水，对 10 种主要有机难降解污染物的去除率均高于 50%，其中乙酸苯酯的去除率高达 95.6%（满滢 等，2017）。将利用特定污染物降解菌的固定化生物反应器作为人工湿地的前处理工艺，能有效降低废水中难降解有机物对湿地的毒害作用，在缓解特定污染物对人工湿地的生态压力方面具有积极作用，间接改善了人工湿地对废水的处理效果。

微生物是人工湿地去除污染物的重要贡献者。研究表明，通过投加碳源，人工湿地中反硝化细菌的数量增加，可以增强湿地中微生物的反硝化能力，提高湿地内的脱氮能力（Si et al., 2018）。尽管人工湿地中微生物种类丰富，但是具有特定功能以及适应极端环境条件（如低温、高盐环境）的微生物数量有限，导致人工湿地对一些特殊废水（如含油废水、制革废水、含盐废水）的处理能力有限。因此，通过向人工湿地内投加特定适应能力的外源微生物，可在一定程度上保证人工湿地的净化效果，拓宽人工湿地的应用范围。

在自然环境中，存在一些具有降解特定污染物能力的微生物，这些微生物通过分离、筛选、驯化和富集获得。目前，已有较多关于使用特定污染物降解菌进行污染土壤修复和废水处理的研究，如多环芳烃降解菌、石油降解菌、抗生素降解菌和藻毒素降解菌等（刘元望 等，2016; Wang et al., 2018; Xu et al., 2018）。在人工湿地中投加阿特拉律降解菌剂运行 37 天后，湿地系统对阿特拉律的降解能力逐渐提高，降解率由 74.6% 提高到 87.1%（赵昕悦，2018）。Liu 等（2022）从生物电化学人工湿地中富集分离得到丝状假单胞菌，10 mg/L 的磺胺甲恶唑在 144 h 内的降解率达到 76.95%。根据废水中难降解污染物的成分，选择合适的特定污染物降解菌，可有效提高人工湿地对特定污染物的去除率。

参考文献

阿丹，2012. 人工湿地对 14 种常用抗生素的去除效果及影响因素研究 [D]. 广州 : 暨南大学 .

刘音，张升堂，2009. 被污染水体的植物修复技术研究进展 [J]. 安徽农业科学，37(15): 7147-7149.

刘元望，李兆军，冯瑶，等，2016. 微生物降解抗生素的研究进展 [J]. 农业环境科学学报，(35): 212-224.

满滢，陶然，杨扬，等，2017. 高效降解菌固定化反应器—人工湿地组合工艺处理工业型村镇废水 [J]. 农业环境科学学报，(36): 1003-1011.

沈晓彤，2021. 金属基材料强化人工湿地污染物去除研究 [D]. 济南 : 山东大学 .

王帅，2013. 不同填料人工湿地对水环境中 PPCPs 的去除效果及机理研究 [D]. 重庆 : 重庆大学 .

赵昕悦，2018. 阿特拉律降解菌 *Arthrobacter ureafaciens ZXY-2* 降解特性及对人工湿地强化机制研究 [D]. 哈尔滨 : 哈尔滨工业大学 .

AVILA C, GARCÍA-GALÁN M J, BORREGO C M, et al., 2021. New insights on the combined removal of antibiotics and ARGs in urban wastewater through the use of two configurations of vertical subsurface flow constructed wetlands [J]. Science of The Total Environment. 755: 142554-

142565.

BARTRONS M, PENUELAS J, 2017. Pharmaceuticals and personal-care products in plants [J]. Trends in Plant Science, 22: 194-203.

BRUNSCH A F, TER LAAK T L, CHRISTOFFELS E, et al., 2018. Retention soil filter as post-treatment step to remove micropollutants from sewage treatment plant effluent [J]. Science of The Total Environment, 637: 1098-1107.

BÜNING B, RECHTENBACH D, BEHRENDT J, et al., 2021. Removal of emerging micropollutants from wastewater by nanofiltration and biofilm reactor (*Micro Stop*) [J]. Environmental Progress and Sustainable Energy, 40: e13587-e13595.

CARDINAL P, ANDERSON J C, CARLSON J C, et al., 2014. Macrophytes may not contribute significantly to removal of nutrients, pharmaceuticals, and antibiotic resistance in model surface constructed wetlands [J]. Science of The Total Environment, 482-483: 294-304.

CASIERRA-MARTINEZ H A, MADERA-PARRA C A, VARGAS-RAMÍREZ X M, et al., 2020. Diclofenac and carbamazepine removal from domestic wastewater using a Constructed Wetland-Solar Photo-Fenton coupled system [J]. Ecological Engineering, 153: 105699-105709.

CHOWDHURY S D, BHUNIA P, SURAMPALLI R Y, et al., 2022. Nature and characteristics of emerging contaminants as a triggering factor for selection of different configurations and combinations of constructed wetlands: A review [J]. Journal of Environmental Engineering, 148: 03122002-03122020.

COLLINS C, FRYER M, GROSSO A, 2006. Plant uptake of non-ionic organic chemicals [J]. Environmental Science Technology, 40: 45-52.

CONKLE J L, WHITE J R, METCALFE C D, 2008. Reduction of pharmaceutically active compounds by a lagoon wetland wastewater treatment system in Southeast Louisiana [J]. Chemosphere, 73: 1741-1748.

DAVID G, RANA M S, SAXENA S, et al., 2023. A review on design, operation, and maintenance of constructed wetlands for removal of nutrients and emerging contaminants [J]. International Journal of Environmental Science and Technology, 20: 9249-9270.

DE LA PAZ A, SALINAS N, MATAMOROS V, 2019. Unravelling the role of vegetation in the sttenuation of contaminants of emerging concern from wetland systems: Preliminary results from column studies [J]. Water Research, 166: 115031-115039.

DORDIO A V, CANDEIAS A J E, PINTO AP, et al., 2009. Preliminary media screening for application in the removal clofibric acid, carbamazepine and ibuprofen by SSF-constructed wetlands [J]. Ecological Engineering, 35: 290-302.

DORDIO A, CARVALHO A J P, TEIXEIRA D M, et al., 2010. Removal of pharmaceuticals in microcosm constructed wetlands using Typha spp. and LECA [J]. Bioresource Technology, 101: 886-892.

GORITO A M, RIBEIRO A R, ALMEIDA C M R, et al., 2017. A review on the application of constructed wetlands for the removal of priority substances and contaminants of emerging concern listed in recently launched EU legislation [J]. Environmental Pollution, 227: 428-443.

GUO Z Z, KANG Y, HU Z, et al., 2020. Removal pathways of benzofluoranthene in a constructed wetland amended with metallic ions embedded carbon [J]. Bioresource Technology, 311: 123481-123489.

HIJOSA-VALSERO M, MATAMOROS V, SIDRACH-CARDONA R, et al., 2010. Comprehensive assessment of the design configuration of constructed wetlands for the removal of pharmaceuticals and personal care products from urban wastewaters [J]. Water Research, 44: 3669-3678.

HIJOSA-VALSERO M, MATAMOROS V, SIDRACH-CARDONA R, et al., 2010. Comprehensive assessment of the design configuration of constructed wetlands for the removal of pharmaceuticals and personal care products from urban wastewaters [J]. Water Research, 44: 3669-3678.

ILYAS H, MASIH I, VAN HULLEBUSCH E D, 2021. Prediction of the removal efficiency of emerging organic contaminants in constructed wetlands based on their physicochemical properties [J]. Journal of Environmental Management, 294: 112916-112929.

JELIC A, CRUZ-MORATÓ C, MARCO-URREA E, et al., 2012. Degradation of carbamazepine by *Trametes versicolor* in an air pulsed fluidized bed bioreactor and identification of intermediates [J]. Water Research, 46: 955-964.

JI B, KANG P Y, WEI T, et al., 2020. Challenges of aqueous per- and polyfluoroalkyl substances (PFASs) and their foreseeable removal strategies [J]. Chemosphere, 250: 126316-123326.

JOSS A, ZABCZYNSKI S, GÖBEL A, et al., 2006. Biological degradation of pharmaceuticals in municipal wastewater treatment: Proposing a classification scheme [J]. Water Research, 40: 1686-1696.

KAMILYA T, YADAV M K, AYOOB S, et al., 2023. Emerging impacts of steroids and antibiotics on the environment and their remediation using constructed wetlands: A critical review [J]. Chemical Engineering Journal, 451: 138759-138777.

KRZEMINSKI P, TOMEI M C, KARAOLIA P, et al., 2019. Performance of secondary wastewater treatment methods for the removal of contaminants of emerging concern implicated in crop uptake and antibiotic resistance spread: A review [J]. Science of The Total Environment, 648: 1052-1081.

KUMAR A K, CHIRANJEEVI P, MOHANAKRISHNA G, et al., 2011. Natural attenuation of endocrine-disrupting estrogens in an ecologically engineered treatment system (EETS) designed with floating, submerged and emergent macrophytes [J]. Ecological Engineering, 37: 1555-1562.

KURADE M B, HA Y H, XIONG J Q, et al., 2021. Phytoremediation as a green biotechnology tool for emerging environmental pollution: A step forward towards sustainable rehabilitation of the environment [J]. Chemical Engineering Journal, 415: 129040-129058.

KVESITADZE G, KHATISASHVILI G, SADUNISHVILI T, et al., 2015. Plants for remediation: uptake, translocation and transformation of organic pollutants. Öztürk, M., Ashraf, M., Aksoy, A., Ahmad, M., Hakeem, K. (eds) Plants, Pollutants and Remediation. Springer, Dordrecht. 241-308.

LEI Y, LANGENHOFF A, BRUNING H, et al., 2021. Sorption of micropollutants on selected constructed wetland support matrices [J]. Chemosphere, 275: 130050-130058.

LI H, CAI Y, GU Z, et al., 2020. Accumulation of sulfonamide resistance genes and bacterial community function prediction in microbial fuel cell-constructed wetland treating pharmaceutical wastewater [J]. Chemosphere, 248: 126014-126026.

LI Y F, ZHU G B, NG W J, et al., 2014. A review on removing pharmaceutical contaminants from wastewater by constructed wetlands: Design, performance and mechanism [J]. Science of The Total Environment, 468: 908–932.

LIN A Y C, REINHARD M, 2005. Photodegradation of common environmental pharmaceuticals and estrogens in river water [J]. Environmental Toxicology and Chemistry, 24: 1303-1309.

LING N, WANG T T, KUZYAKOV Y, 2022. Rhizosphere bacteriome structure and function [J]s. Nature Communications, 13: 836-848.

LIU L, LIU C X, ZHENG J Y, et al., 2013. Elimination of veterinary antibiotics and antibiotic resistance genes from swine wastewater in the vertical flow constructed wetlands [J]. Chemosphere, 91: 1088-1093.

LIU X H, CHEN J, LIU Y, et al., 2022. Sulfamethoxazole degradation by *Pseudomonas silesiensis* F6a isolated from bioelectrochemical technology-integrated constructed wetlands [J]. Ecotoxicology and Environmental Safety, 240: 113698-113704.

LIU X H, LU S Y, LIU Y, et al., 2021. Performance and mechanism of sulfamethoxazole removal in different bioelectrochemical technology-integrated constructed wetlands [J]. Water Research, 207: 117814-117823.

LÓPEZ-VINENT N, SANTACRUZ A P, SALES-ALBA A, et al., 2023. Nature-based solution as an efficient wastewater pretreatment to enhance micropollutants abatement by solar photo-Fenton at natural Ph [J]. Journal of Environmental Chemical Engineering, 11: 110834-110845.

MADIKIZELA L M, NCUBE S, CHIMUKA L, 2018. Uptake of pharmaceuticals by plants grown under hydroponic conditions and natural occurring plant species: A review [J]. Science of The Total Environment, 636: 477-486.

MATAMOROS V, GARCIA J, BAYONA J M, 2005. Behavior of selected pharmaceuticals in subsurface flow constructed wetlands: A pilot-scale study [J]. Environmental Science & Technology, 39: 5449-5454.

MATAMOROS V, RODRÍGUEZ Y, BAYONA J M, 2017. Mitigation of emerging contaminants by full-scale horizontal flow constructed wetlands fed with secondary treated wastewater [J]. Ecological Engineering, 99: 222-227.

MATAMOROS V, SALVADÓ V, 2012. Evaluation of the seasonal performance of a water reclamation pond-constructed wetland system for removing emerging contaminants [J]. Chemosphere, 86: 111-117.

MATHON B, COQUERY M, MIEGE C, et al., 2019, Influence of water depth and season on the photodegradation of micropollutants in a free-water surface constructed wetland receiving treated wastewater [J]. Chemosphere, 235: 260-270.

MATHON B, FERREOL M, COQUERY M, et al., 2021. Direct photodegradation of 36 organic micropollutants under simulated solar radiation: Comparison with free-water surface constructed wetland and influence of chemical structure [J]. Journal of Hazardous materials, 407: 124801-124809.

MILLER E L, NASON S L, KARTHIKEYAN K G, et al., 2016. Root uptake of pharmaceuticals and personal care product ingredients [J]. Environmental Science Technology, 50: 525-541.

NAGHDI M, TAHERAN M, BRAR S K, et al., 2018. Biotransformation of carbamazepine by laccase-mediator system: Kinetics, by-products and toxicity assessment [J]. Process Biochemistry, 67: 147-154.

NGUYEN L N, HAI F I, DOSSETO A, et al., 2016. Continuous adsorption and biotransformation of micropollutants by granular activated carbon-bound laccase in a packed-bed enzyme reactor [J]. Bioresource Technology, 210: 108-116.

NOTTINGHAM E R, MESSER T L, 2021. A literature review of wetland treatment systems used to treat runoff mixtures containing antibiotics and pesticides from urban and agricultural landscapes [J]. Water, 13: 3631-3655.

NUEL M, LAURENT J, BOIS P, et al., 2018. Seasonal and ageing effect on the behaviour of 86 drugs in a full-scale surface treatment wetland: Removal efficiencies and distribution in plants and sediments [J]. Science of The Total Environment, 615: 1099-1109.

O'CONNOR J, BOLAN N S, KUMAR M, et al., 2022. Distribution, transformation and remediation of poly- and per-fluoroalkyl substances (PFAS) in wastewater sources [J]. Process Safety and Environmental Protection, 164: 91-108.

PAPAEVANGELOU V A, GIKAS G D, TSIHRINTZIS V A, et al., 2016. Removal of endocrine disrupting chemicals in HSF and VF pilot-scale constructed wetlands [J]. Chemical Engineering Journal, 294: 146-156.

PETRIE B, BARDEN R, KASPRZYK-HORDERN B, 2015. A review on emerging contaminants in wastewaters and the environment: Current knowledge, understudied areas and recommendations for future monitoring [J]. Water Research, 72: 3-27.

PETRIE B, ROOD S, SMITH B D, et al., 2018. Biotic phase micropollutant distribution in horizontal sub-surface flow constructed wetlands [J]. Science of The Total Environment, 630: 648-657.

RAVICHANDRAN M K, YOGANATHAN S, PHILIP L, 2021. Removal and risk assessment of pharmaceuticals and personal care products in a decentralized greywater treatment system serving an Indian rural community [J]. Journal of Environmental Chemical Engineering, 9: 106832-106845.

REN X, ZHANG M, WANG H, et al., 2021. Removal of personal care products in greywater using membrane bioreactor and constructed wetland methods [J]. Science of The Total Environment, 797: 148773-148787.

ROCHA C S, KOCHI L Y, RIBEIRO G B, et al., 2022. Evaluating aquatic macrophytes for removing erythromycin from contaminated water: floating or submerged? [J]. International Journal of Phytoremediation, 24: 995-1003.

ROUT P R, ZHANG T C, BHUNIA P, et al., 2021. Treatment technologies for emerging contaminants in wastewater treatment plants: A review [J]. Science of The Total Environment, 753: 141990-142006.

SARKAR B, DISSANAYAKE P D, BOLAN N S, et al., 2022. Challenges and opportunities in sustainable management of microplastics and nanoplastics in the environment [J]. Environmental Research. 207: 112179-112197.

SCHMITT N, WANKO A, LAURENT J, et al., 2015. Constructed wetlands treating stormwater from separate sewer networks in a residential strasbourg urban catchment area: Micropollutant removal and fate [J]. Journal of Environmental Chemical Engineering, 3: 2816-2824.

SI Z H, SONG X S, WANG Y H, et al., 2018. Intensified heterotrophic denitrification in constructed wetlands using four solid carbon sources: denitrification efficiency and bacterial community structure [J]. Bioresource Technology, 267: 416-425.

SONG H L, LI H, ZHANG S, et al., 2018. Fate of sulfadiazine and its corresponding resistance genes in up-flow microbial fuel cell coupled constructed wetlands: effects of circuit operation mode and hydraulic retention time [J]. Chemical Engineering Journal, 350: 920-929.

SURANA D, GUPTA J, SHARMA S, et al., 2022. A review on advances in removal of endocrine disrupting compounds from aquatic matrices: Future perspectives on utilization of agri-waste based adsorbents [J]. Science of The Total Environment, 826: 154129-154147.

TAHERAN M, NAGHDI M, BRAR S K, et al., 2016. Adsorption study of environmentally relevant concentrations of chlortetracycline on pinewood biochar [J]. Science of The Total Environment, 571: 772-777.

TRAPP S, LEGIND C N, 2011. Uptake of organic contaminants from soil into vegetables and fruits. In: Swartjes, F. (eds) Dealing with Contaminated Sites [J10L]. Springer, Dordrecht. https://doi.org/10.1007/978-90-481-9757-6_9.

TRUU M, JUHANSON J, TRUU J, 2009. Microbial biomass, activity and community composition in constructed wetlands [J]. Science of the Total Environment, 407: 3958-3971.

VAN AKEN B, 2008. Transgenic plants for phytoremediation: helping nature to clean up environmental pollution. Trends in Biotechnology, 26: 225-227.

VENDITTI S, BRUNHOFEROVA H, HANSEN J, 2022. Behaviour of 27 selected emerging contaminants in vertical flow constructed wetlands as post-treatment for municipal wastewater [J]. Science of The Total Environment, 819: 153234-153245.

VERLICCHI P, GALLETTI A, PETROVIC M, et al., 2013. Removal of selected pharmaceuticals from domestic wastewater in an activated sludge system followed by a horizontal subsurface flow bed-Analysis of their respective contributions [J]. Science of The Total Environment, 454: 411-425.

VERLICCHI P, ZAMBELLO E, 2014. How efficient are constructed wetlands in removing pharmaceuticals from untreated and treated urban wastewaters? A review [J]. Science of The Total Environment, 470-471: 1281-1306.

WANG J F, SONG X S, LI Q S, et al., 2019. Bioenergy generation and degradation pathway of phenanthrene and anthracene in a constructed wetland-microbial fuel cell with an anode amended with Nzvi [J]. Water Research, 150: 340-348.

WANG M, ZHANG D Q, DONG J W, et al., 2017. Constructed wetlands for wastewater treatment in cold climate-A review [J]. Journal of Environmental Sciences, 57: 293-311.

WANG R, TAI Y P, WAN X, et al., 2018. Enhanced removal of *Microcystis* bloom and microcystin-LR using microcosm constructed wetlands with bioaugmentation of degrading bacteria [J]. Chemosphere, 210: 29-37.

WANG Y, YIN T, KELLY B C, et al., 2019. Bioaccumulation behaviour of pharmaceuticals and personal care products in a constructed wetland [J]. Chemosphere, 222: 275-285.

WEN H, ZHU H, YAN B, et al., 2020. Treatment of typical antibiotics in constructed wetlands integrated with microbial fuel cells: roles of plant and circuit operation mode [J]. Chemosphere, 250: 126252-126262.

WU H M, WANG R G, YAN P H, et al., 2023. Constructed wetlands for pollution control [J]. Nature Reviews Earth & Environment, 4: 218-234.

WU H M, ZHANG J, NGO H H, et al., 2015. A review on the sustainability of constructed wetlands for wastewater treatment: Design and operation [J]. Bioresource Technology, 175: 594-601.

XIONG J Q, KURADE M B, JEON B H, 2018. Can microalgae remove pharmaceutical contaminants from water? [J]. Trends in Biotechnology, 36: 30-44.

XU X J, LIU W M, TIAN S H, et al., 2018. Petroleum hydrocarbon-degrading bacteria for the remediation of oil pollution under aerobic conditions: A perspective analysis [J]. Frontiers in Microbiology, 9: 2885-2895.

YANG Y, ZHAO Y Q, LIU R B, et al., 2018. Global development of various emerged substances utilized in constructed wetlands [J]. Bioresource Technology, 261: 441-452.

YIN T R, CHEN H T, REINHARD M, et al., 2017. Perfluoroalkyl and polyfluoroalkyl substances removal in a full-scale tropical constructed wetland system treating landfill leachate [J]. Water Research, 125: 418-426.

YUAN Y R, YANG B S, WANG H, et al., 2020. The simultaneous antibiotics and nitrogen removal in vertical flow constructed wetlands: Effects of substrates and responses of microbial functions [J]. Bioresource Technology. 310: 123419-123427.

ZHANG C, FENG Y, LIU Y W, et al., 2017. Uptake and translocation of organic pollutants in plants: A review [J]. Journal of Integrative Agriculture, 16: 1659-1668.

ZHANG D Q, GERSBERG R M, HUA T, et al., 2012. Pharmaceutical removal in tropical subsurface flow constructed wetlands at varying hydraulic loading rates [J]. Chemosphere, 87: 273-277.

ZHANG D Q, GERSBERG R M, NG W J, et al., 2014. Removal of pharmaceuticals and personal care products in aquatic plant-based systems: A review [J]. Environmental Pollution, 184: 620-639.

ZHANG D Q, GERSBERG R M, ZHU J F, et al., 2012. Batch versus continuous feeding strategies for pharmaceutical removal by subsurface flow constructed wetland [J]. Environmental Pollution, 167: 124-131.

ZHANG S, GITUNGO S, DYKSEN J E, et al., 2021. Indicator compounds representative of contaminants of emerging concern (CECs) found in the water cycle in the United States [J]. International Journal of Environmental Research Public Health, 18: 1288-1317.

ZHANG S, SONG H L, YANG X L, et al., 2018. A system composed of a biofilm electrode reactor and a microbial fuel cell-constructed wetland exhibited efficient sulfamethoxazole removal but induced *sul* genes [J]. Bioresource Technology, 256: 224-231.

ZHAO X, WANG R G, ZHANG J, et al., 2023. Exploring simultaneous elimination of dimethyl phthalate and nitrogen by a novel constructed wetlands coupled with dielectric barrier discharge plasma [J]. Chemical Engineering Journal, 452: 139666-139674.

ZHOU H D, ZHANG J Y, CUI J Y, et al., 2021. Membrane combined with artificial floating ecosystems for the removal of antibiotics and antibiotic-resistance genes from urban rivers [J]. Journal of Environmental Chemical Engineering, 9: 106070-106079.

ZHU J W, WALLIS I, GUAN H D, et al., 2022. *Juncus Sarophorus*, a native Australian species, tolerates and accumulates PFOS, PFOA and PFHxS in a glasshouse experiment [J]. Science of The Total Environment, 826: 154184-154190.

ZWIENER C, FRIMMEL F H, 2003. Short-term tests with a pilot sewage plant and biofilm reactors for the biological degradation of the pharmaceutical compounds clofibric acid, ibuprofen, and diclofenac [J]. Science of the Total Environment, 309: 201-211.

8

病原微生物的去除机理及
强化措施

>> 8.1　人工湿地中病原微生物的来源
>> 8.2　人工湿地中病原微生物的去除机理
>> 8.3　人工湿地中病原微生物去除的影响因素
>> 8.4　人工湿地中病原微生物的去除效果及强化措施

现代社会的快速发展使得人们对清洁水资源的需求持续增加。在某些地区，水资源的过度利用使得水资源开始出现匮乏的现象，并产生了大量的废水。在某些情况下，废水可以通过适当地处理之后重新作为水资源进行利用，如农业灌溉和城市景观的用水（Toscano et al., 2013）。因此，废水的回收、净化和再利用已成为了当今关注的热点。对于初步净化后中水的回收不仅能够提供可用的水资源，同时能够对水体中的营养元素持续利用（Norton-Brand et al., 2013）。然而这些中水中仍含有大量的病原微生物，其二次利用可能带来一些涉及公共健康的安全隐患，因此一些国家对于回用中水的水质要求越来越高（Winward et al., 2008）。

大多数废水经过处理后采用次氯酸消毒，然而这种做法可能会导致三氯甲烷等副产物产生，从而引发健康和生态等一系列次生问题。此外，在发展中国家以及发达国家的农村和偏远地区，废水集中处理并不具有经济性，这使得以人工湿地为代表的可持续生态处理方式正逐步被人们关注（Decamp and Warren, 2000; 徐敏 等，2007）。

虽然德国的凯特·塞德尔博士在 20 世纪 50 年代就开始了人工湿地的相关研究，然而对于人工湿地去除病原微生物的研究是近几年才逐渐发展起来的（Green et al., 1997; 杨勇 等，2012）。本章将讨论人工湿地中的病原微生物来源，病原微生物在人工湿地污水处理系统中的去除机理（自然死亡、沉淀、过滤、吸附以及生物捕食等）、影响因素（湿地类型、水力条件、湿地植物、季节变化、水质成分、光照强度、PH 值、水力停留时间、基质、溶解氧含量等），同时评价不同类型人工湿地及其强化措施对病原微生物的去除效果。

8.1　人工湿地中病原微生物的来源

病原微生物被定义为可造成人或动植物感染疾病的微生物，包括细菌、病毒、原生生物和真菌。为了方便分析病原微生物在人工湿地污水处理过程中的去除效果，人们设立了一些微生物学指标，如总大肠菌群（TC）浓度、粪便大肠菌群（FC）浓度、粪链球菌（FS）浓度、产气荚膜梭菌（CL）浓度、葡萄球状菌（ST）浓度以及肠溶性沙门氏菌浓度和弯曲菌属浓度等。

图 8-1　表面流人工湿地中 3 种主要的病原微生物来源

人工湿地中的病原微生物主要有 3 个来源，分别是废水携带的病原微生物、病原微生物在人工湿地中的繁殖以及鸟类和家禽等动物活动携带而来的病原微生物（图 8-1）。人工湿地处理污水的文献报道已经有很多，但大多数研究都集中在有机物和氮磷的去除方面，较少文献详细阐述人工湿地中病原微生物的动态变化（宋志文 等，2005；李明 等，2011）。目前涉及人工湿地病原微生物去除的报道并不多，并且人工湿地进水类型也仅仅局限于家庭和生活污水、城镇污水、乳品废水以及三级出水。其中报道最多的就是以达标排放或用于灌溉绿化的家庭和生活污水（图 8-2）。

废水中的病原微生物除了可通过进水进入人工湿地以外，截留和附着在人工湿地床体中的病原微生物可以再次繁殖生长（Wu et al., 2016）。Rose 等（1991）报道了将盥洗污水贮存 48 h 后，其中的大肠杆菌数量可以显著增长 1~2 个 $\log_{10}$ 单位。此外，Dixon 等

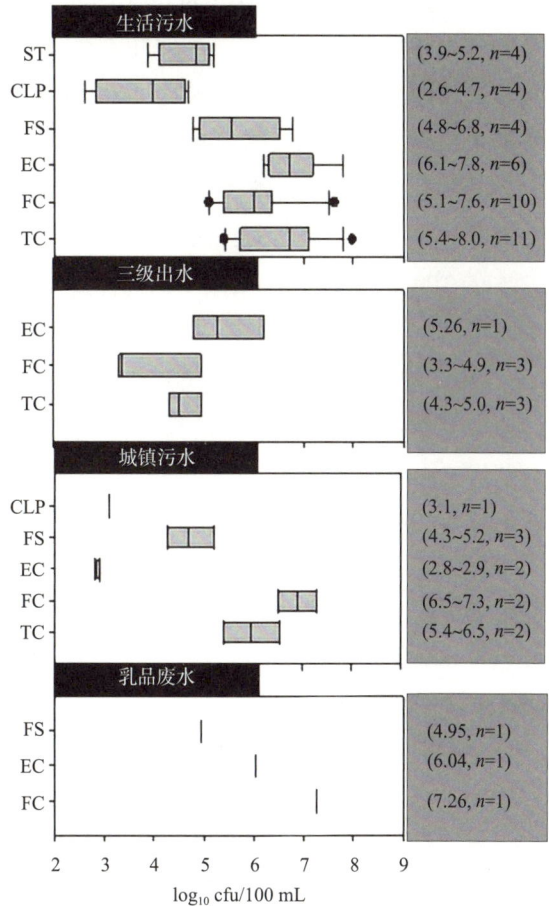

图 8-2　不同人工湿地进水中病原微生物的浓度

注：TC—总大肠菌群；FC—粪大肠菌群；EC—大肠杆菌；FS—粪便链球菌；CLP—产气荚膜梭菌；ST—葡萄球状菌。

（1999）测定了存储的洗浴废水中大肠杆菌的总量，结果显示，大肠杆菌总量在 24 h 内可以升高 2 个 $\log_{10}$ 单位。与此相反，关于肠原杆菌的研究中显示，将沙门氏菌和弯曲杆菌植入盥洗废水中，由于微生物的竞争作用而相继死亡，并没有再次生长繁殖（Ottosson et al., 2003）。宋志文等（2013）选取了山东省某污水处理系统表流人工湿地单元为研究对象，发现经过倒置 A^2O 二级工艺处理，人工湿地进水中仍含有较高数量的指示生物和病原微生物，沙门氏菌数量最多，其次为总大肠菌群、粪大肠菌群、产气荚膜梭菌和大肠杆菌。因此，截留附着的部分病原微生物可以在人工湿地中快速繁殖生长，但受到多种因素的影响，如温度、水质和光照强度等。然而，不同类型的人工湿地中病原微生物的繁殖生长速度仍然需要进一步深入研究。

如图 8-1 所示，动物活动可以将病原微生物带入人工湿地系统中，尤其是表面流人工湿地。例如，大型鸟群喜欢在人工湿地中栖息，这将影响湿地床体中病原微生物的浓度，这与 Orosz-Coghlan 等（2006）对于群燕是表面流人工湿地中大肠杆菌主要传入源的研究结论一致。同时也有研究表明，鸟粪是海岸湿地中肠球菌的主要传入源。此外，Thurston 等（2001）为了评估当地野生动物对人工湿地污水处理系统病原微生物的引入效果，分别将灭菌和未灭菌的地下水投配到两个水平潜流人工湿地中，发现在经过杀菌的地下水中没有检测到指示菌、大肠杆菌噬菌体以及原生生物寄生虫等病原微生物；然而在湿地出水中，检测到了 1.3×10^2 cfu/100 mL 的大肠菌群和 22.3 cfu/100 mL 的大肠杆菌，说明动物的活动与水体中的大肠杆菌以及大肠菌群的含量成正相关。

Meng 等（2018）调查了澳大利亚墨尔本的一个雨水人工湿地中粪便指示生物大肠杆菌和参考病原体弯曲杆菌的行为，发现湿地能持续清除雨水中的大肠杆菌，而弯曲杆菌属流出时的浓度通常高于流入时的浓度。但是这两种生物的对数减少也并没有达到《澳大利亚水回收指南》中列出的任何最终用途的标准，这表明在收获之前需要进一步处理。同时发现，水禽粪便的直接粪便沉积是雨水湿地的微生物来源。城市化导致雨水径流增加，其中沉积物、营养物质、微生物含量增加，可能会导致天然水质退化，增加公共卫生风险。因此，利用湿地、生物过滤器和生物滞留洼地等雨水处理系统去除微生物病原体需进一步研究。

8.2 人工湿地中病原微生物的去除机理

除细菌外，水中的病毒具有体积小、抗性和稳定性强、致病率高等特点，以病毒作为水质微生物指标具有环境卫生学意义，噬菌体通常被用于评估水体的病毒学安全性（李明 等，2011，Duran et al., 2002）。大肠杆菌噬菌体与人类肠道病毒在形状、尺寸、耐受性等方面的相似性较高，且检测方便（Calci et al., 1998）。

Sabzchi-Dehkharghani 等（2023）通过在 COVID-19 大流行高峰期间对城市水源进行广泛采样，调查了位于伊朗西北部的大不里士城市供水网中的的 SARS-CoV-2 RNA 数量，发现仅在城市下游废水排放点的一口井中检测到 SARS-CoV-2 RNA，其病毒基因组的 CT 值和浓度分别为 32.57 copies/L，5720 copies/L。

如图 8-3 所示，在人工湿地系统中，病原微生物的去除过程实质上是化学、物理和生物作用的结合过程。化学作用包括氧化作用、植物分泌物的杀菌作用。物理作用包括沉淀和吸附截留作用。生物作用包括线虫和原生生物的捕食、细菌或病毒的裂解、病原微生物自然死亡以及对有限的营养物质或微量元素的竞争作用（Axelrood et al., 1996; Decamp and Warren, 1998; Decamp et al., 1999）。尽管众多学者已经开始讨论病原微生物去除的可能机制，但仍缺乏系统的分析。此外，人工湿地对于病原微生物的去除机制还与人工湿地的类型有关。因此本节我们将着重讨论最常见的人工湿地去除病原微生物的机制过程。

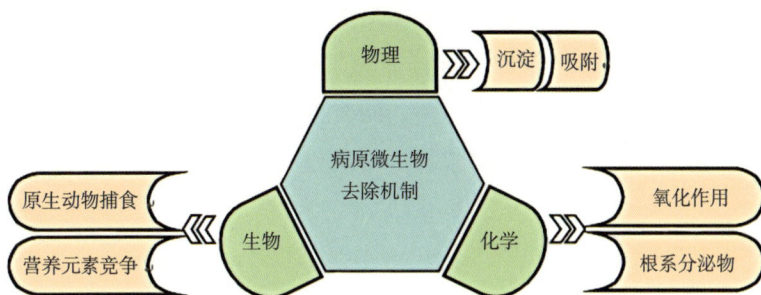

图 8-3 人工湿地去除病原微生物的主要机制

8.2.1 自然死亡

自然死亡的过程是多种病原微生物失活过程的综合结果，其影响因素包括阳光下暴晒程度以及污水组分等。从现有的有关文献分析来看，这个过程很难与其他失活过程进行区分。Boutilier 等（2009）利用两组表面流人工湿地研究了湿地中病原微生物去除机制的重要性。结果显示，大肠杆菌的自然死亡对病原微生物的去除贡献最大。对于自然死亡过程以及该过程对病原微生物去除影响的研究需要进一步向前推进。

8.2.2 沉淀和过滤

据研究报道，沉淀可以有效去除大肠菌群和粪链球菌，废水中有 10%~50% 的大肠杆菌与直径大于 5 mm 的颗粒结合在一起（Boutilier et al., 2009; Karathanasis et al.,

2003; Vacca et al., 2005）。Kansiime 和 Van Bruggen（2001）对位于乌干达 Kampala 的 Nakivubo 湿地床体中的悬浮物中所附着的病原微生物进行了研究。结果表明，泥炭表面流湿地可以更快地将粪大肠杆菌去除。一般湿地和含有泥炭物质的湿地对病原微生物的去除速率分别是 0.018/h 和 0.029/h。此外，湿地植物凋零的有机碎屑可促进悬浮物中粪大肠杆菌的沉淀。然而，大肠杆菌可以在不同的水体系统的沉淀物中累积（Lijklema et al., 1987）。根据 Brettar 和 Höfle（1992）的研究，沉淀物中存活下来的大肠杆菌可能会因为细菌间摩擦作用的减少而延长寿命，甚至有可能因利用附着在颗粒上的营养再次繁殖增长。

此外，人工湿地中的物理过滤作用在去除病原体方面，尤其是在潜流人工湿地中发挥重要作用（Karim et al., 2004）。Redder 等（2010）对中试规模的潜流人工湿地中原生动物病原微生物去除效果进行了测定，发现隐孢子虫和鞭毛虫的去除率达到了约 2 个 $\log_{10}$ 单位，并指出过滤是去除寄生性原生动物的一个主要途径，但对于隐孢子虫和鞭毛虫的去除，应使用更小粒径的基质进行过滤。

Sleytr 等（2007）评估了物理过滤作用对病原微生物的去除效果，研究发现，垂直流人工湿地主要基质层中不同深度的基质对粪大肠杆菌和肠球菌的截留量在 0.5~8（$\log_{10}$ cfu/g DW）。Arias 等（2003）同样研究发现，垂直流人工湿地系统可以通过过滤有效地去除污水中的病原微生物指示菌，同时指出将出水回流到沉淀池对 TN 的去除效果有所提高，但对去除病原微生物效果不明显。

8.2.3　吸　附

当废水流过人工湿地床体时，基于基质或者植物根系的交互作用，病原微生物在湿地床体的吸附实际上是净化机制的一部分。研究表明，大肠杆菌可以通过附着在植物根部表面而被除掉。考虑到基质和植物根系的吸附饱和作用，吸附对大肠杆菌的去除作用多数发生在人工湿地的起始运行阶段（Solano et al., 2004）。然而，吸附作用与如自然死亡等病原微生物的去除机制之间的长期平衡关系不应被忽略。

影响病原体吸附于基质的因素主要包括：基质表面性质、微生物性质、水体化学性质、环境影响等。如当病原体与基质表面所带电荷相反时，且带电荷数越多，越容易发生吸附过程（Kristian Stevik et al., 2004）；当 pH 大于病毒和基质的等电点时，病毒的吸附与阳离子的价数呈正比关系（Bitton, 1975）。

Morato 等（2014）研究发现，基质粒径能够显著影响湿地对微生物的去除效果。小粒径的基质能提高粪便大肠菌群和体细胞噬菌体的微生物失活比（1~2 log）。同时发现，氧化还原电位也会影响微生物去除效率。氧气从大气扩散到水里的传质系数与水深成反比，所以人工湿地内不同深度的水位的氧化还原状态存在差异。较浅的水位能有效去除生物膜上的大肠杆菌，粪便大肠杆菌和梭状芽胞杆菌也观察到了类似的趋势。

Kansiime 和 Van Bruggen（2001）在乌干达 Kampala 的 Nakivubo 湿地研究了莎草和斑唇马先蒿的根对大肠杆菌的吸附能力。结果显示，大肠菌出现在莎草的根部（18000 ± 4000 MPN/g 根干重），而斑唇马先蒿上大肠杆菌的数量较少（220 ± 95 MPN/g 根干重），原因可能是莎草发达的次生根形成了较大的根系表面积。

8.2.4　生物捕食

Green 等（1997）在文章中指出生物捕食包括线虫、轮虫和原生动物的噬菌活动，其在人工湿地去除废水中的病原微生物过程中同样起到了重要作用，尤其是纤毛类原生生物的噬菌活动。虽然没有进行相关的试验，但线虫的捕食活动一直被认为是大型水生植物塘中大肠杆菌去除的主要途径。之前的研究发现，在英国 Audlem 地区的人工湿地中含有大量的纤毛虫，但几乎不含线虫和轮虫。

通过计算埃希氏大肠杆菌等荧光标记细菌（FIB）的摄食率，可以对人工湿地分离的纤毛类原生生物的噬菌活动进行研究（Decamp and Warren, 1998）。大部分纤毛虫是分散摄食的独立滤食动物，oxytrichids 纤毛虫以表面连接处的细菌为食。以上研究表明纤毛虫的捕食过程可有效地去除湿地床体中的大肠杆菌。

此外，Song 等（2008）证实了桡足类动物可以有效去除自由流人工湿地（总面积为 76.7 hm^2，处理能力为 3.0×10^4 m^3/d）中的指示微生物和病原微生物。试验中用了 3 个对照组，桡足类动物数量分别为 0、3.0×10^2 /L 和 6.0×10^2 /L，最终含有桡足类动物的试验组中病原微生物的死亡率明显高于空白对照组。同时还有研究显示，原生动物的捕食和蛭弧菌属的变形在垂直流人工湿地去除病原微生物的过程中起到重要作用（Wand et al., 2007）。原生生物的捕食率受很多因素的影响，如被捕食动物（生物量、是否与捕食者接触等）、捕食者（形态学、生理学、喂养方式等）和物理化学（温度、导电率、流体动力学的微环境）等方面。

8.3　人工湿地中病原微生物去除的影响因素

人工湿地中影响病原微生物去除的因素包括湿地类型、水力条件、湿地植物、季节变化、水质成分、光照强度、pH 值、水力停留时间、基质、溶解氧含量等。对于表面流人工湿地，光照强度和光照时间同样是关键影响因素（Mayo, 1999）。因此，本节将重点讨论病原微生物去除的影响因素。

8.3.1　湿地类型

湿地类型影响人工湿地中病原微生物的去除效果。Vymazal（2005）调查了 52 个人工湿地（14 个表面流人工湿地，38 个潜流人工湿地）对病原微生物的去除效果，发现表面流人工湿地对粪大肠菌群（FC）、粪链球菌（FS）和总大肠菌群（TC）的平均去除率分别为 85.6%、84.0% 和 65.1%，而潜流人工湿地对 FC、FS 和 TC 的平均去除率分别为 91.5%，92.6% 和 88.1%，说明潜流人工湿地对病原微生物的去除效果优于表面流人工湿地。但在病原微生物进水浓度较高的情况下，人工湿地出水仍存在安全风险。Vymazal（2005）总结了不同类型人工湿地对 FC、FS 和 TC 的去除效果，顺序为多级人工湿地 > 潜流人工湿地 > 表面流人工湿地。Ulrich 等（2005）通过调查德国 3 座运行 18 年的人工湿地对生活污水的处理发现，单级人工湿地对病原微生物的平均去除率为 1.5~2.5 log，多级人工湿地对其的平均去除率可提升为 3.0~5.0 log。

8.3.2　水力条件

水力条件是影响人工湿地去除病原微生物的重要因素。对于表面流人工湿地来讲，其砾石层和植物根区的导水率可忽略不计，水生植物仅能通过淹水部分为生物膜的发展提供一个表面。然而，在设计潜流人工湿地时必须考虑基质的导水率。García 等（2008）研究发现，相比于表面流人工湿地，水平潜流人工湿地对病原微生物的去除率更高：粪便大肠杆菌去除率为 4.97e+08 cfu/（m² · d），粪链球菌的去除率为 4.97e+07 cfu/（m² · ），葡萄球状菌的去除率为 5.68e+07 cfu/（m² · d），产气荚膜梭菌的去除率为 1.88e+07 cfu/（m² · d）。而垂直流人工湿地和水平流人工湿地对病原微生物的去除效果没有差异（Ulrich et al., 2005）。

湿地床体间歇性的进水和排水可使湿地处于淹水和排空状态，通过水分的不断极端变化能够促进床体中病原微生物的去除（Kadam et al., 2008）。而且，迅速排水可以提高湿地床体中的含氧量，在湿地附着面形成一个更大更好的生物膜。Tuncsiper（2012）发现将湿地床体迅速排水后，其中的粪便大肠杆菌和总大肠菌群的去除率提高了 2%~4%。然而，迅速排水对病原微生物的去除作用在统计学上并没有显著性。

如果湿地系统的水力负荷超过限值，湿地床体中生物膜吸附效果将会减弱，进而导致粪便大肠杆菌的去除效果的降低，并且持续的沉淀和累积也会导致微生物去除率的下降，同时堵塞等原因造成的湿地系统的水流短路对病原微生物的去除效果也有一定的影响。

尽管出水回流可以改变水力学特性，但并不能改变病原微生物的去除效果（Pundsack et al., 2001）。在一个中试人工湿地系统中，将垂直流人工湿地、水平流人工湿地和垂直流人工湿地依次进行组合，前一个湿地的最终出水将流入下一个湿地中，在有回流和没有回流的对比中发现，前两个湿地床体对粪便大肠杆菌和总大肠菌群的去除率几乎相同（Tun et al., 2012）。并且，通过差异性分析发现出水回流对大肠杆菌的去除没有影响。这也与 Arias 等（2003）的研究结果相一致。

8.3.3　湿地植物

目前，关于人工湿地中湿地植物对病原微生物去除的研究已经不在少数，不同种类的湿地植物对于病原微生物的去除效果各有不同（陆松柳 等，2011；奉小忧 等，2011）。在很多关于水平潜流人工湿地的研究中，湿地植物的种植可有效促进病原微生物的去除，但促进的机制是植物对湿地系统水力学方面的作用或是其他作用尚不明确，湿地植物的种植增加了湿地根部的可用表面积或某些植物的根部释放出的抑菌分泌物等都是其可能原因（Kansiime and Van, 2001）。此外，抑菌分泌物的释放不仅对病原微生物具有毒性，同时改变了根区附近的病原微生物生存的理化环境，从而使得病原微生物难以存活（Avelar et al., 2014）。

Avelar 等（2014）在不同水力停留时间条件下，进行了湿地中水薄荷（*Mentha. aquatica*）的种植对于病原微生物去除效果的比较研究。结果显示，水薄荷的种植使得湿地系统对于大肠杆菌有更高的去除率。此外，Decamp 等（1999）也研究发现，种有芦苇的湿地系统比对照组的湿地大肠杆菌的去除率多出 1.2 个 $\log_{10}$ 单位。Rivera 等（1995）发现芦苇或香蒲的种植有利于大肠杆菌的去除。以上研究表明，不同种类植物对于大肠杆菌的去除效率没有明显差别。张男男（2009）研究了 5 种湿地植物（水蓼、红蓼、芦苇、芦竹和香蒲）的根、茎和叶对大肠杆菌噬菌体 T4 和 f2 的抑制作用。结果表明，受试植物中水蓼对 2 种噬菌体的抑制作用最强，水蓼根抑制噬菌体 T4 和 f2 的半效应浓度（EC_{50}）分别为 0.6 mg/L 和 7.6 mg/L（以提取液总有机碳表示）。

为了评价中小乡村中应用人工湿地对生活污水的处理效果，Hench 等（2003）设计了一套含有两部分处理装置的污水处理湿地系统（每个 400 L），一个湿地种植有香蒲、灯心草和水葱 3 种植物，另一个不种植任何植物的湿地作为对照组。结果显示，种有植物的湿地系统对大肠杆菌具有良好的去除效果（表 8-1）。Tanner 等（1995）在新西兰的一个人工湿地研究中发现，种有植物的湿地中分别获得了 1.3、1.3、1.9 和 2.4 个 $\log_{10}$ 单位的病原微生物去除率，但在未种植植物的湿地系统中，这一数值对应的仅为 1.0、1.2、1.1 和 2.0 个 $\log_{10}$ 单位，4 个湿地中的水力停留时间分别为 2 d、3 d、5.5 d 和 7 d。

Jinadasa 等（2006）研究了蔗草人工湿地对病原微生物的净化效果，结果显示，在同样的进水浓度（842 cfu/100 mL）下，种有蔗草的湿地出水中的病原微生物（83 cfu/100 mL）显著少于未种植植物的湿地出水中的病原微生物（208 cfu/100 mL）。

然而，对于间歇进水的垂直流人工湿地，是否种有植物对于病原微生物的去除效果影响不大（Torrens et al., 2009）。这些结果显示大型植物对于该类型的湿地对病原微

表 8-1　有植被覆盖和无植被覆盖人工湿地对病原微生物去除效果

微生物种群	进水	湿地出水	
		无植被覆盖	有植被覆盖
粪大肠菌群	8.0（0.2）	5.7（0.2）	5.2（0.2）
肠球菌	5.8（0.2）	3.9（0.2）	3.5（0.2）
沙门氏菌	5.3（0.3）	3.8（0.2）	3.4（0.2）
志贺氏菌	5.8（0.2）	4.1（0.2）	3.5（0.2）
耶尔森氏菌	6.2（0.3）	4.7（0.1）	4.5（0.2）
大肠杆菌噬菌体	5.2（0.2）	5.2（0.2）	3.5（0.2）

注：在 2 年的采样周期内每月收集 24 个样品（4 个重复样品）的几何平均值（括号中为标准误差）。湿地出水的所有数
　　值相比进水数值差异显著（$p<0.05$）。
　　（细菌以 $\log_{10}$ cfu/100 mL 计、大肠杆菌噬菌体以 $\log_{10}$ cfu/100 mL 计）

生物的去除作用微乎其微，可能的原因为种植植物对于水流方式没有改变，并且水力
停留时间和氧环境也没有明显差别。

　　表面流人工湿地中植物对于病原微生物去除的作用与其他类型的湿地不同。
MacIntyre 等（2006）研究发现，当漂浮植物（如浮萍）被移除时，湿地系统中大肠杆
菌的含量下降，这说明植物的存在提供了大肠杆菌的附着面积、避免了紫外线的直接
照射并减少了水体中的氧传输，水体中氧传输的减少还将导致病原微生物捕食者的减
少。Dires 等（2018）采用潜流人工湿地去除医院废水中的抗生素耐药菌（ARGs）。
研究发现，植被湿地和非植被湿地均能有效去除总大肠菌群、粪便大肠菌群和葡萄球
菌，有植被的砾石床湿地去除的耐药菌数量（81%~93%）显著高于无植被砾石床湿地
（42%~74%）。这表明植物在去除废水中的抗生素抗性细菌方面具有积极作用。植物
在过滤固体颗粒和向微生物群落输送少量氧气方面至关重要，植物可能通过增强根际
细菌影响了 ARGs 的丰度。

8.3.4　季节变化

　　关于季节变化对病原微生物去除的影响，一些研究者在温暖的季节中观察到了人
工湿地对致病菌的较高去除率，而另一些研究者则没有发现季节变化对其的影响（El-
Hamouri et al., 1994）。季节变化对人工湿地去除病原微生物的影响，不仅和温度有关，
还和湿地植物状态有关。

　　温度是病原微生物在环境中生存的一个重要因素。随着温度的升高，细菌和原生
动物代谢过程加速从而导致其食量增大，植物产生的酶活性降低，真菌或细菌会降低
病毒衣壳和破坏病毒 DNA 或 RNA（Olson et al., 2004）。Winward 等（2008）在报道
中称，温度变化能够强烈地影响水平流人工湿地中病原微生物的去除效果，其中的病

原微生物随着温度的升高而增多。然而，温度变化并不能对垂直流人工湿地中的病原微生物去除效果产生影响。该研究表明，水平流人工湿地中温度改变而导致的微生物失活和吸附过滤等物理作用一样，同样是病原微生物去除的关键因素。在湿地系统中，病原微生物死亡的发生经常因为微生物之间竞争食物、病毒诱发其细胞溶解以及原生生物的捕食（Stevik et al., 2004; Fischer et al., 2006）。

在温度为7.6℃和22.8℃时，人工湿地中大肠杆菌的失活率一级常数分别是0.09 /d和0.18 /d（Boutilier et al., 2009）。相关的温度修正系数（q）是1.05，这表明它有很强的温度依赖性。Ulrich 等（2005）发现，将一个湿地系统在夏季和冬季的运行情况进行比较，如果废水浓度和水力负荷均不变的情况下，废水温度越高，微生物的去除率越高。此外，一个处于温带半湿润气候，由表面流人工湿地后接水平潜流人工湿地组成的中试湿地系统中，结果显示，在春季、秋季、夏季3个季节中对大肠杆菌的去除率（1.7数量级）要显著高于冬季（1.0数量级）。宋志文等（2013）研究发现，表面流人工湿地对总大肠菌群、粪大肠菌群、大肠杆菌、沙门氏菌和产气荚膜梭菌在春季、夏季和秋季的去除率无显著差异。但总大肠菌群在夏季的进水数量明显高于秋季，进、出水中的沙门氏菌数量在春季明显高于夏季和秋季，进水中产气荚膜梭菌数量在秋季明显高于春季和夏季。Morato 等（2014）研究发现，水平潜流人工湿地夏季对总大肠菌群、大肠杆菌、粪大肠菌群和梭状芽孢杆菌的去除效果较好。

通常，大肠杆菌失活率在夏季会随温度和紫外线辐射的增加而增加（Easton et al., 2005）。然而，Quinonez-Diaz 等（2001）的研究表明，在温暖的季节植被的阴影可能减少紫外线的照射，从而削弱了自由表面流人工湿地中病原微生物的去除效果。MacIntyre 等（2006）指出，漂浮植物因其可以提供附着点，遮蔽紫外线照射，减少表面氧气的交换，以此减少浮游生物的数量，进而降低大肠杆菌的死亡率。此外，Thurston 等（2001）证明，病原体数量与温度呈正相关，即随着温度的增加，大肠杆菌的数量也在增加。然而，由于动物活动、植物生长的季节变化和湿地系统中大肠杆菌的增殖等因素，造成夏季粪大肠杆菌的总体数目相较于冬季都在增长。此外，在夏季，微生物浓度在强烈的降水或其他来源的水流入情况下可以被强烈稀释，导致去除率下降，从而降低人工湿地对病原体的去除性能。

总体上，在温带地区，人工湿地系统去除废水中病原菌（如总大肠菌群和粪便大肠菌群）的效果较好，但在欠发达的热带和亚热带地区，人工湿地对病原体和寄生虫（如肠道病毒、蠕虫、致病性变形虫等）的去除效果需进一步研究（Ramirez et al., 2005）。

8.3.5 水质成分

处理后的污水水质将影响后续消毒和再处理过程中细菌再生长的潜能。水体中的有机物增加了消毒剂消耗，降低了消毒效率，并为病原微生物的再生提供基质（Lechevallier et al., 1981; Winward et al., 2008）。Winward 等（2008）证实了盥洗污水中的有机物可以促进细菌的生长繁殖，当污水中添加了复合有机物时，总大肠杆菌群、大肠杆菌和铜绿假单胞菌的浓度分别增加了 1.9 个、0.8 个和 2.2 个 $\log_{10}$ 单位。

Diaz 等（2010）以及 Gagliardi 和 Karns（2000）报道，病原指示菌和氮的化合物浓度之间呈正相关关系，表明细菌在营养物质充足的情况下可以存活的时间更长或繁殖的速度更快。然而，当水体中含有高负荷的有机物和表面活性剂时，细菌没有增加反而减少。这些有机物和表面活性剂通过竞争吸附点从而降低了病原微生物在湿地多孔介质中的吸附作用和表面吸附作用的亲和力（Brown and Jaff, 2001）。因此，病原微生物的去除与有机物和营养物质之间的关系不仅取决于有机物和营养物质对病原微生物再生的促进作用，也取决于它们对基质表面吸附位点的竞争作用。

污水中悬浮物的浓度可能也是影响病原微生物去除的重要因素（Winward et al., 2008）。因为沉淀速度的原因，吸附病原微生物颗粒的大小和密度将影响其去除效果。例如，如果大肠杆菌被小型轻质有机颗粒所吸附，就可以忽略沉淀效果，但是如果被密度高的较大无机颗粒吸附时，沉淀作用将变得十分有意义。

Boutilier（2009）曾利用两种不同类型的污水，研究水质成分如何影响大肠杆菌的去除机理。其中牛奶场的污水中因含有更高浓度的有机物和悬浮颗粒，使得大肠杆菌的存活时间更长，营养物质可以为微生物的代谢提供能量，而固形物已被证实可以提高微生物的存活量（Howell et al., 1996）。Tuncsiper 等（2012）利用一个中试规模的组合人工湿地系统证实了污染物负荷和病原微生物的去除效果之间的线性关系。统计分析同样验证了这种线性关系，表明污水的浓度和负荷决定了大肠杆菌的去除率。Boto 等（2023）利用垂直潜流人工湿地处理养猪废水，观察到粪便指示菌的去除率很高，经过 15 天的处理，肠球菌和肠杆菌的去除率分别达到 95% 和 98%，减少了废水中最初存在的有害生物污染物。类似的去除效果也得到了其他学者证实（Giacoman et al., 2015; Shingare et al., 2019; Santos et al., 2019）。

8.3.6　光照强度

光照强度在表面流人工湿地系统中对病原微生物的去除具有重要作用。较强的光照产生的大量紫外辐射促进病原微生物的去除。然而，包括水平潜流人工湿地和垂直潜流人工湿地在内的潜流人工湿地，可以忽略光照强度的作用。Mayo（2004）设计了表面流人工湿地系统中大肠杆菌死亡和去除的动力学模型，结果显示，太阳辐射在病原微生物死亡中起很大的作用，72% 的病原微生物的死亡都是由太阳辐射造成。Nguyen 等（2015）全年监测了位于加利福尼亚愉景湾的中试人工湿地中大肠杆菌和肠球菌浓度，发现随着太阳光照强度的增加，湿地进水口到出水口大肠杆菌的去除效果随之增加（0.6~3.0 log）。当水面完全被浮藻覆盖时（即水面暴露在阳光下的时间最少），大肠杆菌去除率最低（约0.5 log），该研究表明阳光失活是湿地中大肠杆菌去除率的主要因素。浮萍覆盖条件下对大肠杆菌的去除可能是由于细胞死亡、颗粒附着沉降和捕食过程。肠球菌与大肠杆菌的去除规律类似，但去除效果低于大肠杆菌。

8.3.7 pH 值

人工湿地系统中较低的pH值环境会加速粪大肠杆菌的死亡。粪大肠杆菌最适宜生存的pH值为6~7，低于或超过这个最适范围，都会促进粪大肠杆菌的死亡（张楚瑜 等，1987）。McFeters 和 Stuart（1972）的研究指出，大肠杆菌的最适宜生存的pH值为5.5~7.5，同样地，低于或超过这个最适范围，都会促进大肠杆菌的死亡。大部分人工湿地的出水pH值都在这个最适范围内，然而人工湿地出水中pH值较低可能会来源于基质中的硝化作用、高度的自然腐殖以及酸化，这些过程的进行有利于病原微生物的去除。

8.3.8 水力停留时间

水力停留时间（HRT）对于人工湿地去除病原微生物十分重要。研究表明，水力停留时间越长，沉淀、有机物的吸附、微生物和植物分泌毒素、紫外线的照射等将更大程度地发挥作用，从而促进对病原微生物的去除（Diaz et al., 2010）。水力停留时间受植物、基质（多孔介质）、水深和流速的影响。

Sawaittayothin 和 Polprasert（2007）的研究指出，在水平潜流人工湿地中，水力停留时间对总大肠菌群和粪大肠杆菌的去除效果有很明显的影响，相同条件下，水力停留时间越长，对病原微生物的去除效果越好（表8-2）。HRT 和病原微生物平均去除率之间存在多项式的关系（Tun-Siper et al., 2012）。Garcia（2003）在试验运行中发现，前3天时病原微生物的去除效果最好，之后开始下降，说明 HRT 为3 d 时，病原微生

表 8-2　水平潜流人工湿地中不同水力停留时间对总大肠菌群和粪大肠杆菌的去除效果

病原体		HRT（d）			
		1	3	5	8
TC	进水	1674	1233	1330	19763
	出水	461	123	75	68
	去除率（%）	72.5	90.1	94.3	99.7
FC	进水	677	275	208	241
	出水	247	32	11	<2
	去除率（%）	63.5	88.5	94.5	99.2

注：TC（总大肠菌群）和FC（粪大肠杆菌）单位均为 cfu/100mL。

物失活的数量达到饱和。

Tanner 等（1995）在新西兰运行一套种有水葱（*Schoenoplectus validus*）的水平潜流人工湿地，在 HRT 分别为 2 d、3 d、5.5 d 和 7 d 的条件下，耐热大肠杆菌的去除效果分别为 1.3 个、1.3 个、1.9 个和 2.4 个 $\log_{10}$ 单位。同样地，Khatiwada 和 Polprasert（1999）利用一套种有香蒲的水平潜流人工湿地研究 HRT 和病原微生物去除之间的关系，结果发现，HRT 为 1.5 d、3 d、5 d 和 6 d 时，对应地病原微生物去除效果为 0.8 个、1.7 个、2.3 个和 2.4 个 $\log_{10}$ 单位。Solano 等（2004）在 HRT 分别为 3.0 d 和 1.5 d 的条件下运行水平潜流人工湿地，大肠杆菌的去除效果为 1.3 个和 1.1 个 $\log_{10}$ 单位。此外，Diaz 等（2010）通过不同 HRT 条件下运行的 4 个表面流人工湿地处理农田径流的试验发现，HRT 和大肠杆菌的去除效果之间有明显的线性关系，而 HRT 和肠球菌的去除效果之间没有明显的关联性。鉴于病原微生物在 HRT 更长的人工湿地中去除效果更好，推荐设计如图 8-4 所示的折流人工湿地（尽管对其的研究还很局限）。

Solano 等（2004）评估了一套中试水平潜流人工湿地的处理性能。第一年运行时，并没有发现未处理的城市污水中的 TC、FC 和 FS 与水力负荷之间的关系，然而在第二年，当水力负荷最低（75 mm/d）、水力停留时间最长（3 d）时，去除效果明显变好。以上结果表明 HRT 是人工湿地处理污水中病原微生物的一个重要指标。

对于垂直流间歇进水人工湿地，Torrens 等（2009）研究发现 65 cm 深的基质比 25 cm 深的基质更能加强对细菌和病毒的去除效果。从示踪试验中可以观察到水流通过 25 cm 深的基质的速度要比通过 65 cm 的基质快。值得注意的是，40 cm 的基质深度差别使得平均水力停留时间从 3 d 延长到 5 d。图 8-5 描述了最小水力停留时间、平均水力停留时间和去除率之间的二次相关性。尽管两个参数对于病原微生物的去除均有影响（$p < 0.05$），但最小水力停留时间的相关性更明显。根据图 8-5 的曲线可以看出，采用较长的水力停留时间更有利于病原微生物的去除。

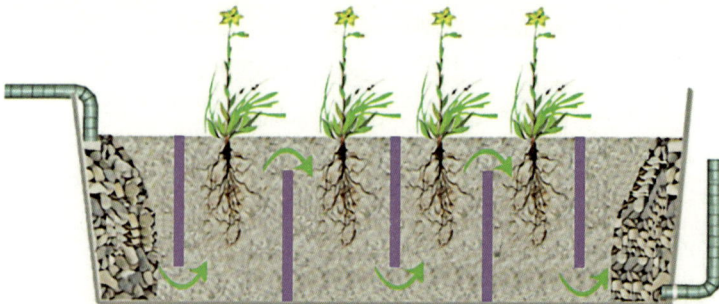

图 8-4　折流型人工湿地示意图

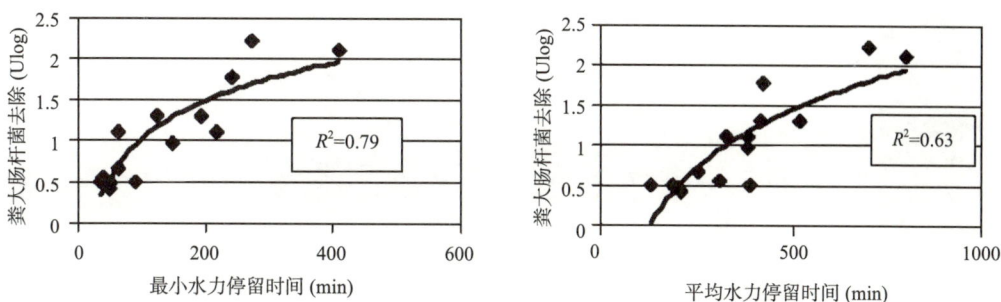

图 8-5 最小和平均水力停留时间下粪大肠杆菌的去除效果

8.3.9 基 质

Redder 等（2010）研究了两种过滤材料对隐孢子虫和鞭毛虫的去除效果。试验中有 7 套中试潜流人工湿地系统，包括垂直流人工湿地和水平流人工湿地两种类型，7 套系统的基质由粒径 2~4 mm 的土壤和粒径 0~2 mm 的砂子混合而成。结果表明，污水的过滤作用是去除寄生性原生生物的最主要作用机制。然而基质类型的选择对于隐孢子虫和鞭毛虫的去除效果似乎没有影响。值得注意的是，尺寸越小的基质越有利于寄生虫的去除。

8.3.10 溶解氧含量

研究表明，随着溶解氧在湿地床体中的增加，会加速病原微生物的死亡。Fernandez 等（1992）研究表明，对湿地进行曝气强化，总大肠菌群、粪大肠菌群、粪链球菌和梭状芽孢杆菌的死亡速率会加速 8~10 倍。Winward 等（2008）的试验中，垂直流人工湿地对病原体的去除效果要优于水平潜流人工湿地，这可能得益于其较好的氧环境。但是对于传统人工湿地和强化曝气人工湿地对病原体去除效果的对比研究鲜有报道。

8.4 人工湿地中病原微生物的去除效果及强化措施

由表 8-3 和表 8-4 可知，表面流人工湿地和水平潜流人工湿地都具有去除病原微生物的能力，如总大肠菌群、粪大肠菌、大肠杆菌、粪链球菌、产气荚膜梭菌和金黄色葡萄球菌等。此外，这些病原微生物的去除与湿地的进水水力负荷有关（图 8-6）。然而，单级的人工湿地处理后的污水一般难以达到再利用标准，所以推荐使用多级人工湿地结合处理从而提高病原微生物去除效率（Garc et al., 2013; Galv et al., 2009）。

表 8-5 总结了表面流、垂直流和水平流人工湿地对大肠杆菌、总大肠菌群和粪大

表8-3 表面流人工湿地中病原微生物的去除

病原微生物	国家	规模	面积（m²）	植物	HRT（d）	污水类别	log₁₀ 进水	log₁₀ 出水	去除值
EC	哥伦比亚	规模	37 hm²	香蒲	2	污水厂出水	5.26	4.3	0.96
	加拿大	规模	100	香蒲	25	生活污水	6.6	4.9	1.9
TC	土耳其	中试	150	莎草	3.8	三级出水	4.47	3.11	1.36
	土耳其	中试	150	莎草	12	三级出水	4.19	3.0	1.19
	西班牙	中试	3.3	香蒲，芦苇	3	生活污水	6.7	3.82	4.46
	西班牙	中试	3.3	无植物	3	生活污水	6.7	3.72	3.48
	西班牙	规模	297.5	菖蒲	1.1	城镇污水	7.55	6.54	1.01
FC	西班牙	中试	3.3	香蒲，芦苇，菖蒲	3	生活污水	5.8	3.09	3.41
	西班牙	中试	3.3	无植物	3	生活污水	5.8	3.65	2.46
	西班牙	规模	297.5	菖蒲	1.1	城镇污水	5.79	5.75	0.04
FS	西班牙	中试	3.3	香蒲，芦苇，菖蒲	3	生活污水	4.8	2.32	3.17
	西班牙	中试	3.3	无植物	3	生活污水	4.8	2.62	2.94
ST	西班牙	中试	3.3	香蒲，芦苇，菖蒲	3	生活污水	4.9	2.66	1.15
	西班牙	中试	3.3	无植物	3	生活污水	4.9	2.54	1.26
CL	西班牙	中试	3.3	香蒲，芦苇，菖蒲	3	生活污水	4.7	2.36	2.63
	西班牙	中试	3.3	无植物	3	生活污水	4.7	2.26	2.33

注：TC—总大肠菌群；FC—粪大肠菌群；EC—大肠杆菌；FS—粪链球菌；CL—产气荚膜梭菌；ST—葡萄球菌。

表8-4 水平潜流人工湿地中病原微生物的去除

病原微生物	国家	规模	面积（m²）	植物	HRT（d）	污水类别	log₁₀ 进水	log₁₀ 出水	log₁₀ 去除值
EC	英国	试验室	0.29	香蒲	2~3	处理过的污水	7~8		2.20~3.42
	意大利	规模	75	芦苇	10	奶场污水和生活污水	6.04	3.48	2.56
	葡萄牙	规模	400	芦苇		生活污水	6.2	4.0	2.2~2.5
	土耳其	中试	150	莎草	1.6	三级出水	4.47	3.21	1.26
	土耳其	中试	150	莎草	1.6	三级出水	4.19	2.84	1.35
	美国	中试	24			生活污水	5.9	4.3	1.6
	美国	中试	21~30			生活污水	5.9	5.1	0.8
TC	哥伦比亚	中试	6.6	野草	3	生活污水	4.97	3.18	1.79
	阿塞拜疆	规模	5.9	灯心草	5	生活污水	5.6	3.9	1.7
	阿塞拜疆	规模	80.3	灯心草,香蒲	5	生活污水	5.7	3.2	2.5
	西班牙	中试	2.2	芦苇	3	生活污水	6.7	4.64	2.7
	葡萄牙	中试	400	芦苇		生活污水	6.57	4.18	2.4
	西班牙	规模	1.1	无植物		生活污水	6.7	5.19	1.68
	土耳其	中试	9	香蒲,灯心草,菖蒲	3	生活污水	8.37	7.41	0.96
	美国	中试	24			生活污水	4.8	2.6	2.2
	美国	中试	21~30			生活污水	5.3	3.6	1.7
FC	西班牙	规模	362.5	柳树	1	城镇污水	6.54	5.56	0.98
	阿塞拜疆	规模	5.9	灯心草	5	生活污水	5.1	3.5	1.6
	阿塞拜疆	规模	80.3	灯心草,香蒲	5	生活污水	5.6	2.3	3.3
	哥伦比亚	中试	6.6	野草	3	生活污水	4.94	3.56	1.38
	英国	试验室	0.29	香蒲	3	处理过的污水	6~7		2.34~3.11
	西班牙	中试	1.1	菖蒲	3	生活污水	5.8	3.88	2.88
	西班牙	中试	1.1	无植物	3	生活污水	5.8	4.00	1.84
	葡萄牙	全规模	400	芦苇		生活污水	6.2	4.08	2.5
	埃及	全规模	200	芦苇	7	生活污水	8.95	3.48	5.47
FS	西班牙	全规模	362.5	柳树		城镇污水	5.75	3.75	2.0
	西班牙	中试	1.1	菖蒲	3	生活污水	4.8	2.27	3.00
	西班牙	中试	1.1	无植物	3	生活污水	4.8	3.22	2.08
	埃及	全规模	200	芦苇	7	生活污水	6.78	2.3	4.48

（续）

病原微生物	国家	规模	面积（m²）	植物	HRT（d）	污水类别	进水	log₁₀ 出水	去除值
ST	西班牙	中试	1.1	菖蒲	3	生活污水	4.9	2.93	2.25
	西班牙	中试	1.1	无植物	3	生活污水	4.9	3.62	1.68
CL	西班牙	中试	1.1	菖蒲	3	生活污水	4.7	1.76	3.42
	西班牙	中试	1.1	无植物	3	生活污水	4.7	2.37	2.79

注：TC—总大肠菌群；FC—粪大肠菌群；EC—大肠杆菌；FS—粪链球菌；CL—产气荚膜梭菌；ST—葡萄球菌。

表8-5　组合人工湿地中病原微生物的去除

病原微生物	湿地类型	国家	规模	面积（m²）	植物	污水类别	进水	log₁₀ 出水	去除值
EC	VF+HF	突尼斯	中试	0.24+0.24	香蒲	生活污水	6.97	2.26	4.71
	HF+VF	意大利	规模	160+180	芦苇	生活污水	6.53	2.26	4.27
	FW+HF	西班牙	规模	44+585	香蒲	旅馆污水	6.35	3.23	3.12
	VF+HF+VF	土耳其	中试	13.5	菖蒲，芦苇	沉淀池污水	5.15	2.13	3.02
	HF+HF	哥伦比亚	试验室	0.24+0.24	莎草	生活污水	7.77	6.23	1.54
	VF+VF	哥伦比亚	试验室	0.24+0.24	莎草	生活污水	7.77	4	3.77
	VF+HF	哥伦比亚	试验室	0.24+0.24	莎草	生活污水	7.77	3.91	3.86
TC	VF+HF	突尼斯	中试	1.8	香蒲	生活污水	7.02	3.13	3.89
	HF+SF	西班牙	规模	36+36	芦苇	生活污水	7.16	5.25	1.91
	HF+VF	意大利	规模	160+180	芦苇	生活污水	6.9	3.58	3.32
	FW+HF	西班牙	规模	44+585	香蒲	旅馆污水	6.75	4.4	2.35
	VF+HF+VF	土耳其	中试	13.5	菖蒲，芦苇	沉淀池污水	4.26	1.04	3.22
FC	HF+HF	哥伦比亚	试验室	0.24+0.24	莎草	生活污水	6.81	5.41	1.4
	VF+VF	哥伦比亚	试验室	0.24+0.24	莎草	生活污水	6.81	3.31	3.5
	VF+HF	哥伦比亚	试验室	0.24+0.24	莎草	生活污水	6.81	3	3.81
	VF+HF	突尼斯	中试	1.8	香蒲	生活污水	5.92	2.67	3.25
	HF+FW	西班牙	规模	36+36	芦苇	生活污水	6.23	4.12	2.11
	HF+2FW	土耳其	中试	150+150+52	浮萍	三级出水	3.4	2.2	1.1

注：TC—总大肠菌群；FC—粪大肠菌群；EC—大肠杆菌。VF—垂直流人工湿地。HF—水平潜流人工湿地；FW—表面直流人工湿地。

肠菌群的去除效果。根据表 8-3~ 表 8-5 中的数据，图 8-7 显示了病原体在这 3 种人工湿地中的去除效果：水平潜流人工湿地去除大肠杆菌（+1.1 $\log_{10}$ cfu/100 mL）、粪大肠菌群（+0.2 $\log_{10}$ cfu/100 mL）、粪链球菌（+0.9 $\log_{10}$ cfu/100 mL）、产气荚膜梭菌（+0.6 $\log_{10}$ cfu/100 mL）和葡萄球菌（+0.8 $\log_{10}$ cfu/100 mL）的能力强于表面流人工湿地，而对于总大肠菌群的（−0.9 $\log_{10}$ cfu/100 mL）的去除能力却不如表面流人工湿地。相比水平流人

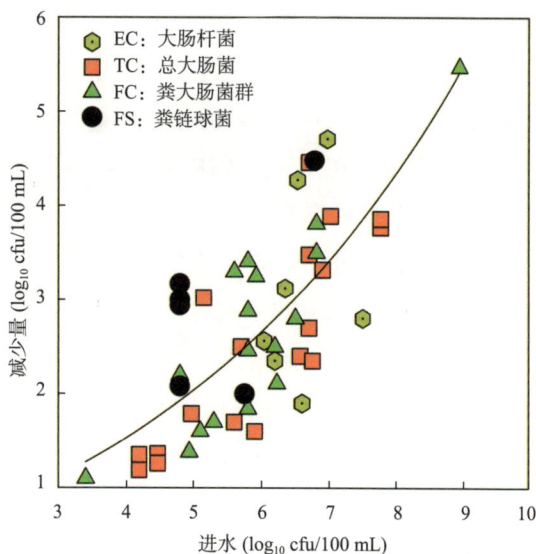

图 8-6 人工湿地中进水水力负荷与病原微生物去除关系

工湿地，组合人工湿地对于大肠杆菌，总大肠菌群和粪大肠菌群的去除分别提高了 1.5 $\log_{10}$ cfu/100 mL、1.2 $\log_{10}$ cfu/100 mL 和 0.3 $\log_{10}$ cfu/100 mL。虽然将不同类型的人工湿地组合起来处理废水后能显著提高对病原微生物的去除率，但是处理后的污水中病原微生物含量还是远远超过再利用水的标准，后续的处理还需对其进行进一步的净化以消除废水作为农作物灌溉和地表水再利用的健康危险。

Kaliakatsos 等（2019）证明了复合人工湿地对总大肠菌群、大肠杆菌和肠球菌的去除性能优于单级人工湿地系统。但是复合人工湿地对肠道病毒的去除效果更好，单级人工湿地对腺病毒的去除效果好。然而，肠道病毒和腺病毒在污水中有较高浓度的

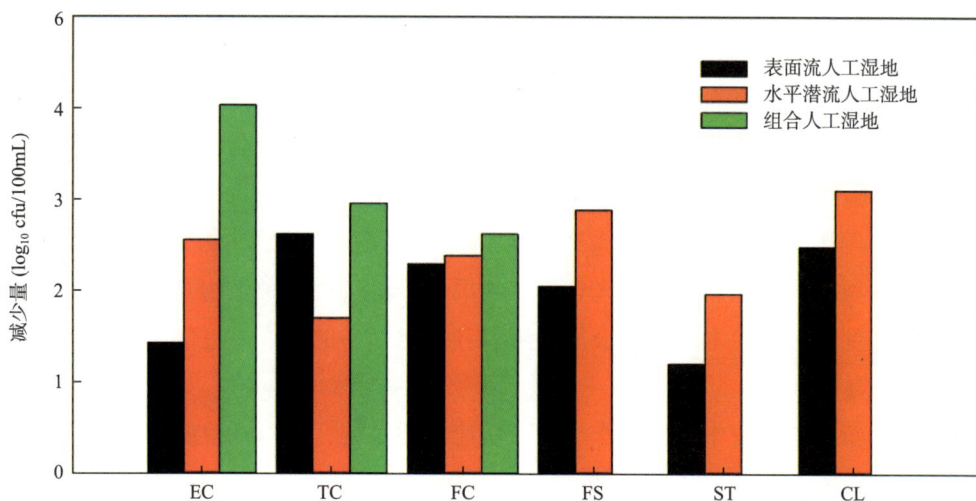

图 8-7 表面流人工湿地、水平潜流人工湿地和组合人工湿地中病原微生物的平均去除性能
（注：EC—大肠杆菌；TC—总大肠菌；FC—粪大肠菌群；FS—粪链球菌；CL—产气荚膜梭菌；ST—葡萄球菌）

残留，从而引起对公众健康和废水再利用目的的关注。当没有足够的空间提供给人工湿地作为病原微生物去除的三级处理时，或者是考虑到经济性等因素时，可以考虑使用化学消毒技术和紫外线照射消毒处理。

化学消毒技术在实际应用中有不利的方面，比如会产生化学消毒副产物。相比而言，物理消毒技术具有广阔的应用前景。紫外线照射避免了副产物的产生，通过对生物体传送电磁能可以有效地杀死病毒和细菌。紫外线辐射可以穿透细胞壁，破坏遗传物质，从而破坏细胞的繁殖能力。Sklarz 等（2009）报道了对采用回流的垂直流人工湿地出水进行紫外线照射灭菌。结果表明，大肠杆菌的水平下降了 3 个数量级（与原来不采用紫外线照射灭菌的湿地比较，出水中大肠杆菌从 10^7 cfu/100 mL 降低到 10^4 cfu/100 mL），在经过 1.5 min 紫外线照射处理后，污水达到了当地景观灌溉用水标准（10 cfu/100 mL）。

紫外杀菌效率取决于被处理污水的透射率和辐照剂量（可以通过辐照强度和辐照时长计算）。当应用紫外线照射进行人工湿地出水的杀菌时，还需要考虑到湿地系统本身的作用。较高透光率要求污水中的 TSS 含量较低，原因是颗粒反射紫外线会使得透光率降低。实现较低的 TSS 浓度和较高的透射率值的一种方法是直接在消毒系统上游引入过滤系统。而人工湿地系统通常都具有良好的 TSS 去除效果，所以在加装紫外杀菌系统时，一般不需要额外加装过滤系统（Galv et al., 2009）。

Richter 等（2003）研究了使用紫外消毒的人工湿地中病原微生物去除效果。两个低压（254 nm）和两个中压紫外灯泡（190~400 nm）被用于消毒，安装使用后，各单元的污水消毒都取得很好效果。辐照装置在使用两周后，4 个消毒单元中的 3 个单元对湿地出水中的粪大肠菌群表现为没有任何去除效果，后经研究发现这是紫外灯管上附着了大量的生物膜所致。紫外消毒技术受出水水质的影响，当湿地出水水质含有大量营养盐和有机物时，可能会引起紫外灯管上生物膜的快速滋生。

基于以上考虑，将人工湿地技术与高级氧化处理技术相结合（如光催化氧化）进行污水消毒，可能会得到更有效的处理效果，而这些技术的结合使用还需要更多的工程实例进行验证。

Arends 等（2014）提出结合人工湿地技术和植物微生物燃料电池技术（图 8-8）的想法。这项技术可以利用植物光合作用，根系分泌过程和微生物对有机物氧化产生的能量转移到阳极产生电能。阴极反应可以利用空气中的氧产生过氧化氢，从而为污水提供了消毒剂。

在这个新概念系统中，湿地作为一个快速过滤系统，可以截留或转化污水中的悬浮固体和可溶性有机物。可溶性有机物结合沉积物在被氧化过程中可将电子送到阳极。在阳极上的细菌会氧化有机物提供电子和二氧化碳。在阴极，氧气被还原成过氧化氢。所产生的过氧化氢随后用于（至少部分的）湿地的出水消毒。结果表明，0.01% 浓度的过氧化氢会去除湿地出水中 50% 的总菌群，将过氧化氢浓度升至 0.1% 时，可以完全除去污水中的总细菌数（$3 \log_{10}$ 的总细菌数去除量 <75 cfu/mL）。

Sauco 等（2021）在污水处理厂中添加了高效速率藻塘和垂直流人工湿地耦合系统处理西班牙阿尔梅里亚市的城市废水，这种强化方式不仅使 COD、TN、TP、TSS 的去除率高（分别为 96.6%，76.6%，89.8%，99.9%）而且对总大肠菌群和大肠杆菌的去除率也分别达到 4 log 和 5 log。此外，可以回收藻类物质作为生物肥料，其中所含的营养物质返回

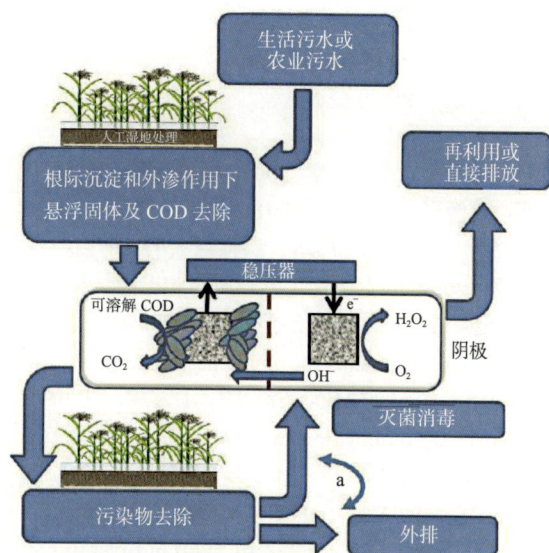

图 8-8　生物电化学强化杀菌人工湿地处理污水概念图
（注：在阳极，可溶性有机物被氧化并形成电流，在阴极，氧气经反应变成过氧化氢，两极间的电流流量可进行调节以满足杀菌要求。）

土地和食物链来促进循环经济。同时，Sauco 等（2021）发现该耦合系统比传统活性污泥的能源需求（0.1 kWh/m^3）低 5 倍。这种有效的污水处理方式适用于人口规模较少的地方。Darvishmotevalli 等（2019）串联双层沉淀池与人工湿地系统去除病原微生物，发现总大肠菌群和粪便大肠菌群的去除率分别达 99.999%（5 log）和 99.999%（4 log），肠道线虫虫卵和原生动物包囊的去除率高于 99%。但是，为了达到总大肠菌群和粪便大肠菌群的产量标准，有必要使用消毒装置。除了高级氧化处理技术，也可以将其他生物处理工艺与人工湿地系统串联或者耦合，达到强化湿地去除病原微生物的目的，可能更为经济有效。

参考文献

奉小忧，宋永会，曾清如，等，2011. 不同植物人工湿地净化效果及基质微生物状况差异分析 [J]. 环境科学研究，24(9): 1035-1041.

李明，周巧红，吴振斌，等，2011. 人工湿地对病原体去除的研究概况 [J]. 环境科学与技术，(34): 134-138.

陆松柳，张辰，徐俊伟，2011. 植物根系分泌物分析及对湿地微生物群落的影响研究 [J]. 生态环境学报，20(4): 676-680.

宋志文，孙群，徐爱玲，等，2013. 人工湿地中指示与病原微生物动态分布及相关性分析 [J]. 生态学杂志, (32): 91-97.

宋志文，王仁卿，席俊秀，等，2005. 荣成人工湿地净化效果的季节和年际变化 [J]. 农村生态环境, 21(4): 43-48.

徐敏，宋志文，杨光，等，2007. 人工湿地与环境卫生安全 [J]. 生态学杂志, 26(11): 1873-1877.

杨勇，魏源送，郑祥，等，2012. 北京温榆河流域微生物污染调查研究 [J]. 环境科学学报, (1): 9-18.

张楚瑜，李劲，1987. 环境、病毒与人 [J]. 环境科学, (4): 91-94.

张男男，2009. 水生植物化感物质对噬菌体的抑制作用 [D]. 青岛：中国海洋大学.

ANSOLA G, GONZ LEZ J M, CORTIJO R, et al., 2003. Experimental and full-scale pilot plant constructed wetlands for municipal wastewaters treatment [J]. Ecological Engineering, 21(1): 43-52.

ANTONIADIS A, TAKAVAKOGLOU V, ZALIDIS G, et al., 2010. Municipal wastewater treatment by sequential combination of photocatalytic oxidation with constructed wetlands [J]. Catalysis Today, 151(1): 114-118.

ARENDS J B, VAN DENHOUWE S, VERSTRAETE W, et al., 2014. Enhanced disinfection of wastewater by combining wetland treatment with bioelectrochemical H_2O_2 production [J]. Bioresource Technology, 155: 352-358.

ARIAS C, CABELLO A, BRIX H, et al., 2003. Removal of indicator bacteria from municipal wastewater in an experimental two-stage vertical flow constructed wetland system [J]. Wetland Systems for Water Pollution Control VIII, 48(5): 35-41.

AVELAR F F, DE MATOS A T, DE MATOS M P, et al., 2014. Coliform bacteria removal from sewage in constructed wetlands planted with Mentha aquatica [J]. Environmental Technology, 35(16): 2095-2103.

AXELROOD P E, RADLEY R, CLARKE A M, et al., 1996. Douglas-fir root-associated microorganisms with inhibitory activity towards fungal plant pathogens and human bacterial pathogens [J]. Canadian Journal of Microbiology, 42(7): 690-700.

AYAZ S, 2008. Post-treatment and reuse of tertiary treated wastewater by constructed wetlands [J]. Desalination, 226(1): 249-255.

BARROS P, RUIZ I, SOTO M, 2008. Performance of an anaerobic digester-constructed wetland system for a small community [J]. Ecological Engineering, 33(2): 142-149.

BITTON G, 1975. Adsorption of viruses onto surfaces in soil and water [J]. Water Research. 9: 473-484

BLANC R, NASSER A, 1996. Effect of effluent quality and temperature on the persistence of viruse in soil [J]. Water Science & Technology, 33(10): 237-422.

Boto M L, Dias S M, Crespo R D, et al., 2023. Removing chemical and biological pollutants from swine wastewater through constructed wetlands aiming reclaimed water reuse [J]. Journal of Environmental Management, 326: 116642-116652.

BOUTILIER L, JAMIESON R, GORDON R, et al., 2009. Adsorption, sedimentation, and inactivation of E. coli within wastewater treatment wetlands [J]. Water Research, 43(17): 4370-4380.

BOUTILIER L, JAMIESON R, GORDON R, et al., 2010. Performance of Surface-Flow Domestic Wastewater Treatment Wetlands [J]. Wetlands, 30(4): 795-804.

BRETTAR I, H FLE M, 1992. Influence of ecosystematic factors on survival of Escherichia coli after large-scale release into lake water mesocosms [J]. Applied and Environmental Microbiology, 58(7): 2201-2210.

BRIX H, 1997. Do macrophytes play a role in constructed treatment wetlands? [J]. Water Science &

Technology, 35(5): 11-17.

BROWN D G, JAFF P R, 2001. Effects of nonionic surfactants on bacterial transport through porous media [J]. Environmental Science & Technology, 35(19): 3877-3883.

CALCI K R, BURKHARDT W R, WATKINS W D, et al., 1998. Occurrence of malespecific bacteriophage in feral and domestic animal wastes, human feces, and human-associated wastewaters[J]. Applied and Environment Microbiology, 64: 5027-5029.

CASELLES-OSORIO A, VILLAFA E P, CABALLERO V, et al., 2011. Efficiency of mesocosm-scale constructed wetland systems for treatment of sanitary wastewater under tropical conditions [J]. Water, Air, & Soil Pollution, 220(1-4): 161-171.

DARVISHMOTEVALLI M, MORADNIA M, ASGARI A, et al., 2019. Reduction of pathogenic microorganisms in an Imhoff tank-constructed wetland system [J]. Desalination and Water Treatment, 154: 283-288.

DAVIES-COLLEY R, DONNISON A, SPEED D, et al., 1999,. Inactivation of faecal indicator micro-organisms in waste stabilisation ponds: interactions of environmental factors with sunlight [J]. Water Research 33(5): 1220-1230.

DECAMP O, WARREN A, SANCHEZ R, 1999. The role of ciliated protozoa in subsurface flow wetlands and their potential as bioindicators [J]. Water Science & Technology, 40(3): 91-98.

DECAMP O, WARREN A, 1998. Bacterivory in ciliates isolated from constructed wetlands (reed beds) used for wastewater treatment [J]. Water Research, 32(7): 1989-1996.

DECAMP O, WARREN A, 2000. Investigation of Escherichia coli removal in various designs of subsurface flow wetlands used for wastewater treatment [J]. Ecological Engineering, 14(3): 293-299.

DIAZ F J, O'GEEN A T, DAHLGREN R A, 2010. Efficacy of constructed wetlands for removal of bacterial contamination from agricultural return flows [J]. Agricultural water management, 97(11): 1813-1821.

DIRES S, BIRHANU T, AMBELU A, et al., 2018. Antibiotic resistant bacteria removal of subsurface flow constructed wetlands from hospital wastewater[J]. Journal of Environmental Chemical Engineering, 6: 4265-4272.

DIXON A, BUTLER D, FEWKES A, et al., 2000. Measurement and modelling of quality changes in stored untreated grey water [J]. Urban Water, 1(4): 293-306.

DURAN A E, MUNIESA M, MENDEZ X, 2002. Removal and inactivation of in dicator bacteriophages in fresh waters[J]. Journal of Applied Microbiology, 92: 338-347.

EASTON J H, GAUTHIER J J, LALOR M M, et al., 2005. Die-off of pathogenic E.coli O157: H7 in sewage contaminated waters [J]. JAWRA Journal of the American Water Resources Association, 41(5): 1187-1193.

EL HAMOURI B, KHALLAYOUNE K, BOUZOUBAA K, et al., 1994. High-rate algal pond performances in faecal coliforms and helminth egg removals [J]. Water Research, 28(1): 171-174.

FERN NDEZ A, TEJEDOR C, CHORDI A, 1992. Effect of different factors on the die-off of fecal bacteria in a stabilization pond purification plant [J]. Water Research, 26(8): 1093-1098.

FISCHER U R, WIELTSCHNIG C, KIRSCHNER A K, et al., 2006. Contribution of virus-induced lysis and protozoan grazing to benthic bacterial mortality estimated simultaneously in microcosms [J]. Environmental Microbiology, 8(8): 1394-1407.

GAGLIARDI J V, KARNS J S, 2000. Leaching of Escherichia coli O157: H7 in diverse soils under various agricultural management practices [J]. Applied and Environmental Microbiology, 66(3): 877-

883.

GALV O A, MATOS J, SILVA M, et al., 2009. Constructed wetland performance and potential for microbial removal [J]. Desalination and Water Treatment, 4(1-3): 76-84.

GARC A J A, PAREDES D, CUBILLOS J A, 2013. Effect of plants and the combination of wetland treatment type systems on pathogen removal in tropical climate conditions [J]. Ecological Engineering, 58: 57-62.

GARC A M, SOTO F, GONZ LEZ J M, et al., 2008. A comparison of bacterial removal efficiencies in constructed wetlands and algae-based systems [J]. Ecological Engineering, 32(3): 238-243.

GARCiA J, VIVAR J, AROMIR M, et al., 2003. Role of hydraulic retention time and granular medium in microbial removal in tertiary treatment reed beds [J]. Water Research, 37(11): 2645-2653.

GIACOMAN-VALLEJOS G, PONCE-CABALLERO C, CHAMPAGNE P, 2015. Pathogen removal from domestic and swine wastewater by experimental constructed wetlands[J]. Water Science and Technology, 71: 1263-1270.

GRAFIAS P, XEKOUKOULOTAKIS N P, MANTZAVINOS D, et al., 2010. Pilot treatment of olive pomace leachate by vertical-flow constructed wetland and electrochemical oxidation: An efficient hybrid process [J]. Water Research, 44(9): 2773-2780.

GRANT S B, SANDERS B, BOEHM A, et al., 2001. Generation of enterococci bacteria in a coastal saltwater marsh and its impact on surf zone water quality [J]. Environmental Science & Technology, 35(12): 2407-2416.

GREEN M, GRIFFIN P, SEABRIDGE J, et al., 1997. Removal of bacteria in subsurface flow wetlands [J]. Water Science & Technology, 35(5): 109-116.

GUO M, HU H, BOLTON J R, et al., 2009. Comparison of low-and medium-pressure ultraviolet lamps: Photoreactivation of Escherichia coli and total coliforms in secondary effluents of municipal wastewater treatment plants [J]. Water Research, 43(3): 815-821.

HENCH K R, BISSONNETTE G K, SEXSTONE A J, et al., 2003. Fate of physical, chemical, and microbial contaminants in domestic wastewater following treatment by small constructed wetlands [J]. Water Research, 37(4): 921-927.

HORN T B, ZERWES F V, KIST L T, et al., 2014. Constructed wetland and photocatalytic ozonation for university sewage treatment [J]. Ecological Engineering, 63: 134-141.

HOWELL J, COYNE M S, CORNELIUS P, 1996. Effect of sediment particle size and temperature on fecal bacteria mortality rates and the fecal coliform/fecal streptococci ratio [J]. Journal of Environmental Quality, 25(6): 1216-1220.

I. ABDEL-SHAFY H, A. EL-KHATEEB M, 2013. Integration of septic tank and constructed wetland for the treatment of wastewater in Egypt [J]. Desalination and Water Treatment, 51(16-18): 3539-3546.

JINADASA K, TANAKA N, MOWJOOD M, et al., 2006. Effectiveness of Scirpus grossus in treatment of domestic wastes in a constructed wetland [J]. Journal of Freshwater Ecology, 21(4): 603-612.

JOKERST A, SHARVELLE S E, HOLLOWED M E, et al., 2011. Seasonal performance of an outdoor constructed wetland for graywater treatment in a temperate climate [J]. Water Environment Research, 83(12): 2187-2198.

KADAM A M, OZA G H, NEMADE P D, et al., 2008. Pathogen removal from municipal wastewater in constructed soil filter [J]. Ecological Engineering, 33(1): 37-44.

KADLEC R H, CUVELLIER C, STOBER T, 2010. Performance of the Columbia, Missouri, treatment wetland [J]. Ecological Engineering, 36(5): 672-684.

KADLEC R H, WALLACE S, 2008. Treatment wetlands [M]. USA: CRC press.

KALIAKATSOS A, KALOGERAKIS N, MANIOS T, et al., 2019. Efficiency of two constructed wetland systems for wastewater treatment: removal of bacterial indicators and enteric viruses [J]. Journal of Chemical Technology and Biotechnology, 94: 2123-2130.

KANSIIME F, VAN BRUGGEN J, 2001. Distribution and retention of faecal coliforms in the Nakivubo wetland in Kampala, Uganda [J]. Water Science & Technology, 44(11-12): 199-206.

KARATHANASIS A, POTTER C, COYNE M S, 2003. Vegetation effects on fecal bacteria, BOD, and suspended solid removal in constructed wetlands treating domestic wastewater [J]. Ecological Engineering, 20(2): 157-169.

KARIM M R, MANSHADI F D, KARPISCAK M M, et al., 2004. The persistence and removal of enteric pathogens in constructed wetlands [J]. Water Research, 38(7): 1831-1837.

KEFFALA C, GHRABI A, 2005. Nitrogen and bacterial removal in constructed wetlands treating domestic waste water [J]. Desalination, 185(1): 383-389.

KHATIWADA N, POLPRASERT C, 1999. Kinetics of fecal coliform removal in constructed wetlands [J]. Water Science & Technology, 40(3): 109-116.

KRISTIAN STEVIK T, KARI A, AUSLAND G, et al., 2004. Retention and removal of path ogenic bacteria in wastewater percolating through porous media: A Review[J]. Water Research, 38: 1355-1367

LECHEVALLIER M W, EVANS T, SEIDLER R J, 1981. Effect of turbidity on chlorination efficiency and bacterial persistence in drinking water [J]. Applied and Environmental Microbiology, 42(1): 159-167.

LIJKLEMA L, HABEKOTT B, HOOIJMANS C, et al., 1987. Survival of indicator organisms in a detention pond receiving combined sewer overflow [J]. Water Science & Technology, 19(3-4): 547-555.

MACINTYRE M, WARNER B, SLAWSON R, 2006. Escherichia coli control in a surface flow treatment wetland [J]. J Water Health, 211: 214.

MANTOVI P, MARMIROLI M, MAESTRI E, et al., 2003. Application of a horizontal subsurface flow constructed wetland on treatment of dairy parlor wastewater [J]. Bioresource Technology, 88(2): 85-94.

MASI F, MARTINUZZI N, 2007. Constructed wetlands for the Mediterranean countries: hybrid systems for water reuse and sustainable sanitation [J]. Desalination, 215(1): 44-55.

MAYO A, 2004. Kinetics of bacterial mortality in granular bed wetlands [J]. Physics and Chemistry of the Earth, Parts A/B/C, 29(15): 1259-1264.

MBULIGWE S E, 2005. Applicability of a septic tank/engineered wetland coupled system in the treatment and recycling of wastewater from a small community [J]. Environmental Management, 35(1): 99-108.

MCFETERS G A, STUART D G, 1972. Survival of coliform bacteria in natural waters: field and laboratory studies with membrane-filter chambers [J]. Applied Microbiology, 24(5): 805-811.

MENG Z, CHANDRASENA G, HENRY R, et al., 2018. Stormwater constructed wetlands: A source or a sink of campylobacter spp [J]. Water Research, 131: 218-227.

MORATO J, CODONY F, SANCHEZ O, et al., 2014. Key design factors affecting microbial community composition and pathogenic organism removal in horizontal subsurface flow constructed wetlands [J]. Science of the Total Environment, 481: 81-89.

MORATO J, CODONY F, SANCHEZ O, et al., 2014. Key design factors affecting microbial community composition and pathogenic organism removal in horizontal subsurface flow constructed wetlands [J]. Science of the Total Environment, 481: 81-89.

NERALLA S, WEAVER R, 2000. Phytoremediation of domestic wastewater for reducing populations of Escherichia coli and MS-2 Coliphage [J]. Environmental Technology, 21(6): 691-698.

NGUYEN M T, JASPER J T, BOEHM A B, et al., 2015. Sunlight inactivation of fecal indicator bacteria in open-water unit process treatment wetlands: Modeling endogenous and exogenous inactivation rates. Water Research, 83: 282-292.

NOKES R L, GERBA C P, KARPISCAK M M, 2003. Microbial water quality improvement by small scale on-site subsurface wetland treatment [J]. Journal of Environmental Science and Health, Part A, 38(9): 1849-1855.

NORTON-BRAND O D, SCHERRENBERG S M, VAN LIER J B, 2013. Reclamation of used urban waters for irrigation purposes–a review of treatment technologies [J]. Journal of Environmental Management, 122: 85-98.

OLSON M R, AXLER R P, HICKS R E, 2004. Effects of freezing and storage temperature on MS2 viability [J]. Journal of Virological Methods, 122(2): 147-152.

OROSZ-COGHLAN P A, RUSIN P A, KARPISCAK M M, et al., 2006. Microbial source tracking of Escherichia coli in a constructed wetland [J]. Water Environment Research, 78(3): 227-232.

OTTOSSON J, STENSTR M T, 2003. Growth and reduction of microorganisms in sediments collected from a greywater treatment system [J]. Letters in Applied Microbiology, 36(3): 168-172.

PUNDSACK J, AXLER R, HICKS R, et al., 2001. Seasonal pathogen removal by alternative on-site wastewater treatment systems [J]. Water Environment Research, 73(2): 204-212.

QUI NEZ-D AZ M D J, KARPISCAK M M, ELLMAN E D, et al., 2001. Removal of pathogenic and indicator microorganisms by a constructed wetland receiving untreated domestic wastewater [J]. Journal of Environmental Science and Health, Part A, 36(7): 1311-1320.

RAMIREZ E, ROBLES E, BONILLA P, et al., 2005. Occurrence of pathogenic free-living amoebae and bacterial indicators in a constructed wetland treating domestic wastewater from a single household [J]. Engineering in Life Sciences, 5: 253-258.

REDDER A, D RR M, DAESCHLEIN G, et al., 2010. Constructed wetlands–Are they safe in reducing protozoan parasites?[J]. International Journal of Hygiene and Environmental Health, 213(1): 72-77.

REINOSO R, TORRES L A, BECARES E, 2008. Efficiency of natural systems for removal of bacteria and pathogenic parasites from wastewater [J]. Science of the Total Environment, 395(2-3): 80-86.

RICHTER A, WEAVER R, 2003. Treatment of domestic wastewater by subsurface flow constructed wetlands filled with gravel and tire chip media [J]. Environmental Technology, 24(12): 1561-1567.

RIVERA F, WARREN A, RAMIREZ E, et al., 1995. Removal of pathogens from wastewaters by the root zone method (RZM) [J]. Water Science & Technology, 32(3): 211-218.

ROSE J B, SUN G-S, GERBA C P, et al., 1991. Microbial quality and persistence of enteric pathogens in graywater from various household sources [J]. Water Research, 25(1): 37-42.

SABZCHI-DEHKHARGHANI H, KAFIL H S, MAJNOONI-HERIS A, et al., 2023. Investigation of SARS-CoV-2 RNA contamination in water supply resources of Tabriz metropolitan during a peak of COVID-19 pandemic. Sustainable Water Resources Management, 9: 21-36.

SANTOS F, ALMEIDA C M R, RIBEIRO I, et al., 2019. Potential of constructed wetland for the removal of antibiotics and antibiotic resistant bacteria from livestock wastewater [J]. Ecological Engineering, 129: 45-53.

SAUCO C, CANO R, MARIN D, et al., 2021. Hybrid wastewater treatment system based in a combination of high rate algae pond and vertical constructed wetland system at large scale [J]. Journal of Water Process Engineering, 43: 102311-102318.

SAWAITTAYOTHIN V, POLPRASERT C, 2007. Nitrogen mass balance and microbial analysis of constructed wetlands treating municipal landfill leachate [J]. Bioresource Technology, 98(3): 565-570.

SHINGARE R P, THAWALE P R, RAGHUNATHAN K, et al., 2019. Constructed wetland for wastewater reuse: role and efficiency in removing enteric pathogens. Journal of Environmental Management, 246: 444-461.

SKLARZ M, GROSS A, YAKIREVICH A, et al., 2009. A recirculating vertical flow constructed wetland for the treatment of domestic wastewater [J]. Desalination, 246(1): 617-624.

SLEYTR K, TIETZ A, LANGERGRABER G, et al., 2007. Investigation of bacterial removal during the filtration process in constructed wetlands [J]. Science of the Total Environment, 380(1-3): 173-180.

SOLANO M, SORIANO P, CIRIA M, 2004. Constructed wetlands as a sustainable solution for wastewater treatment in small villages [J]. Biosystems Engineering, 87(1): 109-118.

SONG Z, WU L, YANG G, et al., 2008. Indicator microorganisms and pathogens removal function performed by copepods in constructed wetlands [J]. Bulletin of Environmental Contamination and Toxicology, 81(5): 459-463.

STEVIK T K, AA K, AUSLAND G, et al., 2004. Retention and removal of pathogenic bacteria in wastewater percolating through porous media: a review [J]. Water Research, 38(6): 1355-1367.

TANNER C C, CLAYTON J S, UPSDELL M P, 1995. Effect of loading rate and planting on treatment of dairy farm wastewaters in constructed wetlands—Ⅱ. Removal of nitrogen and phosphorus [J]. Water Research, 29(1): 27-34.

THURSTON J A, FOSTER K E, KARPISCAK M M, et al., 2001. Fate of indicator microorganisms, Giardia and Cryptosporidium in subsurface flow constructed wetlands [J]. Water Research, 35(6): 1547-1551.

TORRENS A, MOLLE P, BOUTIN C, et al., 2009. Removal of bacterial and viral indicator in vertical flow constructed wetlands and intermittent sand filters [J]. Desalination, 246(1): 169-178.

TOSCANO A, HELLIO C, MARZO A, et al., 2013. Removal efficiency of a constructed wetland combined with ultrasound and UV devices for wastewater reuse in agriculture [J]. Environmental Technology, 34(15): 2327-2336.

TRAVIS M J, WEISBROD N, GROSS A, 2012. Decentralized wetland-based treatment of oil-rich farm wastewater for reuse in an arid environment [J]. Ecological Engineering, 39: 81-89.

TUN SIPER B, AYAZ S Ç, AK A L, 2012. Coliform bacteria removal from septic wastewater in a pilot-scale combined constructed wetland system [J]. Environmental Engineering and Management Journal, 11(10): 1873-1879.

TUNCSIPER B, 2007. Removal of nutrient and bacteria in pilot-scale constructed wetlands [J]. Journal of Environmental Science and Health Part A, 42(8): 1117-1124.

ULRICH H, KLAUS D, IRMGARD F, et al., 2005. Microbiological investigations for sanitary assessment of wastewater treated in constructed wetlands. Water Research, 39: 4849-4858

ULRICH H, KLAUS D, IRMGARD F, et al., 2005. Microbiological investigations for sanitary assessment of wastewater treated in constructed wetlands [J]. Water Research, 39(20): 4849-4858.

VACCA G, WAND H, NIKOLAUSZ M, et al., 2005. Effect of plants and filter materials on bacteria removal in pilot-scale constructed wetlands [J]. Water Research, 39(7): 1361-1373.

VYMAZAL J, 2005. Removal of enteric bacteria in constructed treatment wetlands with emergent macrophytes: A review[J]. Journal of Environmental Science and Health, 40: 1355-1367.

WAND H, VACCA G, KUSCHK P, 2007. Removal of bacteria by filtration in planted and non-planted sand columns [J]. Water Research, 41(1): 159-167.

WINWARD G P, AVERY L M, FRAZER-WILLIAMS R, et al., 2008. A study of the microbial quality of grey water and an evaluation of treatment technologies for reuse [J]. Ecological Engineering, 32(2): 187-197.

WINWARD G P, AVERY L M, STEPHENSON T, et al., 2008. Chlorine disinfection of grey water for reuse: effect of organics and particles [J]. Water Research, 42(1): 483-491.

WU SHUBIAO, PEDRO N. CARVALHO, JOCHEN A. et al., 2016. Sanitation in constructed wetlands: A review on the removal of human pathogens and fecal indicators [J]. Science of The Total Environment, 541: 8-22.

ZAIMOGLU Z, 2006. Treatment of campus wastewater by a pilot-scale constructed wetland utilizing Typha latifolia, Juncus acutus and Iris versicolor [J]. Journal of Environmental Biology, 27(2): 293-298.

9

人工湿地中的硫循环
及其影响

近年来，随着学者们对人工湿地污水处理技术的不断研究，使得湿地理论逐渐由"黑箱"转型为"灰箱"，人工湿地污水处理的应用在世界范围内也得到了迅速增长。

经济高效的污水生态净化过程是人工湿地近年来受到广泛欢迎和关注的主要原因，其生态性特质使人工湿地系统内部环境及微生物转化过程非常复杂，而且湿地植物根区作用使得多种微生物在好氧－兼氧－厌氧的微环境中共生，并推动硝化、反硝化、有机物好氧降解、有机物甲烷化降解、硫酸盐还原以及硫化物氧化等多种生物代谢过程同时进行。对人工湿地床体中复杂的非生物及生物反应过程的充分理解是人工湿地污水处理工程设计和运行的前提和保障（Carcia., et al., 2010; Kadlec and Wallace, 2008）。经过近年来的科学研究和实践应用，湿地运行由初期的"黑箱理论"已逐渐转变成了"灰箱理论"，但仍对许多问题理解和认识不深，如硫在人工湿地中的循环转化以及对其他生物及非生物过程的影响等（Stein et al., 2007; Wiessner et al., 2008）。

9.1 人工湿地中硫循环的基本形态及过程

自然界中的硫循环非常复杂，其中硫的生物循环是硫循环中最为重要的环节（图 9-1）。硫的生物循环主要包括以下 3 个部分：①在厌氧环境条件和硫酸盐还原细菌的作用下，硫酸盐被还原为硫化物，这个过程被称为硫酸盐的异化还原过程；②硫化物在好氧硫杆菌的作用下被氧化为单质硫和硫酸盐，这个过程被称为生物氧化过程；③硫酸盐在细菌的作用下被转化为有机硫，这个过程被称为硫的同化还原过程。这些硫的生物循环过程与物化过程紧密结合，共同构成了硫的自然循环。

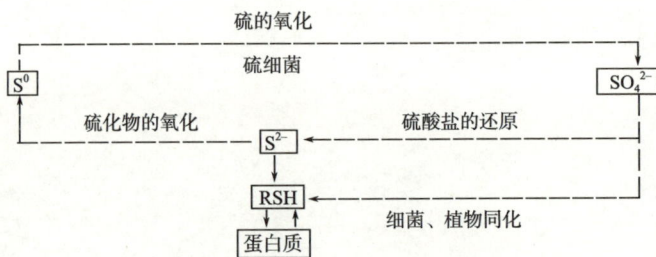

图 9-1 硫的生物循环示意图

硫元素在人工湿地系统中主要存在 4 个循环转化价态，包括 –2（H_2S）、0（S^0）、+2（$S_2O_3^{2-}$）、+6（SO_4^{2-}）。以上 4 种价态的硫化物既可以存在于人工湿地系统中的氧化环境中作为电子供体，也可以存在于厌氧环境中作为电子受体进行生物反应过程，还可与金属络合沉淀形成金属硫化物，从而进行非生物反应过程。硫酸盐是多种废水中的常见成分，如城市污水、工业废水（尤其酸性矿业废水），见表 9-1，而且硫元素的化学氧化还原性较为活跃且其降解菌群广泛存在，使得硫循环转化过程在湿地中广泛存在。废水排放指标中并没有对硫酸盐排放做明确规定，所以湿地系统中对硫酸盐的研究也并非关注硫酸盐的降解和去除，更多关注的是硫循环转化过程及产物对湿地

表 9-1　不同废水中硫酸盐浓度

类型	浓度（mg/L）	湿地信息
矿山废水	1672	Lick Run, Ohio
	1700	Cell A wetland, Idaho Springs, Colorado
	3110	Whittle, United Kingdom
	3034	Jones Branch, Kentucky
	1336	Kristineberg, Sweden
	1400	Waterloo Township, United States
	2008	Hwangji, North Korea
	193	Pengyang County, Northwest China
地下水	91	Tamil Nadu, India
	113~2666	Westdelhi, India
	17~402	Erode City, Tamilnadu, India
	957	Bitterfeld, germany
食品加工废水	2500~4300	Citric acid production
	2296~4680	Yeast factory
	35~83	Winery production
	298~2322	Metallurgic production
工业废水	1819	Rubber latex wastewater
	12 000~35 000	Organic peroxide production
	2500~3000	Tannery wastewater
	934~2206	Tannery wastewater
渗滤液	23	Monroe County, New York
	80	Isanti-Chisago, Minnesota
	225	Tremonti, Northern Italy
	63	Vejen Landfill, 1989, 13m from landfill
径流	722	Agricultural runoff, southern California
	675	Agricultural runoff, southern California
	42~130	Road runoff, North of London

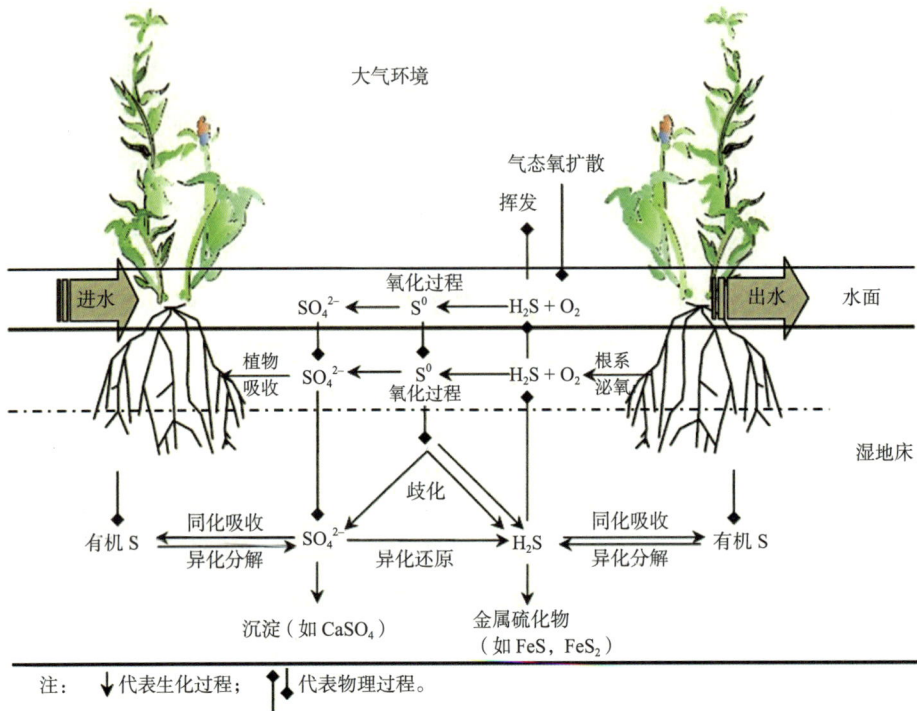

注： ↓代表生化过程； ↕代表物理过程。

图 9-2 表面流人工湿地中主要的硫循环转化过程

运行的影响（Sturman et al., 2008）。

以表面流人工湿地为例，人工湿地中硫循环转化过程如图 9-2 所示。湿地进水中硫素化合物形态主要以硫酸盐（SO_4^{2-}）为主。硫酸盐的溶解度较大，不易随温度和 pH 值的变化而变化。在复氧效果较好的好氧环境中，如湿地表层或者植物根区等，硫酸盐可参与无机矿物聚合沉淀（如 $CaSO_4$）和微生物或植物的组织细胞合成（Le et al., 1990）。在厌氧环境条件下，硫酸盐还原菌可利用有机物作为碳源和能源（电子供体），将硫酸盐（或氧化态的硫元素）作为最终电子受体把硫酸根离子还原为硫化物，此过程也是促进生物硫循环的重要途径（Postggate, 1959）。生成的硫化物可以与水体或者土壤中的重金属（如 Fe、Zn）形成沉淀而被截留在床体基质中。

9.1.1 硫酸盐的还原过程

由于硫酸盐的还原可以使大量有机物作为电子供体被氧化为 CO_2 从系统中去除，故近年来水平潜流人工湿地系统中硫酸盐的还原也逐渐引起了众多学者的关注。Garcia 等（2004）在 8 个处理城市废水的水平潜流人工湿地中试系统中对硫酸盐还原过程及其对促进有机物降解的贡献进行了分析，发现在深度 0.5 m 的湿地系统中，硫酸盐还原是有机物去除的主要途径，而在 0.27 m 的湿地系统中，反硝化途径为主，其次是硫酸盐还原。Caselles-Osorio 和 Garcia 通过对比两个室内小规模水平潜流人工湿地对 COD_{Cr}

的去除发现，在进水中含有硫酸盐的湿地中，COD_{Cr} 的去除率明显高于进水不含有硫酸盐的湿地（Gaecia et al., 2005）。

伴随微生物硫酸盐还原过程，硫化物（如 H_2S）也是系统中重要的硫形态之一。硫化物的溶解性受 pH 值的限制。在 pH6~8 时，硫化物具有高度溶解性，在 pH<6 的酸性环境下，硫化物多以 H_2S 的形式存在并伴随以气体形式部分溢出。低浓度溢出的 H_2S 具有类似臭鸡蛋的恶臭气味，水溶液中硫化物对混凝土建筑设施有腐蚀作用并且对微生物及植物具有毒害作用（Hwang et al., 1994）。浓度为 0.5 mg/L 硫化物可以抑制硝化细菌活性进而影响硝化作用；浓度为 1.9 mg/L 和 3.2 mg/L 的硫化物可以分别降低河口底泥中硝化作用 50% 和 100%；浓度为 12 mg/L 的硫化物可以明显抑制植物对氨氮的摄取；在硫化物浓度高于 13 mg/L 的环境中，植物根系明显缩短（Aesoy et al., 1998; Joye et al., 1995）；浓度在 32 mg/L 以上的硫化物可以导致植物花蕾枯死、气体通道堵塞以及主根短小和侧根细弱等（Armstrong et al., 1996）。

人工湿地床体在处理污水的过程中，床体中各种污染物的浓度均有可能因为降雨、湿地植物蒸腾作用引起的水分损失、湿地基质吸附以及无机的络合沉淀等过程的发生而变化，所以探讨污染物在人工湿地污水处理过程中的生物降解机理时，仅通过污染物浓度变化的监测是无法真正揭示各污染物的微生物循环转化过程的。稳定性同位素分馏技术作为近年来发展起来的一种可以通过污染物中重同位素分馏程度区分生物性转化过程的技术逐渐受到广泛关注，尤其是在众多微环境存在条件下多生化过程同时进行的复杂环境中，其应用显得极为重要。鉴于人工湿地复杂的氧化还原环境，为探讨床体中硫的循环转化过程及与其他碳氮微生物转化过程的相互作用，吴树彪（2012）结合常规的水质指标分析技术和稳定性同位素分馏技术，探讨了中试水平潜流人工湿地床在处理污染地下水过程中的硫循环转化过程。

根据图 9-3 所示的硫酸盐沿程负荷的降低以及表 9-2 所示的人工湿地床体中溶解性硫酸盐中 $\delta^{34}S$ 的富集，说明微生物硫酸盐还原过程的发生。

在封闭系统条件下，溶解性 SO_4^{2-} 浓度和 $\delta^{34}S$ 的关系一般符合 Rayleigh 表达式，见式（9-1）。

$$\delta^{34}S = \delta^{34}SO_{4-initial}^{2-} + \varepsilon \ln f \tag{9-1}$$

式中　ε——同位素分馏系数；

　　　f——剩余硫酸盐比例，表示为式（9-2）。

$$f = C_{SO_4}/C_{0-SO_4} \tag{9-2}$$

在实际工程运行过程中或者试验中，水流沿水平潜流人工湿地床体流动时，由于植物的蒸腾作用造成的水量损失在不同月份差异相当大（图 9-4），仅凭硫酸盐浓度的变化是无法真正反映微生物硫酸盐还原过程的，因此，式（9-2）中 $f = C_{SO_4}/C_{0-SO_4}$ 在本

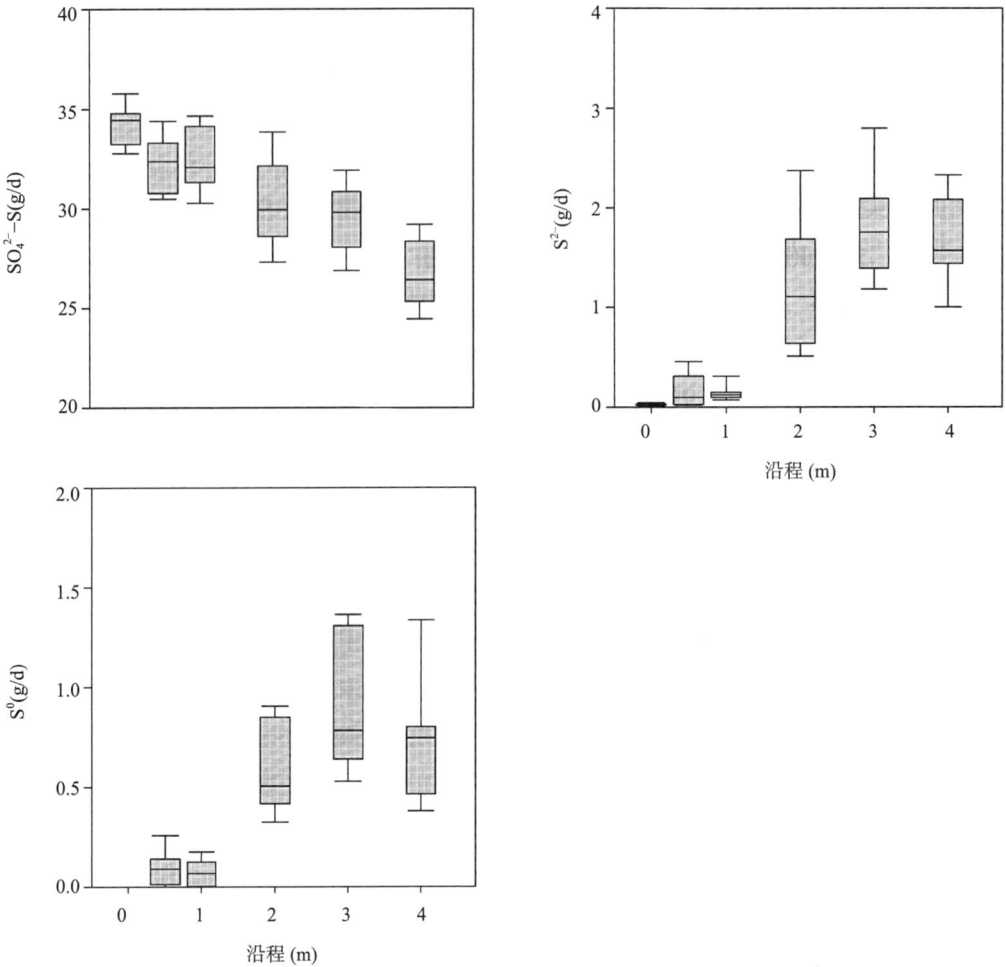

图 9-3　水平潜流人工湿地中硫酸盐、硫化物和单质硫负荷的沿程分布

研究中不再适用。吴树彪（2012）利用浓度（mg/L）与日进水负荷（L/d）乘积所得的日负荷（mg/d）对剩余硫酸盐比例（f）的式（9-2）予以修订，即式（9-3）：

$$f = L_{SO_4} / L_{0\text{-}SO_4} \tag{9-3}$$

除此之外，现实中无法真正具备封闭系统条件，所以野外研究中所得的同位素分馏系数只是相对同位素分馏系数。如图 9-5 所示，本研究中对试验数据根据式（9-1）进行拟合所得的相对同位素分馏系数为 –2.19%。图中所示较好的拟合趋势和较高的拟合相关性系数（$R^2 = 0.86$）说明本湿地环境中，相对硫酸盐的无机转化过程（包括吸附、络合沉淀等）来讲，微生物的硫酸盐还原可能是硫酸盐浓度降低的主要途径。

在微生物硫酸盐还原过程中，除了溶解性硫酸盐分子中产生硫同位素的分馏现象，硫酸盐分子中的氧同位素也会出现分馏现象。类似硫同位素分馏作用，在硫酸盐还原

表 9-2 人工湿地床中稳定性硫同位素分馏的沿流程分布

湿地沿程（m）	深度分布（m）	2010 年 8 月采样（‰）			2010 年 10 月采样（‰）		
		$\delta^{34}S\text{-}SO_4^{2-}$	$\delta^{18}O\text{-}SO_4^{2-}$	$\delta^{34}S\text{-}HS^-$	$\delta^{34}S\text{-}SO_4^{2-}$	$\delta^{18}O\text{-}SO_4^{2-}$	$\delta^{34}S\text{-}HS^-$
0（进水）	—	5.8	7.0	—	6.0	6.7	—
0.5	0.3	6.7	7.9	—	7.0	7.8	—
	0.4	6.0	7.7	—	6.2	7.4	—
	0.5	5.9	7.9	−33.2	5.7	7.0	—
1	0.3	6.5	8.0	—	6.4	7.6	—
	0.4	6.2	7.6	—	6.0	7.7	—
	0.5	6.3	7.3	—	6.3	7.4	—
2	0.3	12.0	11.2	—	8.0	9.7	—
	0.4	9.8	9.6	—	7.6	10.1	—
	0.5	9.3	8.3	−28.7	7.1	9.0	−31.0
3	0.3	13.0	11.4	—	9.4	12.0	—
	0.4	13.6	10.2	—	9.9	11.4	—
	0.5	13.2	11.4	−28.4	10.2	9.6	−32.0
4（出水）	0.3	16.6	12.8	—	11.8	12.1	—
	0.4	16.3	12.4	—	12.4	11.6	—
	0.5	14.3	11.2	−24.9	13.0	10.3	−28.3

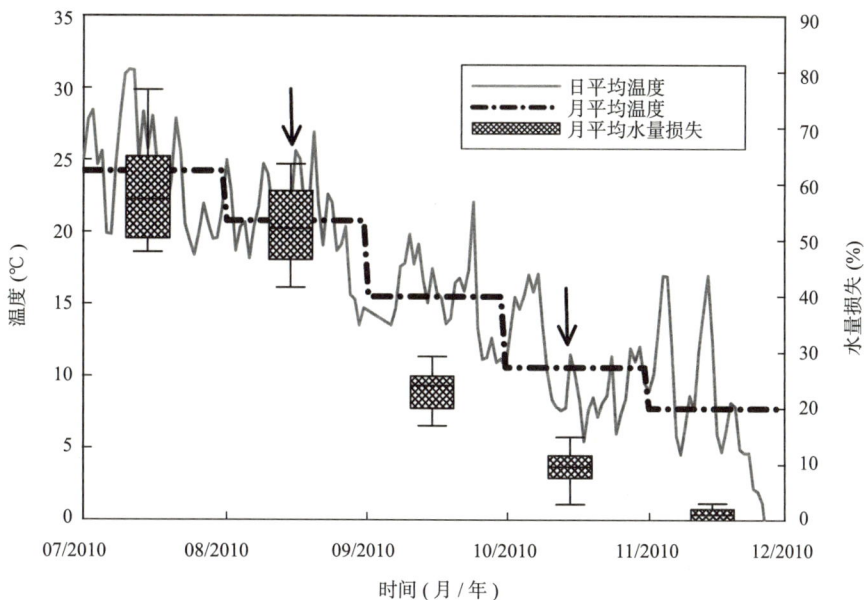

图 9-4 水平潜流人工湿地床中水量损失和气温变化

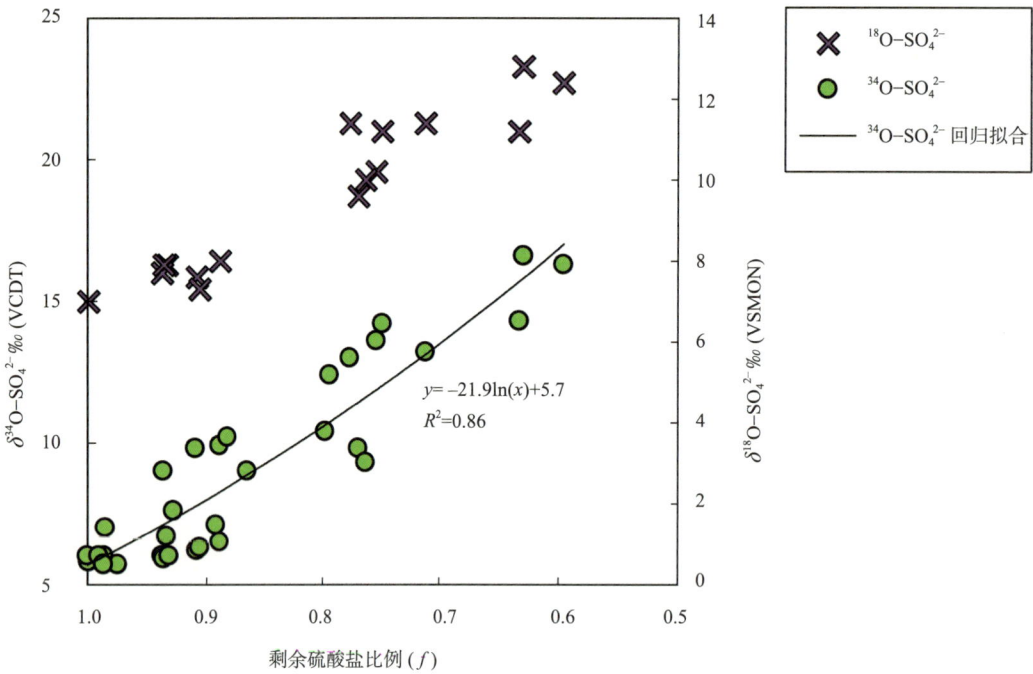

图 9-5 剩余硫酸盐比例与硫酸盐分子中 $\delta^{34}S$ 和 $\delta^{18}O$ 的相关性

过程中 S–O 键的断裂也可以产生氧同位素动力性分馏，但此同位素分馏效应往往被硫酸盐分子与环境水分子中氧同位素的交换所掩盖。这种交换性同位素分馏作用下的同位素分馏系数往往达到一定的平衡之后会维持恒定，不会一直升高，而这种平衡是指在硫酸盐还原菌体内经中间价态细胞硫化物还原后氧化过程中与水分子氧同位素交换所形成的平衡（Mangalo et al., 2007; Turchyn et al., 2010）。因此，表 9–2 和图 9–5 所示的显著性同位素氧分馏数据，也说明生物性硫酸盐还原过程在湿地中可能是硫酸盐浓度降低的主要途径。

9.1.2　植物生长摄取

湿地植物能够吸收利用硫的主要形式是 SO_4^{2-}，植物体内硫酸盐的同化过程包括硫酸盐的吸收、转运、活化、还原及半胱氨酸的合成。半胱氨酸合成是无机硫同化形成有机硫的关键步骤。SO_4^{2-} 和 H^+ 按照 1∶3 的比例以同向协同运输方式被主动吸收，质膜上的 ATP 将细胞内 H^+ 泵出，由此形成的浓度梯度为硫酸盐的泵入提供动力。根系硫酸盐转运蛋白主动吸收土壤中的 SO_4^{2-}，其进入植物体内后被运输到叶片，在叶绿体中被还原同化，过剩的 SO_4^{2-} 则由液泡膜上的硫酸盐转运蛋白运输到液泡中贮存（Yoshimoto et al., 2003; Kataoka et al., 2004）。若吸收 SO_4^{2-} 过多，阴离子总量超过阳离子总量，会导致 OH^- 释放到介质中，植物根际 pH 值发生变化，进而影响土壤养分浓度及其吸收。植物体外 pH 值的升高，将抑制硫的吸收。在含高浓度硫酸盐废水的处理过程中，植物对硫酸根离子的摄取与生物硫酸盐还原相比是可以忽略的（Takahashi et al., 1997; Marayama-Nakashita et al., 2004）。

9.1.3　硫化物与金属离子络合及氧化

硫化物可以与水溶液中的二价金属离子络合形成沉淀，此方法既可以降低硫化物毒性，又可以同时去除废水中的重金属离子，在矿山废水处理方面的研究较多。而且，硫化物也可以作为电子供体与系统中其他的电子受体（O_2、NO_3^-）进行反应，进而被氧化为单质硫或者硫酸根离子从而毒性降低。

9.1.4　硫化物氧化为硫酸盐过程的定量性探讨

由于湿地植物根系具有泌氧和泌碳作用，所以根区周围的根际空间会根据氧浓度梯度形成不同的好氧厌氧微环境梯度（Colmer, 2003; Bezbaruah and Zhang, 2004）。也正是由于这种复杂的好氧厌氧共存关系，使得湿地床内部存在有机物的矿化、硫酸盐还原以及硫化物氧化、硝化和反硝化等多微生物过程同时进行（Holmer and Storkholm, 2001）。吴树彪（2012）在试验过程中同时检测到的硫化物和单质硫更加进一步验证了这一理论，说明在湿地床内部同时存在硫酸盐的厌氧还原过程和硫化物的好氧氧化过程（表9-3）。

表9-3　中试试验人工湿地中硫酸盐、硫化物和单质硫浓度的沿程分布

样品数：$n=15$

沿程距离（m）	采样深度（m）	SO_4^{2-}-S		S^{2-}		S^0	
		平均值（mg/L）	标准偏差	平均值（mg/L）	标准偏差	平均值（mg/L）	标准偏差
0（进水）		283.1	12.1	B.D.L	B.D.L	B.D.L	B.D.L
0.5	0.3	281.5	12.1	2.2	0.9	1.3	0.8
	0.4	282.0	10.4	1.1	0.6	1.3	1.0
	0.5	282.7	12.4	1.1	0.8	0.4	0.3
1	0.3	280.5	11.7	3.2	2.8	1.6	1.4
	0.4	284.6	11.1	2.9	2.8	0.8	0.6
	0.5	292.7	15.3	1.8	1.7	0.4	0.3
2	0.3	261.2	19.8	14.2	5.1	7.2	1.7
	0.4	270.5	16.9	10.3	2.5	4.3	1.4
	0.5	269.2	18.5	8.4	3.6	4.1	1.7
3	0.3	288.4	15.8	15.5	7.1	6.7	2.6
	0.4	285.2	18.3	15.8	3.6	6.9	3.8
	0.5	263.9	18.5	18.5	4.9	8.2	3.7
4（出水）	0.3	266.0	17.2	14.1	4.6	6.1	2.7
	0.4	257.9	24.1	14.6	3.1	6.1	5.1
	0.5	288.1	14.8	17.9	6.2	6.8	2.4

注：B.D.L 为低于最低检测限，其中硫化物和单质硫的最低检测浓度为 0.1 mg/L。

对于吴树彪（2012）在试验中观测到的硫酸盐和硫化物中同位素 ^{34}S 的较大的差值，除了由微生物硫歧化过程和中间还原性含硫化合物的还原过程造成外，大量硫化物氧化为硫酸盐的生物或者非生物过程也有可能是原因之一。然而，如果存在大量硫化物氧化为硫酸盐的生物或者非生物过程，试验中根据硫酸盐分子中同位素 ^{34}S 拟合得出的相对同位素分馏系数实际上没有真正反映生物性硫酸盐还原情况，而是比真正的同位素分馏系数偏低。当同位素 ^{34}S 含量偏低的硫化物被氧化为硫酸盐后，硫酸盐的同位素 ^{34}S 含量也相对偏低，所以当具有偏低同位素 ^{34}S 含量的硫酸盐与初始较高同位素 ^{34}S 含量的硫酸盐混合后，整体硫酸盐同位素 ^{34}S 含量会下降。所以，如果在存在大量硫化物氧化为硫酸盐的过程时，试验测得的硫酸盐同位素分馏数据是新硫酸盐产物和初始硫酸盐的混合同位素数据，并不是最初生物性硫酸盐还原的结果。此时，需要补充说明在硫化物向硫酸盐的氧化过程中，硫化物中同位素 ^{34}S 的含量并没有明显变化。因此，根据式（9-5）所描述的边界条件（生成的硫化物即刻被絮凝沉淀在基质中）可知，共存硫酸盐和硫化物中同位素分馏差值可以表征硫酸盐还原过程中产生的同位素分馏系数。试验中硫酸盐和硫化物中同位素分馏差值的平均值为 –38.9‰，因此修正后的硫酸盐分馏曲线如图9-6所示。在该假设条件下，试验测得的硫化物中同位素 $\delta^{34}S$ 值则分布在理论区域内，说明该假设的正确性，即说明在本水平潜流人工湿地系统中存在大量硫化物氧化为硫酸盐的生物或者非生物过程。

在硫化物氧化为硫酸盐降低同位素分馏系数的理论下，试验中测得的硫酸盐中来自硫化物氧化的部分可由式（9-4）计算所得。

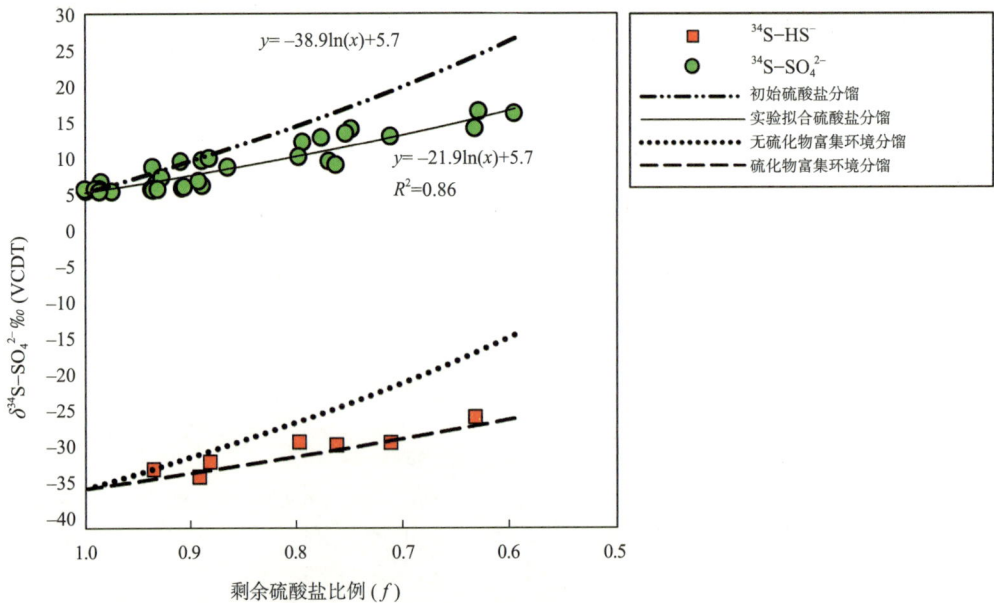

图9-6 基于硫化物氧化为硫酸盐理论修正下的剩余硫酸盐比例与硫酸盐和硫化物中同位素 $\delta^{34}S$ 的关系

$$\delta^{34}S_{mixed} = \delta^{34}S_{precursor}（1-X）+ \delta^{34}S_{produced}X \qquad （9-4）$$

式中　X——硫化物氧化后新生成的硫酸盐的比例（%）；

　　　$\delta^{34}S_{mixed}$——新生成的硫酸盐和初始硫酸盐的混合同位素分馏值，即为本试验测得的分馏值；

　　　$\delta^{34}S_{produced}$——硫化物氧化为硫酸盐中同位素分馏值；

　　　$\delta^{34}S_{precursor}$——试验系统仅有生物性硫酸盐还原过程下产生的同位素分馏值。

由式（9-4）可知，$\delta^{34}S_{mixed}$ 和 $\delta^{34}S_{precursor}$ 为一次线性函数关系，所以对 $\delta^{34}S_{mixed}$（试验测得数据）和 $\delta^{34}S_{precursor}$ 进行线性一次函数拟合可求得硫化物氧化后新生成的硫酸盐的比例 X 为43%。这说明在测得的硫酸盐中有43%来自硫化物的再氧化过程，也正是这43%同位素 ^{34}S 含量较低的硫酸盐混合到原硫酸盐中，使得整体的硫酸盐同位素 ^{34}S 含量从 -3.89% 降低到了 -2.19%。

9.1.5　硫转化中微生物硫歧化过程的探讨

作为生物性硫酸盐还原的产物，硫化物往往存在于湿地床体内的孔隙水中。然而，如果湿地床体中或者水体中存在活跃金属离子时，如铁等，硫化物会迅速与其络合为金属硫化物并沉淀在湿地床基质中。硫化物中同位素硫的同位素组成变化通常取决于初始硫酸盐分子中的硫同位素组成、同位素分馏系数以及硫化物通过金属络合沉淀的比例。在封闭系统中，硫化物中硫同位素的分馏程度通常根据式（9-1）变换的两条曲线所决定，该两条曲线的表达式如式（9-5）和式（9-6）所示。其中式（9-5）所描述的硫化物中同位素硫分馏的环境条件为富集金属离子的水环境，硫酸盐还原生成的硫化物可以立即与金属离子络合沉淀。而式（9-6）所描述的分馏环境条件为无金属离子富集的水环境，硫酸盐还原成的硫化物全部富集在水体中。

$$\delta^{34}S_{sulphide\text{-}Instanous\text{-}t} = \delta^{34}S_{sulphate\text{-}t} + \varepsilon \qquad （9-5）$$

$$\delta^{34}S_{sulphide\text{-}reservoir\text{-}t} = \delta^{34}S_{sulphate\text{-}initial} - f \cdot \varepsilon \cdot \ln f /（1-f） \qquad （9-6）$$

由如图 9-7 所示的硫酸盐还原量与还原性含硫化合物总量的相关性可知，试验湿地床体孔隙水中测得的硫化物和单质硫总量均小于硫酸盐的还原量，经过对还原性硫化物总量的线性拟合发现，孔隙水中存在的还原性含硫化合物总量仅占硫酸盐还原量的30%，而70%则固定在湿地基质中。该固定于床体中的70%的硫可能主要有硫化物与金属的络合沉淀（如 FeS、FeS_2）以及单质硫的析出沉淀。鉴于大量含硫化合物在湿地床体的固定以及孔隙水中现存的溶解性硫化物，本试验测得的硫化物的 $\delta^{34}S$ 应该分布在式（9-5）和式（9-6）两条理论极限边界范围之内。然而，如图 9-8 所示，硫化

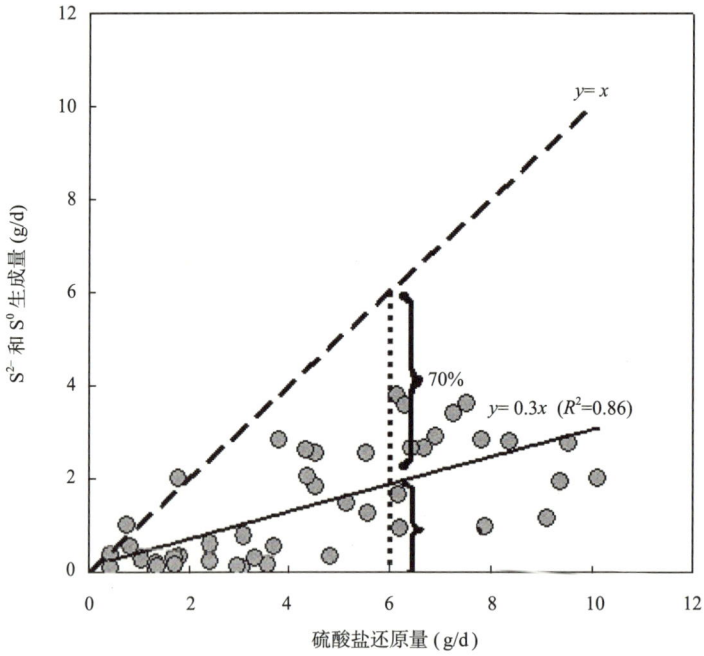

图 9-7　硫酸盐还原量与湿地床孔隙水中还原性含硫化合物总量的相关性

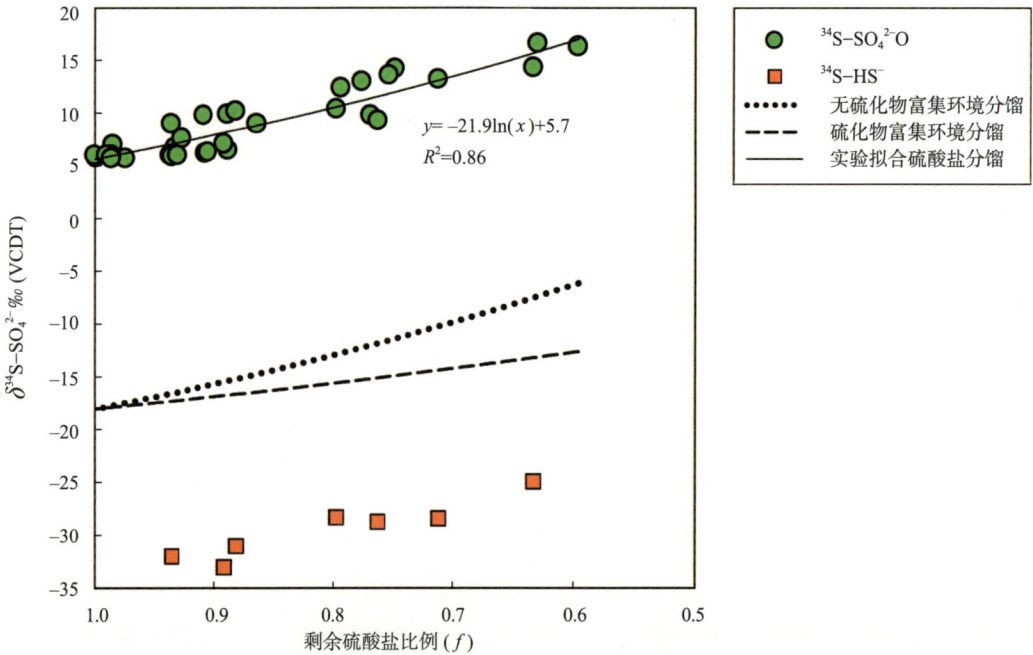

图 9-8　硫酸盐和硫化物分子中同位素硫分馏情况与剩余硫酸盐比例的关系

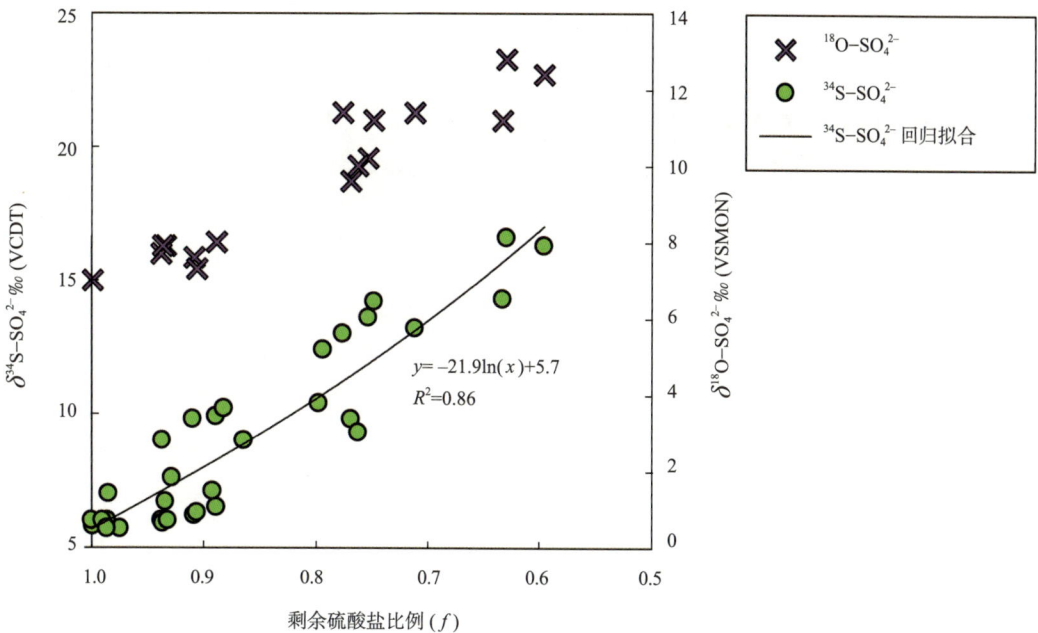

图 9-9　剩余硫酸盐比例与硫酸盐分子中 $\delta^{34}S$ 和 $\delta^{18}O$ 的相关性

物中 $\delta^{34}S$ 的数据点并没有出现在这两条曲线划分的范围内，而是分布在该区域以下。尽管图 9-9 中硫酸盐分子中的 $\delta^{34}S$ 和 $\delta^{18}O$ 分布能够充分说明生物性的硫酸盐还原可能是本湿地系统中的主要生物过程，但是图 9-8 中出现在理论范围区域外的较低的硫化物分馏数据点也说明除了生物性硫酸盐还原过程外，还存在其他生物性硫的转化过程。

在湿地床体中，植物通过根系泌氧作用可以将水体中的硫化物氧化为单质硫（Armstrong et al., 2000），除此之外，氨氮的氧化产物硝酸盐也可以与硫化物反应生成单质硫（Londry and Suflita, 1999）。硫化物向单质硫的氧化过程并不能产生较大的同位素分馏现象（Balci et al., 2007），然而，如果单质硫发生如式（9-7）的微生物的歧化反应，在生成硫酸盐和硫化物的情况下，硫酸盐和硫化物中同位素会产生较大的分馏情况。

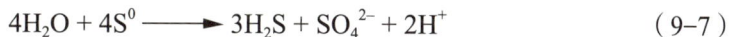

$$4H_2O + 4S^0 \longrightarrow 3H_2S + SO_4^{2-} + 2H^+ \qquad （9-7）$$

单质硫的微生物歧化过程可以产生同位素 ^{34}S 含量多的硫酸盐和同位素 ^{34}S 含量少的硫化物。当通过歧化过程后新生成的富集 ^{34}S 的硫酸盐与起初硫酸盐混合在一起时，整体硫酸盐的同位素 $\delta^{34}S$ 会有所升高，同理，在歧化过程后新生成的同位素 ^{34}S 含量少的硫化物与床体中起初硫化物混合在一起时，硫化物整体的同位素 $\delta^{34}S$ 会有所下降（Bottcher et al., 1990）。因此，单质硫的微生物歧化过程可以使硫酸盐和硫化物中同位素 ^{34}S 差异变大。然而问题在于，如果歧化生成的硫化物再次被氧化为单质硫，新一轮的歧化反应再次进行，这样周期性的硫化物氧化和单质硫歧化过程的发生会使得硫酸盐和硫化物中同位素 ^{34}S 的差异进一步变大。文献报道的硫酸盐和硫化物中同位素 ^{34}S 的差异高达 70‰，但研究领域主要集中在海洋环境中（Holmkvist et al., 2011）。至今在人工湿地的研究中还没有直接的证据证明微生物硫歧化过程的存在，但无论如何，本研究中所观测到的较大的硫酸盐和硫化物中同位素 ^{34}S 的差异至少较大程度上说明存在微生物硫歧化过程的可能性。

对于吴树彪（2012）在试验中观测到的较大的硫酸盐和硫化物中同位素 ^{34}S 的差值，除了微生物硫歧化过程外，中间还原性含硫化合物的还原过程也可能是原因之一。硫化物利用植物释放的氧或者硝酸盐等电子受体被氧化为如单质硫、硫代硫化物和亚硫酸盐等中间还原性含硫化合物后，这些中间还原性含硫化合物再次被还原后生成的硫化物则具有更为稀释的同位素 ^{34}S 含量，再加上含硫化合物氧化还原过程的循环性，造成较大的硫酸盐和硫化物中同位素 ^{34}S 的差值也是完全有可能的（Knoller and Schubert, 2010）。

9.2　人工湿地中硫循环的影响因素

影响硫循环转化过程的因素主要包括温度、溶解氧浓度、有机物浓度等。Garcia 等（2005）和 Aguirre 等（2005）在对水平潜流中试湿地系统的监测和研究中发现，硫酸盐的还原随温度和有机物负荷的升高而升高。Stein 等（2007）研究了季节性、温度、植物种类和有机物负荷等因素的变化对湿地中硫酸盐还原的影响，发现季节性硫酸盐还原顺序为夏季 > 春季、秋季 > 冬季，而且植物湿地系统硫酸盐还原的季节性变化较无植物系统更为明显。同时通过对试验系统中氧化还原电位的检测发现，在冬季植物根系泌氧作用抑制了硫酸盐还原细菌的活性。

9.3　人工湿地中硫循环与其他元素循环的相互作用及影响

人工湿地系统内部环境非常复杂，根区作用使得多种微生物共存并推动硝化、反硝化、有机物好氧降解、有机物甲烷化降解、硫酸盐还原以及硫化物氧化等多种生物代谢过程同时进行。硝化作用是湿地脱氮的重要环节之一，湿地植物的存在可以通过根系泌氧和有机物等提高根系周围微生物菌群活性，进而提高湿地系统的整体污水处理效果。然而硫酸盐是生活污水、市政废水、酸性矿山废水以及多种硫酸盐工业废水中的常见成分，在人工湿地系统处理上述废水时，有机物可以作为电子供体将硫酸盐

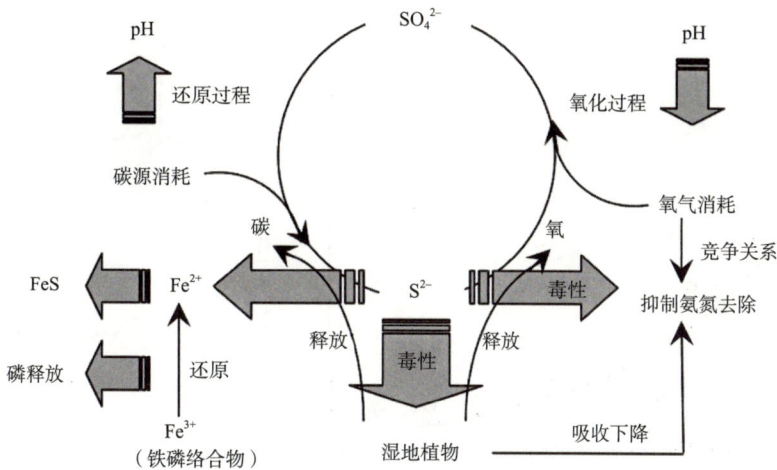

图 9-10 人工湿地中硫的循环转化与其他过程的相互关系示意图

还原为硫化物（S^{2-}）（Wiessner et al., 2008），然而硫化物对于多种植物和微生物代谢过程具有毒害作用（图 9-10），其中包括抑制硝化细菌活性、降低硝化能力、抑制植物对氮素的摄取、抑制根系生长和导致植物花蕾枯死、堵塞气体通道，并不同程度地影响植物叶片光合作用能力（Tretiach and Baruffo, 2001）。硫酸盐的还原过程虽然可以协助其他有机物氧化代谢，促进有机物降解，对人工湿地有机物去除具有正面效应，但是产物（S^{2-}）对硝化作用和植物生理的毒害作用可能成为影响人工湿地污水处理效果的负面因素（Wiessner et al., 2010）。

9.3.1 硫化物对硝化过程和湿地植物的影响

尽管随着进水有机碳浓度的升高，湿地系统的反硝化过程加强，但湿地氨氮去除率下降，硝化过程受到影响，这与进水溶解性有机物负荷的提高有关。进水有机负荷的提高迅速促进了降解有机物的异养菌的迅速生长和繁殖，与硝化细菌形成对氧的竞争关系。由于异养细菌的生长速度大概是硝化菌生长速度的 5 倍且繁殖速度是硝化细菌的 2~3 倍（Grady et al., 1980），使得硝化细菌与系统中溶解氧产生竞争以致其在固定空间的繁殖受到抑制，尤其是当有机物浓度增加时，有机物降解异养菌过度繁殖，常常覆盖并将硝化细菌深深地淹没在微生物膜中，严重限制其利用氧对氨氮的氧化过程。

在进水有机物浓度提高后，除了生长迅速的有机物降解异养菌与硝化细菌对氧的竞争导致硝化过程受到抑制外，硫化物作为硫酸盐的还原产物，其毒性也可以抑制硝化过程的进行。有研究表明，硫化物浓度达到 0.5 mg/L 就足以抑制硝化过程的进行（Aesoy et al., 1998），而吴树彪（2012）试验人工湿地床体中硫化物的浓度为 4~10 mg/L，其很有可能是在进水有机负荷提高后的试验阶段中抑制硝化过程的主要原因（Wu et al.,

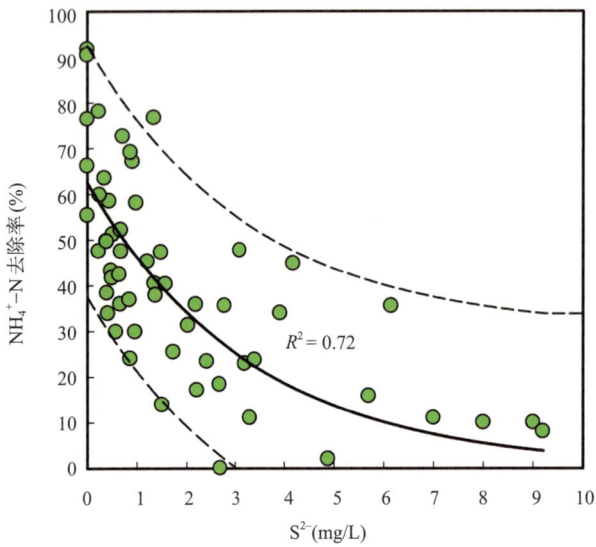

图 9-11　人工湿地床体中氨氮去除率与硫化物浓度的关系

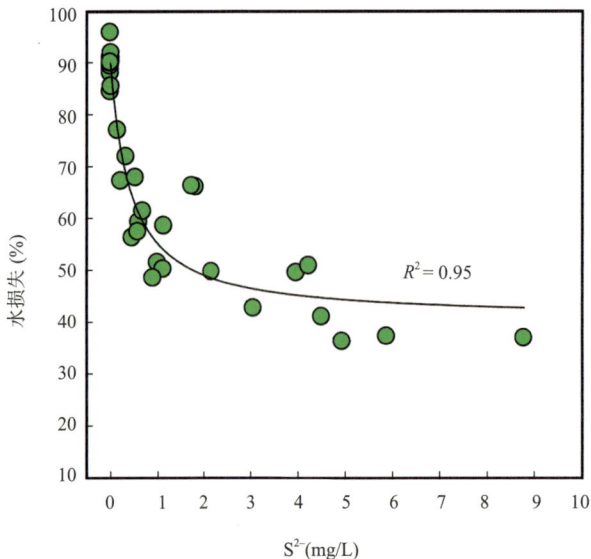

图 9-12　人工湿地床体水损失与其硫化物浓度的关系

2011）。为了更好地说明氨氮去除与硫化物浓度的关系，图 9-11 给出了本试验水平潜流人工湿地床体中硫化物浓度与床体氨氮去除率的相关性。由图 9-11 可以看出，随着床体中硫化物浓度的升高，氨氮的去除率呈幂指数形式降低，这充分说明了硫化物对硝化过程的抑制作用。

硫化物除了在人工湿地床体内对硝化过程具有抑制作用外，对湿地植物的生长也具有毒性和抑制作用。已报道的硫化物对湿地植物的抑制作用主要包括堵塞植物茎内气道、提高新芽死亡率以及腐烂植物根系等（Armstrong and Armstrong, 2005）。在本试验中，研究人员主要通过植物棵数和床体水损失来评价植物的生长状态。如图 9-12 所示的有关硫化物浓度与潜流湿地床体水损失之间的关系可知，在水平潜流人工湿地床体中，硫化物作为硫酸盐的还原产物确实能够通过限制硝化过程以及湿地植物的生长等方面进而制约人工湿地的运行效果。

9.3.2　硝酸盐与硫酸盐还原的竞争关系

研究报道，水体中硝酸盐的存在可以抑制硫酸盐的还原，降低硫化物的浓度。这种现象在湖泊底泥、深海区域以及多用于工业废水处理的厌氧反应器中早已被报道，但是其抑制机理仍众说纷纭，归纳起来主要分 4 种学说：①硝酸盐还原细菌在还原硝酸盐的同时使得环境中的氧化还原电位升高而不利于硫酸盐的还原（Jenneman et al., 1986; Kluber and Conrad, 1998）；②硝酸盐还原过程的中间产物亚硝酸盐（NO_2^-）具有毒性，抑制了硫酸盐还原菌的生长和繁殖（Eckford and Fedorak, 2004; Cime et al., 2008）；

③硝酸盐作为电子受体在还原过程中提供的能量高于硫酸盐还原菌,按照电子受体反应动力学排序来讲,对电子供体的竞争,硝酸盐还原菌完胜硫酸盐还原菌(Mathioudakis et al., 2007);④硫化物氧化菌以 NO_3^- 为电子受体,氧化硫化物重新生成硫酸盐(Garcia et al., 2006; Zhang et al., 2008)。以上 4 种机理各自都有一定的可能性,也可能在同一系统中同时发生,但是每一过

图9-13　室内潜流人工湿地床体示意图

程中的中间产物、参与生化反应的酶、SRB 菌群分布及特点并未得到全面表述,因此,NO_3^- 对硫酸盐还原细菌及对好氧生物膜内硫循环过程的影响还应进一步研究。

为探讨人工湿地在污水处理过程中硫的微生物转化过程以及硝酸盐对人工湿地中硫的氧化还原过程的影响。吴树彪(2012)以两个室内全混潜流人工湿地床体为研究对象(图 9-13),通过各污染物进出水浓度的监测,研究了潜流湿地床中硝酸盐对硫酸盐还原过程的影响。

试验中测得的各种含硫化合物(包括硫酸盐、硫化物及水溶液中悬浮的单质硫)随硝酸盐被添加在两个试验湿地(CW-1,CW-2)不同试验阶段(A,B)的变化过程,如图 9-14 所示。在 CW-1 床体的硝酸盐添加试验阶段(即试验阶段 A),没有检测出任何硫化物和单质硫,且硫酸盐浓度也没有任何降低,说明此试验阶段并没有发生明显的硫酸盐还原过程。其中部分测定的硫酸盐浓度高于进水浓度,主要是因为植物蒸腾作用导致的水分损失(15%~20%),进而使得硫酸盐浓度反而高于进水浓度。然而在 CW-2 床体的试验阶段 B,进水中同样添加了硝酸盐,但出水中仍检测出少量硫化物和单质硫,说明仍有部分硫酸盐还原过程在进行。

在进水中无硝酸盐添加的试验阶段中,如在 CW-1 床体的试验阶段 B,在取消进水中硝酸盐的添加后,出水硫酸盐浓度立刻降低为 3 mg/L 左右,去除率为 70.6%,同时溶解性硫化物和悬浮性单质硫的浓度分别上升至 3 mg/L 和 2 mg/L 左右。硫酸盐浓度的降低和硫化物浓度的升高说明了硫酸盐的微生物还原过程,而单质硫的出现却说明了还原性含硫化合物的氧化过程。硫化物和单质硫的同时出现深刻证明了湿地床体内复杂的氧化还原微环境,这与植物根系分泌氧和有机碳有关。

从吴树彪(2012)试验中的观察结果可知,随着硝酸盐的添加,硫酸盐的异化还原过程受到影响。而且随着硝酸盐的加入或取消,硫酸盐还原过程的出现和停止响应迅速,说明在试验人工湿地床体中早已存在大量的硫酸盐还原菌,只是在硝酸盐富集的环境中,硫酸盐还原菌活性受到抑制,当环境中的硝酸盐消失后,硫酸盐还原菌即

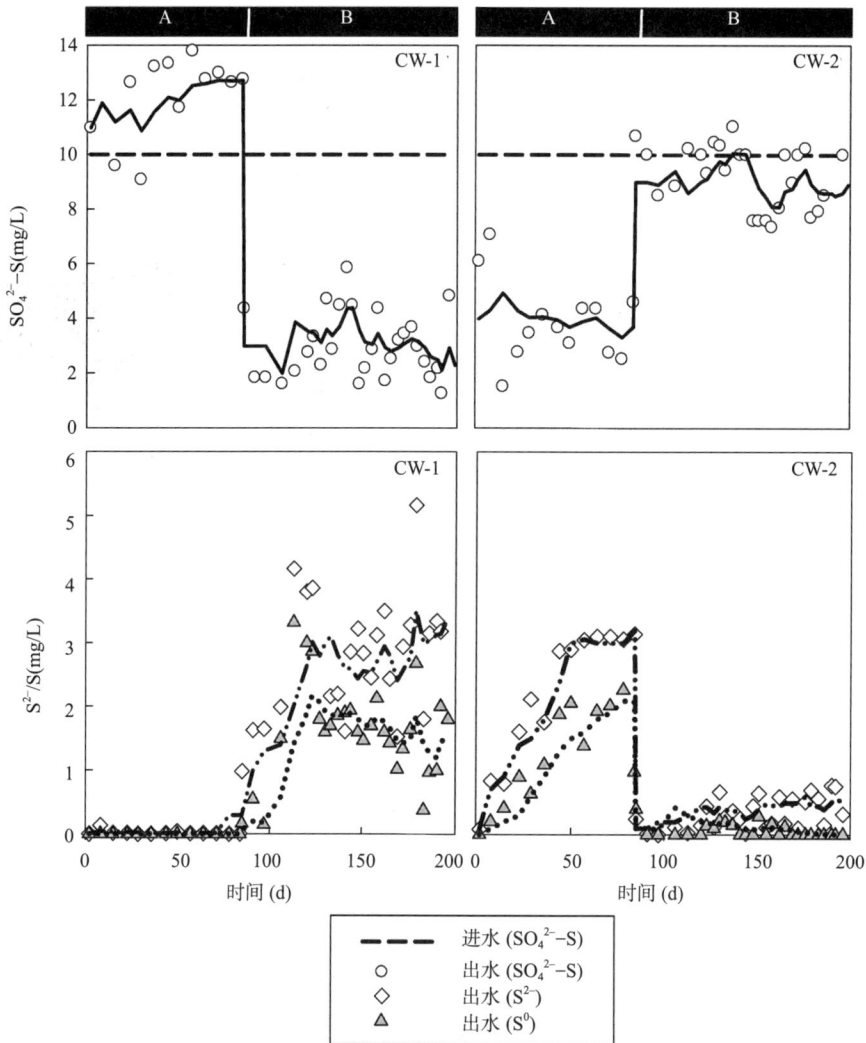

图 9-14　室内潜流人工湿地的硫酸盐、硫化物以及悬浮单质硫进出水浓度变化

可立即进行硫酸盐的还原工作。

　　如图 9-14 所示，硝酸盐添加抑制硫酸盐还原过程的现象较大程度上符合较高的氧化还原电位抑制硫酸盐还原菌活性的理论。当环境氧化还原电位高于 –100 mV 时，硫酸盐的还原过程一般无法进行（Szogi et al., 2004; Faulwetter et al., 2009）。在试验中进水添加硝酸盐的试验阶段，湿地床的氧化还原电位值约为 +300 mV，该氧化还原条件使得硫酸盐还原菌无法进行硫酸盐的还原活动，进而使得出水中的硫酸盐浓度没有降低的同时也没有硫化物的出现。而当进水中停止添加硝酸盐后，氧化还原电位迅速下降到 –270 mV 左右，与之相应地出现了硫酸盐浓度的降低和还原性硫化物。为了更好地理解硫酸盐还原与氧化还原电位间的关系，两者的相关性如图 9-15 所示，硫化物的生成量随着氧化还原电位的升高而降低，当氧化还原电位高于 100 mV 时，硫化物的浓

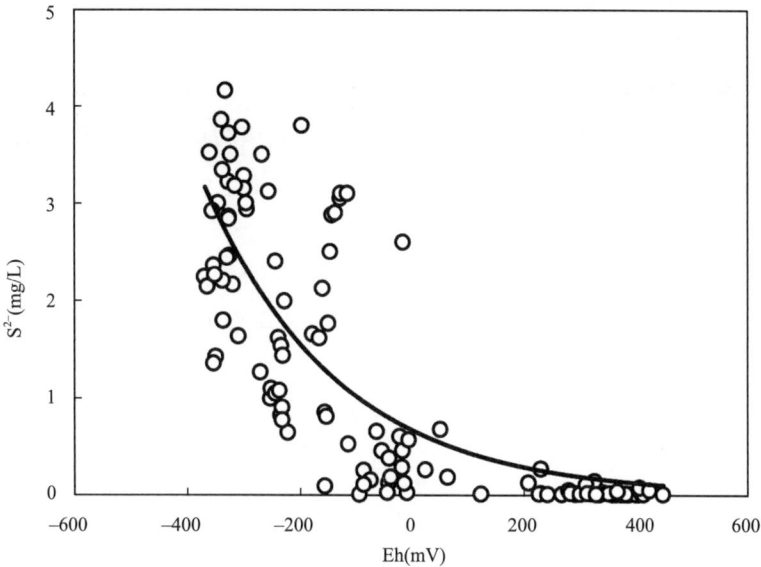

图 9-15　氧化还原电位（Eh）与硫化物（S^{2-}）的相关性

度基本趋近于零，说明硫酸盐的还原对氧化还原电位具有较大的依赖性。此理论在较先对海洋底泥（Sorensen, 1978）和好氧污泥贮存塘（Poduska and Anderson, 1981）中投加硝酸盐提高氧化还原电位进而抑制硫酸盐还原的案例中有过报道，但人工湿地污水处理的研究与应用过程中，由于其复杂的根区微环境使得其报道并不多。

　　废水成分的复杂性导致生产工艺及微生物转化过程的复杂性。有些废水中不仅含有高浓度的硫酸盐，而且还含有高浓度的氨氮等成分（如赖氨酸废水、矿山废水等），对于此类废水常用的工艺是浓缩结晶、吹脱生化以及膜分离等方法，但是由于其投资大、运行费用高，不利于广泛推广应用，同时脱氮、脱硫技术可以利用微生物的作用将高浓度的硫酸盐和氨氮在同一个反应器中去除（Fdz-Polanca et al., 2001）。其基本原理是：废水中的硫酸盐在硫酸盐还原菌的作用下，以废水中的氨氮作为电子供体，被还原为S^{2-}，而氨氮则被氧化为NO_2^-；同时在还原过程中所产生的NO_2^-在反硝化细菌的作用下，以产生的S^{2-}作为电子供体可将NO_2^-转化为N_2，与此同时将S^{2-}氧化为单质硫。剩下的NO_2^-可被厌氧氨氧化细菌利用与氨氮反应生成N_2，其反应方程式见式（9-8）~（9-10）所示。

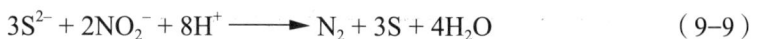

$$3SO_4^{2-} + 4NH_4^+ \longrightarrow 3S^{2-} + 4NO_2^- + 4H_2O + 8H^+ \qquad （9-8）$$

$$3S^{2-} + 2NO_2^- + 8H^+ \longrightarrow N_2 + 3S + 4H_2O \qquad （9-9）$$

$$2NO_2^- + 2NH_4^+ \longrightarrow 2N_2 + 4H_2O \qquad （9-10）$$

废水同时进行脱氮、脱硫是目前科学界一个崭新的课题和研究方向，对其在人工湿地污水处理系统中的作用及意义的理解还远远不充分。

CW-2床体在试验阶段改变后的这种氧化还原电位缓冲作用可能是由于添加的硝酸盐与湿地床体在试验阶段A沉淀的单质硫或者硫化物进行反应的结果（Hogslund et al., 2009）。其反应方程式如式（9-11）、式（9-12）所示。

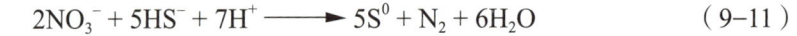

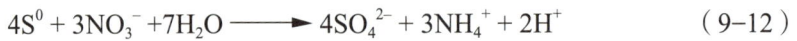

$$2NO_3^- + 5HS^- + 7H^+ \longrightarrow 5S^0 + N_2 + 6H_2O \qquad （9-11）$$

$$4S^0 + 3NO_3^- + 7H_2O \longrightarrow 4SO_4^{2-} + 3NH_4^+ + 2H^+ \qquad （9-12）$$

对于硝酸盐抑制硫酸盐还原过程理论中的亚硝酸盐和一氧化二氮的细胞酶毒素作用也可能是本试验出现该种现象的解释，但估计不是主要方面。文献报道中（Reinsel et al., 1996），野外试验观测到的亚硝酸盐对硫酸盐还原过程抑制作用的浓度范围为26~40 mg/L，其在室内试验的浓度范围为2~7 mg/L（Myhr et al., 2002），在本试验硝酸盐添加的试验阶段中虽略有亚硝酸盐的积累，但其浓度均低于0.5 mg/L，因此，本试验中亚硝酸盐的细胞毒素抑制作用应该不是主要方面。

利用有机物作为电子供体进行还原的电子受体顺序一般为：$O_2 > NO_3^- > SO_4^{2-}$（Ponnamperuma, 1972），这个顺序主要是根据热动力学理论中生化过程放热较多的反应优先进行的原则排序的。硝酸盐的还原较硫酸盐还原具有较高的热量放出，在有限的有机碳源环境条件下，硝酸盐还原菌较先利用有机物进行硝酸盐还原（Faulwetter et al., 2009; Chiethaisong and Conrad, 2000）。硝酸盐还原和硫酸盐还原的竞争关系曾被多次在稻田湿地、淡水底泥以及用于工业废水处理的厌氧反应器的报道中提及（Scholten et al., 2002）。

为了探究控制人工湿地中硫化物对湿地植物和其他微生物过程的副作用，进一步提高人工湿地的运行效果，吴树彪（2012）采用试验分别在两个水平潜流人工湿地中，通过在进水中分别添加硝酸盐和无硝酸盐来对比分析硝酸盐添加与硫酸盐还原过程的关系。由前文图9-14所示的两个水平潜流

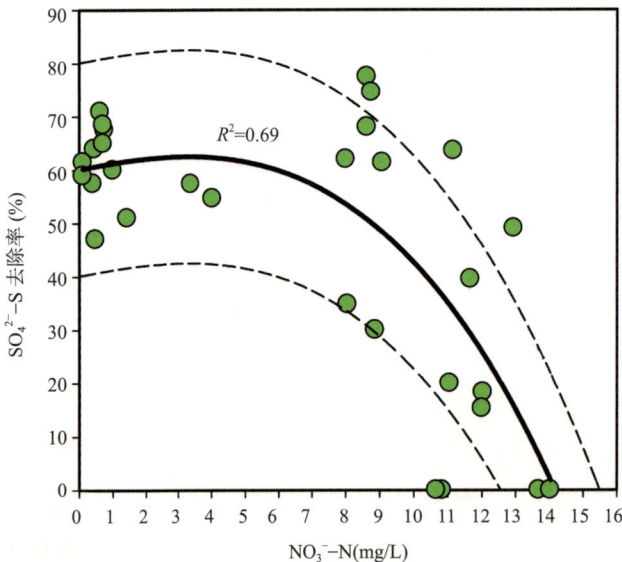

图9-16　湿地床体中硝酸盐浓度与硫酸盐还原去除率的关系

人工湿地的硫酸盐与硫化物的变化情况可知，进水中硝酸盐的添加确实可以抑制湿地床体中硫酸盐的还原过程，但是这种抑制作用在较低的进水有机碳浓度阶段较为有效。当进水有机碳浓度较高时，两个水平潜流人工湿地床体中的硫酸盐还原过程并无明显差异，抑制作用消失。图9-16清晰地描述了在低溶解性有机碳进水负荷下，水平潜流人工湿地床体中硝酸盐浓度与硫酸盐去除的关系，随着人工湿地床体中硝酸盐浓度的增加，硫酸盐还原去除率呈逐渐降低的趋势。

参考文献

吴树彪, 2012. 人工湿地污水处理中碳氮硫转化及相互作用研究 [D]. 北京：中国农业大学.

ADHIKARY P P, CHANDRASEKHARAN H, CHAKRABORTY D, et al., 2010. Assessment of groundwater pollution in West Delhi, India using geostatistical approach [J]. Environmental Monitoring and Assessment, 167(4): 599-615.

AESOY A, ODEGAARD H, BENTZEN G, 1998. The effect of sulphide and organic matter on the nitrification activity in a biofilm process [J]. Water Science and Technology, 37(1): 115-122.

AGUIRRE P, OJEDA E, GARCIA J, et al., 2005. Effect of water depth on the removal of organic matter in horizontal subsurface flow constructed wetlands [J]. Journal of Environmental Science and Health, 40(6): 1457-1466.

ARMSTRONG J, AFREEN-ZOBAYED F, ARMSTRONG W, 1996. Phragmites die-back: sulphide- and acetic acid-induced bud and root death, lignifications, and blockages within aeration and vascular systems [J]. New Phytologist, 134(4): 601-614.

ARMSTRONG J, ARMSTRONG W, 2005. Rice: sulfide-induced barriers to root radial oxygen loss, Fe^{2+} and water uptake, and lateral root emergence [J]. Annals of Botany, 96(4): 625-638.

ARMSTRONG W, ARMSTRONG J, BECKETT P M, 1990. Measurement and modeling of oxygen release from roots of Phragmites australis [J]. Constructed Wetlands in Water Pollution Control: 41-52.

ARMSTRONG W, COUSINS D, ARMSTRONG J, et al., 2000. Oxygen distribution in wetland plant roots and permeability barriers to gas-exchange with the rhizosphere: a microelectrode and modelling study with Phragmites australis[J]. Annals of Botany, 86(3): 687-703.

BALCI N, SHANKS W C, MAYER B, et al., 2007. Oxygen and sulfur isotope systematics of sulfate produced by bacterial and abiotic oxidation of pyrite[J]. Geochimica et Cosmochimica Acta, 71(15): 3796-3811.

BARTON C D, KARATHANASIS A D, 1999. Renovation of a failed constructed wetland treating acid mine drainage [J]. Environmental Geology, 39(1): 39-50.

BATTY L C, ATKIN L, MANNING D A C, 2005. Assessment of the ecological potential of mine-water treatment wetlands using a baseline survey of macroinvertebrate communities [J]. Environmental Pollution, 138(3): 412-419.

BAUN A, REITZEL A, LEDIN A, et al., 2003. Natural attenuation of xenobiotic organic compounds in a landfill leachate plume (Vejen, Denmark) [J]. Journal of Contaminant Hydrology, 65(3): 269-291.

BAVOR H J, ROSER D J, MCKERSIE S A, 1988. Treatment of secondary effluent [M]//Report to Sydney Water Board, Sydney, NSW, Australia.

BEZBARUAH A N, ZHANG T C, 2004. pH, redox, and oxygen microprofiles in rhizosphere of bulrush (Scirpus validus) in a constructed wetland treating municipal wastewater [J]. Biotechnology and Bioengineering, 88(1): 60-70.

BOTTCHER J, STREBEL O, VOERKELIUS S, et al., 1990. Using isotope fractionation of nitrate nitrogen and nitrate oxygen for evaluation of microbial denitrification in a sandy aquifer [J]. Journal of Hydrology, 114(3): 413-424.

BRAECKEVELT M, MIRSCHEL G, WIESSNER A, et al., 2008. Treatment of chlorobenzene-contaminated groundwater in a pilot-scale constructed wetland [J]. Ecological Engineering, 33(1): 45-53.

BRIX H, SCHIERUP H H, 1990. Soil oxygenation in constructed reed beds: The role of macrophyte and soil-atmosphere interface oxygen transport [C]. Constructed Wetlands in Water Pollution Control: 53-66.

BRIX H, 1997. Do macrophytes play a role in constructed treatment wetlands? [J]. Water Science & Technology, 35(5): 11-17.

BRIX H, 1999. How 'green' are aquaculture, constructed wetlands and conventional wastewater treatment systems? [J]. Water Science & Technology, 40(3): 45-50.

BRUNNER B, BERNASCONI S M, KLEIKEMPER J, et al., 2005. A model for oxygen and sulfur isotope fractionation in sulfate during bacterial sulfate reduction processes [J]. Geochimica et Cosmochimica Acta, 69(20): 4773-4785.

BURGIN A J, HAMILTON S K, 2007. Have we overemphasized the role of denitrification in aquatic ecosystems? A review of nitrate removal pathway [J]. Frontiers in Ecology and the Environment, 5(2): 89-96.

CALHEIROS C S C, RANGEL A O S S, CASTRO P M L, 2009. Treatment of industrial wastewater with two-stage constructed wetlands planted with Typha latifolia and Phragmites australis [J]. Bioresource Technology, 100(13): 3205-3213.

CHAMBERS R M, MOZDZER T J, AMBROSE J C, 1998. Effects of salinity and sulfide on the distribution of Phragmites australis and Spartina alterniflora in a tidal saltmarsh [J]. Aquatic Botany, 62(3): 161-169.

CHAMBERS R M, 1997,. Porewater chemistry associated with Phragmites and Spartina in a Connecticut tidal marsh [J]. Wetlands 17(3): 360-367.

CHAZARENC F, GAGNON V, COMEAU Y, et al., 2009. Effect of plant and artificial aeration on solids accumulation and biological activities in constructed wetlands [J]. Ecological Engineering, 35(6): 1005-1010.

CHIDTHAISONG A, CONRAD R, 2000. Turnover of glucose and acetate coupled to reduction of nitrate, ferric iron and sulfate and to methanogenesis in anoxic rice field soil [J]. FEMS Microbiology Ecology, 31(1): 73-86.

CIME D G, VAN DER ZEE F P, FERNANDEZ-POLANCO M, et al., 2008. Control of sulphide during anaerobic treatment of S-containing wastewaters by adding limited amounts of oxygen or nitrate [J]. Reviews in Environmental Science and Biotechnology, 7(2): 93-105.

COLBERG P J S, 1990. Role of sulfate in microbial transformations of environmental contaminants: chlorinated aromatic compounds [J]. Geomicrobiology Journal, 8(3): 147-165.

COLMER T D, 2003. Long-distance transport of gases in plants: a perspective on internal aeration and radial oxygen loss from roots [J]. Plant, Cell Environment, 26(1): 17-36.

DAVIDOVAL I, HICKS M S, FEDORAK P M, et al., 2001. The influence of nitrate on microbial processes in oil industry production waters [J]. Journal of Industrial Microbiology and Biotechnology, 27(2): 80-86.

ECKFORD R E, FEDORAK P M, 2004. Using nitrate to control microbially-produced hydrogen sulfide in oil field waters [J]. Studies in Surface Science and Catalysis: 307-340.

ECKHARD D A V, SURFACE J M, PEVERLY J H, 1999. A constructed wetland system for treatment of landfill leachate [M]. New York: Monroe County.

FAULWETTER J L, GAGNON V, SUNDBERG C, et al., 2009. Microbial processes influencing performance of treatment wetlands: A review [J]. Ecological Engineering, 35(6): 987-1004.

FDZ-POLANCA F, FDZ-POLANCO M, FERNANDEZ N, et al., 2001. New process for simultaneous removal of nitrogen and sulphur under anaerobic conditions [J]. Water Research, 35(4): 1111-1114.

FRASCARI D, BRONZINI F, GIORDANO G, et al., 2004. Long-term characterization, lagoon treatment and migration potential of landfill leachate: a case study in an active Italian landfill [J]. Chemosphere, 54(3): 335-343.

GAECIA J, AGUIRRE P, BARRAGAN J, et al., 2005. Effect of key design parameters on the efficiency of horizontal subsurface flow constructed wetlands [J]. Ecological Engineering, 25(4): 405-418.

GALIANA-ALEIXANDER M V, MENDOZA-ROCA J A, BES-PIA A, 2011. Reducing sulfates concentration in the tannery effluent by applying pollution prevention techniques and nanofiltration [J]. Journal of Cleaner Production, 19(1): 91-98.

GARCIA J, AGUIRRE P, MUJERIEGO R, et al., 2004. Initial contaminant removal performance factors in horizontal flow reed beds used for treating urban wastewater [J]. Water Research, 38(7): 1669-1678.

GARCIA J, Rousseau D P, Morato J, et al., 2010. Contaminant Removal Processes in Subsurface-Flow Constructed Wetlands: A Review [J]. Critical Reviews in Environmental Science and Technology, 40(7): 561-661.

GARCIA LOMAS J, CORZO A, GONZALEZ J M, et al., 2006. Nitrate promotes biological oxidation of sulfide in wastewaters: Experiment at plant-scale [J]. Biotechnology and Bioengineering, 93(4): 801-811.

GRADY, C P L, LIM, H C, 1980. Biological wastewater treatment theory and applications [M]. Marcel Dekker, New York.

GRIES C, GARBE D, 1989. Biomass, and nitrogen, phosphorus and heavy metal content of Phragmites australis during the third growing season in a root zone waste water treatment [J]. Archiv fur Hydrobiologie, 117(1): 97-105.

GRISMER M E, CARR M A, SHEPHERD H L, 2003. Evaluation of constructed wetland treatment performance for winery wastewater [J]. Water Environment Research, 5: 412-421.

HABICHT K S, CANFIELD D E, 1996. Sulphur isotope fractionation in modern microbial mats and the evolution of the sulphur cycle [J]. Nature, 382(6589): 342-343.

HADAD H R, MAINE M A, BONETTO C A, 2006. Macrophyte growth in a pilot-scale constructed wetland for industrial wastewater treatment [J]. Chemosphere, 63(10): 1744-1753.

HIATT A, 1967. Relationship of cell sap pH to organic acid change during ion uptake [J]. Plant Physiology, 42(2): 294-298.

HOGSLUND S, REVSBECH N P, KUENEN J G, et al., 2009. Physiology and behaviour of marine Thioploca[J]. The ISME Journal, 3(6): 647-657.

HOLMER M, STORKHOLM P, 2001. Sulphate reduction and sulphur cycling in lake sediments: a review [J]. Freshwater Biology, 46(4): 431-451.

HOLMKVIST L, FERDELMAN T G, JORGENSEN B B, 2011. A cryptic sulfur cycle driven by iron in the methane zone of marine sediment (Aarhus Bay, Denmark) [J]. Geochimica et Cosmochimica Acta, 75(12): 3581-3599.

HUBERT C, VOORDOUW G, 2007. Oil field souring control by nitrate-reducing Sulfurospirillum spp. that outcompete sulfate-reducing bacteria for organic electron donors [J]. Applied and Environmental Microbiology, 73(8): 2644-2652.

HVITVED-JACOBSE T, NIELSEN P H, JENSEN N A, 1988. Hydrogen sulphide control in municipal sewers. Pretreatment in Chemical Water and Wastewater Treatment [M]. New York: Springer-Verlag.

HWANG Y, MATSUO T, HANAKI K, et al., 1994. N Removal of odorous compounds in wastewater by using activated carbon, ozonation and aerated biofilter[J]. Water Research, 28(11): 2309-2319.

JENNEMAN G E, MCLNERNEY M J, KNAPP R M, 1986. Effect of nitrate on biogenic sulfide production [J]. Applied and Environmental Microbiology, 51(6): 1205-1211.

JI S, KIM S, KO J, 2008. The status of the passive treatment systems for acid mine drainage in South Korea [J]. Environmental Geology, 55(6): 1181-1194.

JOYE S B, HOLLIBAUGH J T, 1995. Influence of Sulfide Inhibition of Nitrification on Nitrogen Regeneration in Sediments [J]. Science, 270(5236): 623.

KADLEC R H, ROY S B, MUNSON R K, et al., 2010. Water quality performance of treatment wetlands in the Imperial Valley, California[J]. Ecological Engineering, 36(8): 1093-1107.

KADLEC R H, WALLACE S, 2008. Treatment wetlands [M]. Boca Raton: CRC Press.

KADLEC R H, 2003. Integrated natural systems for landfill leachate treatment [J]. Wetlands-nutrients, Metals and Mass Cycling: 1-33.

KATAOKA T, HAYASHI N, YAMAYA T, et al., 2004. Root-to-shoot transport of sulfate in Arabidopsis. Evidence for the role of SULTR3; 5 as a component of low-affinity sulfate transport system in the root vasculature [J]. Plant Physiology, 136(4): 4198-4204.

KATAOKA T, WATANABE-TAKAHASHI A, HAYASHI N, et al., 2004. Vacuolar sulfate transporters are essential determinants controlling internal distribution of sulfate in Arabidopsis [J]. The Plant Cell, 16(10): 2693-2704.

KLUBER H D, CONRAD R, 1998. Effects of nitrate, nitrite, NO and N_2O on methanogenesis and other redox processes in anoxic rice field soil [J]. FEMS Microbiology Ecology, 25(3): 301-318.

KNOLLER K, SCHUBERT M, 2010. Interaction of dissolved and sedimentary sulfur compounds in contaminated aquifers [J]. Chemical Geology, 276(3): 284-293.

KNOLLER K, VOGT C, RICHNOW H H, et al., 2006. Sulfur and Oxygen Isotope Fractionation during Benzene, Toluene, Ethyl Benzene, and Xylene Degradation by Sulfate-Reducing Bacteria [J]. Environmental Science Technology. 40(12): 3879-3885.

KRISHNAKUMAR B, MANILAL V B, 1999. Bacterial oxidation of sulphide under denitrifying conditions [J]. Biotechnology letters, 21(5): 437-440.

LANDSBERG E C, 1981. Organic acid synthesis and release of hydrogen ions in response to Fe deficiency stress of mono-and dicotyledonous plant species [J]. Journal of Plant Nutrition, 3(1): 579-591.

LE FAOU A, RAJAGOPAL B S, DANIELS L, et al., 1990. Thiosulfate, polythionates and elemental sulfur assimilation and reduction in the bacterial world [J]. FEMS Microbiology reviews, 75(4): 351-382.

LEE R W, KRAUS D W, DOELLER J E, 1999. Oxidation of sulfide by Spartina alterniflora roots [J]. Limnology and Oceanography, 44(4): 1155-1159.

LIN Y F, JING S R, WANG T W, et al., 2002. Effects of macrophytes and external carbon sources on nitrate removal from groundwater in constructed wetlands [J]. Environmental Pollution, 119(3): 413-420.

LONDRY K, SUFLITA J M, 1999. Use of nitrate to control sulfide generation by sulfate-reducing bacteria associated with oily waste [J]. Journal of Industrial Microbiology and Biotechnology, 22(6): 582-589.

MACHEMER S D, REYNOLDS J S, LAUDON L S, et al., 1993. Balance of S in a constructed wetland built to treat acid mine drainage, Idaho Springs, Colorado, USA[J]. Applied Geochemistry, 8(6): 587-603.

MACHEMER S D, WILDEMAN T R, 1992. Adsorption compared with sulfide precipitation as metal removal processes from acid mine drainage in a constructed wetland [J]. Journal of Contaminant Hydrology, 9(1): 115-131.

MANGALO M, MECKENSTOCK R U, STICHLER W, et al., 2007. F. Stable isotope fractionation during bacterial sulfate reduction is controlled by reoxidation of intermediates [J]. Geochimica et Cosmochimica Acta, 71(17): 4161-4171.

MARAYAMA-NAKASHITA A, NAKAMURA Y, YAMAYA T, et al., 2004. Regulation of high-affinity sulphate transporters in plants: towards systematic analysis of sulphur signalling and regulation [J]. Journal of Experimental Botany, 55(404): 1843-1849.

MATHIOUDAKIS V L, VAIOPOULOU E, AIVASIDIS A, 2006. Addition of nitrate for odor control in sewer networks: laboratory and field experiments [J]. Global Nest Journal, 8(1): 37-42.

MITSCH W J, WISE K M, 1998. Water quality, fate of metals, and predictive model validation of a constructed wetland treating acid mine drainage [J]. Water Research, 32(6): 1888-1900.

MOHANAKRISHNAN J, GUTIERREZ O, SHARMA K R, et al., 2009. Impact of nitrate addition on biofilm properties and activities in rising main sewers [J]. Water Research, 43(17): 4225-4237.

MULKEY T J, KUZMANOFF K M, EVANS M L, 1982. Promotion of growth and hydrogen ion efflux by auxin in roots of maize pretreated with ethylene biosynthesis inhibitors [J]. Plant Physiology, 70(1): 186-188.

MYHR S, LILLEBO B L, SUNDE E, et al., 2002. Inhibition of microbial H_2S production in an oil reservoir model column by nitrate injection [J]. Applied Microbiology and Biotechnology, 58(3): 400-408.

NICOMRAT D, DICK W A, DOPSON M, et al., 2008. Bacterial phylogenetic diversity in a constructed wetland system treating acid coal mine drainage [J]. Soil Biology and Biochemistry, 40(2): 312-321.

N-VERBINDUNGEN F C, 1999. Release of carbon and nitrogen compounds by plant roots and their possible ecological importance [J]. Journal of Plant Nutrition and Soil Science, 162(4): 373-383.

NYQUIST J, GREGER M, 2009. A field study of constructed wetlands for preventing and treating acid mine drainage [J]. Ecological Engineering, 35(5): 630-642.

O'FLAHERTY V, LENS P, LEAHY B, et al., 1998. Long-term competition between sulphate-reducing and methane-producing bacteria during full-scale anaerobic treatment of citric acid production wastewater [J]. Water Research, 32(3): 815-825.

OKABE S, NIELSEN P H, CHARACKLIS W G, 1992. Factors affecting microbial sulfate reduction by Desulfovibrio desulfuricans in continuous culture: limiting nutrients and sulfide concentration [J]. Biotechnology and Bioengineering, 40(6): 725-734.

PALANISAMY P N, KAVITHA S K, 2010. An Assessment of the Quality of Groundwater in a Textile Dyeing Industrial Area in Erode City, Tamilnadu, India [J]. Journal of Chemistry, 7(3): 1033-1039.

PEI-YUE L, HUI O, JIAN-HUA W, 2010. Groundwater quality assessment based on improved water quality index in Pengyang County, Ningxia, Northwest China [J]. Journal of Chemistry, 7(1): 209-216.

PERCHERON G, BERNET N, MOLETTA R, 1999. Interactions between methanogenic and nitrate reducing bacteria during the anaerobic digestion of an industrial sulfate rich wastewater [J]. Fems Microbiology Ecology, 29(4): 341-350.

PICEK T, CIZKOVA H, DUSEK J, 2007. Greenhouse gas emissions from a constructed wetland—Plants as important sources of carbon [J]. Ecological Engineering, 31(2): 98-106.

PONNAMPERUMA F N, 1972. The chemistry of submerged soils [M]. NY and London: Academic Press.

POSTGATE J, 1959. Sulphate reduction by bacteria [J]. Annual Reviews in Microbiology, 13(1): 505-520.

PRASANNA M V, CHIDAMBARAM S, HAMEED A S, et al., 2011. Hydrogeochemical analysis and evaluation of groundwater quality in the Gadilam river basin, Tamil Nadu, India [J]. Journal of Earth System Science, 120(1): 85-98.

RAJCZYK M J, 1993. Fermentation of food industry wastewater [J]. Water Research, 27(7): 1257-1262.

REINSEL M A, SEARS J T, STEWART P S, et al., 1996. Control of microbial souring by nitrate, nitrite or glutaraldehyde injection in a sandstone column [J]. Journal of Industrial Microbiology, 17(2): 128-136.

ROUSSEAU D P L, SANTA S, 2007. Quantification of oxygen transfer pathways in horizontal subsurface flow constructed wetlands [C]. Proceedings of the Second International Symposium on Wetland Pollutant Dynamic and Control, 1: 260-262.

SARITPONGTEERAKA K, CHAIPRAPAT S, 2008. Effects of pH adjustment by parawood ash and effluent recycle ratio on the performance of anaerobic baffled reactors treating high sulfate wastewater [J]. Bioresource Technology, 99(18): 8987-8994.

SCHOLTEN J C M, VAN BODEGON P M, VOGELAAR J, et al., 2002. Effect of sulfate and nitrate on acetate conversion by anaerobic microorganisms in a freshwater sediment [J]. FEMS Microbiology Ecologyx, 42(3): 375-385.

SILVA A J, VARESCHE M B, FORESTI E, et al., 2002. Sulphate removal from industrial wastewater using a packed-bed anaerobic reactor [J]. Process Biochemistry, 37(9): 927-935.

SORENSEN J, 1978. Occurrence of nitric and nitrous oxides in a coastal marine sediment [J]. Applied and Environmental Microbiology, 36(6): 809-813.

SRIYARA K, SHUTES R B E, 2001. An assessment of the impact of motorway runoff on a pond, wetland and stream [J]. Environment International, 26(5): 433-439.

STEIN O R, BORDEN-STEWART D J, HOOK P B, et al., 2007. Seasonal influence on sulfate reduction and zinc sequestration in subsurface treatment wetlands [J]. Water Research, 41(15): 3440-3448.

STURMAN P J, STEIN O R, VYMAZAL J, 2008. Sulfur Cycling in Constructed Wetlands [M]. Wastewater Treatment, Plant Dynamics and Management in Constructed and Natural Wetlands. Springer Netherland: 329-344.

SZOGI A A, HUNT P G, SADLER E J, et al., 2004. Characterization of oxidation-reduction processes in constructed wetlands for swine wastewater treatment [J]. Applied Engineering in Agriculture, 20(2): 189-200.

TAKAHASHI H, YAMAZAKI M, SASAKURA N, et al., 1997. Regulation of sulfur assimilation in higher plants: a sulfate transporter induced in sulfate-starved roots plays a central role in Arabidopsis thaliana [J]. Proceedings of the National Academy of Sciences, 94(20): 11102-11107.

TCHOBANOGLOUS G, BURTON F L, 1991. Wastewater Engineering [J]. Management, 7: 1-4.

TRETIACH M, BARUFFO L, 2001. Effects of H_2S on CO_2 gas exchanges and growth rates of the epiphytic lichen Parmelia sulcata Taylor [J]. Symbiosis, 31(3): 35-46.

TURCHYN A V, BRUCHERT V, LYONS T W, et al., 2010. Kinetic oxygen isotope effects during dissimilatory sulfate reduction: A combined theoretical and experimental approach [J]. Geochimica et Cosmochimica Acta, 74(7): 2011-2024.

UTGIKAR V P, HARMON S M, CHAUDHARY N, et al., 2002. Inhibition of sulfate-reducing bacteria by metal sulfide formation in bioremediation of acid mine drainage [J]. Environmental Toxicology, 17(1): 40-48.

VYMAZAL J, BRIX H, COOPER P F, et al., 1998. Removal mechanisms and types of constructed wetlands [J]. Constructed wetlands for wastewater treatment in Europe, 1: 17-66.

WIEBNER A, KAPPELMEYER U, KUSCHK P, et al., 2005. Influence of the redox condition dynamics on the removal efficiency of a laboratory-scale constructed wetland [J]. Water Research, 39(1): 248-256.

WIESSNER A, GONZALIAS A E, KASTNER M, et al., 2008. Effects of sulphur cycle processes on ammonia removal in a laboratory-scale constructed wetland planted with Juncus effuses [J]. Ecological Engineering, 34(2): 162-167.

WIESSNER A, KAPPELMEYER U, KUSCHKP, et al., 2005. Sulphate reduction and the removal of carbon and ammonia in a laboratory-scale constructed wetland [J]. Water Research, 39(19): 4643-4650.

WIESSNER A, KUSCHK P, JECHOREK M, et al., 2008. Sulphur transformation and deposition in the rhizosphere of Juncus effusus in a laboratory-scale constructed wetland [J]. Environmental Pollution, 155(1): 125-131.

WIESSNER A, RAHMAN K Z, KUSCHK P, et al., 2010. Dynamics of sulphur compounds in horizontal sub-surface flow laboratory-scale constructed wetlands treating artificial sewage [J]. Water Research, 44(20): 6175-6185.

WU SHUBIAO, CHRISTINA JESCHKE, RENJIE DONG, et al., 2011. Sulfur transformations in pilot-scale constructed wetland treating high sulfate-containing contaminated groundwater: a stable isotope assessment [J]. Water Research, 45: 6688-6698.

YOSHIMOTO N, INOUE E, SAITO K, et al., 2003. Phloem-localizing sulfate transporter, Sultr1; 3, mediates re-distribution of sulfur from source to sink organs in Arabidopsis [J]. Plant Physiology, 131(4): 1511-1517.

Zhang L, DE SCHRYVER P, DE GUSSEME B, et al., 2008. Chemical and biological technologies for hydrogen sulfide emission control in sewer systems: a review [J]. Water Research, 42(1): 1-12.

10

人工湿地中的铁循环及其影响

铁（Fe）是地壳中最丰富的元素之一，占地壳质量的 5% 以上。铁的生物地球化学循环对许多环境过程至关重要，如海洋生产力、碳贮存、温室气体排放以及营养物质、重金属的迁移转化（Kappler et al., 2021）。自然界中铁的生物地球化学循环较为复杂，包括各种氧化和还原过程。近年来，随着对铁生物和非生物反应的理解不断深入，对铁循环所涉及的潜在环境过程也更加清晰，这些反应决定了铁在环境中的形态、流动性和反应性。

铁的价态变化对人工湿地废水处理中的氧化还原环境具有重要的指示性意义。在人工湿地系统中，铁不仅参与湿地植物光合作用等生理过程，而且铁的氧化 - 还原反应也影响其他元素的生物地球化学循环。例如，铁在人工湿地去除有机物和磷（P）方面都发挥着重要作用，并对氮（N）、硫（S）和金属的转化也会产生影响。

本章主要讨论不同类型和操控策略下的人工湿地中铁的赋存和转化特征，并介绍季节性变化下铁的潜在循环效应；同时，阐述氧化还原控制的铁循环与其他元素（如 C、N、P、S 和重金属）的生物地球化学过程的相互作用，以及人工湿地中铁缺乏和超标条件下湿地植物的响应。

10.1　人工湿地中铁循环的基本形态及过程

铁是一种过渡元素，化合价在 $-2 \sim +6$ 价之间，其中 $+2$ 价（Fe^{2+} 以可溶形式存在）和 $+3$ 价（Fe^{3+} 以不溶性形式存在）是铁元素最常见的氧化态。铁的生物地球化学性质复杂，涉及多种氧化还原过程。

10.1.1　铁氧化过程

在还原条件下，亚铁离子（Fe^{2+}）以完全溶解于水中的形式为主。然而，其暴露于空气中时会被氧化，导致水溶液可能会变成红棕色（Nemade et al., 2009）。这种在水中形成红棕色物质的过程是由于亚铁自发氧化成三价铁（Fe^{3+}），随后水解为三价铁的氢氧化物，即$Fe(OH)_3$或$FeOOH$化学方程式见式（10-1）~式（10-3）。但这种反应过程强烈地依赖于环境中的氧化还原电位和pH值（Vymazal and Svehla, 2013; Singe and Stumm, 1970）。

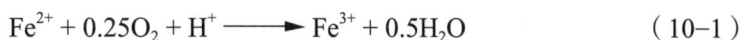

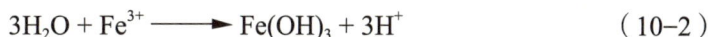

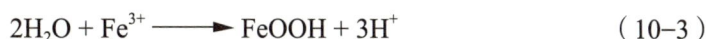

$$Fe^{2+} + 0.25O_2 + H^+ \longrightarrow Fe^{3+} + 0.5H_2O \qquad （10-1）$$

$$3H_2O + Fe^{3+} \longrightarrow Fe(OH)_3 + 3H^+ \qquad （10-2）$$

$$2H_2O + Fe^{3+} \longrightarrow FeOOH + 3H^+ \qquad （10-3）$$

由微生物介导的生物铁氧化和随后的沉淀介于物理化学法去除铁的过程之间（Mouchet, 1992）。例如，铁相关的功能细菌群主要存在于中性或碱性pH值的富铁水溶液中。作为一种自养需氧细菌，铁的氧化是其代谢能量的重要来源（Wetzel, 2001）。最常见的铁功能细菌有丝状和柄状形式的细菌，如细丝菌（*Leptothrix*）、克隆丝菌（*Clonothrix*）和加利氏菌（*Gallionella*）。某些种类的细丝菌是兼性铁细菌，可以氧化亚铁盐和锰盐。而加利氏菌则只限于氧化铁。少数能沉淀$Fe(OH)_3$和$FeOOH$的化能自养细菌的特征反应见式（10-4）。

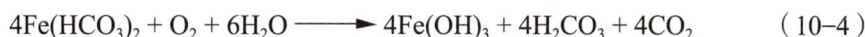

$$4Fe(HCO_3)_2 + O_2 + 6H_2O \longrightarrow 4Fe(OH)_3 + 4H_2CO_3 + 4CO_2 \qquad （10-4）$$

在水生环境中还有各种硝酸盐还原菌，它们利用亚铁作为电子供体将硝酸盐还原为氮气，其具有生态生理学和能量效益（Muehe et al., 2009; Staub et al., 1996）。基于硝酸盐依赖性Fe^{2+}氧化的反硝化过程主要存在于湖泊和淡水沉积物中，其化学计量式可描述为方程式（10-5）。

$$10Fe^{2+} + 2NO_3^- + 24H_2O \longrightarrow 10Fe(OH)_3 + N_2 + 18H^+ \qquad （10-5）$$

10.1.2　铁还原过程

铁还原菌是一种典型的异化金属还原菌，广泛分布于海洋沉积物、陆地深地层等自然环境，该类细菌可以将铁氧化物中的Fe（Ⅲ）还原为Fe（Ⅱ），在铁的生物地球化学铁循环中发挥重要作用。传统观念认为，自然界的铁循环由非生物因素驱动，直到19世纪初人们发现微生物可以通过酶促反应还原Fe（Ⅲ），从此开启了铁还原菌研究的大门。1987年研究人员首次分离出具有铁还原能力的纯菌地杆菌（*Geobacter metallireducens* GS-15），并随着微生物铁还原的机理研究不断深入，对铁还原菌的微生态作用和应用潜力的认识逐渐清晰。铁还原菌通过分解有机物产生电子，将电子传递至细胞外，用于固态铁氧化物的还原。除此之外，产生的胞外电子通过细胞色素 c、电子中介体和生物纳米导线等方式传递至电子受体，实现重金属离子还原减毒和有机污染物的分解矿化。

厌氧水生环境中 Fe（Ⅲ）的还原可能涉及微生物异化还原和化学还原过程（Lovley, 1991; Jacobson, 1994）。在自然条件下，氧化铁的还原可以通过硫化物或有机官能团（如酚基和羧酸官能团）的参与进行化学还原（Lovley, 1987）。因此，硫酸盐还原、产生亚硫酸盐的细菌可能间接参与氧化铁的还原（Laanbroek, 1990; Wiessner, 2006）。当发生硫化物氧化时，除了 Fe（Ⅲ）还原之外，相同的总体反应将产生 Fe（Ⅱ），而没有任何明显的硫酸盐还原［式（10-6）、式（10-7）］。氧化铁还原菌可以分为两种类型：一组生产发酵产物，另一组使用发酵产物产生能量。兼性和严格厌氧菌属于第一类，其中许多也能够还原硝酸盐。Fe（Ⅲ）的还原还可以释放出吸附在氧化铁上的磷酸盐和微量元素。因此，氧化铁的还原可能会提高这些化合物在土壤中的利用率。此外，Fe（Ⅲ）还原细菌可以通过竞争硫酸盐还原剂和产甲烷菌来抑制硫酸盐还原和甲烷的产生（Lovley and Phillips, 1987）。

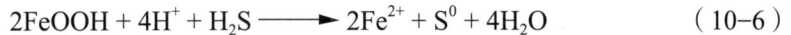

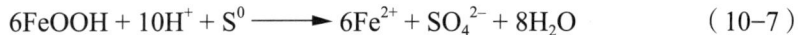

$$2FeOOH + 4H^+ + H_2S \longrightarrow 2Fe^{2+} + S^0 + 4H_2O \qquad （10-6）$$

$$6FeOOH + 10H^+ + S^0 \longrightarrow 6Fe^{2+} + SO_4^{2-} + 8H_2O \qquad （10-7）$$

在酸性条件下，以 Fe（Ⅲ）作为电子受体，氧化亚铁硫杆菌（*Thiobacillus ferrooxidans*）、氧化硫硫杆菌（*T. thiooxidans*）和酸枝硫化叶菌（*Sulfolobus acidocladarius*）等自养型细菌可以将二硫化铁和单质硫氧化为硫酸盐［式（10-8）、式 10-9）］。氧化产物硫酸铁与水反应形成氢氧化铁和硫酸［式（10-10）］，该种反应是自发的，会促进环境中酸的形成（Lundgren and Dean, 1979）。

$$FeS_2 + Fe_2(SO_4)_3 \longrightarrow 3FeSO_4 + 2S \qquad （10-8）$$

$$2S + 6Fe_2(SO_4)_3 + 8H_2O \longrightarrow 12FeSO_4 + 8H_2SO_4 \qquad （10-9）$$

$$2Fe_2(SO_4)_3 + 12H_2O \longrightarrow 4Fe(OH)_3 + 6H_2SO_4 \qquad （10-10）$$

铵氧化过程还可以与湿地土壤中厌氧条件下铁氧化物的异化还原相结合，其中微生物可以使用 Fe^{3+} 作为电子受体将 NH_4^+ 氧化为 NO_2^-。这个过程也称为厌氧氨氧化耦合铁氧化物还原（Feammox）（Clement et al., 2005）。尽管 Feammox 过程也在类似于厌氧氨氧化的厌氧条件下发生，但这两个过程是不同的。浮霉菌门中的许多物种已被鉴定为厌氧氨氧化细菌，如 *Acidimicrobiaceae* sp. A6（ATCC, PTA-122488）。以水铁矿作为三价铁源的 Feammox 反应的化学计量学方程式见式（10-11）（Huang and Jaffe, 2018; Shuai and Jaffe, 2019）。

$$3Fe_2O_3.\ 0.5H_2O + NH_4^+ + 10H^+ \rightarrow NO_2^- + 6Fe^{2+} + 8.5H_2O \qquad （10-11）$$

10.2　人工湿地中铁的来源

人工湿地中的铁主要来源有两个：进水中的铁和湿地基质中释放出的铁。由于水不可避免地会与环境地表过程接触，使得铁成为许多废水中的常见成分如城镇生活污水、垃圾填埋场或酸性矿井排水。不同废水中的 Fe 含量差异较大，见表 10-1（Wu et al., 2019）。一般来说，生活污水，农业 / 公路径流，纺织厂、制革厂和炼油厂废水中的 Fe 含量通常较低，一般不会产生环境风险。工业废水、垃圾填埋场渗滤液和矿山排水中 Fe 含量较高。以酸性矿山排水为例，在采矿过程中接触氧气的条件下，铁很容易被氧化导致二价铁的生成以及随后黄铁矿氧化成三价铁。采矿废水中铁浓度可达数千毫克每升。值得注意的是，对于低 Fe 含量和高 Fe 含量的废水，如城市污水和酸性矿井排水，去除废水中的铁并不是人工湿地建设的主要目标。但鉴于铁与其他废水成分（如 P、S 和痕量金属）的相互作用，人工湿地中铁的滞留和释放非常重要。

表 10-1　不同类型废水的 Fe 含量

废水类型	含铁浓度（mg/L）	国家和地区
城市污水	0.930 ± 1.140	捷克
	2.417 ± 2.860	捷克
	0.980 ± 0.550	捷克
	2.2~15.3	波兰
	0.28~5.2	波兰
	1.4~7.6	波兰
	0.43~0.76	比利时
农业径流	<0.02	加拿大
	0.038~1.69	美国
	0.17	美国

（续）

废水类型	含铁浓度（mg/L）	国家和地区
高尔夫球场污水	0.75~1.49	美国
高速公路径流	0.032~3.31	美国
	13.2~60.2	日本
	9.8~57.9	瑞典
炼油厂废水	4~7.5	巴基斯坦
	1.4	印度
	0.33~11.7	阿联酋
制革厂废水	3.12	阿尔及利亚
	20	意大利
纺织厂废水	0.28	中国台湾
	0.83~2.12	土耳其
	1.08~3.11	巴基斯坦
	0.11~0.16	马来西亚
垃圾填埋场渗滤液	45 ± 31	挪威
	32 ± 35	挪威
	16.2	英国
	16.2	英国
	11.1	英国
	16.9	英国
	45	英国
矿井排水	170	美国
	2.1~255.6	印度
	229	韩国
	105~1400	加拿大
	44	美国
	100	美国
	27~333	美国
	205	美国
	6.5~33.6	英国
	682~45 595	西班牙
	278~688	英国

10.3　人工湿地中铁的滞留和再释放

人工湿地中铁的滞留过程主要涉及 Fe（Ⅲ）的沉淀和植物的吸收。如图 10-1 的水平潜流人工湿地中铁的去除过程所示，铁的沉淀过程包括多种非生物和生物过程。

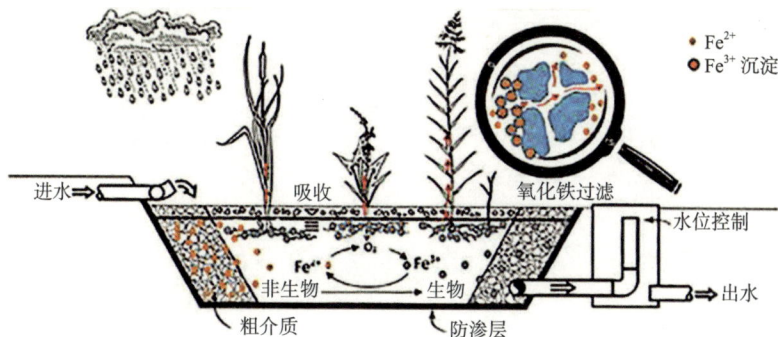

图 10-1　水平潜流人工湿地中铁的去除过程

10.3.1　铁的沉降

表 10-2 是关于人工湿地废水处理系统中铁去除的研究。近年来，基于人工湿地技术组合、曝气等强化运行策略，人工湿地的应用场景从传统的生活污水处理拓展到各种不同污染浓度的工业废水处理。但人工湿地系统主要以去除有机物、氮、磷、悬浮物等污染物为主要目标，对于铁的去除和滞留关注较少。由表 10-2 可知，目前文献中关于大型垂直流人工湿地和强化型人工湿地中铁的去除研究仍然较少，仅限于人工湿地小试系统（Allende et al., 2006）。

不同类型的人工湿地对铁的去除性能差异很大。除了人工湿地中富铁材料基质可能存在的负去除性能外，大多数报道的人工湿地表现出较好的铁去除性能。由表 10-3 可知，从废水中去除的铁主要保留在人工湿地的沉积物中。由于进水浓度、水力停留时间以及植物种类的不同，同类型人工湿地系统的去除性能差异也较大。一般来说，表面流人工湿地对酸性矿井排水的处理主要是通过一系列的氧化、水解和沉淀物的沉降作用来促进金属沉淀。因此，沉积物中积累的铁的流动性和有效性相对较低。如果不添加外部有机材料，大多数表面流人工湿地是无法通过有限的碱度产生来缓冲酸度（Di Luca et al., 2011; O'Sullivan et al., 2004）。因此，单独使用湿地系统处理含铁浓度 > 75 mg/L 的酸性矿井排水时效果会很差（Wieder, 1994）。此外，在表面流人工湿地中添加一些有机基质（如泥炭、马粪、椰糠、堆肥渣或泥炭土）可增强金属络合的能力（Johnson and Hallberg, 2005; Allende et al., 2014）。

表10-2　不同人工湿地中Fe的去除性能(Wu et al., 2019)

规模	废水类型	进水浓度(mg/L)	出水浓度(mg/L)	效率(%)	植物种类
			水平潜流人工湿地		
大型	市政污水	2.417	1.072	55.6	P. Phalaris
大型	市政污水	0.930	0.460	50.5	P. Phalaris
大型	市政污水	0.980	4.077	−358[1]	P. Phalaris
大型	市政污水	0.280	0.050	82	S. viminalis
大型	市政污水	0.520	0.140	97	S. viminalis
大型	市政污水	1.400	0.120	91	P. Canadensis
大型	市政污水	7.600	0.800	90	P. Canadensis
大型	市政污水	0.430~0.760	1.100~2.350	(−50)~(−445)	P. australis
大型	生活污水	1.750	0.350	80.2	P. australis
中试	人工模拟废水	2	0.180	92	P. australis
中试	人工模拟废水	2	0.160	95	T. latifolia
小试	矿井排水	12	—	20~100	J. effusus
			表面流人工湿地		
大型	市政污水	2.200	0.510	79	P. communis
大型	市政污水	15.300	2.200	86	P. communis
大型	工业废水	0.270	0.070	74	Mixed
大型	矿井排水	170	30	82	T. latifolia
大型	矿井排水	44	0.900	98	T. latifolia
大型	矿井排水	205	6.300	97	T. latifolia
大型	煤矿渗滤液	4.690	0.002~0.490	90~94	Mixed
大型	污水+工业废水	7.730	0.240	74	E. crassipes
大型	污水+工业废水	13.700	0.380~0.670	95	E. crassipes
小试	矿井排水	12	—	20~100	J. effusus
小试	污水+工业废水	9.100	0.210	82	E. crassipes
			垂直潜流人工湿地		
小试	矿井排水	107	116	−8[2]	P. australis
小试	矿井排水	107	57	46[3]	P. australis

（续）

规模	废水类型	进水浓度（mg/L）	出水浓度（mg/L）	效率（%）	植物种类
小试	矿井排水	107	15	86[4]	P. australis
小试	矿井排水	107	1.85	98[5]	P. australis

注：（1）一滤床用高 Fe 含量（22 g/kg）黏土密封；（2）一基质为砾石；（3）一基质为椰糠；（4）一基质为沸石；（5）一基质为石灰石。

表10-3　人工湿地沉积物中的 Fe 含量（Wu et al., 2019）

含量（mg/kg）	废水类型	植物类型	国家
表面流人工湿地			
21~32	市政污水	P. communis	波兰
176~617	矿井排水	T. latifolia	美国
704~1041	矿井排水	J. effusus	德国
0.9~1.7	工业废水	Mixed	巴基斯坦
31 300~35 200	煤矿"渗滤液	Mixed	美国
水平潜流人工湿地			
41~62	市政污水	P. Canadensis	波兰
18 028	市政污水	P. Canadensis	捷克
17 585	市政污水	P. Canadensis	捷克
19 694	市政污水	P. arundinacea+P. australis	捷克
21 567	市政污水	P. australis	捷克
11 773	市政污水	P. arundinacea+P. australis	捷克
16 412	市政污水	P. arundinacea+P. australis	捷克
8659	市政污水	P. australis	捷克
467~504	矿井排水	J. effusus	德国
23 000~35 000	生活污水	P. australis	比利时
19 000~21 000	生活污水	P. australis	比利时
垂直潜流人工湿地			
14 000	生活污水	P. australis	比利时
0.2%~5.9% 干重a	生活污水	—	法国

注：a—法国的 14 个垂直潜流人工湿地中的污泥沉积物。

尽管水平潜流人工湿地去除废水中的铁也依赖于类似过程，但这些过程主要依赖于缺氧条件下基质内的化学和微生物还原过程。湿地床体的缺氧或厌氧环境会导致细菌还原 Fe^{3+} 并随之释放还原形式的 Fe^{2+}，因此，潜流人工湿地中 Fe 的去除率通常较低。水平潜流人工湿地对于铁的高去除性能（表 10-2）是由于市政或生活污水中 Fe 的进水浓度较低。因此，通常用表面流与水平潜流人工湿地组合系统来处理酸性矿井排水（Mitsch and Wise, 1998）。

Lesley 等（2008）研究发现，在人工湿地之前的氧化塘和表面流人工湿地前段，铁的主要去除过程是非生物过程，并且很大程度上取决于氧化条件和氢氧化铁的形成。在这些区域，氧化铁颗粒可以很容易地沉降到湿地的底部或滞留在细砾石中。当湿地系统后段的铁浓度显著降低（如浓度 <2 mg/L），生物去除过程可能会变得更加重要。Diáková 等（2006）利用水平潜流人工湿地处理含高浓度有机生活污水时，发现有机物降解会导致氧化还原电位较低，湿地进水区存在显著的铁去除（占总铁的96%~100%）和溶解的亚铁离子。由于湿地植物根系释放氧气，10%~30% 的还原铁会发生再氧化。因此，在芦苇根部深处和距进水口较远的区域中发现了较高浓度的氧化铁。此外，Vymazal 和 Svehla（2013）基于捷克 7 个运行了 2~16 年的水平潜水流人工湿地系统，发现沉积物中的铁浓度随着运行时间的延长而降低。

10.3.2　铁的季节和昼夜动态变化

在表面流人工湿地中，沉积物 – 水界面处 Fe 的迁移交换随季节变化而波动。Goulet 和 Pick（2001）研究表明，安大略省卡纳塔的 Monahan 表面流人工湿地中铁的滞留存在强烈的季节性差异。在春季和秋季，发现了溶解态铁向颗粒状铁的分配过程，该过程与 pH 值和温度的季节变化有关。一般认为，表面流人工湿地中的 pH 值很大程度上受光合作用和呼吸作用的影响。藻类和沉水植物在春季、夏季和秋季的光合作用会增加 pH 值，从而间接刺激将铁转化为颗粒形式的过程。然而，在冬季低温期间，表面流人工湿地顶部结冰会限制大气中氧气的转移，并在沉积物中造成缺氧条件。在这种条件下，颗粒氢氧化铁的还原可导致人工湿地中铁的溶解和释放。

除了季节性影响外，人工湿地中也可能发生 Fe^{3+} 和 Fe^{2+} 形态转变的昼夜变化规律。Fe 的光还原作用已被证明是人工湿地系统中 Fe^{3+} 向 Fe^{2+} 昼夜变化的原因之一（Mcknight and Bencala, 1988）。然而，在表面流人工湿地中，Fe^{3+} 和 Fe^{2+} 比例的昼夜变化可能更多地与沉积物中微生物铁还原相关，而不是与表层水中的光还原相关。例如，Wieder（1994）在表面流人工湿地处理酸性矿井排水时发现，进水中 Fe 化学成分相对稳定，而出水中存在明显的 Fe^{3+} 向 Fe^{2+} 的转化。在日出之前，出水中 75%~100% 的可溶性 Fe 为 Fe^{2+}，而在日落之前，62%~88% 的可溶性 Fe 为 Fe^{3+}。

10.3.3　铁的再释放

人工湿地中铁的再释放依赖于系统 pH 值和氧化还原电位变化的过程。人工湿地经过多年的运行，环境和操作因素可能会对系统的 pH 值和氧化还原电位产生压力。例如，高有机负荷或系统堵塞都可能使湿地床体内形成还原环境（Kim et al., 2016）。人工湿地也可能偶尔暴露于酸性降雨或具有极端 pH 值的工业废水中（Du et al., 2014; Fillaudeau et al., 2006）。这些 pH 值和氧化还原电位的变化都会影响人工湿地中 Fe 的迁移效率。Kim 等（2016）研究表明，人工湿地中的水饱和度、pH 值和氧化还原电位变化都会影响铁的浸出行为。

除了 pH 值和氧化还原电位变化的影响外，降雨引起的水力负荷增加也被证明与人工湿地中 Fe 的再释放有关。Ye 等（2001）研究发现，运行 10 年的表面流人工湿地在强降雨期间，湿地的除铁效率会降低。进一步研究表明，强降雨的影响会直接造成稀释效应，导致进水中铁浓度较低。此外，Wiessner 等（2006）研究了降雨驱动的水平潜流人工湿地中铁的再释放，发现出水中铁浓度的峰值与降雨量的峰值有很好的相关性。在非暴雨期，湿地系统中铁的去除率为 90%；而在在暴雨期，铁去除率显著下降。

10.4　人工湿地植物对铁的吸收和响应

铁作为植物生长的必需元素之一，参与湿地植物的各种生长过程，如呼吸、光合作用和细胞 DNA 合成等。然而，高浓度铁（Fe^{2+}）或铁的生物利用度不足会严重影响湿地植物生长繁殖，进而影响人工湿地的处理效果。

10.4.1　湿地植物吸收

表 10-4 总结了处理不同类型人工湿地中湿地植物的 Fe 含量。虽然湿地植物对铁的吸收能力较强，但不同种类湿地植物和不同植物部位中的 Fe 含量差异较大。在处理高浓度铁废水（如矿井排水）时，铁可在植物组织中大量积累，但植物中的总 Fe 含量仅为湿地进水中铁的一小部分（<2%）。但在处理低浓度铁的生活污水时，人工湿地中湿地植物对铁的吸收作用可能较为重要。一般来说，湿地植物的铁积累能力主要受植物种类影响（Dunbabin and Bowmer, 1992）。由表 10-4 可知，植物吸收的铁主要贮存在植物地下部，其 Fe 含量比植物地上部高出几个数量级。

铁在湿地植物地下部分的分布也表现出与进水口距离的显著相关性（图 10-2）。在水平潜流人工湿地前段植物地下组织中的铁浓度远高于离进水口较远距离处植物的 Fe 含量。然而，在植物茎和叶中没有发现类似的规律（Lesage, 2006）。因此，相对于

表 10-4　不同湿地植物的 Fe 含量（Wu et al., 2019）

单位：g/kg

植物类型	地下含量	地上含量	湿地类型	废水类型
宽叶香蒲（*Typha latifolia*）	8820~28 660	253~1739	FWS	矿井排水
Typha latifolia	5.7	2.3	FWS	工业废水
Typha latifolia	2500（整株）		FWS	矿井排水
Typha latifolia	208（整株）		FWS	矿井排水
Typha latifolia	1919（整株）		FWS	矿井排水
Typha latifolia	286（整株）		FWS	矿井排水
Typha latifolia	335（整株）		FWS	矿井排水
芦苇（*Phragmites australis*）	1655~6433		HF	生活污水
Phragmites australis	4.2	2.3	FWS	工业废水
Phragmites australis		23~114	HF	生活污水
Phragmites australis	3694	24	VF	生活污水
Phragmites australis	3263		HF（入口）	生活污水
Phragmites australis	1490		HF（出口）	生活污水
Phragmites australis	1653~6433	27~114	HF	生活污水
Phragmites australis	3640	94~199	HF	垃圾渗滤液
Phragmites australis	808~3678	70~127	HF	城市污水
Phragmites australis	162~213（整株）		FWS	城市污水
灯心草（*Juncus effusus*）	14 300	250	HF	矿井排水
Juncus effusus	11 000	250	SF	矿井排水

（续）

植物类型	地下含量	地上含量	湿地类型	废水类型
Juncus effusus	68469	1217	SF	煤矿渗滤液
䕩草（Phalaris arundinacea）	530~970	190~360	HF	城市污水
Phalaris arundinacea	1987~6028	70~388	HF	城市污水
香蒲（Cattail Typha sp.）	41318	320	SF	煤矿渗滤液
Cattail Typha sp.	6430~8000	178~268	SF	煤矿渗滤液
蒿柳（Salix viminalis）	107~167（整株）		HF	城市污水
Salix viminalis	95~133（整株）		HF	城市污水
藨草（Scirpus cypernius）	4.8	2.0	FWS	工业废水
苔草（Carex aquatilis）	5.6	2.8	FWS	工业废水
小花灯心草（Juncus articulatus）	2.7	1.0	FWS	工业废水
三棱草（Juncus spp.）	718	137	FWS	矿井排水
金鱼藻（Ceratophyllum demersum）	5.3	2.6	FWS	工业废水
浮萍（Lemna gibba L）	2.8	1.7	FWS	工业废水
凤眼莲（Eichhornia crassipes）	4.9	1.9	FWS	工业废水
光蓼（Polygonum glabrum）	5.1	2.1	FWS	工业废水
泽泻（Alisma plantago-aquatica）	3.9	1.5	FWS	工业废水
大薸（Pistia stratiotes）	4.3	2.0	FWS	工业废水

注：HF—水平潜流人工湿地；FWS—表面流人工湿地；VF—垂直潜流人工湿地。

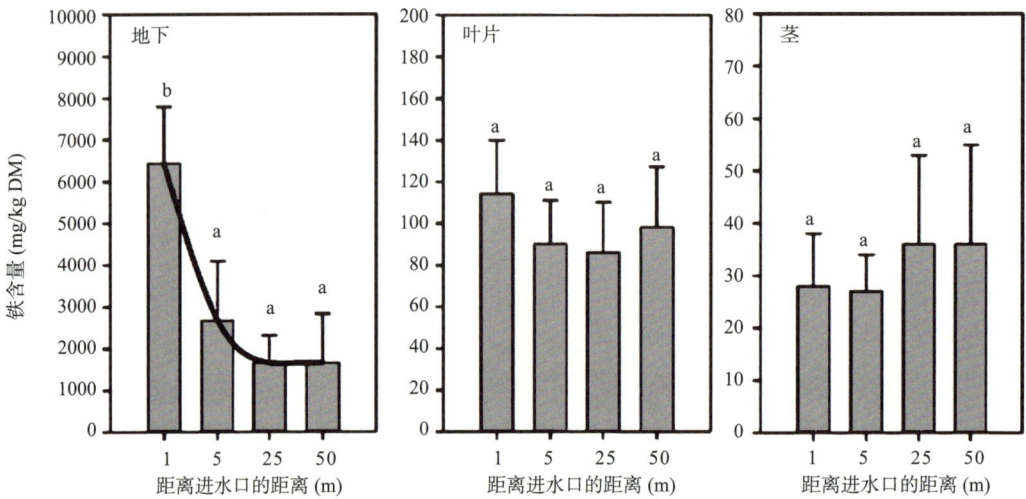

图 10-2 水平潜流人工湿地中植物不同部位的 Fe 含量沿进水口距离的变化图

根而言，由于叶和茎的铁含量较低，通过收获的湿地植物地上部中的铁浓度来估算植物对铁的去除贡献是不准确的。此外，湿地植物凋落物会直接影响植物对于铁的吸收，还影响人工湿地中铁的滞留。Ye 等（2001）研究发现，香蒲凋落物中的铁积累量是在香蒲嫩枝中的 160 倍。

10.4.2 湿地植物对缺铁的响应

在天然湿地中，植物缺铁的情况并不常见。而在人工湿地中，特别是不饱和垂直流人工湿地和具有强烈氧化环境的曝气人工湿地中，经常会出现湿地植物缺铁症状，主要表现为植物叶片萎黄和生长缓慢（Weedon, 2014; Butterworth et al., 2013）。这主要是由于在强氧化条件下（如 Fe 和 Mn 氧化），Fe 会形成低溶解度的氧化物沉淀而固定在湿地中（Carcia et al., 2010）。虽然人工湿地中的强氧化条件有利于去除有机物和氨，但需关注湿地系统中 Fe 等微量营养元素的可利用性及对湿地植物生长繁殖的影响。

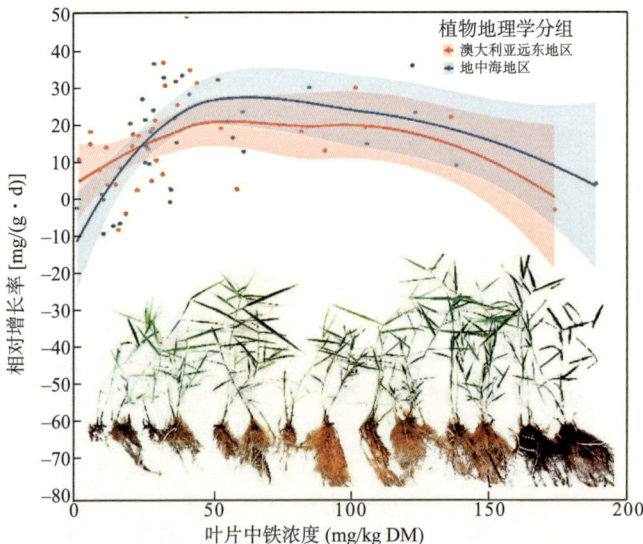

图 10-3 湿地植物叶片中 Fe 含量与植物生长速率的关系

Ren 等（2018）基于两个

具有明显遗传差异的典型湿地植物系统，发现在不同铁浓度的培养条件下，植物幼叶中 Fe 含量在 40~50（mg/kg DM）范围内是植物缺铁的极限（图 10-3）

10.4.3　湿地植物对铁中毒的响应

人工湿地中铁对湿地植物的毒性作用通常与以下两种情况有关：①人工湿地进水为高浓度铁废水，如酸性矿井废水；②人工湿地建造时使用了高溶解度的富铁基质填料。人工湿地应用于处理矿井排水已有数十年的历史，尽管某些植物能适应高铁废水，但湿地植物通常会表现出枯萎或发育不良症状。Batty 和 Younger（2002）在人工湿地处理矿井水中发现，高浓度的铁对幼苗的根长、根干重等均有不同程度的负面影响。

当使用富铁材料作为人工湿地的基质时，人工湿地的孔隙水中通常会检出高浓度的还原态铁。由于磷与铁的氧化物有很强的亲和力，因此使用富铁材料基质有利于增强人工湿地对磷的去除。然而，水平潜流人工湿地、饱和垂直流人工湿地或严重堵塞的垂直流人工湿地中的厌氧条件可将基质中的铁氧化物还原为可溶性 Fe^{2+}，并将其释放到孔隙水中。Wu 等（2012）研究发现，富铁基质人工湿地在处理富含硫酸盐的氯代烷烃污染地下水的初期，孔隙水中的 Fe^{2+} 浓度可达 35 mg/L。系统经过 6 年运行后，湿地基质中的铁基本被耗尽，孔隙水中 Fe^{2+} 含量下降至 0.3 mg/L。然而，在系统运行期间，未观察到铁对植物的负面影响，这可能与植物的根系泌氧（形成铁膜）以及硫化物沉淀的解毒能力有关。

10.5　根系铁膜与重金属固定的相互作用

湿地植物根系具有泌氧能力，使其根表及根际微环境呈氧化状态，因而基质中一些还原性物质被氧化，如 Fe^{2+}、Mn^{2+}，形成的氧化物呈红色或红棕色胶膜状包裹在根表，称为铁锰氧化物膜（简称铁膜）。铁锰氧化物膜及其根际微环境是湿地植物根系吸收养分和污染物的门户（图 10-4）。人工湿地中植物根部表面形成的铁膜可以占到总根重的 10% 以上，并延伸到根际 15~17 μm（Taylor et al., 1984）。由于根系铁膜特殊的铁相和结晶度，以及含有羟基（–OH）官能团，通常具有高的比表面积，使得铁膜能够与各种微量金属元素发生反应，从而影响其生物地球化学循环过程（Hansel et al., 2001）。

关于根系铁膜对痕量金属（Cd^{2+}、Cu^{2+}、Pb^{2+}、Ni^{2+}、Zn^{2+} 等）的富集固定的研究报道较多（Sheoran et al., 2006）。湿地植物根表铁锰氧化膜对富集和吸收重金属离子的能力除了与氧化膜自身的性质有关外，还受植物种类的影响。Jiang 等（2009）研究发现，15 种湿地植物根系中 Cu、Mn、Zn 的含量与铁膜数量呈显著相关。此外，Xu 等（2019）通过水培试验研究了根系铁膜对鸢尾中重金属铬（Cr）和镍（Ni）的固定和转运的影响。

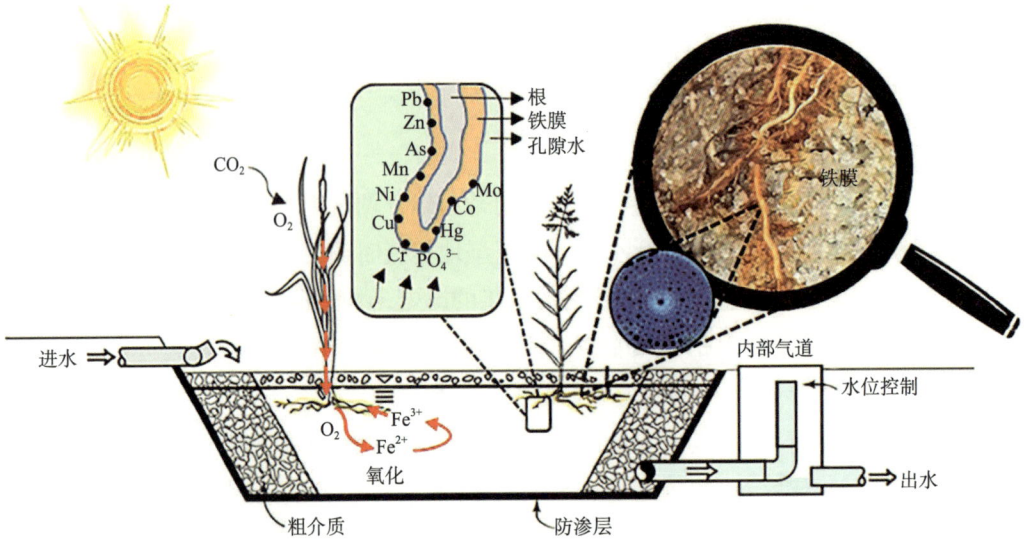

图 10-4　根系铁膜的形成以及水平潜流人工湿地中重金属和磷的固定

结果表明，根系铁膜的存在显著减少了 Cr 向植物根部的输运，但从根到枝芽的转运则有所增加。然而，重金属 Ni 在植物各部位的分布则不受影响。

10.6　人工湿地中铁 – 磷 – 硫的多重相互作用

10.6.1　铁 – 磷相互作用

人工湿地废水处理系统中磷的去除主要依靠基质的吸附作用（Mendes et al., 2018）。常用的湿地填料，如砾石和沙子等，对磷（P）吸附的快速饱和会降低湿地系统的净化效率（Lan et al., 2018; Park et al., 2016）。人工湿地系统中强化除磷的方法主要有两种：一是向污水中添加氯化铁，二是使用富含 Fe、Ca、Al 等成分填料来吸附磷。Kim 等（2015）研究表明，在垂直流人工湿地系统中，通过投加 $FeCl_3$，可以与溶解的正磷酸盐及有机磷化合物反应。在此过程中，磷主要通过形成磷酸铁而不是吸附在氢氧化铁上去除。

除化学除磷外，填料的合理选择也是人工湿地除磷的关键因素（Jiang et al., 2013）。特别是，选择特定的含铁工业废物作为基质，可以提高人工湿地中磷的滞留率。

10.6.2　铁 – 磷 – 硫相互作用

硫酸盐广泛存在于天然水体和人工湿地处理的废水中，因此，硫（S）的循环往往涉及铁和磷的相互作用。在人工湿地中，由于氧化还原动力学导致的铁和硫的协同生物地球化学循环已被证明会影响人工湿地中 P 的可利用性和迁移率（Wu et al., 2013）。在以有机碳为电子供体的水平潜流人工湿地中通常存在微生物异化硫酸盐还原反应过程。硫酸盐还原生成的硫化氢能迅速与溶解在孔隙水中的 Fe^{2+} 反应生成 FeS。随着溶解的 Fe^{2+} 有效性降低，硫化物将进一步与有机物和矿物结合的 Fe 发生反应（Chen et al., 2016），可能会导致与铁结合的磷的释放（Azzoni et al., 2005; Rozan et al., 2002）。

进水中的还原性二价金属（Me^{2+}），如 Cd、Cu、Ni、Pb 和 Zn 等，也会影响人工湿地系统中 Fe 的迁移。因为 Fe 可以被这些二价金属取代（Fang et al., 2005），形成更多的不溶性金属硫化物，而不是 FeS，见式（10–12）。然而，这些二价金属的影响可能不显著，因为它们在进水中的含量有限。

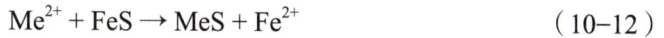

$$Me^{2+} + FeS \rightarrow MeS + Fe^{2+} \qquad (10\text{--}12)$$

在湿地系统的深根区，由于植物根系释放的氧气，形成了一定的氧化还原梯度（Bezbaruah et al., 2004; Colmer et al., 2003）。这种根区氧化还原梯度使不同氧化还原反应过程之间发生复杂的相互作用，例如，Fe–P 固定和 Fe–P 释放，Fe 还原和硫酸盐还原（Holmer and Storkholm, 2001; Wiessner et al., 2005）。

10.6.3 铁膜－硫－磷相互作用

除了金属硫与铁和磷的直接相互作用外，二者的间接相互作用也可以通过根系铁膜相连接。由于水平潜流人工湿地的孔隙水中溶解的硫化物可以迅速析出溶解的 Fe^{2+}，进一步转化为 FeS，从而形成根系铁膜，降低了铁的有效性。Mei 等（2014）研究表明，人工湿地污水处理系统可诱导 6 种湿地植物的根系形成大量铁膜。研究还发现铁膜的形成与总磷的去除性能存在一定的相关性。

根系铁膜对植物磷吸收的相互作用较为复杂，因为铁膜的存在既可以作为屏障，也可以作为促进剂。有研究认为，废水中的可溶性磷与 Fe^{3+} 发生共沉淀，并与根系铁膜中的无定形氢氧化物结合，从而影响了湿地植物对其吸收（Christensen, 1998）。Christensen 和 Sand-Jensen（1998）研究发现，在根系铁膜存在的情况下，植物水生山梗菜（*Lobelia dortmanna*）对磷的吸收能力显著下降。也有研究表明，根系铁膜贮存的磷可以作为磷源，从而促进水平潜流人工湿地中湿地植物的生长（Chong et al., 2013）。

根系铁膜除了影响湿地植物磷吸收外，湿地基质中的养分状态或废水中的养分组成也会影响根系铁膜的形成。Liu 等（2004）研究发现，缺磷促进了根系铁膜的形成。Yang 等（2011）也发现，人工湿地进水中磷的浓度越高，越能促进湿地植物（花叶冷水花）（*Pilea cadierei*）根系铁膜的形成。这可能是由于缺磷通常会增加植物根系长度和孔隙度，从而促进根系氧气的释放，进而氧化更多的 Fe^{2+} 并形成根系铁膜（Kirk, 1997）。

10.7   铁与人工湿地中氮转化的相互作用

铁循环在氮的生物地球化学循环中具有重要意义（Roden and Wetzel, 2002; Song et al., 2016）。如图 10-5 所示，铁的氧化还原常常伴随着不同的氮转化。特别是在有机碳源缺乏的情况下，铁循环的作用可能更为显著。例如，在没有足够的有机碳电子供体进行异养反硝化的情况下，硝酸盐依赖的 Fe（Ⅱ）氧化可作为一种替代的反硝化过程来去除硝酸盐。该过程已被证明是自发过程，因为在中性 pH 值环境条件下，亚铁被氧化成三价铁的氧化还原电位（约 +120 mV）要低于硝酸盐还原为氮气的氧化还原电位（+220 mV）（Hedrich et al., 2011）。

基于硝酸盐依赖性 Fe^{2+} 氧化的反硝化过程具有降低有机碳源消耗的潜力，特别是在低 C/N 废水的处理中（Zhang et al., 2015）。然而，这一过程在废水处理系统中应用有待进一步研究。Song 等（2016）研究了垂直潜流人工湿地中外加 Fe^{2+} 对硝酸盐去除效率的影响。结果表明，在 C/N 为 2 的人工湿地中加入 30 mg/L 的 Fe^{2+}，硝酸盐的去除率明显提高。但进水中没有有机碳源时，外源添加 Fe 对硝酸盐去除效果的影响确不显著，因为 Fe^{2+} 和 Fe^{3+} 的循环反应不可能在没有微生物碳循环的情况下完成，而是形成了氢氧化物沉淀。此外，在高 C/N（>4）时，Fe^{2+} 对反硝化作用也不明显，因为大部分有机碳将用于异养反硝化过程。

厌氧条件下氨氧化物与铁氧化物的异化还原反应过程（Feammox）已经在森林河岸湿地等天然生态系统中得到验证（Ding et al., 2014）。Shuai 和 Jaffe（2019）在人工湿地中发现了一种酸微菌（*Acidimicrobiaceae* sp. A6），且 Feammox 的存在使得高铁基人工湿地中的铵态氮去除率更高。Zou 等（2011）也发现人工湿地系统中溶解的铁、铵和亚硝酸盐之间存在正相关关系。

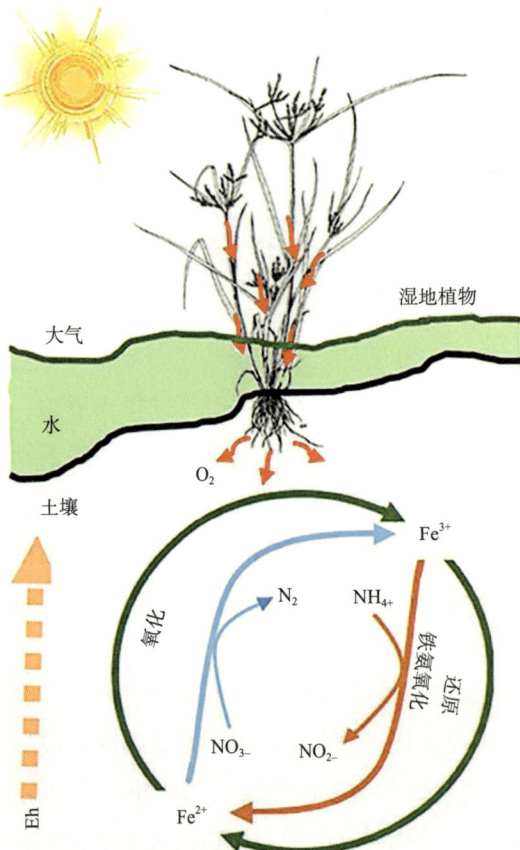

图 10-5   人工湿地中铁与氮转化的相互作用

参考文献

ALLENDE K L, FLETCHER T D, SUN G, 2012. The effect of substrate media on the removal of arsenic, boron and iron from an acidic wastewater in planted column reactors [J]. Chemical Engineering Journal, 179: 119-130.

ALLENDE K L, MCCARTHY D T, FLETCHER T D, 2014. The influence of media type on removal of arsenic, iron and boron from acidic wastewater in horizontal flow wetland microcosms planted with Phragmites australis [J]. Chemical Engineering Journal, 246: 217-228.

ASLAM M M, MALIK M, BAIG M A, et al., 2007. Treatment performances of compost-based and gravel-based vertical flow wetlands operated identically for refinery wastewater treatment in Pakistan [J]. Ecological Engineering, 30(1): 34-42.

AZZONI R, GIORDANI G, VIAROLI P, 2005. Iron–sulphur–phosphorus interactions: implications for sediment buffering capacity in a mediterranean eutrophic lagoon (Sacca di Goro, Italy) [J]. Hydrobiologia, 550: 131-148.

BARR M J, ROBINSON H D, 1999. Constructed wetlands for landfill leachate treatment [J]. Waste Management & Research, 17(6): 498-504.

BATTY L C, YOUNGER P L, 2002. Critical role of macrophytes in achieving low iron concentrations in mine water treatment wetlands [J]. Environmental Science & Technology, 36(18): 3997-4002.

BENHADJI A, AHMED M T, MAACHI R, 2011. Electrocoagulation and effect of cathode materials on the removal of pollutants from tannery wastewater of Rouïba [J]. Desalination, 277(1-3): 128-134.

BENYAHIA F, ABDULKARIM M, EMBABY A, et al., 2006. Refinery wastewater treatment: a true technological challenge [C]//The Seventh Annual UAE University Research Conference. UAE University.

BEZBARUAH A N, ZHANG T C, 2004. pH, redox, and oxygen microprofiles in rhizosphere of bulrush (Scirpus validus) in a constructed wetland treating municipal wastewater [J]. Biotechnology and Bioengineering, 88(1): 60-70.

BLOWES D W, ROBERTSON W D, PTACEK C J, et al., 1994. Removal of agricultural nitrate from tile-drainage effluent water using in-line bioreactors [J]. Journal of Contaminant Hydrology, 15(3): 207-221.

BRIX H, ARIAS C A, JOHANSEN N H, et al., 2003. Experiments in a two-stage constructed wetland system: nitrification capacity and effects of recycling on nitrogen removal [M]//Wetlands-nutrients, metals and mass cycling. 237-258.

BUTTERWORTH E, DOTRO G, JONES M, et al., 2013. Effect of artificial aeration on tertiary nitrification in a full-scale subsurface horizontal flow constructed wetland [J]. Ecological Engineering, 54: 236-244.

BUTTERWORTH E, RICHARDS A, JONES M, et al., 2016. Impact of aeration on macrophyte establishment in sub-surface constructed wetlands used for tertiary treatment of sewage [J]. Ecological Engineering, 91: 65-73.

CHAGUÉ-GOFF C, 2005. Assessing the removal efficiency of Zn, Cu, Fe and Pb in a treatment wetland using selective sequential extraction: a case study [J]. Water, Air, and Soil Pollution, 160: 161-179.

CHEN Y, WEN Y, ZHOU Q, et al., 2016. Sulfate removal and sulfur transformation in constructed wetlands: The roles of filling material and plant biomass [J]. Water Research, 102: 572-581.

CHON H T, HWANG J H, 2000. Geochemical characteristics of the acid mine drainage in the water system in the vicinity of the Dogye coal mine in Korea [J]. Environmental Geochemistry and Health, 22: 155-172.

CHONG Y X, YU G W, CAO X Y, et al., 2013. Effect of migration of amorphous iron oxide on phosphorous spatial distribution in constructed wetland with horizontal sub-surface flow [J]. Ecological Engineering, 53: 126-129.

CHRISTENSEN K K, JENSEN H S, ANDERSEN F Ø, et al., 1998. Interferences between root plaque formation and phosphorus availability for isoetids in sediments of oligotrophic lakes [J]. Biogeochemistry, 43: 107-128.

CLEMENT J C, SHRESTHA J, EHRENFELD J G, et al., 2005. Ammonium oxidation coupled to dissimilatory reduction of iron under anaerobic conditions in wetland soils [J]. Soil Biology and Biochemistry, 37(12): 2323-2328.

COLMER T D, 2003. Long-distance transport of gases in plants: a perspective on internal aeration and radial oxygen loss from roots [J]. Plant, Cell & Environment, 26(1): 17-36.

DI LUCA G A, MAINE M A, MUFARREGE M M, et al., 2011. Metal retention and distribution in the sediment of a constructed wetland for industrial wastewater treatment [J]. Ecological Engineering, 37(9): 1267-1275.

DIAKOVA K, HOLCOVA V, ŠIMA J, et al., 2006. The distribution of iron oxidation states in a constructed wetland as an indicator of its redox properties [J]. Chemistry & Biodiversity, 3(12): 1288-1300.

DING L J, AN X L, LI S, et al., 2014. Nitrogen loss through anaerobic ammonium oxidation coupled to iron reduction from paddy soils in a chronosequence [J]. Environmental Science & Technology, 48(18): 10641-10647.

DU Y J, WEI M L, REDDY K R, et al., 2014. Effect of acid rain pH on leaching behavior of cement stabilized lead-contaminated soil [J]. Journal of Hazardous Materials, 271: 131-140.

DUNBABIN J S, BOWMER K H, 1992. Potential use of constructed wetlands for treatment of industrial wastewaters containing metals [J]. Science of The Total Environment, 111(2-3): 151-168.

EDWARDS D R, MOORE JR P A, DANIEL T C, et al., 1997. Vegetative filter strip removal of metals in runoff from poultry litter-amended fescuegrass plots [J]. Transactions of The ASAE, 40(1): 121-127.

EQUEENUDDIN S M, TRIPATHY S, SAHOO P K, et al., 2010. Hydrogeochemical characteristics of acid mine drainage and water pollution at Makum Coalfield, India [J]. Journal of Geochemical Exploration, 105(3): 75-82.

FANG T, LI X, ZHANG G, 2005. Acid volatile sulfide and simultaneously extracted metals in the sediment cores of the Pearl River Estuary, South China [J]. Ecotoxicology and Environmental Safety, 61(3): 420-431.

FILLAUDEAU L, BLANPAIN-AVET P, DAUFIN G, 2006. Water, wastewater and waste management in brewing industries [J]. Journal of Cleaner Production, 14(5): 463-471.

GARCIA J, ROUSSEAU D P L, MORATO J, et al., 2010. Contaminant removal processes in subsurface-flow constructed wetlands: a review [J]. Critical Reviews in Environmental Science and Technology, 40(7): 561-661.

GIKAS P, RANIERI E, 2013. Tchobanoglous G. Removal of iron, chromium and lead from waste water by horizontal subsurface flow constructed wetlands [J]. Journal of Chemical Technology & Biotechnology, 88(10): 1906-1912.

GOULET R R, PICK F R, 2001. Changes in dissolved and total Fe and Mn in a young constructed wetland: Implications for retention performance [J]. Ecological Engineering, 17(4): 373-384.

HALLBERG M, RENMAN G, LUNDBOM T, 2007. Seasonal variations of ten metals in highway runoff and their partition between dissolved and particulate matter [J]. Water, Air, and Soil Pollution, 181: 183-191.

HANSEL C M, FENDORF S, SUTTON S, et al., 2001. Characterization of Fe plaque and associated metals on the roots of mine-waste impacted aquatic plants [J]. Environmental Science & Technology, 35(19): 3863-3868.

HE Z L, ZHANG M K, CALVERT D V, et al., 2004. Transport of heavy metals in surface runoff from vegetable and citrus fields [J]. Soil Science Society of America Journal, 68(5): 1662-1669.

HEDRICH S, SCHLOMANN M, JOHNSON D B. 2011. The iron-oxidizing proteobacteria [J]. Microbiology, 157(6): 1551-1564.

HOLMER M, STORKHOLM P, 2001. Sulphate reduction and sulphur cycling in lake sediments: a review [J]. Freshwater Biology, 46(4): 431-451.

HU Z Y, ZHU Y G, LI M, et al., 2007. Sulfur (S)-induced enhancement of iron plaque formation in the rhizosphere reduces arsenic accumulation in rice (Oryza sativa L.) seedlings [J]. Environmental Pollution, 147(2): 387-393.

HUANG S, JAFFE P R, 2018. Isolation and characterization of an ammonium-oxidizing iron reducer: Acidimicrobiaceae sp. A6 [J]. PLoS One, 13(4): 0194007.

HUBBARD C G, BLACK S, COLEMAN M L, 2009. Aqueous geochemistry and oxygen isotope compositions of acid mine drainage from the Río Tinto, SW Spain, highlight inconsistencies in current models [J]. Chemical Geology, 265(3-4): 321-334.

IMTIAZUDDIN S M, MUMTAZ M, MALLICK K A, 2012. Pollutants of wastewater characteristics in textile industries [J]. Egyptian Journal of Basic and Applied Sciences, 8: 554-556.

JACOBSON M E, 1994. Chemical and biological mobilization of Fe(Ⅲ) in marsh sediments [J]. Biogeochemistry, 25: 41-60.

JARVIS A P, MOUSTAFA M, ORME P H A, et al., 2006. Effective remediation of grossly polluted acidic, and metal-rich, spoil heap drainage using a novel, low-cost, permeable reactive barrier in Northumberland, UK [J]. Environmental Pollution, 143(2): 261-268.

JOHNSON D B, 2003. Chemical and microbiological characteristics of mineral spoils and drainage waters at abandoned coal and metal mines [J]. Water, Air and Soil Pollution: Focus, 3: 47-66.

JOHNSON D B, HALLBERG K B, 2005. Acid mine drainage remediation options: a review [J]. Science of The Total Environment, 338(1-2): 3-14.

KANIA M, GAUTIER M, IMIG A, et al., 2019. Comparative characterization of surface sludge deposits from fourteen French Vertical Flow Constructed Wetlands sewage treatment plants using biological, chemical and thermal indices [J]. Science of The Total Environment, 647: 464-473.

KAPDAN I K, ALPARSLAN S, 2005. Application of anaerobic–aerobic sequential treatment system to real textile wastewater for color and COD removal [J]. Enzyme and Microbial Technology, 36(2-3): 273-279.

KAPPLER A, BRYCE C, MANSOR M, et al., 2021. An evolving view on biogeochemical cycling of iron [J]. Nature Reviews Microbiology, 19(6): 360-374.

KAYHANIAN M, SUVERKROPP C, RUBY A, et al., 2007. Characterization and prediction of highway runoff constituent event mean concentration [J]. Journal of Environmental Management, 85(2): 279-295.

KHAN S, AHMAD I, SHAH M T, et al., 2009. Use of constructed wetland for the removal of heavy metals from industrial wastewater [J]. Journal of Environmental Management, 90(11): 3451-3457.

KIM B, GAUTIER M, MOLLE P, et al., 2015. Influence of the water saturation level on phosphorus retention and treatment performances of vertical flow constructed wetland combined with trickling filter and FeCl3 injection [J]. Ecological Engineering, 80: 53-61.

KIM B, GAUTIER M, SIMIDOFF A, et al., 2016. pH and Eh effects on phosphorus fate in constructed wetland's sludge surface deposit [J]. Journal of Environmental Management, 183: 175-181.

KIRK G J D, 1997. Changes in rice root architecture, porosity, and oxygen and proton release under phosphorus deficiency [J]. The New Phytologist, 135(2): 191-200.

KOHLER E A, POOLE V L, REICHER Z J, et al., 2004. Nutrient, metal, and pesticide removal during storm and nonstorm events by a constructed wetland on an urban golf course [J]. Ecological Engineering, 23(4-5): 285-298.

KROPFELOVA L, VYMAZAL1 J, ŠVEHLA J, et al., 2009. Removal of trace elements in three horizontal sub-surface flow constructed wetlands in the Czech Republic [J]. Environmental Pollution, 157(4): 1186-1194.

KUSIN F M, JARVIS A P, GANDY C J, 2014. Hydraulic performance and iron removal in wetlands and lagoons treating ferruginous coal mine waters [J]. Wetlands, 34: 555-564.

LAANBROEK H J, 1990. Bacterial cycling of minerals that affect plant growth in waterlogged soils: a review [J]. Aquatic Botany, 38(1): 109-125.

LAN W, ZHANG J, HU Z, et al., 2018. Phosphorus removal enhancement of magnesium modified constructed wetland microcosm and its mechanism study [J]. Chemical Engineering Journal, 335: 209-214.

LESAGE E, ROUSSEAU D P L, MEERS E, et al., 2007. Accumulation of metals in a horizontal subsurface flow constructed wetland treating domestic wastewater in Flanders, Belgium [J]. Science of the Total Environment, 380(1-3): 102-115.

LESAGE E, ROUSSEAU D P L, MEERS E, et al., 2007. Accumulation of metals in the sediment and reed biomass of a combined constructed wetland treating domestic wastewater [J]. Water, Air, and Soil Pollution, 183: 253-264.

LESAGE E, 2006. Behaviour of heavy metals in constructed treatment wetlands [D]. Ghent University.

LESLEY B, DANIEL H, PAUL Y, 2008. Iron and manganese removal in wetland treatment systems: rates, processes and implications for management [J]. Science of The Total Environment, 394(1): 1-8.

LIM S L, CHU W L, PHANG S M, 2010. Use of Chlorella vulgaris for bioremediation of textile wastewater [J]. Bioresource Technology, 101(19): 7314-7322.

LIN S H, CHEN M L, 1997. Treatment of textile wastewater by chemical methods for reuse [J]. Water Research, 31(4): 868-876.

LIU W J, ZHU Y G, Smith F A, et al., 2004. Do phosphorus nutrition and iron plaque alter arsenate (As) uptake by rice seedlings in hydroponic culture? [J]. New Phytologist, 162(2): 481-488.

LOVLEY D R, PHILLIPS E J P, 1987. Rapid assay for microbially reducible ferric iron in aquatic sediments [J]. Applied and Environmental Microbiology, 53(7): 1536-1540.

LOVLEY D R, 1987. Organic matter mineralization with the reduction of ferric iron: a review [J]. Geomicrobiology Journal, 5(3-4): 375-399.

LOVLEY D R, 1991. Dissimilatory Fe(Ⅲ) and Mn(Ⅳ)reduction [J]. Microbiological Reviews, 55(2): 259-287.

LUNDGREN D G, DEAN W, 1979. Biogeochemistry of iron studies in environmental, Science, 3: 211-251.

MAHLUM T, WARNER W S, STALNACKE P, et al., 2018. Leachate treatment in extended aeration lagoons and constructed wetlands in Norway [M]//Constructed wetlands for the treatment of landfill leachates. CRC Press, 151-163.

MAINE M A, SUNE N, HADAD H, et al., 2005. Phosphate and metal retention in a small-scale constructed wetland for waste-water treatment [C]//Phosphate in Sediment. Proceedings 4th International Symposium. Backhuys, Leiden. 21-32.

MAINE M A, SUNE N, HADAD H, et al., 2006. Nutrient and metal removal in a constructed wetland for wastewater treatment from a metallurgic industry [J]. Ecological Engineering, 26(4): 341-347.

MAINE M A, SUNE N, HADAD H, et al., 2009. Influence of vegetation on the removal of heavy metals and nutrients in a constructed wetland [J]. Journal of Environmental Management, 90(1): 355-363.

MANYIN T, WILLIAMS F M, STARK L R, 1997. Effects of iron concentration and flow rate on treatment of coal mine drainage in wetland mesocosms: An experimental approach to sizing of constructed wetlands [J]. Ecological Engineering, 9(3-4): 171-185.

MAYS P A, EDWARDS G S, 2001. Comparison of heavy metal accumulation in a natural wetland and constructed wetlands receiving acid mine drainage [J]. Ecological Engineering, 16(4): 487-500.

MCKINGHT D, BENCALA K E, 1988. Diel variations in iron chemistry in an acidic stream in the Colorado Rocky Mountains, USA [J]. Arctic and Alpine Research, 20(4): 492-500.

MEI X Q, YANG Y, TAM N F Y, et al., 2014. Roles of root porosity, radial oxygen loss, Fe plaque formation on nutrient removal and tolerance of wetland plants to domestic wastewater [J]. Water Research, 50: 147-159.

MENDES L R D, TONDERSKI K, IVERSEN B V, et al., 2018. Phosphorus retention in surface-flow constructed wetlands targeting agricultural drainage water [J]. Ecological Engineering, 120: 94-103.

MITSCH W J, WISE K M, 1998. Water quality, fate of metals, and predictive model validation of a constructed wetland treating acid mine drainage [J]. Water Research, 32(6): 1888-1900.

MOUCHET P, 1992. From conventional to biological removal of iron and manganese in France [J]. Journal-American Water Works Association, 84(4): 158-167.

MUEHE E M, GERHARDT S, SCHINK B, et al., 2009. Ecophysiology and the energetic benefit of mixotrophic Fe(Ⅱ) oxidation by various strains of nitratereducing bacteria [J]. FEMS Microbiology Ecology, 70(3): 335-343.

NEMADE P D, KADAM A M, SHANKAR H S, 2009. Removal of iron, arsenic and coliform bacteria from water by novel constructed soil filter system [J]. Ecological Engineering, 35(8): 1152-1157.

O'SULLIVAN A D, MORAN B M, OTTE M L, 2004. Accumulation and fate of contaminants (Zn, Pb, Fe and S) in substrates of wetlands constructed for treating mine wastewater [J]. Water, Air, and Soil Pollution, 157: 345-364.

PARK J H, KIM S H, DELAUNE R D, et al., 2016. Enhancement of phosphorus removal with near-neutral pH utilizing steel and ferronickel slags for application of constructed wetlands [J]. Ecological

Engineering, 95: 612-621.

PEVERLY J H, SURFACE J M, WANG T, 1995. Growth and trace metal absorption by Phragmites australis in wetlands constructed for landfill leachate treatment [J]. Ecological Engineering, 5(1): 21-35.

REN L, ELLER F, LAMBERTINI C, et al., 2018. Minimum Fe requirement and toxic tissue concentration of Fe in Phragmites australis: A tool for alleviating Fe-deficiency in constructed wetlands [J]. Ecological Engineering, 118: 152-160.

RODEN E E, WETZEL R G, 2002. Kinetics of microbial Fe(Ⅲ) oxide reduction in freshwater wetland sediments [J]. Limnology and Oceanography, 47(1): 198-211.

ROZAN T F, TAILLEFERT M, TROUWBORST R E, et al., 2002. Iron-sulfur-phosphorus cycling in the sediments of a shallow coastal bay: Implications for sediment nutrient release and benthic macroalgal blooms [J]. Limnology and Oceanography, 47(5): 1346-1354.

SAMECKA-CYMERMAN A, STEPIEN D, KEMPERS A J, 2004. Efficiency in removing pollutants by constructed wetland purification systems in Poland [J]. Journal of Toxicology and Environmental Health, Part A, 67(4): 265-275.

SHEORAN A S, SHEORAN V, 2006. Heavy metal removal mechanism of acid mine drainage in wetlands: a critical review [J]. Minerals Engineering, 19(2): 105-116.

SHEPHERD H L, GRISMER M E, TCHOBANOGULOUS G, 2001. Treatment of high-strength winery wastewater using a subsurface-flow constructed wetland [J]. Water Environment Research, 73(4): 394-403.

SHINYA M, TSUCHINAGA T, KITANO M, et al., 2000. Characterization of heavy metals and polycyclic aromatic hydrocarbons in urban highway runoff [J]. Water Science and Technology, 42(7-8): 201-208.

SHUAI W, JAFFE P R, 2019. Anaerobic ammonium oxidation coupled to iron reduction in constructed wetland mesocosms [J]. Science of the Total Environment, 648: 984-992.

SINGER P C, STUMM W, 1970. Acidic mine drainage: the rate-determining step [J]. Science, 167(3921): 1121-1123.

SONG X, WANG S, WANG Y, et al., 2016. Addition of Fe^{2+} increase nitrate removal in vertical subsurface flow constructed wetlands [J]. Ecological Engineering, 91: 487-494.

STRAUB K L, BENZ M, Schink B, et al., 1996. Anaerobic, nitrate-dependent microbial oxidation of ferrous iron [J]. Applied and Environmental Microbiology, 62(4): 1458-1460.

STRAUB K L, SCHONHUBER W A, BUCHHOLZ-CLEVEN B E E, et al., 2004. Diversity of ferrous iron-oxidizing, nitrate-reducing bacteria and their involvement in oxygen-independent iron cycling [J]. Geomicrobiology Journal, 21(6): 371-378.

SZPYRKOWICZ L, KAUL S N, 2004. Biochemical removal of nitrogen from tannery wastewater: performance and stability of a full-scale plant [J]. Journal of Chemical Technology & Biotechnology: International Research in Process, Environmental & Clean Technology, 79(8): 879-888.

TAYLOR G J, CROWDER A A, RODDEN R, 1984. Formation and morphology of an iron plaque on the roots of Typha latifolia L. grown in solution culture [J]. American Journal of Botany, 71(5): 666-675.

VYMAZAL J, ŠVEHLA J, 2013. Iron and manganese in sediments of constructed wetlands with horizontal subsurface flow treating municipal sewage [J]. Ecological Engineering, 50: 69-75.

VYMAZAL JAN. 2005. Removal of heavy metals in a horizontal sub-surface flow constructed wetland

[J]. Journal of Environmental Science and Health, 40(6-7): 1369-1379.

WAYBRANT K R, BLOWES D W, PTACEK C J, 1998. Selection of reactive mixtures for use in permeable reactive walls for treatment of mine drainage [J]. Environmental Science & Technology, 32(13): 1972-1979.

WEEDON C M, 2014. Yellow phragmites: Significance, cause and remedies [J]. Sustainability Sanitation Practice Journal, 18: 37-42.

WETZEL R G, 2001. Limnology: lake and river ecosystems [M]. gulf professional publishing.

WIEDER R K, 1994. Diel Changes in Iron(III)/Iron(II) in Effluent from Constructed Acid Drainage Treatment Wetlands [R]. American Society of Agronomy, Crop Science Society of America, and Soil Science Society of America.

WIESSNER A, KAPPELMEYER U, KUSCHK P, et al., 2005. Sulphate reduction and the removal of carbon and ammonia in a laboratory-scale constructed wetland [J]. Water Research, 39(19): 4643-4650.

WIESSNER A, KUSCHK P, BUDDHAWONG S, et al., 2006. Effectiveness of Various Small-Scale Constructed Wetland Designs for the Removal of Iron and Zinc from Acid Mine Drainage under Field Conditions [J]. Engineering in Life Sciences, 6(6): 584-592.

WU S, CHEN Z, BRAECKEVELT M, et al., 2012. Dynamics of Fe(II), sulphur and phosphate in pilot-scale constructed wetlands treating a sulphate-rich chlorinated hydrocarbon contaminated groundwater [J]. Water Research, 46(6): 1923-1932.

WU S, VYMAZAL J, BRIX H, 2019. Critical Review: Biogeochemical Networking of Iron in Constructed Wetlands for Wastewater Treatment [J]. Environ. Sci. Technol, 53, (14): 7930-7944.

XU X, WU Y, RAO Y, et al., 2019. Influence of litter decomposition on iron and manganese in the sediments of wetlands for acid mine drainage treatments [J]. Acta Geochimica, 38: 68-77.

YANG L, LI Y, YANG X, et al., 2011. Effects of iron plaque on phosphorus uptake by Pilea cadierei cultured in constructed wetland [J]. Procedia Environmental Sciences, 11: 1508-1512.

YE Z H, WHITING S N, LIN Z Q, et al., 2001. Removal and distribution of iron, manganese, cobalt, and nickel within a Pennsylvania constructed wetland treating coal combustion by-product leachate [J]. Journal of Environmental Quality, 30(4): 1464-1473.

YE Z H, WHITING S N, QIAN J H, et al., 2001. Trace element removal from coal ash leachate by a 10-year-old constructed wetland [J]. Journal of Environmental Quality, 30(5): 1710-1719.

ZHANG M, ZHENG P, LI W, et al., 2015. Performance of nitrate-dependent anaerobic ferrous oxidizing (NAFO) process: a novel prospective technology for autotrophic denitrification [J]. Bioresource Technology, 179: 543-548.

ZOU Y, LU X, YU X, et al., 2011. Migration and retention of dissolved iron in three mesocosm wetlands [J]. Ecological Engineering, 37(11): 1630-1637.

11

人工湿地温室气体
排放及减排措施

>> 11.1 人工湿地温室气体的排放
>> 11.2 人工湿地温室气体排放的影响因素
>> 11.3 人工湿地温室气体的减排措施

全球气候变化是当今世界共同面对的一项极其重要的课题，也是未来几十年内世界各国政府部门和公众遇到的最大挑战之一。

据联合国气候变化框架公约统计，2005 年全球污水处理领域直接排放的温室气体约为 6.4 亿 t CO_2 e/kg。我国由于人口基数大，污水处理设施发展相对滞后以及广大农村地区污水处理设施的不完善，在污水处理领域排放的 CH_4 位居世界第一，约占排放总量的 1/5；排放的 N_2O 也位居世界前列。

人工湿地污水处理技术在国内外均有较多研究，目前也已取得了较大的技术进步，并得到了推广应用。但是，人工湿地污水处理过程中同样伴有 CH_4、N_2O 等温室气体（GHG）的排放。引起全球气候变暖的温室气体主要有水汽（H_2O）、二氧化碳（CO_2）、甲烷（CH_4）、氧化亚氮（N_2O）、臭氧（O_3）、氟利昂或氯氟烃类化合物（CFCs）、氢代氯氟烃类化合物（HCFCs）、氢氟碳化物（HFCs）、全氟碳化物（PFCs）、六氟化硫（SF_6）。其中水汽主要来自于海洋，受人类活动影响较小，CO_2、CH_4 和 N_2O 在自然界中本来就存在，因人类活动而显著增加，CFCs、HCFCs、HFCs、PFCs 和 SF_6 则完全是人类活动的产物。CH_4 和 N_2O 凭借它们来源的复杂性和更强的温室效应，成为人们研究的重点。有部分研究者对水平潜流人工湿地进行长时间的直接观测（Teliter and Augustin, 2005; Liikanen et al., 2006; Strom et al., 2007; Gracia et al., 2007; Vanderzaag et al., 2010），分别测量了 CH_4 的进入排放以及碳元素在人工湿地基质、微生物、植物中的积累情况，调查中只发现一个水平潜流人工湿地能实现碳平衡，也就是达到了碳的零排放，而在其他的人工湿地工程中都监测到 CH_4 和 N_2O 的排放，其中，发现 CH_4 的排放的有 Tanner 等（1997）、Chiemchaisri 等（2008）；发现 N_2O 排放的有 Johansson 等（2003）；同时发现 CH_4 和 N_2O 排放的有 Van der Zaag 等（2010）。

11.1　人工湿地温室气体的排放

人工湿地的主要目标通常是最大限度地去除废水中的有机物和氮，但这一过程可能导致大量的 GHG 释放，增加人工湿地的碳足迹。CO_2 排放主要来自植物、动物和微生物的呼吸，而 CH_4 主要由产甲烷作用产生。N_2O 可在硝化、反硝化和硝酸盐氨化过程中产生。这些 GHG 可以是气态或溶解相，通过扩散或沸腾、通过水柱或通过植物的通气组织的主动运输从人工湿地排放到大气中（Wu et al., 2023）。本节就 CO_2、CH_4 和 N_2O 在人工湿地中的排放问题展开叙述。

11.1.1　二氧化碳的排放

在大气、生物圈和海洋中流动是全球碳循环的主要形式。而且陆地、生物圈和海洋含碳量远大于大气中的含碳量，所以这些碳库的很小一点变化都会对大气浓度有很大的影响。

自然湿地在 CH_4 等温室气体的固定和释放中起着重要的"开关"作用，被称为"转换器"。湿地的碳循环对全球气候变化有着重要的作用。在经常性积水条件下，湿地是碳的"汇"。但是当排水后，土壤中有机物分解速率大于累积速率时，湿地则变成了碳的"源"。同样地，碳循环在人工湿地中也和自然湿地类似。

CO_2 作为最主要的温室气体，却很少有关于人工湿地 CO_2 排放的研究。Garcia 等（2007）的研究中发现，在厌氧的水平潜流人工湿地中，CO_2 的排放值（土壤 + 根 + 根茎呼吸 + 废弃物分解）仅为 $0.88\sim2.37$ kg CO_2–C/（$hm^2 \cdot y$），而在氧环境良好、水位较低而且又有大量植物（小林蔍草、芦苇）覆盖的水平潜流人工湿地中这个值却提升为 $3840\sim7360$ kg CO_2–C/（$hm^2 \cdot y$）（Pan et al., 2011）。

Pan 等（2011）利用生命周期评价法对垂直流人工湿地和污水处理厂的温室气体排放进行研究。研究发现，城市污水厂在生命周期内排放的温室气体为 7.3 kg CO_2 e/kg BOD，而垂直流人工湿地仅为 3.18 kg CO_2 e/kg BOD。与传统的废水处理系统相比，每去除一个单位的化学需氧量，人工湿地排放的 CO_2 e/kg 仅约其 50%，并且是气候中性的（气候中性是指在碳排放和碳捕获之间达到平衡，使得对气候变化的影响最小），甚至可以是净碳汇。尤其是在污水二级处理阶段，城市污水厂排放的温室气体是人工湿地污水处理工艺的 7 倍。如果将垂直流人工湿地污水处理工艺在全国推广，每年可减少 800 万 ~1700 万 t CO_2 e/kg，减排效果显著。

11.1.2　甲烷的排放

CH_4 在 100 年尺度下的增温潜势（global warming potentials，GWP）值比 CO_2 的高 20 倍，且是这 3 种温室气体中浓度增幅最大的一种，由工业革命（1840 年）之前的 700×10^{-9}（v/v）增加到 2010 年的 1780×10^{-9}（v/v）。CH_4 的排放源包括天然湿地、海洋、森林、化石燃料、反刍动物、稻田、生物质燃烧、城市垃圾污水和动物废弃物等。

甲烷排放是湿地土壤中甲烷产生、氧化和传输的净效应。CH_4 的产生、再氧化和向大气传输这 3 个过程的相互作用以及与 CH_4 排放的关系如下：甲烷是土壤有机物厌氧分解过程中产生的，土壤中不同种类的细菌形成一个复杂的食物网，对有机底物进行厌氧分解，最后一步是由甲烷产生菌完成，最终产生甲烷（丁维新和蔡祖聪，

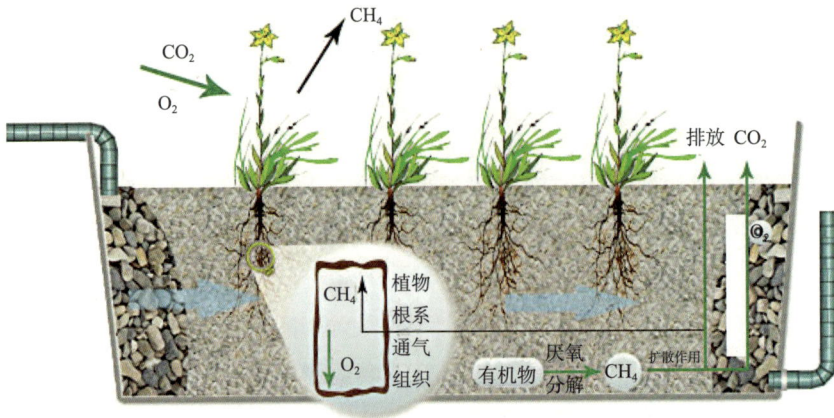

图 11-1　湿地中 CH_4 的吸收和释放的路径

2002）。甲烷的产生是甲烷排放的先决条件。尽管土壤整体以淹水还原条件为主，但在土水界面及根土界面也存在氧化区域，导致土壤中产生的甲烷在排放入大气前有相当一部分被土壤中的甲烷氧化菌所氧化。土壤中未被氧化的部分主要通过植物的通气组织进入大气圈，气体的自由扩散也是甲烷由土壤向大气传输的另一途径。

图 11-1 说明了湿地中甲烷从土壤 - 水 - 植物这一体系向大气传输的过程，其传输途径有从水到大气、植物到大气以及土壤到大气这 3 种。甲烷传输主要包括不饱和沉积物中未被氧化的甲烷气体通过分子扩散作用释放入大气，以及间隙水中甲烷的气泡扩散过程。甲烷由植物到大气的传输主要包括简单分子扩散过程、在通气组织中气体对流过程以及渗流过程（陈槐 等，2006；Altor, 2007）。

11.1.3　氧化亚氮的排放

N_2O 是大气中一种痕量温室气体，对全球环境及气候变化具有重要的影响，它不仅产生温室效应，还破坏臭氧层（郝庆菊，2005）。目前大气中的 N_2O 浓度为 336 μg/L，比工业革命以前增加了 25%，N_2O 的增幅已经超过了过去的十年。

N_2O 能够强烈地吸收红外光，以减少地表通过大气向外空的热辐射，从而导致温室效应。虽然大气中 N_2O 的浓度仅为其他温室气体浓度的千分之一，对全球温室效应的贡献占 6%，但它的增温潜势却是 CO_2 的 300 倍，是 CH_4 的 20 倍（Pan et al., 2011）。N_2O 还参与破坏臭氧层，造成臭氧层空洞（Tanner et al., 1997）。此外，在一定条件下 N_2O 还会产生光化学烟雾和酸雨。

20 世纪 70 年代，反硝化作用开始被认为是微生物产生 N_2O 的基本来源，现在 N_2O 是反硝化过程的中间产物的观点已得到公认。研究表明，N_2O 也是硝化作用的一个产物，但是产生的机理存在不同的观点。因此，N_2O 既可在硝化过程产生，又可在反硝化过程产生（Ritchie and Nicholas, 1972; Mckenney et al., 1994; Davues et al., 1998）。N_2O 通常被认为是不完全硝化作用或不完全反硝化作用的产物（Hanaki et al., 1992）。

（1）硝化作用中氧化亚氮的排放

传统的硝化反应是指 NH_4^+ 在好氧条件下被氧化为 NO_3^- 的过程，包括亚硝化和硝化两步，分别由氨氧化菌和亚硝酸盐氧化菌完成。图 11-2 显示了硝化反应的主要生物化学过程。过程中参与反应的酶主要有氨单加氧酶（ammonia monooxygenase, AMO）、羟氨氧化还原酶（hydroxylamine oxidoreductase, HAO）和亚硝酸氧化还原酶（nitrite oxidoreductase, NOR）。

由图 11-2 可以看出，N_2O 既不是硝化反应的中间产物，也不是最终产物，因此推测它应该是这一过程的副产物，而且 N_2O 的生成主要集中在亚硝化过程。目前普遍认为在硝化反应中有以下 5 种过程．

①羟胺（NH_2OH）的氧化过程。在好氧条件下，当系统中 NH_3/NH_4^+ 浓度过高或 pH 值过高时，亚硝化过程的第一个中间体 NH_2OH 就会发生累积，进而在羟胺氧化还原酶的作用下氧化生成 N_2O。但目前还缺乏对这一生物化学过程的确切描述。

②硝酰基（NOH）的非生物反应。在好氧条件下，亚硝化过程的第二个中间体 NOH 通过双分子聚合反应生成次亚硝酸盐，进而水解生成 N_2O 逸出。但在缺氧条件下这个过程不会发生，因为在缺氧条件下不存在分子态氧，NH_4^+ 不能被氧化生成 NOH，因而也就无法生成 N_2O。

③自养硝化菌的反硝化作用。Poth 和 Focht（1985）首次证实了在硝化过程中，硝化菌能够利用 NO_2^- 作为电子受体生成 N_2O。Poth 认为当系统中分子氧成为限制性因素存在时，硝化过程无法彻底进行，由于 NO_2^- 的进一步氧化受到抑制，会造成系统中 NO_2^- 累积，并对微生物产生毒性效应。为避免 NO_2^- 在细胞内的积累，好氧硝化菌在将 NH_4^+ 氧化为 NO_2^- 的同时，会产生异构亚硝酸盐还原酶，利用 NO_2^- 作为电子受体产生 N_2O。

④好氧反硝化菌的存在。除了上述硝化菌的反硝化作用外，好氧反硝化菌的存在也可能是造成好氧条件下 N_2O 产生的原因之一。AnderSon（1986）和 Gupta（1997）等人研究发现至少有 4 种菌在好氧条件下能将 NO_3^- 或 NO_2^- 还原成 N_2O 和 N_2。Lloyd 等（1987）人发现反硝化菌在好氧条件还原 NO_3^- 生成的 N_2O 比缺氧条件下多得多，而

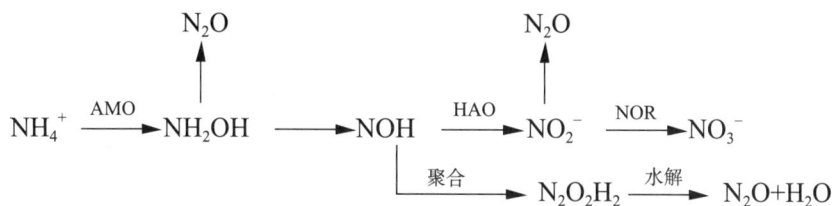

$$NH_4^+ \xrightarrow{AMO} NH_2OH \longrightarrow NOH \xrightarrow{HAO} NO_2^- \xrightarrow{NOR} NO_3^-$$

$$NOH \xrightarrow{聚合} N_2O_2H_2 \xrightarrow{水解} N_2O + H_2O$$

图 11-2　硝化反应的主要生物化学过程

产生的 N_2 却减少了，这可能是由于氧气对 N_2O 还原酶的抑制造成的。

⑤异养菌的硝化作用。近年来的研究发现，许多异养型的微生物也可以进行硝化作用。Wolters 等（1984）首次提出异养硝化过程的存在，从而改变了硝化过程只是由无机自养菌完成的传统观点。Papen 等（1993）研究发现，在可比条件下，异养硝化释放的 N_2O 要比自养硝化高出两个数量级。Andersont（1986）和 Blankmer（1980）研究发现，异养硝化菌的 N_2O 产生量较高，并且部分异养硝化菌适宜的生长环境，如低 DO 浓度、低 SRT 及酸性条件等，与硝化过程中 N_2O 释放的环境条件也极为相似。

（2）反硝化作用中氧化亚氮的排放

生物反硝化作用是在缺氧和厌氧条件下，由兼性好氧菌和好氧微生物还原氮氧化物的过程。反硝化的过程如图 11-3 所示。

由图 11-3 可知，与硝化过程不同，N_2O 是反硝化过程的中间产物。在上述反硝化过程中，NO_2^-、NO、N_2O 等中间产物以及 N_2 最终产物都有可能出现。

$$NO_3^- \xrightarrow{\text{NAR}} NO_2^- \xrightarrow{\text{NIR}} NO \xrightarrow{\text{NOR}} N_2O \xrightarrow{\text{NOS}} N_2$$

图 11-3 反硝化过程及参与的酶

在反硝化过程中，对 N_2O 的产生量起关键作用的酶为氧化亚氮还原酶（nitrous oxidereductase，NOS）。NOS 是一种可溶性蛋白质，其活性中心大多数含有铜元素，NOS 含有一个 CuA 电子进入位点和一个 CuZ 催化中心，其中 CuZ 中心与 N_2O 还原酶的催化活性密切相关，但活性中心的结构形式多样，其氧化还原性、光谱特性、酶活性等有较大差异（Brown et al., 2000）。生物反硝化过程产生 N_2O 可能由于不利的环境条件可影响 NOS 的活性，使得 NOS 活性降低或者丧失，从而抑制反硝化过程的完成，使得反硝化过程中产生的 N_2O 不能被进一步还原，导致 N_2O 的积累。例如，N_2O 在低 DO 浓度下取代 N_2 成为反硝化的最终产物，这是因为 NOS 是反硝化中对氧气最为敏感的酶，并最终导致 N_2O 的积累（Bonin et al., 2002）。Schalk Otte 等（2000）认为，NOS 竞争电子的能力最弱，当环境中电子供体不足时，各还原酶之间开始竞争电子，从而使 NOS 的活性受到抑制，引起 N_2O 的积累，而当外界电子供体充足时，NOS 的活性得到恢复，生成的 N_2O 顺利转化成 N_2，从而避免了 N_2O 的逸出。

许多研究发现，部分反硝化微生物，如反硝化玫瑰杆菌（*Roseobacter denitrificans*）、荧光假单胞杆菌（*Fluorescent Pseudomonads*）、斯氏假单胞菌（*Pseudomonas stutzeri*）和脱氮副球菌（*Paracoccus denitrificians*）不具备 NOS 系统，其终产物为 N_2O，不具备进一步将 N_2O 还原为 N_2 的能力，因此对这些菌种来说，反硝化过程中

N_2O 的逸出是不可避免的（Uchino et al., 1998; Greenberg and Becker, 1977）。Robertson 等（1991）认为每种反硝化菌不具有完成以上全部过程的酶系统，它们只参与部分反硝化过程，有的产生 N_2 和 N_2O 的混合物，有的只产生 N_2O。而张朝晖等（2004）则认为在反硝化系统中，以 N_2O 作为终产物的反硝化菌很少，大多数菌种都是以 N_2 作为反硝化终产物，菌种的影响不是导致 N_2O 逸出的主要原因，因为在保证反硝化顺利进行的情况下，N_2O 的逸出几乎可以完全避免。

吴娟等（2009）对在不同 C/N 条件下人工湿地污水处理系统脱氮效能和 N_2O 的排放进行了相关研究。研究表明，进水 C/N 对 N_2O 的排放影响显著，高 C/N 将导致高 N_2O 的排放；将 C/N 控制在 5 时，在最大脱氮的同时可减少 N_2O 的排放（Wu et al., 2009; Yan et al., 2012）。Jia 等（2011）研究了干湿交替对水平流和潜流人工湿地 N_2O 排放的影响。研究结果表明，潜流人工湿地对氨的去除效果较水平流差，间歇进水促进 N_2O 的排放，尤其是潜流人工湿地间歇进水是 N_2O 的排放量是连续进水时的 5 倍。张后虎等采用培养试验对垃圾场渗滤液通过人工湿地处理后的 N_2O 释放规律加以研究，结果表明，夹竹桃人工湿地 N_2O 释放通量最大，N_2O 释放通量明显与土壤酸碱度、有机质、碳氮比（C/N）呈正相关；建议人工湿地基质采用酸性沙土，选种针叶类、阳光穿透性强的植物，可减少人工湿地 N_2O 的排放（2009）。

11.2　人工湿地温室气体排放的影响因素

11.2.1　人工湿地类型

Mander 等（2014）的研究发现，污水处理中不同人工湿地类型对甲烷的排放量有明显的影响，而对氧化亚氮的排放量却没有明显的影响。由表 11-1 可知，甲烷排放量最高的是表面流人工湿地，均值为 16.9 CH_4–C/TOC_{in}（%），而水平潜流人工湿地和垂直流人工湿地的甲烷排放量均值却分别只有 4.5 和 1.17 CH_4–C/TOC_{in}（%），明显低于表面流人工湿地。氧化亚氮的排放量在这 3 种人工湿地当中没有明显差异。

表 11-1　不同人工湿地类型对甲烷和氧化亚氮排放的影响

人工湿地类型	CH_4–C/TOC_{in}				N_2O–N/TN_{in}			
	平均值（%）	中间值（%）	标准差	评估数量	平均值（%）	中间值（%）	标准差	评估数量
表面流	16.9	18	1.8	22	0.13	0.11	0.024	24
水平潜流	4.5	3.8	1.1	9	0.79	0.34	0.38	8
垂直流	1.17	1.28	0.33	4	0.023	0.018	0.005	22

11.2.2　水力作用及植物的影响

王维奇等（2008）综合各研究进展后，认为在人工湿地中：①芦苇湿地中，芦苇是甲烷产生底物的重要提供者。②芦苇为氧气的传输提供了内部通道，加速了甲烷的氧化。③植物体传输在芦苇湿地甲烷传输中占有重要地位。④芦苇湿地中甲烷的排放日动态与对流传输和分子扩散传输两种传输机制密切相关；甲烷排放的年度季节变化也较为显著，温暖、湿润的生长季甲烷排放较多，而低温的非生长季甲烷排放减少。⑤水位、温度和光照等都是影响芦苇湿地甲烷排放量与变化规律的主要环境因子。

王艳华等（2013）研究了植物种类对人工湿地土壤中微生物和 CH_4 排放的影响。研究结果表明：芦苇、茭白和香蒲混搭产生的 CH_4 最大，混搭种植能够促进 CH_4 排放，各个国家不同植物种类人工湿地中 CH_4 产量见表 11-2。

表 11-2　各个国家不同植物种类人工湿地中 CH_4 产量

湿地类型	区域	植物种类	CH_4 产量 $[mg/(m^2 \cdot h^2)]$
垂直流	中国	芦苇，茭白，香蒲	0~249.29
潜流	日本	芦苇，茭白	−8.7~698.2
表面流	挪威	—	−0.05~79.2
混合流	瑞典	香蒲，水绵等	15.6~72.5
—	新西兰	水葱	−2.1~59.4
水平流	西班牙	芦苇	0.4~225

11.2.3　溶解氧浓度

溶解氧（DO）是生物脱氮系统的重要因素之一，其浓度直接影响系统的硝化和反硝化程度，从而对硝化过程及反硝化过程中 N_2O 产生量有较大影响。

参与硝化过程的氨氧化菌和亚硝酸盐氧化菌的氧饱和常数不同，前者为 0.2~0.4 mg/L，而后者为 1.5 mg/L，因此当 DO 浓度 < 1 mg/L 时，将导致亚硝氮的积累，从而可能引起较高的 N_2O 释放量（王维奇 等，2008）。Zheng 等（1994）认为在硝化作用过程中，低 DO 浓度使 N_2O 释放量增加，当 DO 浓度为 0.2 mg/L 时，N_2O 的释放速率最大。硝化阶段低溶解氧易产生 N_2O，其原因可能是，低 DO 浓度下，由于分子氧的缺乏，亚硝化生成的 NO_2^- 不能及时进一步氧化成为 NO_3^-，造成 NO_2^- 的累积，强化了硝化细菌的反硝化过程，导致 N_2O 逸出量增加（Zheng et al., 1994）。

DO 对反硝化有抑制作用（Oh et al., 1999）。Schulthess 等（2000）在试验中发现，当 DO 浓度为 0 时，反硝化过程中几乎没有 N_2O 逸出，而当 DO 浓度达到 0.5 mg/L 时，反硝化生成的气态产物中 N_2O 占 1%；DO 浓度上升到 4 mg/L 时，N_2O 占 6%。氧对 N_2O 逸出的影响可以从两方面解释：一方面，由于反硝化菌是兼性菌，既可进行有氧呼吸也可进行无氧呼吸，但由于有氧呼吸时产生的能量远高于无氧呼吸，因此当分子氧与硝酸盐同时存在时，反硝化菌会优先利用分子氧，抑制反硝化的进行；另一方面，分子氧的存在会明显地抑制 NOS 的合成，阻碍了 N_2O 向 N_2 的还原。两方面的共同作用导致了反硝化过程在高溶解氧下 N_2O 的大量逸出。

11.2.4　温　度

温度对 N_2O 产生的生物学过程有着十分重要的影响。微生物活动强度随温度而变，在 –2~25℃的温度范围内，反硝化量的平方根与温度呈直线关系（Dorland et al., 1991）。随着土壤深度的增加，温度对土壤 N_2O 产生速率的影响力逐渐减弱（杜睿等，2003）。徐文彬等（2002）的研究表明，N_2O 的排放通量季节变化与温度之间均存在一定程度的正相关性。郑循华等（1997）通过对稻麦轮作系统 N_2O 排放通量的研究，认为 N_2O 排放发生的频率随表层土壤日平均温度的变化呈正态分布。67% 的 N_2O 排放量都集中在 15~25℃时，大于 25℃和小于 15℃时 N_2O 的排放量仅分别占 17% 和 16%。总之，气温的变化决定了土壤温度的季节变化，因而 N_2O 排放的日变化和季节变化可部分地通过气温的变化来解释。

温度对 CH_4 和 CO_2 的排放也具有重要影响（程呈，2019）。Wu 等（2008）、Wang 等（2016）发现与其他季节相比，夏季的 CH_4 和 CO_2 排放量明显更高，说明二者排放量受温度的影响很大。Maucieri 等（2014）和 Barbera（2015）等报道了 CH_4 排放的季节性趋势，春季排放量最高，然后从春季到夏季、秋季和冬季有所下降。不同的响应可能是由温度变化的幅度引起的。Mander 等（2014）报道的 HSSFCWs 中空气和基质的平均温度分别为 -1~11℃和 3~10℃，在 25 cm 深处几乎稳定（8~10℃）；Maucieri 等（2014）和 Barbera 等（2015）报道的平均温度范围为 4.6~31.5 ℃和 10.2~31.5℃。Johansson 等（2016）测量了中试规模 SFCWs 中的 CH_4 通量，在夏季监测到的 CH_4 排放量约为其他季节的 10~50 倍，基质和水温对 CH_4 排放的影响很大（33%~43%）。Bateganya 等（2015）在垂直潜流人工湿地（VSSF）和水平潜流人工湿地（HSSF CWs）的研究中发现，水温与 CO_2、CH_4 和 N_2O 排放显著正相关。

从动力学的角度分析，温度能够影响硝化和反硝化速率，因此，温度也可能对 N_2O 的逸出造成影响。但是目前对温度的研究报道较少。Gejlsbjerg 等（1998）的研究结果表明，温度对硝化过程中 N_2O 生成量的影响显著，这主要是因为亚硝化速率受温度的影响程度大于硝化速率，温度的升高破坏了亚硝化和硝化之间的平衡，造成 NO_2^- 的累积，从而增加了 N_2O 的逸出；但对于反硝化而言，温度虽然影响反硝化速率，但并不影响 N_2O 的逸出，这表明所有的反硝化酶和温度之间都有近似的相关性。

11.2.5　pH 值

pH 值对 N_2O 排放的影响十分复杂，pH 值不仅能对某些物质如游离氨和 NH_4^+ 的存在形态及浓度产生影响，而且还可改变微生物的代谢途径，影响反硝化速率。某一特定的微生物都对适宜的 pH 值范围有一定的要求。

Thorn 等（2000）对瑞典污水处理厂的研究表明，pH 值的变化直接关系到 N_2O 逸出量的变化，pH 值在 5~6 时对 N_2O 的产生量最大，pH 值在 6.8 以上时则几乎没有 N_2O 的产生。Hanaki 等（1992）发现在反硝化过程中，当 pH 小于 6.5 时，N_2O 释放量明显升高；而在高 pH 值条件下，N_2O 释放量较低。

上述现象原因可能是由于 pH 值对菌种产生了选择性，即低 pH 值下有利于以 N_2O 作为反硝化终产物的菌种生长，也可能是 pH 值的变化直接改变了反硝化菌的正常代谢途径，从而导致了 N_2O 的累积（Hanaki et al., 1992）。而 Wicht（1996）却认为这种 pH 值和 N_2O 的相关性可能是由于低 pH 值下形成的游离 HNO_2 对氧化亚氮还原酶的抑制作用引起的。

11.2.6　碳氮比

反硝化过程需要有机碳源提供电子供体，因此，系统的碳氮比（C/N）将影响反硝化进行的程度，进而可能对 N_2O 的释放产生影响。

Park 等（2001）发现，在缺氧相中，N_2O 的平均释放速率随着 C/N 的增加而降低。Kishida 等（2004）对养猪废水处理系统中 C/N 对 N_2O 逸出量的影响研究得出，好氧硝化过程 C/N 对 N_2O 逸出量无影响，而反硝化过程 N_2O 逸出量决定于 C/N；反硝化过程 BOD_5/N 为 2.6 时，N_2O 的逸出量大约是 BOD_5/N 为 4.5 时的 270 倍；结果表明通过调整最佳的泥水分离比或外加碳源来稳定 C/N 是控制 N_2O 的有效方法。Alinsafi 等（2008）同样发现，在反硝化过程中，高 COD/NO_3^-（5 或 7）时 N_2O 的产生量低，NO_3^- 到 N_2 的转化率高，N_2O/N 与 COD/NO_3^- 成负相关。并认为 COD/NO_3^- 主要影响了 NO_2^- 的积累，从而抑制了 N_2O 还原酶，导致 N_2O 的累积和释放。

Yan 等（2012）报告了人工湿地进水中 C/N 对处理市政污水的垂直潜流人工湿地（VSSFCWs）中 CO_2 通量的显著影响。通过调节碳负荷，C/N 从 2.5 增加到 10，CO_2 气体通量从（283.57±2.48）mg/（$m^2 \cdot h$）增加到（457.34±3.16）mg/（$m^2 \cdot h$）。相反，通过增加氮量来改变碳氮比，CO_2 气体通量呈现约 15% 的下降趋势，从（466.97±3.85）mg/（$m^2 \cdot h$）降至（396.59±1.38）mg/（$m^2 \cdot h$）。因此，C/N 的变化对 CO_2 排放量的影响不同于用于改变 C/N 的元素的影响。在 C/N 约为 5 时，可同时实现最佳污染物去除及最少的 CO_2 和 CH_4 释放。Zhao 等（2014）和 Huang 等（2014）证实了这一结论。因此，人为控制人工湿地进水中 C/N 可以得到较高的污染物去除效率，同时也可以保障较低的温室气体排放量。

11.2.7 NO_3^- 和 NO_2^- 的浓度

阮文权等（2004）在研究好氧颗粒污泥同步硝化反硝化时，加入 NO_2^- 和 NO_3^- 后均会产生大量的 N_2O，在反应 3 h 时 N_2O 质量浓度达到了 75 mg/L，远远大于没加 NO_2^- 和 NO_3^- 时的 5 mg/L。且对于加入同样的氮量，添加 NO_2^- 比 NO_3^- 生成的 N_2O 量要多。

无论是好氧还是缺氧，间歇曝气的生物废水处理系统中 N_2O 的产生速率受 NO_3^- 浓度的影响很大。Alinsafi 等（2008）则发现，在反硝化过程中 NO_2^- 的浓度对 N_2O 的释放有直接的影响。Wrage 和 Murrayl 等的研究均认为在反硝化过程中 N_2O 的产生量与 NO_3^- 浓度呈正相关，因为 NO_3^- 比 N_2O 更易于充当电子受体。Kim 等（2000）对同时异养自养反硝化作用过程中的 N_2O 释放的研究与前两位研究人员的结果基本一致，N_2O 的产生量随进水 NO_3^- 浓度的减少而减少。在 NO_3^- 浓度为 1500 mg/L 的条件下，进水中有 25%~40% 的 NO_3^- 转化为 N_2O；而当 NO_3^- 浓度降为 750 mg/L 时，反硝化速率均在 98% 以上，终产物中无 N_2O，原因在于自养反硝化作用需消耗碱度，而 NO_3^- 浓度高时导致自养反硝化过程中碱度不足，反硝化作用不彻底，使反硝化过程中产生较多的 N_2O。

Groh 等（2015）在 SFCWs 的研究中，发现 CH_4 通量与湿地水中 NO_3^--N 浓度呈现负相关关系。

11.2.8 其他影响因素

除上述研究较多的影响因素外，系统中的毒性或者抑制性物质（如 H_2S）、温度、盐度等也都会影响 N_2O 的释放（Sch et al., 1998）。

相对于生活污水而言，工业废水一般含有较多的无机化合物，如 NaCl、Na_2SO_4，导致盐度较高。Tsuneda 等（2005）在研究盐度对于模拟高盐废水脱氮效率和 N_2O 释放时发现，在硝化过程中，N_2O 产生量随盐度的增加而升高，但在反硝化过程中，即使当盐浓度由 3.0% 增加到 5.0% 时，N_2O 转化率变化不大，即盐度对反硝化过程中 N_2O 产生量影响较小。

11.3 人工湿地温室气体的减排措施

湿地作为一个多功能的特殊生态系统，对全球气候变化有着重要影响。在人工湿地污水处理过程中温室气体释放控制研究方面，研究人员提出了选择合适的湿地结构、稳定进水碳氮比、优化植物种类、避免干湿交替及控制工艺参数等优化控制措施。近年来，人工湿地温室气体减排研究主要集中于人工湿地曝气技术的应用、电子供体的引入等方面。

11.3.1　曝　气

曝气强化技术是通过增强人工湿地内的溶解氧（dissolved oxygen，DO）的含量来提高人工湿地污染物的去除效率，包括人工连续曝气和间歇曝气等方法。相比于人工连续曝气在湿地系统内营造的持续好氧环境，间接曝气会在湿地内营造出交替的好氧 - 厌氧环境分别增强人工湿地的好氧硝化和厌氧反硝化作用，可以降低人工湿地 N_2O 的排放通量。但同时曝气强化技术存在运行费用高、设备需要维护等缺点，难以大规模地应用于人工湿地中。

11.3.2　电子供体的投加

强化人工湿地温室气体减排除了曝气，还可以利用无机物作为电子供体促进自养反硝化。自养反硝化是指自养反硝化细菌利用 H_2、还原性硫化物、Fe 和 Fe^{2+} 等无机物作为电子供体，在无氧或限氧状态下将 NO_3^- 还原为 N_2 的过程。相比于异养反硝化，自养反硝化无须添加有机碳源，而且能减少人工湿地温室气体的排放。其中，铁系材料不仅可以为反硝化提供电子供体来促进反硝化完全反应，减少 N_2O 的产生，还可以为 CH_4 的厌氧氧化提供电子受体，促进 CH_4 的厌氧氧化，减少 CH_4 的排放。CH_4 氧化耦合反硝化过程为 CH_4 和 N_2O 的同时减排提供了潜在途径。该过程中，CH_4 被氧化为增温潜势较低的 CO_2 释放，NO_3^- 被还原为 N_2，从而也减少了 N_2O 的产生。CH_4 氧化耦合反硝化过程可应用于控制氮污染，消减富营养化的同时也减少了 CH_4 和 N_2O 的排放。

然而，以上温室气体减排的技术手段大多处于试验研究阶段。在实际工程应用中，研究人员认为在保障人工湿地水质净化效果的前提下，合理调蓄湿地进水和分区域适时收割湿地植物可在一定程度上控制、阻断人工湿地温室气体的产生源和释放途径，是人工湿地温室气体释放的有效减排策略。

参考文献

陈槐，周舜，吴宁，等，2006. 湿地甲烷的产生、氧化及排放通量研究进展 [J]. 应用与环境生物学报，(5): 726-733.

程呈，2019. 人工湿地系统中甲烷和氧化亚氮的同步消减及机制研究 [D]. 济南：山东大学.

丁维新，蔡祖聪，2002. 沼泽甲烷排放及其主要影响因素 [J]. 地理科学，22(5): 619-625.

杜睿，吕达仁，王庚辰，等，2003. 温度对内蒙古典型草原土壤 N_2O 排放的影响 [J]. 自然科学进展，

13(1): 64-68.

郝庆菊, 2005. 三江平原沼泽土地利用变化对温室气体排放影响的研究 [D]. 北京：中国科学院研究生院 (大气物理研究所).

刘俊女, 汪苹, 柯国华, 等, 2006. 废水脱氮过程中 N_2O 的控逸理论及研究进展 [J]. 北京工商大学学报 (自然科学版), 23(6): 14-19.

阮文权, 陈坚, 2004. 好氧颗粒污泥同步硝化反硝化脱氮过程中 N_2O 的产生 [J]. 无锡轻工大学学报, 23(4): 37-40.

王维奇, 曾从盛, 仝川, 2008. 闽江口芦苇湿地土壤甲烷产生与氧化能力研究 [J]. 湿地科学, 6(1): 60-68.

吴娟, 张建, 贾文林, 等, 2009. 人工湿地污水处理系统中氧化亚氮的释放规律研究 [J]. 环境科学, 30(11): 3146-3151.

徐文彬, 刘维屏, 刘广深, 2002. 温度对旱田土壤 N_2O 排放的影响研究 [J]. 土壤学报, 39(1): 1-8.

张朝晖, 吕锡武, 2004. 污水生物处理过程中 N_2O 的逸出控制 [J]. 给水排水, 30(4): 32-36.

张后虎, 张毅敏, 何品晶, 2009. 人工湿地处理渗滤液 N_2O 的释放规律及控制 [J]. 环境科学研究, (6): 723-729.

郑循华, 王明星, 王跃思, 等, 1997. 温度对农田 N_2O 产生与排放的影响 [J]. 环境科学, 5: 3-7

ALINSAFI A, ADOUANI N, B LINE F, et al., 2008. Nitrite effect on nitrous oxide emission from denitrifying activated sludge [J]. Process Biochemistry, 43(6): 683-689.

ALTOR A E, 2007. Methane and carbon dioxide fluxes in created riparian wetlands in the Midwestern USA: effects of hydrologic pulses, emergent vegetation and hydric soils [D]. USA: The Ohio State University.

ANDERSON I C, LEVINE J S, 1986. Relative rates of nitric oxide and nitrous oxide production by nitrifiers, denitrifiers, and nitrate respirers [J]. Applied and Environmental Microbiology, 51(5): 938-945.

BARBERA A C, BORIN M, CIRELLI G L, et al., 2015. Comparison of carbon balance in Mediterranean pilot constructed wetlands vegetated with different C4 plant species [J]. Environmental Science and Pollution Research, 22(4): 2372-2383.

BATEGANYA N L, MENTLER A, LANGERGRABER G, et al., 2004. Carbon and nitrogen gaseous fluxes from subsurface flow wetland buffer strips at mesocosm scale in East Africa [J]. Ecological Engineering, 2015, 85: 173-184.

BLACKMER A, BREMNER J, SCHMIDT E, 1980. Production of nitrous oxide by ammonia-oxidizing chemoautotrophic microorganisms in soil [J]. Applied and Environmental microbiology, 40(6): 1060-1066.

BONIN P, TAMBURINI C, MICHOTEY V, 2002. Determination of the bacterial processes which are sources of nitrous oxide production in marine samples [J]. Water Research, 36(3): 722-732.

BROWN K, TEGONI M, PRUD NCIO M, et al., 2000. A novel type of catalytic copper cluster in nitrous oxide reductase [J]. Nature Structural & Molecular Biology, 7(3): 191-195.

CHIEMCHAISRI C, CHIEMCHAISRI W, JUNSOD J, et al., 2009. Leachate treatment and greenhouse gas emission in subsurface horizontal flow constructed wetland [J]. Bioresource Technology, 100(16): 3808-3814.

DAVIES K J, LLOYD D, BODDY L, 1989. The effect of oxygen on denitrification in Paracoccus denitrificans and Pseudomonas aeruginosa [J]. Journal of General Microbiology, 135(9): 2445-2451.

DORLAND S, BEAUCHAMP E, 1991. Denitrification and ammonification at low soil temperatures [J].

Canadian Journal of Soil Science, 71(3): 293-303.

GARCIA J, CAPEL V, CASTRO A, et al., 2007. Anaerobic biodegradation tests and gas emissions from subsurface flow constructed wetlands [J]. Bioresource Technology, 98(16): 3044-3052.

GEJLSBJERG B, FRETTE L, WESTERMANN P, 1998. Dynamics of N_2O production from activated sludge [J]. Water Research, 32(7): 2113-2121.

GREENBERG E, BECKER G, 1977. Nitrous oxide as end product of denitrification by strains of fluorescent pseudomonads [J]. Canadian Journal of Microbiology, 23(7): 903-907.

GROH T A, GENTRY L E, DAVID M B, 2015. Nitrogen removal and greenhouse gas emissions from constructed wetlands receiving tile drainage water [J]. Journal of Environmental Quality, 44(3): 1001-1010.

GUPTA A, 1997.Thiosphaera pantotropha: a sulphur bacterium capable of simultaneous heterotrophic nitrification and aerobic denitrification [J]. Enzyme and Microbial Technology, 21(8): 589-595.

HANAKI K, HONG Z, MATSUO T, 1992. Production of nitrous oxide gas during denitrification of wastewater [J]. Water Science & Technology, 26(5-6): 1027-1036.

HUANG W, ZHAO Y, WU J, et al., 2014. Effects of different influent C/N ratios on the performance of various earthworm eco-filter systems: nutrient removal and greenhouse gas emission [J]. World Journal of Microbiology and Biotechnology, 30(1): 109-118.

JIA W, ZHANG J, LI P, et al., 2011. Nitrous oxide emissions from surface flow and subsurface flow constructed wetland microcosms: Effect of feeding strategies [J]. Ecological Engineering, 37(11): 1815-1821.

JOHANSSON A, GUSTAVSSON A-M, ÖQUIST M, et al., 2004. Methane emissions from a constructed wetland treating wastewater-seasonal and spatial distribution and dependence on edaphic factors [J]. Water Research, 38(18): 3960-3970.

JOHANSSON A, KLEMEDTSSON Å K, KLEMEDTSSON L, et al., 2003. Nitrous oxide exchanges with the atmosphere of a constructed wetland treating wastewater [J]. Tellus B, 55(3): 737-750.

KIM E, BAE J, 2000. Alkalinity requirements and the possibility of simultaneous heterotrophicdenitrification during sulfur-utilizing autotrophic denitrification [J]. Water Science & Technology, 42(3-4): 233-238.

KISHIDA N, KIM J, KIMOCHI Y, et al., 2004. Effect of C/N ratio on nitrous oxide emission from swine wastewater treatment process [J]. Water Science & Technology, 49(5-6): 359-371.

LIIKANEN A, HUTTUNEN J T, KARJALAINEN S M, et al., 2006. Temporal and seasonal changes in greenhouse gas emissions from a constructed wetland purifying peat mining runoff waters [J]. Ecological Engineering, 26(3): 241-251.

LLOYD D, BODDY L, DAVIES K J, 1987. Persistence of bacterial denitrification capacity under aerobic conditions: the rule rather than the exception [J]. FEMS Microbiology Letters, 45(3): 185-190.

MANDER Ü, DOTRO G, EBIE Y, et al., 2014. Greenhouse gas emission in constructed wetlands for wastewater treatment: a review [J]. Ecological Engineering, 66: 19-35.

MANDER Ü, L HMUS K, TEITER S, et al., 2008. Gaseous fluxes in the nitrogen and carbon budgets of subsurface flow constructed wetlands [J]. Science of the Total Environment, 404(2): 343-353.

MANDER Ü, LOHMUS K, TEITER S, et al., 2005. Gaseous fluxes from subsurface flow constructed wetlands for wastewater treatment [J]. Journal of Environmental Science and Health, 40(6-7): 1215-1226.

MAUCIERI C, BORIN M, BARBERA A C, 2014. Role of C3 plant species on carbon dioxide and methane emissions in Mediterranean constructed wetland [J]. Italian Journal of Agronomy, 9(3): 120-126.

MCKENNEY D, DRURY C, FINDLAY W, et al., 1994. Kinetics of denitrification by Pseudomonas fluorescens: oxygen effects [J]. Soil Biology and Biochemistry, 26(7): 901-908.

MURRAY R E, KNOWLES R, 2003. Production of NO and N_2O in the presence and absence of C_2H_2 by soil slurries and batch cultures of denitrifying bacteria [J]. Soil Biology and Biochemistry, 35(8): 1115-1122.

OH J, SILVERSTEIN J, 1999. Oxygen inhibition of activated sludge denitrification [J]. Water Research, 33(8): 1925-1937.

PAN T, ZHU X-D, YE Y-P, 2011. Estimate of life-cycle greenhouse gas emissions from a vertical subsurface flow constructed wetland and conventional wastewater treatment plants: A case study in China [J]. Ecological Engineering, 37(2): 248-254.

PAPEN H, HELLMANN B, PAPKE H, et al., 1993. Emission of N-oxides from acid irrigated and limed soils of a coniferous forest in Bavaria [J]. Biogeochemistry of Global Change. Springer: 245-260.

PARK K Y, INAMORI Y, MIZUOCHI M, et al., 2000. Emission and control of nitrous oxide from a biological wastewater treatment system with intermittent aeration [J]. Journal of Bioscience and Bioengineering, 90(3): 247-252.

PARK K, LEE J, INAMORI Y, et al., 2001. Effects of fill modes on N_2O emission from the SBR treating domesticwastewater [J]. Water Science & Technology, 43(3): 147-150.

POTH M, FOCHT D D, 1985. 15N kinetic analysis of N_2O production by Nitrosomonas europaea: an examination of nitrifier denitrification [J]. Applied and Environmental Microbiology, 49(5): 1134-1141.

RITCHIE G, NICHOLAS D, 1972. Identification of the sources of nitrous oxide produced by oxidative and reductive processes in Nitrosomonas europaea [J]. Biochem J, 126: 1181-1191.

ROBERTSON L A, KUENEN J, 1991. Physiology of nitrifying and denitrifying bacteria [J]. Microbial Production and Consumption of Greenhouse Gases: Methane, Nitrogen Oxides and Halomethanes: 189-199.

SCH NHARTING B, REHNER R, METZGER J W, et al., 1998. Release of nitrous oxide (N_2O) from denitrifying activated sludge caused by H_2S-containing wastewater: Quantification and application of a new mathematical model [J]. Water Science and Technology, 38(1): 237-246.

SCHALK-OTTE S, SEVIOUR R J, KUENEN J, et al., 2000. Nitrous oxide (N_2O) production by Alcaligenes faecalis during feast and famine regimes [J]. Water Research, 34(7): 2080-2088.

STRöM L, LAMPPA A, CHRISTENSEN T R, 2007. Greenhouse gas emissions from a constructed wetland in southern Sweden [J]. Wetlands Ecology and Management, 15(1): 43-50.

TANNER C C, ADAMS D D, DOWNES M T, 1997. Methane emissions from constructed wetlands treating agricultural wastewaters [J]. Journal of Environmental Quality, 26(4): 1056-1062.

TEITER S, AUGUSTIN J, 2005. Emission of greenhouse gases from constructed wetlands for wastewater treatment and from riparian buffer zones [J]. Water Science & Technology, 52(10-11): 167-176.

TSUNEDA S, MIKAMI M, KIMOCHI Y, et al., 2005. Effect of salinity on nitrous oxide emission in the biological nitrogen removal process for industrial wastewater [J]. Journal of Hazardous Materials, 119(1): 93-98.

UCHINO Y, HIRATA A, YOKOTA A, et al., 1998. Reclassification of marine Agrobacterium species:

proposals of Stappia stellulata gen. nov., comb. nov., Stappia aggregata sp. nov., nom. rev., Ruegeria atlantica gen. nov., comb. nov., Ruegeria gelatinovora comb. nov., Ruegeria algicola comb. nov., and Ahrensia kieliense gen. nov., sp. nov., nom. rev [J]. The Journal of General and Applied Microbiology, 44(3): 201-210.

VANDERZAAG A, GORDON R, BURTON D, et al., 2010. Greenhouse gas emissions from surface flow and subsurface flow constructed wetlands treating dairy wastewater [J]. Journal of Environmental Quality, 39(2): 460-471.

WANG Y, INAMORI R, KONG H, et al., 2008. Influence of plant species and wastewater strength on constructed wetland methane emissions and associated microbial populations [J]. Ecological Engineering, 32(1): 22-29.

WANG Y, YANG H, YE C, et al., 2013. Effects of plant species on soil microbial processes and CH_4 emission from constructed wetlands [J]. Environmental Pollution, 174: 273-278.

WICHT H, 1996. A model for predicting nitrous oxide production during denitrification in activated sludge [J]. Water Science & Technology, 34(5): 99-106.

WOLTERS U, WOLF T, ST TZER H, et al., 1996. ASA classification and perioperative variables as predictors of postoperative outcome [J]. British journal of anaesthesia, 77(2): 217-222.

WRAGE N, VELTHOF G, VAN BEUSICHEM M, et al., 2001. Role of nitrifier denitrification in the production of nitrous oxide [J]. Soil Biology and Biochemistry, 33(12): 1723-1732.

WU H, LIN L, ZHANG J, et al., 2016. Purification ability and carbon dioxide flux from surface flow constructed wetlands treating sewage treatment plant effluent [J]. Bioresource Technology, 219: 768-772.

WU H, WANG R, YAN P, et al., 2003. Constructed wetlands for pollution control [J]. Nat Rev Earth Environ 4: 218–234. https://doi.org/10.1038/s43017-023-00395-z.

WU J, ZHANG J, JIA W, et al., 2009. Impact of COD/N ratio on nitrous oxide emission from microcosm wetlands and their performance in removing nitrogen from wastewater [J]. Bioresource Technology, 100(12): 2910-2917.

YAN C, ZHANG H, LI B, et al., 2012. Effects of influent C/N ratios on CO_2 and CH_4 emissions from vertical subsurface flow constructed wetlands treating synthetic municipal wastewater [J]. Journal of Hazardous Materials, 203: 188-194.

YAN C, ZHANG H, LI B, et al., 2012. Effects of influent C/N ratios on CO_2 and CH_4 emissions from vertical subsurface flow constructed wetlands treating synthetic municipal wastewater [J]. Journal of Hazardous Materials, 203: 188-194.

ZHAO Y, ZHANG Y, GE Z, et al., 2014. Effects of influent C/N ratios on wastewater nutrient removal and simultaneous greenhouse gas emission from the combinations of vertical subsurface flow constructed wetlands and earthworm eco-filters for treating synthetic wastewater [J]. Environmental Science: Processes & Impacts, 16(3): 567-575.

ZHENG H, HANAKI K, MATSUO T, 1994. Production of nitrous oxide gas during nitrification of wastewater [J]. Water Science & Technology, 30(6): 133-141.

12

人工湿地数学模型
构建与解析

≫　12.1　人工湿地模型构建过程

≫　12.2　人工湿地模型的组成模块

≫　12.3　人工湿地模型的数学背景

≫　12.4　人工湿地概念模型

≫　12.5　人工湿地静态模型（非机理性模型）

≫　12.6　人工湿地动态模型（机理模型）

　　本书前文详细介绍了人工湿地中不同污染物的去除机理，随着研究的不断深入，人工湿地基质、植物和微生物各自在污染物去除中的贡献日渐明确，这为人工湿地污水处理技术的推广应用奠定了重要基础。然而，随着人工湿地应用日益广泛，其对工程设计也提出了越来越高的要求，为满足预测人工湿地处理效果、优化人工湿地设计和运行条件的需求，从 20 世纪 70 年代中期开始，一些研究者开始了建立人工湿地数学模型的研究工作（Polprasert et al., 1998; Mcbride and Tanner, 1999; 朱岩 等，2010）。

　　人工湿地去污数学模型的研究同样经历了由浅入深的发展过程，但由于人工湿地水流流态和污染物降解行为涉及错综复杂的交互作用和反应过程，尚无法对湿地的设计、运行和出水水质预测做出完全准确的计算和评价。本章在综述目前国内外文献的基础上，将介绍人工湿地常用的模型构建过程并解析各种模型之间的关系。

12.1　人工湿地模型构建过程

　　当需要从定量的角度分析和研究一个实际问题时，人们就要在深入调查研究、了解对象信息、作出简化假设、分析内在规律等工作的基础上，用数学的符号和语言作表述，也就是建立数学模型，然后使用计算得到的结果来解释实际问题，并接受实际的检验。这个建立数学模型的全过程就称为人工湿地数学模型的构建过程。

　　人工湿地数学模型是人工湿地运行过程的一个简化缩影。通常可将人工湿地数学建模分为 5 个阶段。

　　①概念模型：描述人工湿地内部相关的物理、化学和微生物作用机理。

　　②模糊数学模型：判断被模拟指标的确定性与随机性，也包括相关平衡方程式。

　　③数值模型：实现上述模糊模型的精确数值算法。

　　④模拟程序（软件）：实现上述数值模型的自动实现过程。

　　⑤模型验证：大量的数学计算与试验结果论证。

12.2 人工湿地模型的组成模块

在人工湿地运行过程中，系统中的水流流态和污染物降解行为涉及错综复杂的物理、化学和生物协同作用及相互影响过程，因此其模型要比常规污水生物处理更复杂（Marsili-Libelli and Checchi, 2005）。乃至今日，人工湿地仍然因其系统的复杂性常被认为是"黑箱（black box）"，这使模拟人工湿地的模型也是粗糙的"黑箱"简化模型，能精确描述人工湿地去除机理的模型至今仍少之又少。

在建立人工湿地数学模型过程中，需要着重考虑以下因素。

①水力学模型：描述人工湿地中水体流动状态。

②污染物迁移模型：描述污水中污染物迁移变化规律以及人工湿地基质吸附与解吸附过程。

③生物动力学模型：描述人工湿地中生物化学转换以及降解过程。

④植物的影响：植物生长、腐烂、分解、养分吸收、根系氧传递作用等因素。

⑤人工湿地堵塞的影响。

⑥人工曝气的影响。

12.2.1 人工湿地水力学模型

人工湿地的污水去除效果与人工湿地运行模式、水流状态有关，因此，预测人工湿地内污染物迁移转化规律以及去除效果的一个先决条件，就是准确描述水流情况的水力学模型。

人工湿地水力学特性研究的主要内容包括：水力停留时间（HRT）、水力传导率、水流流态以及人工湿地的体积容水量。

（1）水力停留时间

根据人工湿地的几何尺寸、基质的孔隙率以及进水量可以计算出污水在人工湿地床体的理论停留时间，见式（12-1）。

$$HRT = \frac{nV}{Q}$$

（12-1）

式中　HRT——理论水力停留时间（d）；

n——人工湿地基质孔隙率；

V——人工湿地床体体积（m³）；

Q——人工湿地系统进水流量（m³/d）。

（2）水力传导率

水力传导率是反映人工湿地床体水力传导性能的技术指标。人工湿地运行一段时间后，常发生壅水或堵塞现象，这就是人工湿地水力传导性能下降甚至丧失的表现。

（3）水流流态

人工湿地床体由基质、植物及微生物组成，水流在砂质基质内的流动一般被认为是层流，而在砾石基质内流动一般被认为是紊流，湿地内部水流的层流和紊流为线性渗流和非线性渗流，可用渗流模型来描述。对于湿地内的层流运动，可采用达西定律来描述。

（4）体积容水量

体积容水量是表征人工湿地处理污水能力的一个重要技术指标，它与湿地的体积、基质组成、植物种类有关。

表面流人工湿地与自然湿地水力运行条件基本相同，因此两者水流模型相似，而建立潜流人工湿地的水流模型则需考虑水体在湿地基质空隙中的流动情况。

水平潜流人工湿地与垂直潜流人工湿地所考虑的因素也是不同的。水平潜流人工湿地只需模拟湿地基质饱和情况下的水流情况，而对于间歇进水的垂直潜流人工湿地，因其水力负荷随时发生改变，因此模拟水流情况需先建立湿地基质空隙饱和度变化模型，这使整个人工湿地系统模型的构建过程变得更加复杂。

12.2.2　人工湿地污染物迁移模型

污染物迁移模型可以描述人工湿地床体内物质的转化迁移规律，以及吸附与解吸的过程。人工湿地内污染物迁移主要包括分子扩散、水体对流或平流以及水动力扩散。

12.2.3　人工湿地生物动力学模型

生物动力学模型是描述人工湿地内部生化转化以及污染物降解的模型。目前，研究者已建立大量不同复杂程度的生化动力学模型，其中包含广泛用来模拟污染物降解速率的 Monod 模型，这类模型通常假定污染物反应速率恒定且不受其他自然条件影响，实际上污染物降解速率受到许多自然环境的影响，如溶解氧浓度、基质种类、营养物质情况等（Mitchell and Mcnevin, 2001）。

12.2.4　人工湿地植物的影响

植物是人工湿地不可或缺的重要部分，在建立人工湿地数学模型时，以下与植物相关的因素需要纳入考虑范围：①植物对人工湿地水流状况的影响；②植物根系释放氧气以及有机物对生物降解动力学的影响；③植物根系养分循环（植物根系对氮磷的吸收与释放作用）。

12.2.5 人工湿地堵塞的影响

模拟人工湿地床体堵塞的情况就是建立湿地床体中悬浮颗粒物迁移与沉积作用的模型、大颗粒物沉积作用的模型以及可能会降低湿地基质水力传导系数和电导率的微生物与植物生长的模型。在对人工湿地长期运行状况进行模拟时，需考虑堵塞的影响，这有助于预测湿地长期运行的性能变化趋势。

12.2.6 人工湿地曝气的影响

人工曝气常用来解决人工湿地床体内溶解氧不足的问题，它可以明显改善湿地的氧环境，提高床体的富氧能力，增强微生物的有机物分解以及硝化能力，进而增强人工湿地对有机物和氨氮的去除效果。另外，曝气还能改善湿地床体堵塞情况，增大床体水力传导系数，因此，曝气对人工湿地处理效果有着深远影响，在评估湿地处理效果时，这是必须要考虑的因素。

12.3 人工湿地模型的数学背景

12.3.1 基本原理（基质中水体与溶质运移）

人工湿地的模型构建过程可以从下面4个方面着手：①矢量分析；②标量场的梯度；③饱和流动方程；④非饱和流动方程。

（1）矢量分析

矢量分析原理是描述人工湿地内部水体与溶质运移必须用到的基本原理。人工湿地中水流运动所占据的空间称为水流场，它被用来描述某一时刻人工湿地内部水流在空间中的分布状况。一个完整的人工湿地水流场通常包括标量（标量场），矢量（矢量场）、梯度、散度以及旋度。

（2）标量场的梯度

梯度是标量场在空间内的变化。一个三维空间的标量梯度用式（12-2）定义。

$$\text{grad}\, f = \nabla\, f = \begin{pmatrix} \dfrac{\alpha f}{\alpha x_i} \\[2mm] \dfrac{\alpha f}{\alpha x_j} \\[2mm] \dfrac{\alpha f}{\alpha x_k} \end{pmatrix} \tag{12-2}$$

式中　x_i，x_j，x_k——空间坐标；

　　　∇——向量微分算子（Nabla 算子）。

标量场的梯度是一个矢量，大小为标量函数 f 的最大变化率，即该点最大方向导数。

（3）饱和流动方程（达西定律）

人工湿地基质是疏松多孔的结构，当空隙被水填充满，水流存在形态即为饱和流动状态，当水没有完全填满基质，空隙中便被水、空气和固体填充，水的流动状态即为非饱和流动。

饱和流动状态下，常用达西定律来模拟水流流动，见式（12-3）。

$$Q = Kw\frac{h}{L} = KwI \tag{12-3}$$

式中　Q——渗透流量（m^3/d）；

　　　w——过水断面面积（m^2）；

　　　h——水头损失（上下过水断面水头差）（m）；

　　　L——渗透途径（上下过水断面距离）（m）；

　　　I——水力梯度（m/m）；

　　　K——渗透系数（m/d）。

（4）非饱和流动方程（理查德方程）

理查德方程是描述土壤水分运动的基本方程，是一个二阶非线性偏微分方程，但其局限性在于，其解析求解仅在极简单的边界条件和高度简化的土壤水分运动参数模型的情况才有可能，绝大多数情况下只能数值求解。

12.3.2　控制方程

能够比较准确、完整描述某一物理现象或规律的数学方程即称为该物理现象或规律的控制方程。控制方程是人工湿地模型的核心部分，它常用初始条件与边界条件来界定方程适用范围。

在初始时刻，方程组的解应该等于该时刻给定的函数值（$t = t_0$），用于说明初始状态的条件称为初始条件。

用以说明边界上的约束情况的条件称为边界条件。在人工湿地水流边界上，方程组的解所应满足的条件称为边界条件。边界条件随具体情况而定，一般来讲可能有以下几种情况：固体壁面（包括可渗透壁面）上的边界条件，不同流体的分界面（包括自由液面、气液界面、液液界面）上的边界条件，人工湿地进出水口处的边界条件等。

12.4 人工湿地概念模型

人工湿地概念模型定性地刻画了湿地系统的行为，通常在模型建立初期形成。

12.4.1 水力学模型

Dueve（1988）建立了人工湿地水力学概念模型（图12-1），该模型包含了人工湿地主要的系统构成及其相互关系。其中，降水量可从气象资料中获取，蒸发和蒸发蒸腾量可通过气象资料用经验或半经验公式获得，地下水流的影响在建有防渗层的潜流湿地中常常忽略不计。

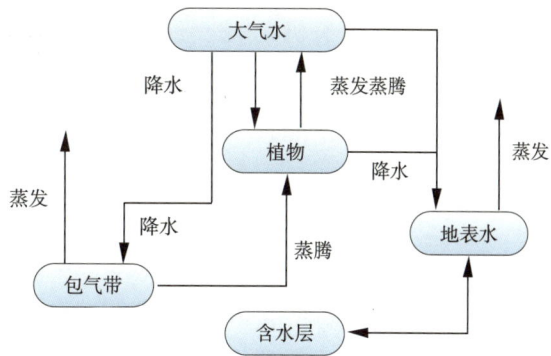

图12-1 人工湿地水力学概念模型

12.4.2 氮迁移转化模型

吴树彪（2012）总结了人工湿地中氮迁移转化规律（图12-2），氮转化过程中，矿化过程一般用一级反应动力学表达，反应速率常数取决于温度。硝化过程用一级反应动力学表达。吸附过程用 Langmuir 公式表述，吸附常数视介质类型而定。挥发也用一级反应动力学表达，挥发速率取决于水分含量、pH 值和温度。反硝化发生在缺氧区，反硝化速率常用 Miehaelis Menten 建立的方程表达，见式（12-4）。

$$r = \frac{k_d [NO_3^- - N]}{k_{dm} + [NO_3^- - N]} \quad （12-4）$$

式中　r——反硝化速率；

　　　k_d——速率常数，取决于温度；

　　　k_{dm}——半饱和常数。

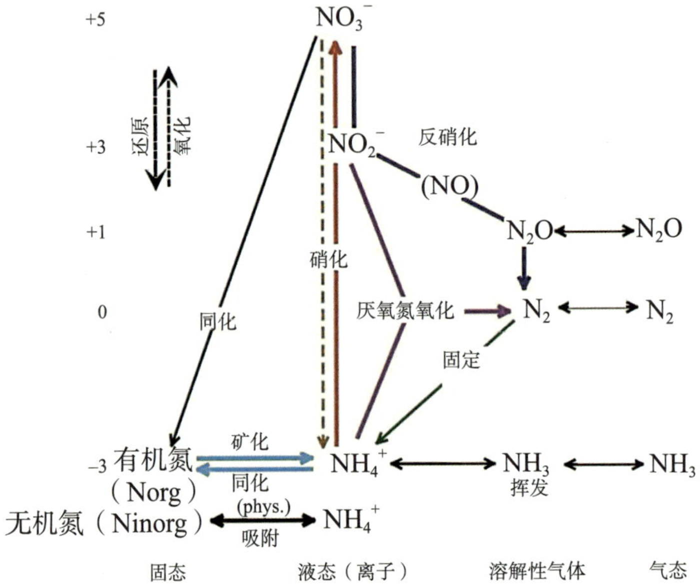

图 12-2　人工湿地氮迁移转化规律

但按照传统方法，反硝化速率通常用一级反应动力学公式表达。降雨中的氮通过雨水中的含氮量和降水量求得。植物固氮部分因较少而忽略，根系吸收氮可用式（12-5）表达。

$$\text{update(N)}= \text{Biomass(root)}\frac{kC_{\text{nitrate}}}{k_{\text{m}}+C_{\text{nitrate}}}\ \frac{RN_{\text{max}}-RN}{RN_{\text{max}}\ RN_{\text{min}}} \tag{12-5}$$

式中　update(N)——固氮量；

　　　Biomass(root)——根系生物量；

　　　k——速率常数，取决于温度；

　　　k_{m}——半饱和常数；

　　　C_{nitrate}——硝酸盐浓度；

　　　RN_{max}——根系 N 浓度的高限；

　　　RN_{min}——根系 N 浓度的低限；

　　　RN——根系的硝酸盐浓度。

Mitsch（2012）认为，对于处理生活污水或更高浓度污水时，从根系传输到植物中的氮可忽略不计。

12.4.3 磷迁移转化模型

在磷转化过程中，有机磷的矿化与有机氮的矿化类似，但反应速率不同。在湿地系统中，除磷过程可以用除氮过程方程表达，只是参数值不同而已。

12.5 人工湿地静态模型（非机理性模型）

12.5.1 衰减模型

目前，一般认为人工湿地属于生物膜附着生长的反应器，对人工湿地系统的监测主要集中在进、出水污染物浓度数据上。衰减方程在解释和运用这类数据上具有优势，其将人工湿地系统视为"黑箱"（图12-3），

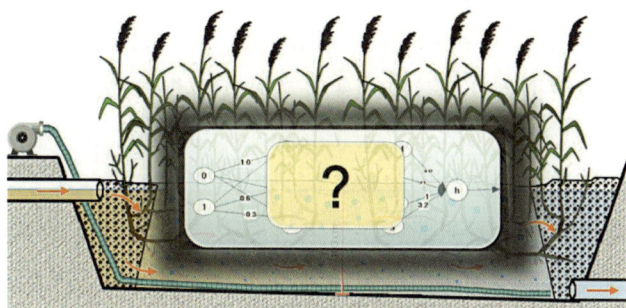

图12-3 人工湿地"黑箱"

通过对进、出水浓度或负荷的统计，依据人为定义的线性或幂次方程对数据拟合，获得进、出水指标间的相关关系。

大部分衰减方程仅用2个参数（进水污染物浓度与出水污染物浓度）来描述人工湿地复杂的污染物去除机理，很少采用3个参数（进水污染物浓度、出水污染物浓度和水力负荷）。通常只有在一定水力负荷范围内出水污染物浓度与水力负荷无关，只有同时考虑水力负荷的影响才可以预测最大允许水力负荷下进水污染物浓度与出水污染物浓度的关系。

水流呈推流式水动力学特征，污染物降解符合一级反应动力学（Cooper and Findlater, 1990; Rousseau et al., 2004）。一级反应动力学常数可通过实际资料或试验资料回归分析求得。其经验模型见式（12-6）。

$$C = C_{in}e^{-kt} \tag{12-6}$$

式中　C——水中污染物浓度（mg/L）；

　　　C_{in}——进水污染物浓度（mg/L）；

　　　k——一级反应动力学参数（L/d）；

　　　t——人工湿地污水停留时间（d）。

表 12-1 北美洲表面流人工湿地衰减模型

污染物	衰减方程	C_i（mg/L）	C_0（mg/L）	q（cm/d）	R^2
总悬浮固体（TSS）	$C_0=0.16C_i+5.1$	0.1~807	0~290	0.02~28.6	0.23
生化需氧量（BOD₅）	$C_0=0.17C_i+4.7$	10~680	0.5~227	0.27~25.4	0.62
总磷（TP）	$C_0=0.34C_i^{0.96}$	0.02~20	0.009~20	0.11~33.3	0.73
总氮（TN）	$C_0=0.75C_i^{0.75}q^{0.09}$	0.25~40	0.01~29	0.02~28.6	0.66
大肠杆菌指数（FC）	$C_0=6.66C_i^{0.34}q^{0.51}$	0.25~40	0.01~29	0.02~28.6	0.36

表 12-1 和表 12-2 分别列出了部分北美洲的表面流人工湿地和欧洲以土壤为基质的水平潜流人工湿地的衰减方程（Kadlec，1995）。

在衰减方程中，人工湿地的其他因素，诸如湿地基质类型与规格、床体尺寸、环境温度等因素均被忽略，但是人工湿地处理效果不仅仅取决于进、出水污染物浓度和水力负荷，因此衰减方程存在大量不确定因素。

12.5.2 一级动力学模型

根据对衰减方程的研究，美国国家环境保护局（EPA，2000）提出了被广泛接受并使用的一级动力学方程，见式（12-7）。

$$\frac{dC}{dt} = -k_V C \qquad (12-7)$$

式中 k_V——一级体积速率常数（L/d）；

C——污染物浓度（mg/L）。

该模型假设建立在以下假设基础之上：①人工湿地系统稳定运行（进水负荷、污水停留时间均不随时间变化）；②湿地中污染物降解规律遵循一级反应动力学；③湿地中水流呈理想推流态。

式（12-7）常用来描述潜流人工湿地。对于表面流人工湿地，则多采用面积速率常数 k_A 来确定湿地所需面积，见式（12-8）。

$$q = \frac{dC}{dy} = -k_A C \qquad (12-8)$$

式中 k_A——一级面积速率常数（m/d）；

q——水力负荷率（m/d）；

y——比例长度。

人工湿地中，污染物呈现指数规律衰减但不减为零，这是因为污水中常含有不可降解的成分、植物和微生物代谢及死亡产生的二次污染或者湿地基质本身释放出来的污染物，Kadlec 和 Knight（1996）据此现象建议在一级动力学方程基础上引入背景浓度（C^*），并对潜流人工湿地和表面流人工湿地做出如下优化。

对于表面流人工湿地，引入背景浓度 C^* 之后的模型，见式（12-9）。

$$q = \frac{\mathrm{d}C}{\mathrm{d}y} = -k_A(C - C^*)\qquad (12\text{-}9)$$

由初始条件：$C = C_{in}$（$y = 0$）；$C = C_{out}$（$y = 1$），对式（12-9）进行积分可得式（12-10）。

$$\ln\frac{C_{out} - C^*}{C_{in} - C^*} = -\frac{k}{q} = -Da\qquad (12\text{-}10)$$

式中　Da——达姆科勒数，无量纲，用于描述同一系统中化学反应相比其他现象的相对时间尺度。

当人工湿地中的流态接近完全混合时，则有式（12-11）。

$$\ln\frac{C_{out} - C^*}{C_{in} - C^*} = \frac{1}{1+k/q} = \frac{1}{1+Da}\qquad (12\text{-}11)$$

对于潜流人工湿地，引入背景浓度 C^* 之后的模型为式（12-12）。

$$\frac{\mathrm{d}C}{\mathrm{d}t} = -k_V\ (C - C^*)\qquad (12\text{-}12)$$

由初始条件：$C = C_{in}$（$t = 0$）；$C = C_{out}$（$t = \tau$），对上式进行积分可得式（12-13）。

$$\frac{C_{out} - C^*}{C_{in} - C^*} = \mathrm{e}^{-(k_V)t}\qquad (12\text{-}13)$$

对于潜流人工湿地，还可以引入人工湿地床体孔隙率 ε，湿地床深度 d（m），流量 Q（m³/d）以及床体截面面积（m²），根据 $k_A = K_V \cdot \varepsilon \cdot d$，$q = Q/A$，$V = Q\tau = Ad\varepsilon$，可得式（12-14）。

$$\frac{C_{out} - C^*}{C_{in} - C^*} = \mathrm{e}^{-k_A/q}\qquad (12\text{-}14)$$

Kadlec（1997）将沉降及蒸腾作用对人工湿地处理性能的影响考虑在内，在水流保持稳态的情况下推导出式（12-15）、式（12-16）。

表12-2　欧洲水平潜流人工湿地衰减模型

研究者	地点	模型公式	进水浓度范围	出水浓度范围	水力负荷范围	R^2
			生化需氧量（BOD$_5$）			
Brix	丹麦、英国	$C_{out}=0.11C_{in}+1.87$	$1<C_{in}<330$	$1<C_{out}<50$	$0.8<q<22$	0.74
Knight et al.	美国	$C_{out}=0.33C_{in}+1.4$	$1<C_{in}<57$	$1<C_{out}<36$	$1.9<q<11.4$	0.48
Griffin et al.	美国	$C_{out}=502.20e^{-0.11T}$	$10<T<30$	无	无	0.69
Vymazal	捷克	$C_{out}=0.099C_{in}+3.24$	$5.8<C_{in}<328$	$1.3<C_{out}<51$	$0.6<q<14.2$	0.33
Reed and Brown	美国	$L_{removed}=0.653L_{in}+0.292$	$4<L_{in}<145$	$4<L_{removed}<88$	无	0.97
Vymazal	捷克	$L_{out}=0.145L_{in}-0.06$	$6<L_{in}<76$	$0.3<L_{out}<11$	无	0.85
Vymazal	捷克	$L_{out}=0.13L_{in}+0.27$	$2.6<L_{in}<99.6$	$0.32<L_{out}<21.7$	$0.6<q<14.2$	0.57
			化学需氧量（COD）			
Vymazal	捷克	$L_{out}=0.17L_{in}+5.78$	$15<L_{in}<180$	$3<L_{out}<41$	无	0.73
			总悬浮固体（TSS）			
Reed and Brown	美国	$C_{out}=(0.1058+0.011q)C_{in}$	$22<C_{in}<118$	$3<C_{out}<23$	无	无
Knight et al.	美国	$C_{out}=0.09C_{in}+4.7$	$0<C_{in}<330$	$0<C_{out}<60$	$0.8<q<22$	0.67
Knight et al.	美国	$C_{out}=0.063C_{in}+7.8$	$0.1<C_{in}<253$	$0.1<C_{out}<160$	$1.9<q<44.2$	0.09
Vymazal	捷克	$C_{out}=0.021C_{in}+9.17$	$13<C_{in}<179$	$1.7<C_{out}<30$	$0.6<q<14.2$	0.02
Kadlec et al.	美国	$C_{out}=0.76C_{in}^{0.706}$	$8<C_{in}<595$	$2<C_{out}<58$	无	0.55
Brix	丹麦	$C_{out}=0.09C_{in}+4.7$	$0<C_{in}<330$	$0<C_{out}<60$	无	0.67

（续）

研究者	地点	模型公式	进水浓度范围	出水浓度范围	水力负荷范围	R^2
		总悬浮固体（TSS）				
Vymazal	捷克	$L_{out}=0.048L_{in}+1.76$	$3<L_{in}<78$	$0.9<L_{out}<6.3$	无	0.42
Vymazal	捷克	$L_{out}=0.083L_{in}+1.18$	$3.7<L_{in}<123$	$0.45<L_{out}<15.4$	$0.6<q<14.2$	0.64
		总氮（TN）				
Kadlec and Knight	美国及其他	$C_{out}=2.6+0.46C_{in}+0.124q$	$5.1<C_{in}<58.6$	$2.3<C_{out}<37.5$	$0.7<q<48.5$	0.45
Kadlec et al.	丹麦	$C_{out}=0.52C_{in}+3.1$	$4<C_{in}<142$	$5<C_{out}<69$	$0.8<q<22$	0.63
Vymazal	捷克	$L_{out}=0.42C_{in}+7.68$	$16.4<C_{in}<93$	$10.7<C_{out}<49$	$1.7<q<14.2$	0.72
Vymazal	捷克	$C_{out}=0.67L_{in}-18.75$	$300<L_{in}<2400$	$200<L_{out}<1550$	无	0.96
Vymazal	捷克	$C_{out}=0.68L_{in}+0.27$	$145<L_{in}<1894$	$134<L_{out}<1330$	$1.7<q<14.2$	0.96
		总磷（TP）				
Kadlec and Knight	美国、欧洲、澳大利亚	$C_{out}=0.51C_{in}^{1.1}$	$0.55<C_{in}<20$	$0.1<C_{out}<15$	无	0.64
Kadlec and Knight	美国	$C_{out}=0.23q^{0.6}C_{in}^{0.76}$	$2.3<C_{in}<7.3$	$0.1<C_{out}<6$	$2.2<q<44$	0.60
Brix	丹麦	$C_{out}=0.65C_{in}+0.71$	$0.5<C_{in}<19$	$0.1<C_{out}<14$	$0.8<q<22$	0.75
Vymazal	捷克	$C_{out}=0.26C_{in}+1.52$	$0.77<C_{in}<14.3$	$0.4<C_{out}<8.4$	$1.7<q<14.2$	0.23
Vymazal	捷克	$L_{out}=0.58L_{in}-4.09$	$25<L_{in}<320$	$20<L_{out}<200$	无	0.61
Vymazal	捷克	$L_{out}=0.67L_{in}-9.03$	$28<L_{in}<307$	$11.4<L_{out}<175$	$1.7<q<14.2$	0.58

$$\frac{C_{\text{out}} - C'}{C_{\text{in}} - C'} = (1 + \alpha/q)^{-(1 + k_A/\alpha)} \tag{12-15}$$

其中：

$$C' = C^* \frac{k_A}{k_A + \alpha} \tag{12-16}$$

式中　α——蒸腾蒸发量（m/d）。

通过阿仑尼乌斯方程（Arrhenius equation）可修正温度对人工湿地污染物去除的影响，见式（12-17）、式（12-18）。

$$K_{A,T} = K_{A,20}\theta^{T-20} \tag{12-17}$$

$$K_{V,T} = K_{V,20}\theta^{T-20} \tag{12-18}$$

式中　θ——温度校正系数；

　　　T——热力学温度（K）。

根据 Kadlec（1997）的研究，人工湿地中 BOD、TSS 和 TP 的去除效果与温度无关，也就是式（12-18）中 $\theta = 1$，而氮的去除与温度呈正相关（$\theta = 1.05$）。

一级动力学方程常被认为是人工湿地系统设计中最合适的模型，模型的推导以污染物降解服从一级反应动力学为基础，常假设模型中的参数为常量，湿地中水流流态为理想的推流，被广泛地应用于 BOD_5、TSS、细菌以及金属离子去除的预测。但在实际工程中，水流的扩散、短路及滞留都有可能使人工湿地运行状态与模型理想状态相差甚远。速率常数和背景质量浓度也并非衡定，常受水深、温度、水力负荷、进水质量浓度、扩散、降雨和蒸发等因素的影响。根据一级反应动力学，只要进水污染物负荷增加，去除速率可以无限增大，这显然与实际情况不符。

12.5.3　零级动力学模型

零级动力学是指在人工湿地系统内，单位时间降解或消除等量的污染物，也称恒量吸收或消除动力学。不同于一级动力学过程，零级动力学反应速率与底物浓度无关。

根据一级动力学模型，污染物的去除率 r 随着污染物进水浓度的增大而不断提高，见式（12-19）。

$$r = Q(C_{\text{in}} - C_{\text{out}}) \Rightarrow r = QC_{\text{in}}(1 - e^{-k_V\tau}) \tag{12-19}$$

但事实上，人工湿地系统随污染物浓度提高而渐趋饱和，将体现零级反应的特点。据此点，Mitchell 和 McNevin（2001）建立了人工湿地系统的零级动力学模型，见式（12-20）、式（12-21）。

$$C_{\text{in}} - C_{\text{out}} = k_{0,\text{V}} \cdot \tau = \frac{k_{0,\text{A}}}{q} \tag{12-20}$$

$$\frac{\mathrm{d}C}{\mathrm{d}y} = -k_{0,\text{V}} = -\frac{k_{0,\text{A}}}{\varepsilon h} \tag{12-21}$$

式（12-20）、式（12-21）中的 $k_{0,\text{V}}$、$k_{0,\text{A}}$ 分别为零级体积速率常数和零级面积速率常数，理论上只与温度、生物量、微生物种类和污染物类型有关，与水力负荷和进水污染物浓度无关。

零级动力学模型可有效避免应用一级动力学模型预测去除率时无上限的不足，但它也只是给出一个参考阈值，对阈值以下运行的湿地系统无法预测污染物实际去除速率（孔令裕和倪晋仁，2007）。

12.5.4　Monod 模型

人工湿地 Monod 模型是以湿地中水流流态为理想推流为前提，假设湿地中的生物过程与其他生物系统一样符合 Monod 动力学而提出的，具体模型见式（12-22）~式（12-24）。

表面流人工湿地：

$$q\frac{\mathrm{d}C}{\mathrm{d}y} = -k_{0,\text{A}}\frac{C}{K+C} \tag{12-22}$$

潜流人工湿地：

$$r = k_{0,\text{A}}V\,\frac{C}{K+C} \text{ 和 } \frac{\mathrm{d}C}{\mathrm{d}t} = \frac{-r}{V} \tag{12-23}$$

$$\xrightarrow{[1],[2],[3],[4]} \frac{\mathrm{d}C}{\mathrm{d}z} = -\frac{k_{0,\text{V}}\,\varepsilon a}{Q}\,\frac{C}{K+C} = -\frac{k_{0,\text{A}}}{qZ}\,\frac{C}{K+C} \tag{12-24}$$

式中　[1]——$k_{0,\text{A}} = k_{0,\text{A}}\varepsilon d$；

　　　[2]——$q = Q/A = Q/(WZ)$；

　　　[3]——$z = vt$；

　　　[4]——$v = Q/\varepsilon a$；

　　　r——污染物去除率（%）；

C——污染物浓度（mg/L）；

K——半饱和常数（mg/L）；

$k_{0,V}$——零级体积速率常数（m^3/d）；

$k_{0,A}$——零级面积速率常数（m/d）；

q——水力负荷（m/d）；

Q——水流流量（m^3/d）；

ε——床体孔隙度（%）；

W——湿地宽度（m）；

Z——湿地长度（m）；

A——湿地床体面积（m^2）；

a——湿地横截面积（m^2）。

Monod 模型中半饱和常数 K 取值完全取决于污染物与微生物，容易被微生物降解的污染物 K 值低，不易被微生物降解的污染物 K 值高。

Monod 模型可对背景浓度（C^*）作出新解释：当污染物浓度下降至接近 0 时，其降解速率将下降得非常低，因此在给定的水力停留时间（HRT）内，污染物将无法完全分解。

从 Monod 模型可快速获知污染物的最大去除率，避免使用一级模型时湿地尺寸过大或使用零级模型时湿地尺寸太小的问题。Monod 模型的不足之处在于：①作为一个经验模型，它的适用范围有限，当废水中存在抑制性基质时模型不再适用；②动力学分析复杂，K 随污染物和微生物的不同而变化，具体数值需要通过试验确定。

吴英海等（2013）通过对复合人工湿地的观察试验模拟了 Monod 模型，发现简化的 Monod 模型对复合人工湿地中 BOD_5 和 COD 去除的预测较为准确，但是也发现了 Monod 模型运用的局限性，该模型应用到不同的地区气候条件下或者植物降解作用超过微生物降解作用的湿地时可能得不到满意的效果。

12.6 人工湿地动态模型（机理模型）

12.6.1 箱式机理模型

Wynn 等（2001）提出了水平潜流人工湿地的箱式机理模型。Wynn 动态箱式模型由碳循环、氮循环、水平衡、氧平衡以及异养细菌和自养细菌的代谢 5 个彼此关联的模块组成。模型建立在 15 组动力学方程基础之上，一共涉及 42 个物理、微生物和生物参数，用串联釜式反应器描述水流的混合状态，用达西定律描述空隙流。模型采用 STELLA 软件实现。因 TP 和 TSS 的去除主要是物理化学而非生物作用，所以没有将其纳入到模型中。

Wynn 动态箱式模型的重要假设之一是湿地出水的 TSS 几乎为零，规定 SS 的去除率为 100%，即出水中没有颗粒性固体物质。模型的输入参数包括温度、时间、降水量、流速、进水 BOD、氨氮、硝态氮、有机氮及溶解氧；模型输出参数有流速、出水 BOD、氨氮、硝态氮、有机氮及溶解氧。通过 Wynn 动态箱式模型模拟水平潜流人工湿地低频率测定（2 周 1 次）的长期（1 年）动态变化表明，Wynn 动态箱式模型可反映人工湿地系统相关指标的季节性变化。

Wynn 动态箱式机理模型相比非机理性模型取得了巨大进步，它较好地概括了人工湿地中的主要过程及各系统主要要素间的相互作用，且其基础数据易于获得，软件实现容易且可视性强。但缺陷也在于模型需要估算 15 个初始状态以及评价 42 个参数。除此之外，Wynn 箱式机理模型还具有以下缺陷（闻岳和周琪，2007）：①模型忽略了一些重要的微生物过程如生物膜中的传质因素等；②模型中水流流态模型过于简单；③模型无法描述系统长期运行后固体累计对空隙率和水力传导系数产生的影响；④模型将 BOD 和有机氮的溶解态和颗粒态组分的比例规定为定值，这与废水中该组分的比例变化不相符合；⑤模型用 BOD 表征有机物而非通用的 COD 描述方法，可能与其他模型产生不兼容的问题。

12.6.2 CW2D 模型与 CWM1 模型

（1）CW2D 模型

Langergraber（2001）借鉴 Henze（2006）等提出的活性污泥模型 ASM 对生化反应过程的描述，提出基于将污染物多组分划分，涉及不同组分传质、降解等多项过程的 CW2D 模型。CW2D 是 "constructed wetland 2 dimensional" 的缩写，汉语意思即 "人工湿地二维" 模型，它包括 12 个组分、9 个过程和 46 个参数（不包括水动力子模型参数），详尽的参数使得 CW2D 模型无论是对垂直流人工湿地系统或是水平流人工湿地系统，均可完整描述湿地对 C、N、P 的迁移转化规律。CW2D 模型详尽描述了污水中主要污染物在人工湿地中的降解与生物动力学过程。其中，其传质动力学涵盖了污染物在系统中分散、扩散、传导、吸附、解吸和植物对水分的吸收等过程，还引入了 HYDRUS-2D 模型的源代码，并使用理查德方程描述湿地床体基质中水流的状态。

国际水协会水污染控制水生植物专家组（IWA Specialist Group on Use of Macrophyte in Water Pollution Control）对 Langergraber 的 CW2D 模型给予了充分肯定。CW2D 模型能反映水的实际流态且能计算出湿地床体不同位置的污染物浓度，因此可帮助确定湿地内的好氧区和厌氧区。CW2D 模型仍然有些瑕疵：①水动力模型不能描述不规则水流态，当系统中发生涡流等状态时，会造成模拟结果不理想；②许多模型参数还是需要估算；③无法描述湿地内部堵塞问题；④植物对湿地去除污染物贡献的描述不准确。

（2）CWM1模型

Langergraber（2008）在研究中指出描述人工湿地厌氧过程中不同模型方程的利弊，并于 2009 年推出 CWM1 模型（Langergraber et al., 2009）。CWM1 是 "Constructed Wetland Model No.1" 的简写，意思是 "人工湿地 1 号" 模型，它主要描述了微生物的生物动力学过程，是一个用来描述人工湿地中 C、N 和 S 的生物动力学转化及降解过程的一般模型。

CWM1 模型主要目的是不考虑气体挥发预测人工湿地出水浓度，以 IWA 活性污泥模型的数学方程式为基础推导，描述好氧、缺氧及厌氧 3 个过程，因此该模型不仅适用于水平流人工湿地，而且适用于垂直流人工湿地系统，它包含了 17 个过程、16 种（8 个可溶性，8 个颗粒性）组分。除了生物动力学过程，CWM1 还包含了多孔介质流体动力学、植物的影响、描述堵塞过程的颗粒物质的输送、吸附及脱附过程以及物理复氧过程，是一个很完整的人工湿地模型。

于慧卿（2012）对高陵县通远镇镇域污水处理工程及蓝田水陆湾度假村污水处理工程，利用 CWM1 模型进行动态模拟分析，并对模型进行参数率定，模拟结果与实测值基本吻合，为 CWM1 模型的实际运用提供了宝贵经验。

参考文献

孔令裕，倪晋仁，2007. 典型人工湿地去污模型之间的关系（Ⅰ）[J]. 应用基础与工程科学学报，15(2): 149-155.

闻岳，周琪，2007. 水平潜流人工湿地模型 [J]. 应用生态学报，18(2): 456-462.

吴树彪，2012. 人工湿地污水处理中碳氮硫转化及相互作用研究 [D]. 北京：中国农业大学 .

吴英海，韩蕊，林必桂，等，2013. 复合人工湿地中低浓度有机物的去除及 Monod 模型模拟 [J]. 环境工程学报，7(6): 2139-2146.

于慧卿，2012. CWM1 模型在人工湿地水体修复及生活污水处理中的应用研究 [D]. 西安：长安大学 .

朱岩，李桂星，杨悦新，2010. 人工湿地去除污染物模型的研究进展 [J]. 安徽农业科学，15: 8138-8140.

COOPER P F, FINDLATER B, 1990. Constructed wetlands in water pollution control [M]. UK: Pergamon Press plc.

DUEVER M J, 1988. Hydrologic processes for models of freshwater wetlands [J]. Elsevier, Amsterdam, The Netherlands, 12: 9-39.

EPA U, 2000. Constructed wetlands treatment of municipal wastewaters [M]. Cincinnati, Ohio: Betterway Books.

HENZE M, GUJER W, MINO T, 2000. Activated sludge models ASM1, ASM2, ASM2d and ASM3 [M].

England: IWA Publishing.

KADLEC R H, KNIGHT R L, VYMAZAL J, et al., 2000. Constructed wetlands for pollution control [J]. Process, performance, design and operation. IWA Scientific and Technical Report.

KADLEC R H, 1997. Deterministic and stochastic aspects of constructed wetland performance and design [J]. Water Science & Technology, 35(5): 149-156.

KADLEC R H, 1995. Overview: surface flow constructed wetlands [J]. Water Science & Technology, 32(3): 1-12.

KADLEC, R., WALLACE, S, 2009. Treatment wetlands[M]. 2nd ed. Florida: CRC Press.

LANGERGRABER G, ROUSSEAU D P, GARCIA J, et al., 2009. CWM1: a general model to describe biokinetic processes in subsurface flow constructed wetlands [J]. Water science & technology, 59(9): 1687-1697.

LANGERGRABER G, 2001. Development of a simulation tool for subsurface flow constructed wetlands [M]. Abt. Siedlungswasserbau, Inst. für Wasservorsorge, Univ. für Bodenkultur Wien.

LANGERGRABER G, 2008. Modeling of Processes in Subsurface Flow Constructed Wetlands: A Review [J]. Vadose Zone Journal, 7(2): 830-842.

LANGERGRABER G, 2003. Simulation of subsurface flow constructed wetlands-results and further research needs [J]. Water Science & Technology, 48(5): 157-166.

MARSILI-LIBELLI S, CHECCHI N, 2005. Identification of dynamic models for horizontal subsurface constructed wetlands [J]. Ecological Modelling, 187(2): 201-218.

MCBRIDE G B, TANNER C C, 1999. Modelling biofilm nitrogen transformations in constructed wetland mesocosms with fluctuating water levels [J]. Ecological Engineering, 14(1): 93-106.

MITCHELL C, MCNEVIN D, 2001. Alternative analysis of BOD removal in subsurface flow constructed wetlands employing Monod kinetics [J]. Water Research, 35(5): 1295-1303.

MITSCH W J, STRAŠKRABA M, JORGENSEN S E, 2012. Wetland modelling [M]. Netherlands: Elsevier.

POLPRASERT C, KHATIWADA N, BHURTEL J, 1998. Design model for COD removal in constructed wetlands based on biofilm activity [J]. Journal of Environmental Engineering, 124(9): 838-843.

ROUSSEAU D P, VANROLLEGHEM P A, DE PAUW N, 2004. Model-based design of horizontal subsurface flow constructed treatment wetlands: a review [J]. Water Research, 38(6): 1484-1493.

WYNN T M, LIEHR S K, 2001. Development of a constructed subsurface-flow wetland simulation model [J]. Ecological Engineering, 16(4): 519-536.

13

人工湿地选型与设计

人工湿地生态系统工程，是污水净化的新兴研究领域，属于应用科学的范畴，是生态工程技术的一种（Tromp et al., 2012）。它的设计与构建需要符合自然生态系统整体功能的要求，遵循自然生态系统的物质循环和能量利用原理，从生态系统物种共生与物质循环再生、分层多级利用的原理及结构功能相协调原则出发，结合生态工程物质生产工艺的最优化方法进行设计（Kadlec and Wallace, 2008）。影响人工湿地设计的因素很多，包括水力负荷、有机负荷、处理床的结构、流程布置、配水系统、排水系统和表面植物种类等，因此在设计人工湿地时，要根据当地情况，如气候、土壤、进水水质、接受水体环境容量和水质等要求，进行因地制宜、因时制宜的考虑（Kadlec, 2010）。

13.1 人工湿地选型

当前主流的人工湿地废水处理工艺主要有 4 种形式，分别为表面流人工湿地工艺、潜流人工湿地工艺、复合人工湿地工艺和强化人工湿地工艺。在人工湿地系统选型时应充分考虑 4 种人工湿地系统工艺的特点和当地的条件，进行最佳的系统选型。表面流人工湿地工艺的特点是废水在人工湿地的土壤表层流动，水位较浅，一般为 0.1~0.6 m。与潜流工艺相比，其优点是投资少；缺点是负荷小，冬季北方地区湿地系统表面会结冰，夏季可能会繁殖蚊虫，还会有臭味。潜流人工湿地工艺的特点是废水在人工湿地的地表下流动，保温效果好，处理负荷相对较高，处理效果受气候的影响较小，但投资比表面流人工湿地工艺要高。该工艺繁殖蚊虫和产生臭味的可能性很小，是目前国际上采用较多的一种工艺。复合人工湿地工艺在综合考虑不同湿地工艺特点的同时，结合当地具体情况，发挥多种工艺的最大优势。强化人工湿地工艺是指通过利用人工湿地强化技术，如组合工艺强化、基质强化、植物强化来加强人工湿地系统净化效果的一种改进工艺。

13.1.1　人工湿地水流位置特点

人工湿地中，水流流态会受到布水方式、出水高度和填料粒径及铺设状况等诸多因素影响（蒋绍阶 等，2012）。对于人工湿地系统整体的水流方式大致可分为表面流和潜流两种，潜流被进一步分为水平潜流和垂直潜流（Vymazal, 2007）。目前，对于人工湿地中水流方式的设计，主要以3种基本方式为基础，在此基础上进行改进创新（何成达 等，2004）。不同水流方式的人工湿地具有各自结构特点，在实际设计中应正确选择，以使人工湿地更好地发挥作用。随着研究的深入，人工湿地不再局限于单一的水流方式，而是将不同的水流方式进行组合，或在湿地内部变换水流方式（傅长锋 等，2012）。Zhai 等（2011）设计了一个新型的复合人工湿地，由带挡板的垂直流和水平潜流人工湿地组成，增加水在湿地系统内部的流动距离。Zou 等（2012）将多级、两层的跌水充氧装置与垂直流人工湿地结合，设计出一种新型的跌水充氧垂直流人工湿地。

13.1.2　选择水流位置的原则

确定水流位置是设计人工湿地结构的第一步，其设计原则可概括为：①污水的类型，若目标污染物为易去除的污染物（氮等），或污染物浓度较低，可以考虑单纯选择表面流或者单一的水流位置（Hijosa-Valsero et al., 2011）；②基质的类型，对于孔隙变化率较高的基质，如页岩和砾石等较易堵塞的基质，不适合选择垂直流（张翔凌 等，2008）；③区域状况，对于中国东部土地紧张的发达地区，水平潜流和垂直流是不错的选择；④技术可行性，设计的水流方式要符合现实的技术条件；⑤经济可行性，表面流相对水平潜流和垂直流的建设费用较低，适合于贫困地区；⑥生态环境健康，表面流的人工湿地易滋生蚊蝇，不宜建在城市生活小区（崔丽娟 等，2010）。

13.2　人工湿地选型评价指标

人工湿地选型评价指标分为技术可行性、环境可行性与经济可行性三大类。

13.2.1　技术可行性指标

技术可行性指标主要是针对处理系统的实用性与可实施性两方面，包含了对处理效果、现有的技术水平以及实施地的气候、地质等综合指标的考量。处理系统中提出的关键技术在国内外都应具有先进性，且处理效果显著、快速、安全。同时处理系统应具有可实施性，能确保方案迅速实施并发挥预期的作用。

13.2.2 环境可行性

环境可行性分析重点是对能源消耗和生态影响等方面进行全面研究、讨论和分析，其目的是预测和评价某项污染综合方案实施后的安全性。湿地富集了重金属和放射性元素污染物，必须对其材料进行处理和风险分析。如果修复不彻底，还有可能引起土壤环境的改变，为避免一次污染，避免污染物对人畜健康和生态环境的损坏，应该对可能出现的负面影响进行有效的评价、预测和预防。

13.2.3 经济可行性

经济可行性分析可以评估任何由植物修复计划而获得的利益以及任何阻碍达到计划目标的因素。虽然湿地水处理技术与传统的水处理技术相比成本要低得多，但是，采用湿地技术对环境污染进行治理时，资金的投入是一个大问题：①人工湿地处理是一个长期的过程，需要不断有资金介入；②我国仍是一个发展中国家，经济效益原则须重点考量；③资金筹集困难。在实施处理系统之前，经济的可行性分析是长期运行的关键保障（雪梅和延姝，2005；杨旭 等，2008）。

13.3 人工湿地设计原则

13.3.1 生物多样性保护原则

人工湿地的构建要为各种湿地生物的生存提供栖息空间，营建适宜于生物多样性发展的环境空间，但是在建设过程中，应将生态环境改变控制在最小的程度和范围；提高城市湿地生物物种多样性，防止外来物种入侵（华涛 等，2004）。

13.3.2 生态系统连通性原则

片状湿地与河流相连可以形成城市湿地与周边自然环境的连续性。确保湿地生物廊道的畅通，使之成为动物的迁徙廊道和避难所，但是在建设过程中要注意避免人工设施大范围覆盖，确保湿地的透水性，寻求物质的良性循环。

13.3.3 生态环境完整性原则

保持湿地水环境和陆域环境的完整性，避免湿地环境过度分割而造成环境的退化；保护湿地生态的循环体系和缓冲保护带，避免城市发展对湿地环境的过度干扰。

13.3.4 资源稳定性原则

保持湿地水体生物等各种资源的平衡与稳定，避免资源贫瘠化，确保湿地的可持续发展。

13.3.5 地域特色原则

根据自然地理及区域湿地类型的分布特征，提炼自然、人文景观元素，体现地域特色，延续历史文脉（陈美华 等，2010）。

13.4 人工湿地设计常用概念及计算方法

13.4.1 水力停留时间

计算人工湿地水力停留时间见式（13-1）。

$$T = \frac{V_\mathrm{w}}{Q_\mathrm{ave}}$$ （13-1）

式中 T——水力停留时间（d）；

Q_ave——人工湿地系统的水流量（$\mathrm{m^3/d}$）；

V_w——人工湿地系统的体积（$\mathrm{m^3}$）。

或者用式（13-2）计算：

$$T = \frac{V\varepsilon}{Q_\mathrm{av}}$$ （13-2）

式中 T——水力停留时间（d）；

V——湿地容积（$\mathrm{m^3}$）；

ε——湿地孔隙率；

Q_av——平均流量（$\mathrm{m^3/d}$）。

水力停留时间是人工湿地污水处理系统重要的设计参数之一，可定义为湿地可用容积与平均水流量的比值，根据出水水质的要求，表面流人工湿地的总水力停留时间宜为 4~20 d，潜流人工湿地的水力停留时间宜为 2~4 d，具体须根据污染负荷进行设计取值（Brix，1994）。

从设计的角度出发，水力停留时间是利用平均流量、系统几何形状、操作水位、初始孔隙率等来估算的。对于潜流湿地而言，悬浮固体的不断沉积，其孔隙率也随之发生变化，即由于孔隙率随时间变化而变化，水力停留时间很难确定。根据历史资料和经验可知，实际水力停留时间通常是理论值的 40%~80%。潜流湿地本身的厌氧条件正适合系统发生反硝化脱氮反应，当水力停留时间为 2~4 d 时，可发生强烈反硝化反应，实践表明表面流湿地的水力停留时间以 4~8 d 为佳（王世和 等，2003）。

13.4.2 孔隙度

人工湿地污水处理系统的孔隙度 ε 指湿地土壤中孔隙占湿地总容积的百分比。实践表明，在人工湿地运行过程中，由于固体悬浮物的不断累积，基质的孔隙度会动态变化，所以人工湿地污水处理系统的孔隙度很难测定（詹德昊 等，2003）。而在人工湿地的设计过程中，需要利用湿地土壤隙度，以确定水量、水力停留时间、湿地长宽尺寸等。所以常用人工湿地的初始孔隙度作为计算基础，即人工湿地建设时测定的孔隙度（Zapater et al., 2011）。

13.4.3 系统水量

系统水量是指人工湿地运行时系统中容纳的水量，一般在水质设计时确定。

式（13-3）是人工湿地系统水量平衡计算公式。

$$Q_{out} = Q_{in} + A(P-I-ET) \tag{13-3}$$

式中　Q_{out}——人工湿地出水量（m^3/d）；

Q_{in}——人工湿地进水量（m^3/d）；

A——人工湿地面积（m^2）；

P——单位面积人工湿地降水量（m/d）；

I——单位面积人工湿地入渗量（m/d）；

ET——单位面积人工湿地蒸发量（m/d）。

人工湿地横截面积计算按式（13-4）计算.

$$A_c = WD_W \tag{13-4}$$

式中　A_c——水流过的填料横截面面积（m^2）；

W——湿地的宽度（m），W 值不宜超过 60 m；

D_W——水深（m）。

人工湿地的表面水位按达西定律公式计算，见式（13-5）。

$$Q = KA_cS = KWD_W\left(\frac{\Delta H}{\Delta L}\right) \tag{13-5}$$

式中　Q——流量（m^3/d）；

K——设计渗透系数 [$m^3/（m^2 \cdot d$）]，在系统的前 30% 长度区，K 一般取填料渗透系数的 1%，在系统的后 70% 长度区，K 一般取填料渗透系数的 10%，填料的渗透系数可通过试验测定或查阅其他相关资料取值；

A_c——水流过的填料横截面面积（m^2）；

S——人工湿地的床体坡度；

ΔL——水流过的填料区长度（m）；

ΔH——人工湿地水质净化系统中进口处与出口处的水位差（m）。

13.4.4 体 积

①表面流人工湿地系统的体积 V_w 按式（13-6）计算：

$$V_w = A_w h \qquad (13-6)$$

式中 V_w——表面流人工湿地系统的体积（m^3）；

A_w——表面流人工湿地面积（m^2）；

h——表面流人工湿地平均水深（m）。

②潜流人工湿地系统的体积 V_w 按式（13-7）计算：

$$V_w = V\varepsilon \qquad (13-7)$$

式中 V_w——潜流人工湿地系统的体积（m^3）；

V——潜流人工湿地系统中填料的体积（m^3）；

ε——潜流人工湿地系统中填料的孔隙率（%）。

13.4.5 平均水流量

人工湿地的平均水流量按式（13-8）计算（胡康萍，1991）：

$$Q_{ave} = \frac{Q_{in} + Q_{out}}{2} \qquad (13-8)$$

式中 Q_{ave}——人工湿地的平均水流量（m^3/d）；

Q_{in}——人工湿地系统的进水流量（m^3/d）；

Q_{out}——人工湿地系统的出水流量（m^3/d）。

13.4.6 表面水力负荷

人工湿地表面水力负荷按式（13-9）进行计算：

$$q_h = \frac{Q_{in}}{A_W}$$ （13-9）

式中　q_h——人工湿地的水力负荷率 [$m^3/(m^2 \cdot d)$]；

　　　Q_{in}——人工湿地的进水流量（m^3/d）；

　　　A_W——人工湿地面积（m^2）。

表面流人工湿地、潜流人工湿地的表面水力负荷推荐值见表13-1所列。对于冬季温度在0℃以下的地区，为保证低温情况下的水质净化效果，冬季应做好保温措施，且表面水力负荷应取低值，并设置一定的保证系数。

表13-1　人工湿地的表面水力负荷

湿地类型	水力负荷 [$m^3/(m^2 \cdot d)$]	污染物去除效率（%）	
		COD	氨氮
表面流人工湿地	0.01~0.1	30~80	30~80
潜流人工湿地	0.02~0.5	40~80	40~80

13.4.7　表面污染负荷

表面污染负荷按式（13-10）进行计算。

$$q_p = \frac{Q_{in}(C_0 - C_e)}{A_W}$$ （13-10）

式中　q_p——人工湿地的表面污染负荷 [$g/(m^2 \cdot d)$]；

　　　Q_{in}——人工湿地水质净化系统的进水流量（m^3/d）；

　　　C_0——进水中的污染物浓度值（mg/L）；

　　　C_e——出水中的污染物浓度值（mg/L）；

　　　A_W——人工湿地面积（m^2）。

表面流人工湿地、潜流人工湿地的表面污染负荷推荐值见表13-2所列。对于冬季温度在0℃以下的地区，为保证低温情况下的水质净化效果，冬季应做好保温措施，且

表13-2　人工湿地的表面污染负荷

湿地类型	表面污染负荷 [$g/(m^2 \cdot d)$]	
	COD	氨氮
表面流人工湿地	0.2~5	0.02~0.8
潜流人工湿地	0.5~10	0.1~3

表面污染负荷应取低值，并设置一定的保证系数（张清，2011）。

13.5 人工湿地设计程序

人工湿地的设计程序可采用图 13-1 的流程进行。

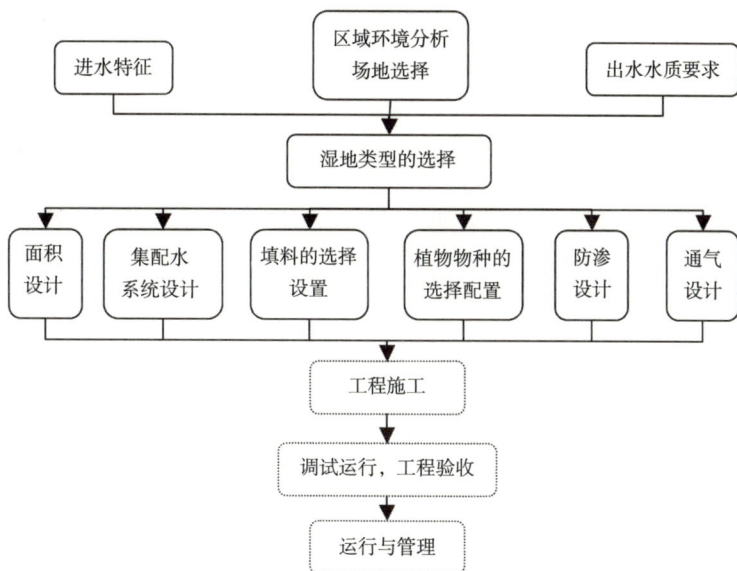

图 13-1 人工湿地的设计程序

13.5.1 区域环境分析场地选择

人工湿地污水处理设施位置的选择应符合居住区、村镇或厂区总体规划及环境影响评价的要求，并应结合下列因素综合确定（刘滨谊和魏恰，2008）：

①宜靠近自然水体、市政排污管道的排放点或便于处理后回用的地点。

②在城市、居住区处理站内宜在夏季主导风向的下风侧，应与建筑保持一定距离，并用绿化带与建筑物隔开。

③居住区内处理站宜设置在绿地、停车坪及室外空地；农村地区宜设置在地势相对较低的荒地处。

④处理设施与生活供水泵站及其清水池水平距离应不得小于 10 m。

⑤处理设施地点应便于施工、维护和管理等。

人工湿地地点的选择应考虑当地地质、气象、水文特征等因素，并进行工程地质、水文地质等方面勘察，避免人工湿地池裂损、淹水、河水倒灌、排水不畅等情况发生。

人工湿地处理构筑物的间距应紧凑、合理，满足各构筑物的工程施工、设备安装、填料装填、湿地池疏通及日常管理的要求。

人工湿地处理设施应设置通向各构筑物和附属建筑物的必要通道，通道的设计宜满足下列要求：

①主要车行道的宽度：单车道为 3.5~4.0 m，双车道为 6.0~7.0 m，并应有回车道。

②车行道的转弯半径宜为 6.0~10.0 m。

③人行道的宽度宜为 1.5~2.0 m。

对并行运行的处理构筑物间应设均匀配水装置，各处理构筑物系统间宜设可切换的连通管渠、超越管渠。

生产管理建筑物和生活设计宜集中布置，其位置和朝向应力求合理，并应与处理构筑物保持一定距离。

农村地区宜结合当地农业生产，加强生活污水削减和尾水的回收利用。

13.5.2　设计水量与其他设计程序

生活污水水量宜根据当地实际用水量经调查后确定，或根据当地用水定额，结合建筑内部给排水设施水平和排水系统普及程度等因素确定。可按当地相关用水定额的 80%~90% 采用，采用埋地塑料管或地下水位较高时取高值。居民生活用水量可参考表 13-3。

表 13-3　居民生活用水量参考取值

单位：L/（人·d）

卫生设施类型	农村居民用水量	城镇居民用水量
经济条件好，室内卫生设施齐全	90~150	150~180
经济条件较好，室内卫生设施较齐全	60~120	120~150
经济条件一般，有简单的室内卫生设施	50~100	90~120
无卫生间和沐浴设备，主要利用地表水、井水洗涤	30~90	——

市政污水处理厂、工业废水处理厂尾水水量，按实际处理量确定。

设计污水水质应经实地监测资料确定，或参照相同性质居住区、污水处理厂的水质确定。如缺乏相关资料时，可参考表 13-4 数据。

人工湿地类型应根据污水特征、区域环境、出水水质要求等因素进行确定。设计内容应包括湿地池结构设计（面积、集配水系统、防渗等）、填料选择、植物种类选择、预处理系统、设备控制系统等。

污水处理的工艺流程应充分利用地形，减少或不用提升设备而达到排水通畅、降低能耗的要求。

表13-4　不同居住区对应的排放指标

单位：mg/L

指标	BOD$_5$	COD	SS	NH$_4^+$-N	TN	TP
住宅	230~300	455~600	155~180	20~50	25~70	3~6
宾馆饭店	140~175	295~380	95~120	20~40	25~60	2~5
办公教学楼	195~260	260~340	195~260	25~50	30~70	3~5
公共浴室	50~655	115~135	40~165	10~30	15~50	1~3
城市生活污水	100~400	250~700	100~300	20~50	20~80	2~6

应尽可能利用建设地地形落差进行污水自然充氧，减少或不用曝气设施。

污水处理工艺的选择应与居住区、污水处理厂及乡村的经济发展水平、用户的经济承受能力相适应。力求处理效果稳定可靠、运行维护简便、经济合理。

13.6　人工湿地工艺设计

13.6.1　表面流人工湿地工艺设计

表面流人工湿地由于占地面积较大及存在一定的环境卫生问题，在实际污水处理工程中应用较少。表面流人工湿地系统的有机负荷随污水性质和条件变化很大，一般只作为设计校核的指标，它的控制对维持系统好氧状态及防止蚊虫、恶臭等非常重要。表面流人工湿地系统的水力负荷可在150~500 m^3/（hm^2·d）。在确定水力负荷的同时应考虑气候、土壤状况、渗透系数和植被类型等场地条件，还应考虑接纳水体的水质要求，尤其注意由于蒸发、蒸腾的失水量对夏季处理的影响及在干旱地区设计湿地的可行性。在特殊情况下，要求湿地设计达到零排放时，湿地中的水主要通过蒸发、蒸腾、补充地下水或系统内回用等途径完成，这时水力负荷与水平衡计算是设计时需要重点考虑的问题。表面流人工湿地水面在人工湿地填料表面以上，水流从池体进水端水平流向出水端。

表面流人工湿地的水面位于湿地基质层以上，水深一般0.3~0.5 m，水流呈推流式前进，污水从入口以一定速度缓慢流过湿地表面，部分污水或蒸发或渗入地下，出水由溢流堰流出。近水面部分为好氧层，较深部分及底部通常为厌氧层。其优缺点如下。

优点：投资少，运行费用低，维护简单。

缺点：表面流湿地水力负荷一般较低，达到同等处理效果的条件下，其占地面积要比潜流型大，并且易受季节影响，例如冬季会结冰，夏季有恶臭，蚊虫滋生（尹连庆等，2009）。

13.6.2　潜流人工湿地工艺设计

（1）水平潜流人工湿地工艺设计

潜流湿地是目前较多采用的人工湿地类型。根据污水在湿地中流动的方向不同可将潜流型湿地系统分为水平潜流人工湿地和垂直潜流人工湿地两种类型。不同类型的湿地对污染物的去除效果不同，具有各自的优缺点（籍国东 等，2002）。

水平潜流人工湿地的面积设计应满足下列要求：

①当占地面积不受限制时，生活污水或具有类似性质的污水经过一级处理后，可直接采用水平潜流型人工湿地进行处理。湿地的表面积设计必须考虑最大污染负荷和水力负荷，可按人口当量面积、COD_{Cr}负荷、水力负荷进行计算，应取 3 种设计计算结果中的最大值。占地面积不受限制的水平潜流型人工湿地的主要设计参数宜符合表 13-5 的规定，出水 COD_{Cr} 应满足现行《城镇污水处理厂污染物排放标准》（GB 18918—2002）中二级及以上标准的水平潜流型人工湿地的主要设计参数值。

②当占地面积受限制，生活污水或具有类似性质的污水经过一级处理后，需要再经过强化预处理，才可采用水平潜流型人工湿地进行处理。湿地的表面积设计必须考虑最大污染负荷和水力负荷，可按 COD_{Cr} 负荷、水力负荷进行计算，应取两种设计计算结果中最大值。占地面积受限制的水平潜流人工湿地的主要设计参数宜符合表 13-6 的规定，出水 COD_{Cr} 应满足《城镇污水处理厂污染物排放标准》（GB 18918—2002）中二级及以上标准的水平潜流型人工湿地的主要设计参数值（邓欢欢 等，2007）。

表 13-5　占地面积不受限制的水平潜流型人工湿地的主要设计参数

设计参数	参数值
人口当量面积（A_{pe}）	≥ 5 m²/ 人
单床最小表面积	≥ 20 m²
COD_{Cr} 表面负荷	≤ 16 g/（m²·d）
最大日流量时的水力负荷	≤ 40 mm/d 或者 ≤ 40 L/（m²·d）

表 13-6　占地面积受限制的水平潜流型人工湿地的主要设计参数

设计参数	参数值
单床最小表面积	≥ 20 m²
COD_{Cr} 表面负荷	≤ 16 g/（m²·d）
最大日流量时的水力负荷	< 100~300 mm/d 或者 < 100~300 L/（m²·d）

（2）垂直潜流人工湿地工艺设计

垂直潜流湿地系统主要由基质、植物和布水系统三部分组成。基质设置在湿地的填料区，此类湿地使用的基质以碎石、沙砾石和沸石为主，粉煤灰和矿渣等含钙的基质碱性较大，不适合植物的生长，但可按一定的比例掺入一些，作为砂子基质或土壤基质的中间吸附层。进水配水区和出水集水区的填料一般采用粒径为 60~100 mm 的砾石，按湿地床体宽度整体分布。其优缺点如下。

优点：在垂直潜流人工湿地中污水从湿地表面纵向流向填料床的底部，床体处于不饱和状态。氧通过大气扩散和植物传输进入人工湿地系统。该系统的硝化能力高于水平潜流湿地，可用于处理氨氮含量较高的污水。

缺点：对有机物的去除能力不如水平潜流人工湿地系统。排空、淹没时间较长，控制相对复杂。

垂直流人工湿地主要设计参数见表 13-7 所列。

表 13-7 垂直流人工湿地主要设计参数

设计参数	二级处理	深度处理
COD 表面负荷（N_A）	≤ 20 g/（m²·d）	≤ 20 g/（m²·d）
水力负荷（N_q）	≤ 80 L/（m²·d）	$\leq 100 \sim 300$ L/（m²·d）
TN 表面负荷（N_{TN}）	$3 \sim 10$ g/（m²·d）	$3 \sim 10$ g/（m²·d）
NH₄⁺-N 表面负荷（N_{NH}）	$2.5 \sim 8$ g/（m²·d）	$2.5 \sim 8$ g/（m²·d）
TP 表面负荷（N_{TP}）	$0.3 \sim 0.5$ g/（m²·d）	$0.3 \sim 0.5$ g/（m²·d）
停留时间（T）	≥ 2 d	≥ 1 d
池底坡度（i）	$\geq 0.5\%$	$\geq 0.5\%$
填料深度（h）	$800 \sim 1400$ mm	$800 \sim 1400$ mm

13.6.3 复合人工湿地工艺设计

不同人工湿地类别有其不同的优势和劣势，潜流湿地是目前较多采用的人工湿地类型。但单一的潜流系统存在许多问题：如水平潜流人工湿地控制相对复杂，脱氮、除磷的效果不如垂直流人工湿地。虽然垂直潜流人工湿地硝化能力高于水平潜流湿地，但是其对有机物的去除能力不如水平潜流人工湿地系统。

近年来有学者致力于研究复合人工湿地，将不同类别人工湿地组合使用，发挥各自的优势。组合湿地是一种较新的人工湿地，与普通人工湿地比较，对污染物具有较高的去除效果。经过数十年的发展，特别是近 20 年来取得了许多经验和理论研究成果，但是还没有成型的设计指导方案，具体设计还是遵从前文中给出的设计方法建议，具体情况具体分析，许多工作还有待于进一步开展。

①组合人工湿地系统的工艺设计多是多种流态湿地相结合，构成多级处理系统，共同实现污水净化的目标。目前最常见的组合湿地是水平潜流湿地与垂直潜流湿地的组合，而对于其他工艺（如表面流湿地、生物塘、土地渗滤等）的复合工艺研究还有待加强。此外对不同的处理对象采用的组合方式、组合顺序及比例大小对出水水质都会有很大影响，因此还需要开展深入研究以获得更高的处理效率。

②人工湿地工艺系统的设计多建立在统计数据和经验公式基础上，设计参数不完全，组合人工湿地系统的工艺设计参数更是具有不确定性，需综合考虑各种因素，逐步完善人工湿地工艺系统的设计方法。

13.6.4　强化人工湿地工艺设计

在表面流人工湿地与潜流人工湿地和复合人工湿地的基础上，近年来有研究者把目光聚集到强化人工湿地的研究，在不同类型人工湿地的基础上，通过增加强化曝气、添加特殊物质等措施来达到增加污水处理效果的目的。但是目前还没有完整系统的强化人工湿地工艺设计，需要根据具体条件具体设计，本章中不另做介绍。

13.7　处理不同类别污水人工湿地的设计实例

13.7.1　水源地保护人工湿地的设计

面源污染逐渐成为我国地表水体的主要污染源，采取工程措施对其进行控制，有利于保护湖库水质及防止富营养化。随着人工湿地技术的兴起，将其运用于面源污染控制与湖库生态修复的研究和应用日益受到关注。

翟俊等（2012）以重庆南湖水库人工湿地的设计为例，阐述水源地保护人工湿地的设计。南湖水库位于重庆市巴南区，是一座以供水、灌溉、防洪为主的中型水库，属于国家集中式生活饮用水地表水源地二级保护区。该水源地保护人工湿地系统位于南湖水库支流——李家咀小溪入库口处，占地约 2.4 hm^2，由原有鱼塘改建而成。该工程设计目标为：①保证李家咀小溪输入南湖水库水体的径流水质达到《地表水环境质量标准》（GB 3838—2002）的地表水Ⅲ类标准，控制李家咀小溪流域内面源污染物输入，为水库生活饮用水地表水源地二级保护区水域功能提供保障，并为今后南湖水库其他汇水流域的污染控制和水源地保护工程提供示范和借鉴；②在李家咀小溪入湖口构建水源地保护可持续生态景观，促进生物多样性恢复。

（1）确定水量

李家咀小溪流域面积为 3.261 km²，用地性质为农田和果园，溪水沿途用于农业灌溉。重庆市为典型亚热带气候，每年 6—10 月为雨季，平均降水量为 140.44 mm/月；11 月至翌年 5 月为旱季，平均降水量为 58.97 mm/月，旱雨季降水量差别很大。2010年定期对小溪进行水量监测（2 次/d），旱季流量为 0~5235 m³/d（1 月有断流），雨季流量可达 18012 m³/d。根据旱雨季流量变化并考虑湿地系统的抗冲击负荷能力，确定处理规模为旱季流量 Q=6000 m³/d（HRT=6.35 d）、雨季流量 Q=9000 m³/d（HRT=4.23 d）。径流处理人工湿地一般还要进行泄洪考虑。李家咀小溪为山区小溪沟，洪水具有汇集快、峰顶持续时间短的特点。通过洪水计算，李家咀小溪 10 年一遇洪水流量为 42×10^4 m³/d，瞬时流量非常大。为满足泄洪要求，本工程保留原小溪流道，将其改造为表面流人工湿地以改良泄洪水流的水质，并保证流道最窄处断面宽度足以使瞬时大流量水流通过。

（2）确定水质

2010 年定期对李家咀小溪旱季和雨季的水质进行了监测。小溪水质旱季和雨季有一定的波动，但除浊度外差别不明显。与目标水质（即集中式生活饮用水地表水源地二级保护区水质）对比可知，李家咀小溪水中主要污染物为悬浮固体、有机物、氮、磷，其中悬浮固体主要是由于李家咀小溪流域范围内农田开垦、林地砍伐导致的水土流失，有机物的污染源主要来自附近居民的生活垃圾以及生活污水，而氮、磷污染源主要是农业面源污染，如农田、果园中大量使用化学肥料。由此确定人工湿地进出水水质。

工艺流程及主要构筑物设计参数受原有鱼塘的布置形式限制，本工程设计两套处理流程，采用潜流和表流相结合的组合式生态塘床系统，主要包括沉砂塘、分流塘、湿地床、湿地塘、生态沼泽区和生态浮岛区等。其中湿地床和湿地塘组成的湿地床系统与生态沼泽区为并行的两套处理流程。

首先，水流经过取水渠上设置的平板格网，去除粗大漂浮物后，进入沉砂塘。沉砂塘用于去除水土流失带来的大颗粒悬浮固体，避免后续湿地淤塞，同时也兼有稳定塘的净化作用。然后，沉砂塘出水经分流塘分配至湿地床系统和生态沼泽区。湿地床系统和生态沼泽区为主要净化构筑物，通过生物反应、基质过滤、植物吸收和化学沉淀等作用去除水体中的绝大部分污染物。最后，水体进入生态浮岛区，经过人工浮岛和人工增氧，使水体得到进一步净化，再流入南湖水库。

湿地床系统包括 3 组湿地床和 1 组湿地塘，其中一级、二级湿地床为侧向水平潜流湿地，三级湿地床为竖向垂直流湿地。一级湿地塘如同生态沼泽区，为表面流人工湿地。湿地床系统的植物选择应注意防止外来侵略性物种危害，一般选用本土植物为好。本工程优势种选用除污效果好、景观效应强、且南湖水库水域常见的香蒲、菖蒲、风车草、野慈姑等挺水植物。点缀种的配置则根据景观建筑师的意见，选用美人蕉、马蹄莲、鸢尾、千屈菜、再力花等。湿地床系统的基质设计也是至关重要的。赵桂瑜等（2007）研究表明沸石具有较强的磷吸附能力。本工程为了强化除磷，在三级湿地床和生态沼泽区中部分填料采用了沸石。

该工程在防止南湖水库的富营养化方面可起到积极的促进作用，而且还能对南湖水库其他汇水流域的水质净化和生态保护提供良好的借鉴。本工程实体本身具有很强的景观效应，还能作为重庆市的生态环境教育基地。

13.7.2　处理雨水径流人工湿地的设计

雨水径流人工湿地的设计规模常由处理的汇水区面积或平均设计流量表征。可由式（13-11）计算（肖海文 等，2013）。

$$Q_P = C_R I A_b \qquad (13-11)$$

式中　A_b——集水面积（m^2）；

　　　C_R——径流系数；

　　　Q_P——最大流量（m^3/h）；

　　　I——所采用的汇水区域的平均雨强（m/h）。

径流系数（C_R）是水量计算的关键参数，可根据设计降雨重现期和汇水区土地利用性质进行取值，也可由式（13-12）根据汇水区非透水面积比值（k）计算：

$$C_R = 0.05 + 0.009k \qquad (13-12)$$

表 13-8 为美国不同土地性质汇水区的 k 值（尹炜 等，2006）。

表 13-8　美国不同土地性质汇水区的 k 值

土地类型	平均非透水面积比（k）
农业区（含农业用地和林业用地）	2
郊外城市用地（公园、高尔夫球场、墓地）	9
别墅住宅	14~28
多层住宅	44
公共建筑（学校、教堂）	28~41
工业区	48~59
商业区	68~76

降雨过程中，径流水质是随时间变化的参数。一般来说单场雨量为 25 mm 以上的大雨，水质会经历一个初始冲刷－浓度衰减的过程（徐丽花和周琪，2002）。对单场降雨可用次平均径流浓度 EMC 代表平均水质，见式（13-13）。

$$EMC = \frac{\int_0^{t_r} C(t)Q(t)\mathrm{d}t}{\int_0^{t_r} Q(t)\mathrm{d}t} \qquad (13-13)$$

式中　t——降雨历时（h）；

　　　$C(t)$——污染物浓度（mg/L）；

　　　$Q(t)$——径流流量（m^3/h）。

径流人工湿地的设计水质则可用实测的年多场降雨 EMC 的均值 EMC_A 表示。对于用地性质固定的流域，年径流平均浓度 EMC_A 和年污染负荷率 L_y 相对稳定，可用式（13-14）进行换算（李立青 等，2006）。

$$L_y = 0.001 EMC_A RP \qquad (13-14)$$

式中　L_y——年污染负荷率［kg/（hm^2·a）］；

　　　0.001——单位转换系数；

　　　P——汇水区多年平均降水量（mm）。

如果没有现成的流域径流水质监测数据，可采用气候、用地性质相似的其他流域的相关水质数据。

13.7.3　净化景观水体水质人工湿地的设计

将景观水体的水泵置入潜流式人工湿地进行处理，处理后的出水回流至景观水体。这样可以通过人工湿地净化并保持水质，另外水流在湿地系统和景观水体之间的不断循环，也能在一定程度上抑制藻类的过度生长。当以雨水或再生水作为补充水源时，应首先将雨水或再生水送入湿地进行处理，然后进入景观水体。

人工湿地净化景观水体水质的设计可以从两个方面来考虑：①对景观水体的水进行循环处理；②对补充水（主要指再生水或雨水）进行处理。前者可根据湿地的水力负荷进行设计，后者可根据湿地污染物的面积负荷进行设计，具体流程如图13-2所示。

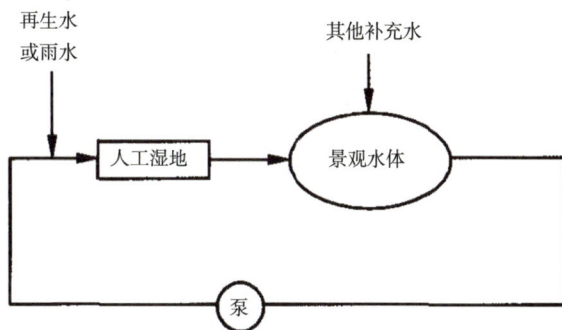

图 13-2　净化景观水体水质人工湿地工艺流程图

处理水量的确定、湿地面积的确定均按照图 13-4 中人工湿地设计常用概念进行计算。

其中，本设计当中提到的补充水量按如下方法确定：

根据蒸发量以及景观水体底部和侧壁的渗透水量来确定每天的补充水量，计算公式见式（13-15）。

$$Q_B=AF+Q_s \qquad\qquad (13-15)$$

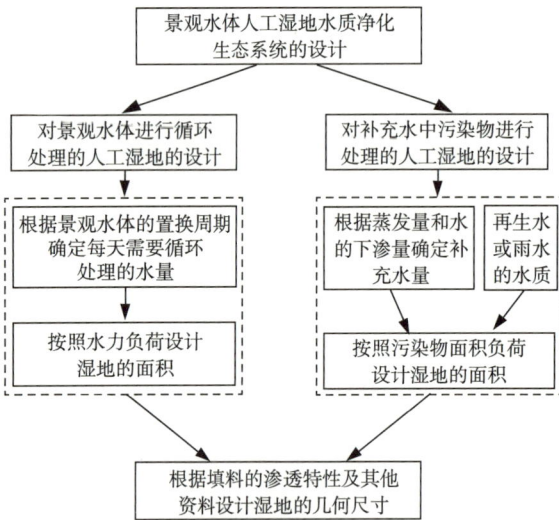

式中　Q_B——补给的水量（m³/d）；

A——景观水体的面积（m²）；

F——当地夏季最大蒸发月份的日平均蒸发量 [m³/（m²·d）]；

Q_s——景观水体的下渗水量（m³/d）。

采用人工湿地定期对人工景观水体的水进行处理，可以有效改善景观水体的水质，避免水华的发生。该方案为绿色建筑景观水体水质净化与保持工程提供了系统的设计参考，对于提高城市居民生活质量、保护城市水环境、实现城市污水和雨水的资源化具有重要意义。

图 13-3　净化景观水体水质人工湿地设计流程

参考文献

陈美华，章婕，秦艺，等，2010. 城市人工湿地规划设计分析与整合 [J]. 中国城市林业，8(3): 28-30.

崔丽娟，张曼胤，李伟，等，2010. 人工湿地处理富营养化水体的效果研究 [J]. 生态环境学报，19(9): 2142-2148.

邓欢欢，葛利云，顾国泉，等，2007. 水平潜流和组合人工湿地水处理研究进展 [J]. 工业用水与废水，38(2): 1-4.

傅长锋，李大鸣，白玲，2012. 东北屯人工湿地污水处理系统的设计与应用 [J]. 湿地科学，10(2): 149-155.

何成达，谈玲，葛丽英，等，2004. 波式潜流人工湿地处理生活污水的试验研究 [J]. 农业环境科学学报，23(4): 766-769.

胡康萍，1991. 人工湿地设计中的水力学问题研究 [J]. 环境科学研究，4(5): 8-12.

华涛，周启星，贾宏宇，2004. 人工湿地污水处理工艺设计关键及生态学问题 [J]. 应用生态学报，15(7): 1289-1293.

籍国东，孙铁珩，李顺，2002. 人工湿地及其在工业废水处理中的应用 [J]. 应用生态学报，13(2): 224-228.

蒋绍阶，黄新丽，向平，2012. 水流注入方式和填料层高度对人工湿地流态的影响 [J]. 湿地科学，10(2): 170-175.

李立青，尹澄清，何庆慈，等，2006. 武汉汉阳地区城市集水区尺度降雨径流污染过程与排放特征 [J]. 环境科学学报，26(7): 1057-1061.

刘滨谊，魏恰，2008. 国家湿地公园规划设计的关键问题及对策：以江阴市国家湿地公园概念规划为例 [J]. 风景园林，4: 8-13.

王世和，王薇，俞燕，2003. 水力条件对人工湿地处理效果的影响 [J]. 东南大学学报 (自然科学版)，33(3): 359-362.

肖海文，柳登发，张盛莉，等，2013. 人工湿地处理雨水径流的设计方法和实例 [J]. 中国给水排水，29(8): 37-41.

徐丽花，周琪，2002. 人工湿地控制暴雨径流污染的实验研究 [J]. 上海环境科学，21(5): 274-277.

雪梅，延姝，2005. 环境污染与植物功能 [M]. 北京：化学工业出版社 .

杨旭，于水利，郭轶松，2008. AHP 在水处理人工湿地类型优化选择中的应用 [J]. 黑龙江水专学报，35(1): 66-69.

尹连庆，谷瑞华，张汉军，2009. 潜流人工湿地组合工艺设计方法研究 [J]. 广州化工，36(6): 66-70.

尹炜，李培军，叶闽，等，2006. 塘—人工湿地生态系统处理城市地表径流的初期运行 [J]. 环境工程，24(3): 93-95.

翟俊，刘洁，肖海文，等，2012. 南湖水库水源地保护人工湿地系统工程设计 [J]. 中国给水排水，28(18): 64-67.

詹德昊，吴振斌，张晟，等，2003. 堵塞对复合垂直流湿地水力特征的影响 [J]. 中国给水排水，19(2): 1-4.

张清，2011. 人工湿地的构建与应用 [J]. 湿地科学，9(4): 373-379.

张翔凌，吴振斌，武俊梅，等，2008. 不同基质高负荷垂直流人工湿地水力特性研究 [J]. 武汉理工大学学报，30(1): 79-83.

赵桂瑜，周琪，2007. 沸石吸附去除污水中磷的研究 [J]. 水处理技术，33(2): 34-37.

BRIX H, 1994. Use of constructed wetlands in water pollution control: historical development, present status, and future perspectives [J]. Water Science & Technology, 30(8): 209-224.

HIJOSA-VALSERO M, FINK G, SCHL SENER M P, et al., 2011. Removal of antibiotics from urban wastewater by constructed wetland optimization [J]. Chemosphere, 83(5): 713-719.

KADLEC R H, WALLACE S, 2008. Treatment wetlands [M]. USA: CRC press.

KADLEC R H, 2010. Nitrate dynamics in event-driven wetlands [J]. Ecological Engineering, 36(4): 503-516.

TROMP K, LIMA A T, BARENDREGT A, et al., 2012. Retention of heavy metals and poly-aromatic hydrocarbons from road water in a constructed wetland and the effect of de-icing [J]. Journal of Hazardous Materials, 203: 290-298.

VYMAZAL J, 2007. Removal of nutrients in various types of constructed wetlands [J]. Science of the

Total Environment, 380(1): 48-65.

ZAPATER M, GROSS A, SOARES M, 2011. Capacity of an on-site recirculating vertical flow constructed wetland to withstand disturbances and highly variable influent quality [J]. Ecological Engineering, 37(10): 1572-1577.

ZHAI J, XIAO H W, KUJAWA-ROELEVELD K, et al., 2011. Experimental study of a novel hybrid constructed wetland for water reuse and its application in Southern China [J]. Water Science & Technology, 64(11): 2177-2184.

ZOU J, GUO X, HAN Y, et al., 2012. Study of a novel vertical flow constructed wetland system with drop aeration for rural wastewater treatment [J]. Water, Air, & Soil Pollution, 223(2): 889-900.

14

人工湿地植物配置与管理

植物作为人工湿地污水处理的核心要素，其配置与管理水平很大程度上影响着人工湿地系统的生物组成、生态结构与功能以及系统污水净化能力与稳定性。本章从人工湿地植物的作用、人工湿地植物的筛选原则、人工湿地植物类型与计量方法、人工湿地植物配置方法及案例、人工湿地植物栽种与日常维护共 5 个方面对人工湿地植物配置与管理进行介绍。

14.1 人工湿地植物的作用

人工湿地污水处理效果与湿地生态系统中植物生理特性以及群落中的相互作用有直接关系。人工湿地系统中植物的作用大致分为 5 类：吸收作用、传输作用、水力学作用、景观作用与其他作用。关于添加植物是否对人工湿地系统的净化效果有所影响，目前的研究结论并不完全一致，但大部分的研究表明，植物的添加有助于湿地系统获得更高的处理效率。作为人工湿地的一个重要应用类型，水平潜流人工湿地一直被广泛研究，表 14-1 为水平潜流湿地中添加植物对处理效果产生影响的比较。

表 14-1 水平潜流湿地中添加植物对处理效果产生影响的比较

国家	植物	测试指标	影响	参考文献
巴西	香蒲	COD，BOD_5，TSS	+	Dornelas et al., 2008
加拿大	芦苇、宽叶香蒲	TN	+	Maltais et al., 2009
哥斯达黎加	薏苡	BOD_5	+	Dallas, 2005
德国	芦苇	FC	无	Vacca et al., 2005
希腊	宽叶香蒲	TKN，TP	+	Akratos & Tsihrintzis, 2007
		COD	无	
摩洛哥	芦竹	COD，TSS	+	El Hafiane, 2004

（续）

国家	植物	测试指标	影响	参考文献
新西兰	水葱	BOD_5，TSS	+	Tanner et al., 1995
		SO_4^{2-}	-	
西班牙	芦苇	TN，TP	+	De Lucas et al., 2006
坦桑尼亚	芦苇	COD，NH_4^+-N	+	Kaseva et al., 2004

注：在影响一栏中，"+""–"分别代表对处理效果产生促进与削弱作用，"无"代表无明显影响。

人工湿地被广泛应用于化工、造纸、制革、畜禽养殖、综合生活等各类型污水处理。在众多人工湿地植物中，芦苇、香蒲等植物因其具有较高的耐污性以及生物量累积而在湿地系统中广泛应用，表 14-2 与表 14-3 分别为芦苇和香蒲属植物在世界范围内各类型污水的处理应用情况。

表 14-2　芦苇在处理各种类型污水中的应用

污水类型	国家	参考文献
石油化工	美国	Wallace, 2002
	英国	Chapple et al., 2002
化工	英国	Sands et al., 2000
	葡萄牙	Dias et al., 2006
	中国	Wang et al., 1994
造纸	肯尼亚	Abira et al., 2005
制革	葡萄牙	Calheiros et al., 2007
纺织	斯洛文尼亚	Bulc et al., 2006
	德国	Winter et al., 1989
屠宰	墨西哥	Poggi-Varaldo, 2002
	斯洛文尼亚	Vrhovsek et al., 1996
酒厂	印度	Billore et al., 2001
养殖场	加拿大	Comeau et al., 2001

表 14-3　香蒲属植物在处理各种类型污水中的应用

污水类型	国家	香蒲类型	参考文献
城市污水	爱沙尼亚	宽叶香蒲	Mander et al., 2011
	哥伦比亚	水烛	Williams et al., 1999
	美国	香蒲	Platzer et al., 2002
	澳大利亚	东方香蒲	Davison et al., 2005

（续）

污水类型	国家	香蒲类型	参考文献
医疗	印度	宽叶香蒲	Diwan et al., 2008
造纸	肯尼亚	香蒲	Abira et al., 2005
制革	葡萄牙	宽叶香蒲	Calheiros et al., 2007
食品加工	意大利	宽叶香蒲	Mantovi et al., 2007
酒厂	印度	宽叶香蒲	Billore et al., 2001
采矿	美国	宽叶香蒲	Pantano et al., 2000
猪场	澳大利亚	香蒲	Finlayson et al., 1987

14.1.1　人工湿地植物的吸收作用

植物作为湿地的初级生产者，具有吸收贮存水体营养物、净化污染物的作用。

（1）氮的吸收

污水中的氮以有机氮和无机氮两种形式存在，其中无机氮被植物吸收利用，作为植物生长过程中不可缺少的营养物质；部分有机氮被微生物分解成氨氮后，也能被植物吸收利用。植物将吸收的氮素合成蛋白质等有机氮，再通过收割植物将有机氮去除。

Gersbeg 等（1986）预测湿地植物吸收的氮量约占总去除量的 12%~16%，这与雒维国（2005）发现的植物对氮的转化部分占湿地总氮去除的比例为 17.3% 的结果相近。

Vymazal（1995）报道了 29 种植物的植株地上部分氮的吸收量范围为 22~88 g/m^2，Johnston（1991）给出的氮吸收量范围为 0.6~72 g/m^2。对于应用与水平潜流人工湿地的不同植物，Vymazal 等（2008）报道的植株地上部分的氮吸收量为 5.3~58.7 g/m^2。

吴晓莉（2010）在针对畜禽养殖废水的净化处理中对湿地植物进行了筛选，湿地植物地上部和地下部的氮含量见表 14-4 所列。

由表 14-4 可知，试验前植物地上部和地下部的氮含量分别为 2.17%~2.77% 与 0.93%~1.64%，接骨草具有最高的地上部氮含量，达 2.77%。其次是黄花美人蕉（2.75%），与其他植物有一定差异。试验前地下部氮含量最高的为接骨草（1.64%），最低的为黄花莺尾（0.93%），其氮含量显著差异于其他植物。植物吸收积累是污水中氮去除的一条有效途径，且植物地上部分积累氮量高于地下部分，可通过收割的方式将固定的氮带出水体。植物摄取氮的潜在速度受到其净生长量和植物组织中营养物浓度的限制。

表 14-4　湿地植物的氮含量

| 植物种类 | 植物含氮量（干重，%） | | | | | |
| | 试验前 | | | 试验后 | | |
	根	茎	叶	根	茎	叶
碎米荠	1.31	1.25	2.63	1.42	1.53	2.87
还亮草	1.46	1.39	2.37	1.53	1.84	2.77
石龙芮	1.4	1.62	2.18	1.94	1.82	2.59
黄花鸢尾	0.93	1.16	2.23	1.47	1.37	2.61
扬子毛茛	1.26	1.02	2.17	1.41	1.53	2.39
缬草	1.14	0.96	2.26	1.33	1.49	2.55
黄花美人蕉	1.53	1.71	2.75	1.95	1.86	2.98
麦冬	1.39	1.07	2.42	1.57	1.61	2.62
接骨草	1.64	1.52	2.77	1.75	1.86	2.94

（2）磷的吸收

人工湿地在处理污水时，废水中的无机磷在植物吸收即同化作用下可转化成ATP、DNA、RNA 等有机成分，然后同样可以通过收割植物而将磷在污水中去除（李林锋 等，2006）。祝宇慧（2008）在利用模拟的生活污水、养殖废水进行了人工湿地植物的筛选研究。经过水培后的植物磷积累量、植物地上与地下部分的分配情况及生物量见表 14-5 所列。

表 14-5　植物磷积累量、分配情况及生物量

| 植物种类 | 磷累积量（g/m²） | | | 单位面积生物量（g/m²） | | |
	地上	地下	总量	地上	地下	总量
千屈菜	0.64	0.89	1.53	749.5	787.5	1537.0
水芹	0.70	0.86	1.57	349.9	540.5	890.4
水葱	0.55	1.02	1.57	359.5	990.6	1350.1
黄菖蒲	0.64	1.02	1.66	349.0	555.0	904.0
石菖蒲	0.68	1.01	1.69	280.6	503.3	783.9
香菇草	0.63	0.59	1.22	411.7	380.8	792.5

从表 14-5 可以看出，植物的地上部分和地下部分的磷累积量分别为 0.55~0.70 g/m²及 0.59~1.02 g/m²。水葱具有最大的地下部分磷累积量，这与水葱的地下生物量最大一致，说明单位面积生物量较大的湿地植物对磷的去除效果更好。

翟旭（2009）对5种湿地植物在不同污染物浓度的模拟生活污水中对污染物的吸收情况进行研究。图14-1为5种湿地植物系统在不同污染物浓度下对TP的去除效果图。由图14-1可以看出，湿地植物系统的TP去除率随着污水浓度的升高而逐渐下降，且高于对照系统。植物可以吸收有机磷作为营养物质，但植物对其吸收量是有限的，一旦污水中营养物质过高，植物只能吸收一部分达到自身饱和，所以污水的污染物浓度越高，TP去除率越低。表14-6为人工湿地系统进水水质。

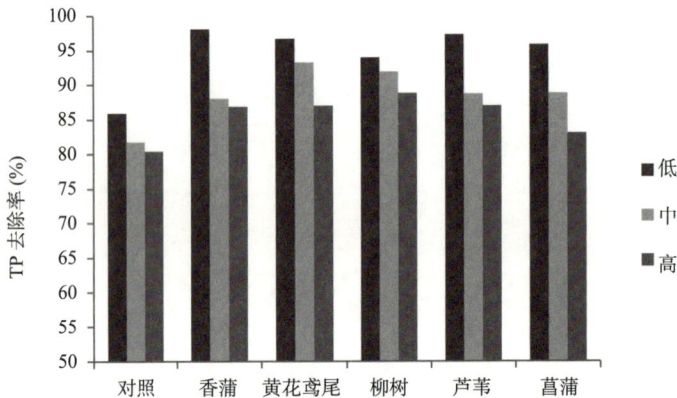

图14-1　5种湿地植物系统在不同污染物浓度对TP的去除效果图

表14-6　人工湿地系统进水水质

项目	pH值	CODCr（mg/L）	BOD5（mg/L）	TP（mg/L）	TN（mg/L）	NH4+-N（mg/L）
低浓度	7.71	462.9	250.1	4.8	28.2	18.7
偏差	0.07	32.8	3.4	0.4	4.1	0.9
中浓度	7.83	774.3	354.2	9.0	49.5	29.8
偏差	0.15	41.7	11.5	0.37	1.5	6.7
高浓度	7.76	1197.5	406.5	11.5	96.0	44.1
偏差	0.05	170.4	12.3	1.64	5.6	2.3

（3）重金属的吸收

植物可通过根部直接吸收水溶性重金属，还能通过改变根系环境来改变污染物的化学形态，达到降低或消除重金属污染物化学毒性和生物毒性的目的（成水平 等，2002）。一般认为植物对重金属的吸收能力为：沉水植物＞漂浮植物＞挺水植物。但不同植物以及同一植物的不同部位对重金属的吸收作用也不同，一般为：根＞茎＞叶，且各部位对重金属的累积系数随污染物浓度的上升而下降。

Mufarrege 等（2014）应用含 Cr、Ni、Zn 初始浓度均为 100 mg/L 的混合重金属溶液对香蒲的重金属耐受性及重金属在植物和沉积物中的积累进行了研究。图 14-2 为 Cr、Ni、Zn 3 种金属元素在植物各部位及沉积物所含浓度随运行时间变化图。随着时间推移，根、叶对于 3 种金属元素吸收量相对较高。在第 7 d 和 21 d，叶对于 Cr 的吸收量显著高于根，根对于 Zn 的吸收量显著高于 Ni 和 Cr。图 14-4 为植物的相对增长率（RGR）以及植物中叶绿素含量随运行时间变化图，用于分析香蒲对重金属的耐受性。由图 14-3 可以看出，植物在重金属溶液中依然表现出正向的 RGR，说明香蒲分别在浓度为 100 mg/L 的 Cr、Ni、Zn 重金属溶液中有一定的耐受性。但即使 RGR 表现出正向增长率，但试验组植物生长情况显著低于对照组，说明植物生长受到抑制。在 21 d 后植物的叶绿素浓度显著下降，虽未观察到植物死亡现象，但出现叶枯黄和坏死现象，印证了香蒲在 Cr、Ni、Zn 重金属溶液中有一定的耐受性，但生长情况受到一定影响。

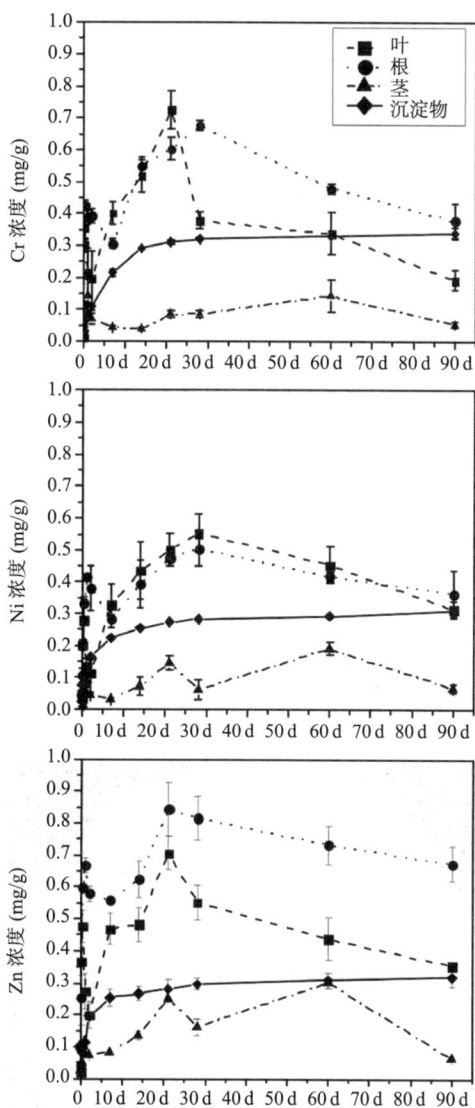

图 14-2　根茎叶、沉淀物中铬镍锌浓度随运行时间变化图

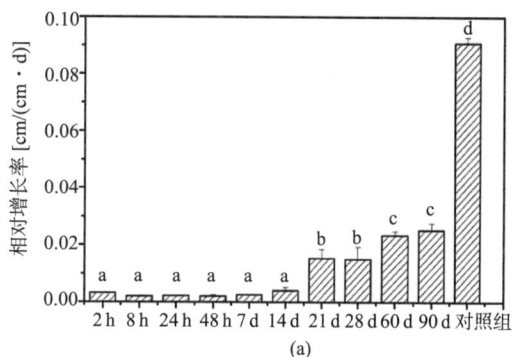

(a)

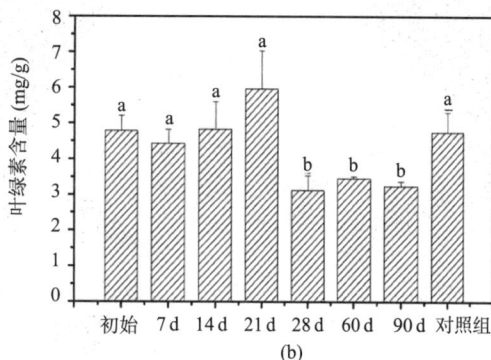

(b)

图 14-3　试验组与对照组相对增长率（a）、叶绿素含量（b）随运行时间变化图

14.1.2　人工湿地植物的传输作用

植物的传输作用包括氧传输、碳传输两个方面。氧传输是指空气中的氧气通过植物体的疏导组织直接输送到根部。氧传输能够使得整个湿地在低溶氧的环境下，湿地植物的根区附近能形成局部富氧区域。碳传输是指植物在生长过程中根系可以分泌一些小分子的根系分泌物，主要以小分子有机酸和芳香族蛋白质为主。这些根系分泌的小分子有机物可以充当碳源推进反硝化的进行（Zhai et al., 2013）。

（1）氧传输

对于人工湿地系统来说，能否达到预期的处理效果，一个重要因素就是床体中的溶解氧含量。生长在湿地中的挺水植物对氧有运输、释放和扩散作用。图 14-4 为丹麦奥胡斯大学 Brix 教授拍摄的芦苇的气体传输通道，细胞间隙为气体传输提供了良好的通道。空气中的氧转运到根部后会进行扩散。图 14-5 为芦苇根尖细胞间隙图。细胞间隙由内向外呈逐渐增大趋势，为氧的扩散提供可能。氧在根部的扩散使植物根区周围的微环境中依次出现好氧区、缺氧区和厌氧区，如图 14-6 所示，有利于硝化、反硝化反应，达到去除污染物的效果。

人工湿地植物光合作用产生的氧气通过输气组织传送到根区。这些氧一部分用于植物自身的呼吸作用，其余部分释放到植物根区，依次形成好氧区、缺氧区和厌氧区（吴晓磊，1995）。这样就为根区的好氧、兼氧和厌氧微生物提供了各自适宜的微环境，使其共同发挥作用去除污染物。人工湿地中的微生物多集中在植物根区周围，且种类和数量丰富。湿地植物将氧气传输至根区，维持了好氧微生物的活性，有利于硝化反应的进行。

Dunbabin 等（1978）对湿地根区的氧浓度及氧化能力进行了对比试验，结果表明

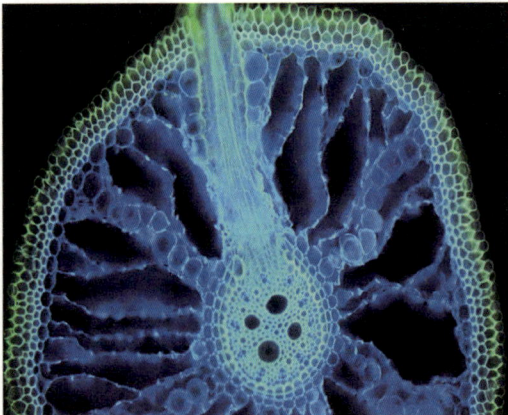

图 14-4　芦苇气体传输通道

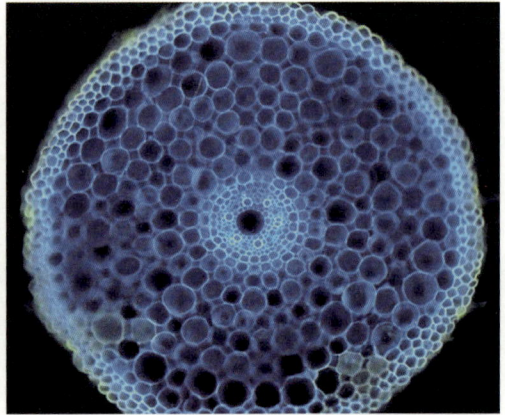

图 14-5　芦苇根尖细胞间隙图

有植物系统中的氧浓度和氧化能力均高于无植物系统。这项研究证明了湿地植物对于维持系统富氧状态有非常重要的作用，同时从植物根部表面上观察到氧化铁的锈色也证明了这一理论。

氧传输影响因素如下：

①温度。温度影响植物的生长发育，适宜的温度有利于植物的叶和根生长，增加根系的输氧能力。鄢璐等（2006）研究表明，在水平潜流人工湿地中氧浓度呈现的变化规律为：在14：00左右日温度最高时，出现溶解氧峰值，并且氧浓度在上午高于下午，晚上最低。同

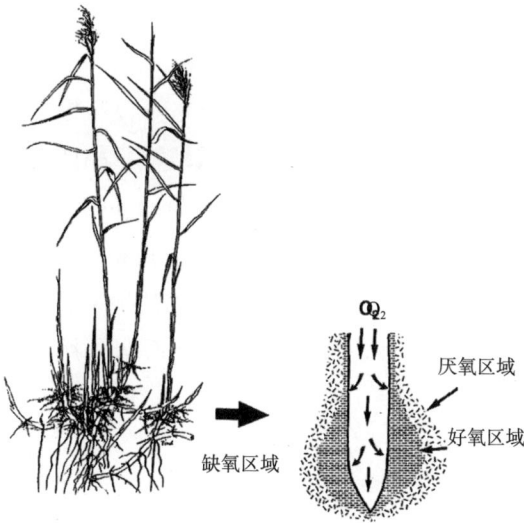

图14-6　芦苇好氧、缺氧和厌氧区域示意图

时，湿地中氧浓度也随季节变化，规律为：夏季＞春季和秋季＞冬季。

②基质。湿地基质的通气状况是影响根系释氧的重要因素之一。持续淹水区域中芦苇的氧传输能力明显弱于非淹水区域，说明在湿地中保持基质中水表面与湿地表层覆盖物之间有足够的空气间隙会增加植物的氧传输能力。邓泓等（2007）模拟了充氧和缺氧两种基质通气条件下风车草、水生黍、水芹和棒头草4种湿地植物的氧传输状态。结果表明，除棒头草外，缺氧条件使风车草、水生黍和水芹的根直径增大，提高了植物的根系释氧能力。

③光照条件。植物的光合作用是其生长和净化污水的主要能量来源。湿地植物具有发达的通气组织，叶片进行光合作用释放的氧气可以通过气腔进入根部，一部分用于根部的呼吸作用，多余的部分就传输到根外。黄娟等（2006）对美人蕉、空心菜、富贵竹及芦苇4种湿地植物进行了光合速率（Pn）对湿地溶解氧（DO）分布影响的研究，结果表明，随着 Pn 的增大，DO 均呈线性增大；而 Pn 下降时，DO 也呈下降趋势。可见，光合作用与湿地 DO 浓度分布峰值密切相关，进一步证明了湿地植物对系统的供氧作用。Armstrong 等（1994）对香蒲和灯心草的根系释氧能力与光照强度的关系进行了研究，结果表明，香蒲的根系释氧能力随着光照强度的增加而明显呈上升趋势，而灯心草的增加趋势较小。上述研究说明光照对不同的植物影响也有区别。程秀云等（2014）对广州湿地植物在每天各个时间段以及春夏秋冬4个季节的氧释放量、光合作用速率以及对污染物的去除效率之间的关系进行了研究，结果表明，植物光合作用速率走势与湿地植物的氧释放量、污染物去除率走势非常相近，从而说明三者之间具有密切的相关性。

④其他因素。人工湿地植物氧传输还受到植物生物量和蒸腾作用等因素的影响。湿地植物的释氧量与其活性根的数量和长度有密切的关系（Winbner and Kuschk，2002）。活性根较长且数量多的植物，其释氧量较大。植物根系释氧量不仅与根系的生长状态有关，且与植物地上部分的生物质量也有密切关系。在根系植物量相似的条件下，地上部分生物量越大，植物释放的氧气量越大。例如，根系生物量相同的香蒲，地上部分生物量为 0.082 g 时，其释氧量为 0.25 mg/h；而当地上生物量为 0.6015 g 时，其释氧量达到了 0.75 mg/h（Bezbaruah and Zhang，2005）。再者，若植物的根系过浅或生长大量的非湿地植物，会影响氧气的扩散。同时，植物的蒸腾作用、呼吸作用及正常的生命代谢都会影响植物根系的泌氧量。

（2）碳传输

植物在向根系周围释放溶解氧的同时，还向土壤环境中释放大量的含碳分泌物（以下简称分泌物），如糖类、醇类、氨基酸等，其数量约占年光合作用产量的10%~20%。细根的迅速腐解也向土壤中补充了有机碳，这些物质为微生物的生长提供了丰富的营养，促进了微生物的生长，植物的存在使系统中的微生物，如硝化细菌、反硝化细菌、磷细菌、纤维素分解菌的数量显著增加。微生物是系统中有机物分解的主要"执行者"，把有机物作为丰富的能源，将其转化为营养物质和能源。因此，植物的存在间接加快了有机物的分解速度。

根系主要分泌物种类见表 14-7 所列（解文科 等 2006）。这些植物根系分泌物的分泌量在与植物的生长周期等因素有关。陆松柳等（2009）对美人蕉、茭白、水柳3 种湿地植物的根系分泌物的分泌量与生长周期之间的关系进行了研究。结果表明，单株植物根系分泌物的量与植物生长周期密切相关，呈相同的变化趋势。植物根系分泌物的量与生物量正相关，分泌能力随生物量的增加而增强。

植物的根系分泌物是保持根际微生态系统活力的关键因素。它为微生物提供能源，使根际微生物的数量远远超过非根际微生物的数量，一般可高出 5~50 倍（王明霞和周志峰，2012）。这些根际微生物对植物的生长发育及养分活化和摄取能力产生影响，有些是起促进活化的作用（李振高 等，1995）。

植物的根系分泌物还能反作用于植物的生长。当植物缺乏某一营养时，植物可以通过被动地溢泌非专一性根系分泌物或主动地分泌专一性根系分泌物，释放到土壤中的根际，使该营养得到活化，有效性提高，吸收利用率显著提高，从而达到克服或缓解植物对该营养的缺乏，实现自身调节（Whipps，1986）。如在缺磷的情况下，可诱导白羽扁豆形成簇生根，光合固定碳的 23% 以柠檬酸形态从簇生根区释放到根际。这些柠檬酸一方面可降低根际土壤 pH 值，提高难溶磷化合物的溶解度；另一方面与 Al、Fe 和 Ca 等离子形成螯合物，使根际土壤中难溶磷释放出来。同时根系分泌物的化感

表14-7 根系主要分泌物种类

类别	种类
碳水化合物	葡萄糖、果糖、蔗糖、木糖、麦芽糖、鼠李糖、阿拉伯糖、棉子糖、低聚糖
氨基酸	亮氨酸、异亮氨酸、缬氨酸、γ氨基丁酸、谷氨酰胺、α丙氨酸、天冬酰胺、色氨酸、谷氨酸、天冬氨酸、胱氨酸、苷氨酸、苯丙氨酸、苏氨酸、赖氨酸、脯氨酸、蛋氨酸、色氨酸、丝氨酸、β丙氨酸、精氨酸
有机酸	酒石酸、草酸、柠檬酸、苹果酸、乌头酸、丁酸、戊酸、琥珀酸、延胡索酸、丙二酸、乙醇酸、乙酸、丙酸、羟基酸
酶	硫酸酶、转化酶、淀粉酶、蛋白酶、多聚半乳糖酶、吲哚乙酸氧化酶、硝酸还原酶、蔗糖酶、脲酶、接触酶
其他化合物	生物素、硫胺素、泛酸（盐）、烟酸、胆碱、次黄（嘌呤核）苷、对氨基苯酸、氨基末端甲基烟酸生长素、脱氧5黄酮、类黄酮、异类黄酮

作用对抑制杂草生长也有一定作用。

碳传输影响因素如下：

①温度。Crist等（1996）研究表明，红云杉的根部在20℃释放的溶解性有机碳（DOC）是10℃时的10倍。翟旭等（2013）等研究芦苇、菖蒲两种常见湿地植物在不同温度及光照条件下的根系分泌的渗滤液中有机碳释放浓度。图14-7为芦苇、菖蒲两种湿地植物在10℃（T10）、20℃（T20）两种温度条件下，0 h光照（L0）、14 h光照（L14）、24 h光照（L24）3种光照条件下DOC的释放量随运行时间变化示意图。以芦苇为例，其在20℃、24 h光照（T20、L24）条件下在运行100d时，DOC释放浓度为1.0 mg/L左右，显著高于其在10℃、24 h光照下（T10、L24）0.5 mg/L左右的DOC释放浓度。两种湿地植物在20℃时的DOC释放量均显著高于10℃时的DOC释放量。

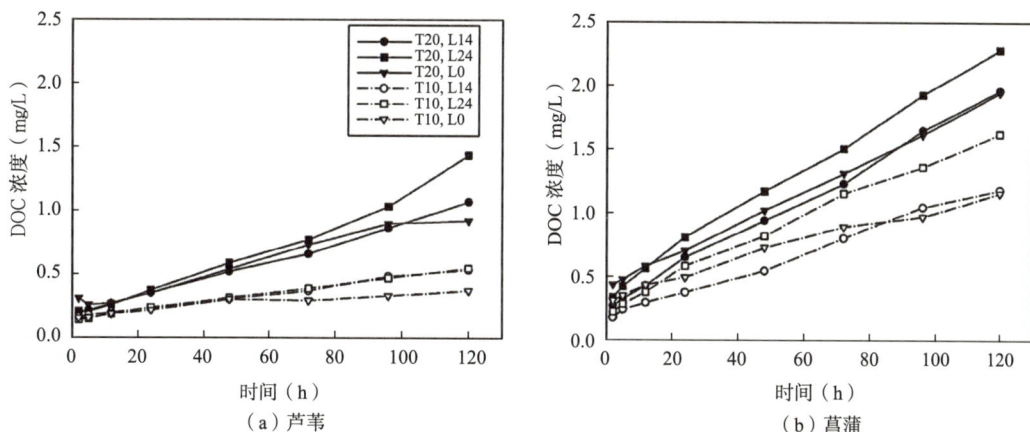

图14-7 两种湿地植物在两种温度条件和3种光照条件下DOC的释放量示意图

②光照。光照作为影响光合作用的另一重要因素同样影响植物的 DOC 释放浓度。在翟旭等（2013）的研究的研究中，如图 14-8 所示，菖蒲在 20℃（T20）条件下，在运行 20 d 后，24 h 光照条件下（L24）的 DOC 释放浓度为 1.5 mg/L 高于 14 h（L14）以及 0 h（L0）光照条件下的 1.0 mg/L。

14.1.3　水力学作用

人工湿地中植物的密度会影响水的流速，导致悬浮颗粒吸附与沉降的差异。由于植物根系对介质的穿透作用，在介质中形成了许多微小的气室或间隙，减少了介质的封闭性，增强了介质的疏松度，加强和维持了介质的水力传输（Brix，1994）。成水平（2002）在人工湿地处理污水的试验过程中发现，经过 3~5 个月的污水处理之后，无植物的对照土壤介质板结，发生了淤积，而有水烛和灯心草的人工湿地渗滤性能良好，污水能够很快的渗入介质。

14.1.4　景观作用

湿地植物同时也是形成湿地景观的重要要素。构建人工湿地处理污水，不但去除污染物，同时具有美化环境的功能（岳春雷 等，2003）。经过多年的研究，人工湿地有了较大的发展，目前已经集多种功能和价值于一身，其中生态美学价值也成为该技术追求的主要目标之一。湿地具有独特性、愉悦性和可观赏性等价值，而这些价值主要是通过植物的景观作用来体现的（崔保山 等，2006）。

植物群落在经过合理配置后，景观作用与文化内涵可得到进一步凸显，如杭州西湖十景之一"曲院荷风"，大面积种植各色荷花，使夏日呈现"接天莲叶无穷碧，映日荷花别样红"的壮观景象，很好地诠释了从欣赏植物形态美到意境美的升华。"垂柳 + 荷花"的配置模式，已成为一种传统的程式，垂柳枝条婀娜，荷花亭亭玉立，两者结合，相得益彰。另如山东济南大明湖的楹联"四面荷花三面柳，半城山色半城湖"描述大明湖柳树与荷花相映的秀丽景色，江南私家园林拙政园中的"荷风四面亭"，都是两者结合的典型案例（李洁，2013）。

一些湿地学者对观赏价值较高的湿地植物在人工湿地中的搭配使用进行研究。例如，对千屈菜、石菖蒲、水芋、睡莲 4 种观赏性湿地植物净化效果进行研究，结果表明，它们对氮磷的吸收效果非常显著，可以在营造景观的同时满足净化功能需求（李妙 等，2010）。成都活水公园人工湿地系统中的大型水生植物群落不但是人工湿地生态系统的骨架，起着支撑系统的作用，而且发挥着美化、绿化环境的作用（王安庆 等，2001）。

14.1.5　作为生物质资源能源化利用原料

开展人工湿地植物生物质资源化利用对解决人工湿地技术二次污染问题以及为避

免资源浪费具有十分重要的意义。已有研究表明，人工湿地植物生长速度快、生物量较高，如水葫芦等（Mishima et al., 2008），据报道，每公顷水葫芦的年产量可达 75 万 t；

同时，湿地植物一次种植，可以持续收获，且采用水体中的营养物质作为营养源，不需要额外添加营养物，因此，其种植成本较低（Langergraber, 2008）。很多湿地植物如水葫芦、马蹄莲和黄菖蒲等均大量用于人工湿地系统中。人工湿地植物生物质能源化利用模式如图 14-8 所示（刘冬 等，2013）。

（1）制取固体成型燃料

何雄明等（2011）研究表明，伞草和水葫芦等人工湿地植物资源具有与玉米秸秆相近的热值，因此可首先选用较为成熟的固体成型燃料技术加以利用。

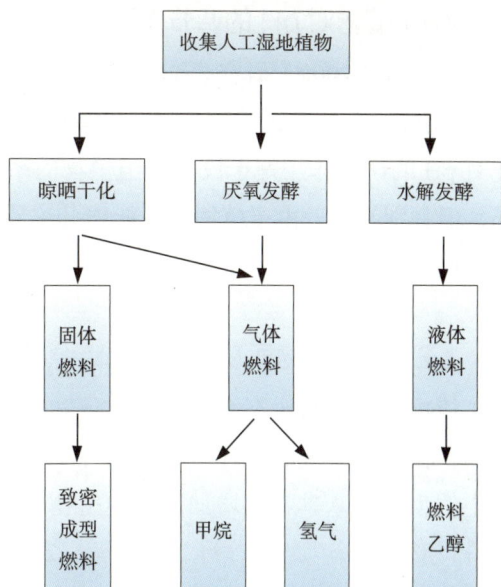

图 14-8　人工湿地植物生物质能源化利用模式

具体工艺为：人工湿地植物生物质资源经切割至 6~10 cm，干燥至含水率小于 15%，再经过商品化的固体成型设备，压缩成块状或颗粒状作为燃料，具有方便运输、热值高等优点，可作为一种替代燃料；同时燃后的灰分可作为优质的钾肥直接还田改良土壤。

（2）制取沼气

部分人工湿地植物（如美人蕉等）具有与秸秆等类似的组分，且木质素含量较低，同时新鲜的人工湿地植物含水率也较高，因此该类资源还可以通过沼气技术加以能源化利用。具体工艺为：将人工湿地植物生物质资源切割至 6~20 cm，直接放入厌氧发酵装置中发酵制取沼气燃料（何明雄 等，2011）。

（3）制取燃料乙醇

常用的人工湿地植物，如水葫芦、水莴苣因其具有较高的纤维素含量及较低的半纤维素和木质素含量，同时具有植物生长速度快、生物量较高且不占用耕地等优点，可作为较好的燃料乙醇原料。具体工艺可简要概括为：人工湿地植物生物质资源经干燥（一般要求含水率小于 10%）、粉碎，再经过酸、碱或蒸汽爆破等预处理技术，然后使用纤维素酶水解，作为乙醇发酵的原料，通过微生物（如现有的酿酒酵母、细菌和重组酵母）发酵等制取燃料乙醇（He et al., 2009）。同时应指出，目前要想实现纤维素乙醇工业化生产，还面临着很多亟待解决的瓶颈问题（Gnansounou and Dauriat, 2010）。

14.1.6 其他作用

（1）植物对 pH 的调节作用

翟旭等（2009）研究表明，植物对根系土壤 pH 有一定的调节作用，不同植物对 pH 的调节略有不同，芦苇和香蒲的效果好于水葱和千屈菜。总体而言，种植植物的系统对 pH 的调节作用好于没有种植植物的系统。不同植物对 pH 的调节作用也有一定差异，但差别不大。由于植物根系能够分泌质子和无机离子，所以对根际土壤的 pH 有一定的调节作用。

（2）植物生物质及凋落物的碳源作用

植物凋落物是生态系统养分循环和能量流动的重要环节。凋落物即植物自身代谢产物，在生态系统碳循环与养分循环中发挥着重要作用。运行良好的人工湿地生态系统中的生物量基本不再增加，湿地植物吸收的养分主要通过凋落物回归基质或水中而获得，形成一个生物小循环（窦荣鹏，2010）。

植物凋落物作为湿地生态系统中能量流动的重要环节参与多种能量利用环节，这其中包括植物凋落物作为有机碳源，可提供能源和碳源供给反硝化微生物代谢，从而促进反硝化过程。湿地植物的生物质与凋落物因具备低成本、可再生以及应用广泛性等特点，使其成为很好的碳源供给材料。

Chen 等（2014）在种植香蒲的潜流人工湿地中通过添加香蒲凋谢物进行对比试验发现，香蒲凋落物的添加持续不断地向湿地系统中的反硝化细菌提供可用有机碳源，从而使氮的去除率增加。这与 Ingersolls 等（1998）的研究一致。香蒲凋落物可降解为有机碳源（还原性糖、可溶性有机碳、挥发性有机酸）供应给反硝化细菌，进而通过促进反硝化作用效果来提高氮去除率。

14.2 人工湿地植物的筛选原则

14.2.1 适应性与抗逆性

（1）人工湿地植物胁迫问题

①高浓度氮磷胁迫。磷和氮作为营养元素是水生植物生长、发育和繁殖所必需的元素，但高浓度的磷和氮污水胁迫又会影响到植物的正常生长（宁静，2011）。当污水胁迫作用下氨氮的浓度达到 24.7 mg/L 时，人工湿地中香蒲的叶将枯黄或死亡，并且在短时间内很难恢复。这种因为磷和氮污水对植物生长造成的影响，被认为是植物在胁迫作用下因为大量地吸收并积累了氨氮而引起的单盐毒害作用（崔克辉 等，

1995）。

②植物根系扩展胁迫。植物具有的庞大根系是被选为人工湿地净化污水的主要因素之一。在人工湿地实际规划中，植物根系经常因为胁迫作用不能扩展，无法形成庞大的根系，不能到达底部，人工湿地的体积不能得到充分利用。

③电压对人工湿地植物的氧化胁迫。通入电流的人工湿地对植物的影响是一些因素综合作用的结果。除电场直接作用，湿地 pH 值、金属离子、微生物和有机物等都对植物产生影响，这些因素与通入的电压强度十分密切，从通电对人工湿地系统参数的影响中可以看出，通电后湿地 pH 值、电导率、温度均发生变化（卢守波 等，2010）。

（2）人工湿地植物胁迫问题的解决对策

①不同地区具有不同的环境背景，存在地域的差异性和特殊性等特点，这些均是人工湿地生态系统设计中选择植物要考虑的重要因素，必须做到因地制宜、适地适种（王圣瑞 等，2004）。适地适种原则包括：适应当地的气候条件、地形条件和人文景观条件。所选植物也一定要适合具体湿地设计的要求。抗逆性包括植物的耐污、耐盐、抗冻、抗热和抗病虫害等能力。选择具有抗逆性的植物并兼顾其生物量大小与生命周期长短，有助于湿地生态系统的健康稳定发展。

②选择具有强大根系的湿地植物。黄丽华等（2006）对芦苇、美人蕉、灯心草等7 种湿地植物进行水分诱导试验，比较其根系极限长度及所需时间等，发现旱伞草和香根草的分蘖及根系伸展能力最强并且没有发生病虫害现象，其次是芦苇、芦竹。芦竹较少发生病虫害但芦苇发生病虫害频繁。香蒲、美人蕉和灯心草根系生长较为缓慢，伸展较浅，较少发生病虫害。表 14-8 为 7 种植物根系诱导时间、根系长度、根系密度

表 14-8 7 种植物根系诱导时间、根系长度、根系密度比较

植物名称	诱导时间（周）	根系长度（cm）	根系密度（g/cm³）	根系观察
芦苇	20	60	0.7918	根系较多，呈海绵体状松软
美人蕉	20	30	1.1049	根系较少、短、粗
香根草	12	54	1.1243	根系多，呈海绵体状松软
灯心草	30	38	1.4618	根系多、极细、瘦
旱伞草	12	55	0.9971	根系极多，呈海绵体状松软
香蒲	30	38	0.9354	根系较多，呈海绵体状松软
芦竹	12	47	1.1338	根系较多，呈海绵体状松软

的比较。王晓等（2008）经对多种非夏季植物进行筛选后选出石龙芮和酸模进行生活污水处理可行性研究。研究结果表明，石龙芮和酸模对 TN、TP 具有很好的去除效果，对 COD 的去除率均在 45%~50%，说明这两种植物作为耐寒人工湿地植物具有一定的有效性和可行性。

③合适的电场能够强化人工湿地的污水处理效果。卢守波等（2010）通过测定人工湿地植物美人蕉叶片中叶绿素含量、MDA 含量及 SOD 酶活性，研究不同通电强度下人工湿地植物生理特性变化，结果表明，1 V 和 3 V 的低强度电压对植物正常生理指标变化无明显影响，且生长趋势优于对照组；随着电压强度的升高，植物叶片中叶绿素含量、MDA 含量以及 SOD 酶活性受到较大影响，表明植物体受到较强的氧化胁迫，生长受到危害。因此，合适的电场强度能够强化人工湿地的污水处理效果并避免湿地植物因电场胁迫带来的负面影响。

14.2.2　净化能力

为了提高人工湿地的去污能力，在选择植物时应尽量选择净化能力强的植物，即单位面积的污染物去除率高的植物，因此即人工湿地种植的植物种类的选择主要从两方面考虑：一方面是植物的可种植数量较大；另一方面是植物体内可吸收的污染物的量大。如黑藻的根系和叶片均可作为吸收器官且其对磷的吸收较强（宋晓青和叶青，2007）。

此外，发达的根系在水中形成水流通道，能为微生物提供良好的栖息环境。污水中的 BOD_5、COD、TN、TP 主要是被附着在水生植物根区表面及附近的微生物去除的。

14.2.3　景观性

湿地植物是人工湿地的核心，是最活跃、最具生命力的要素，通过配置植物不但可以去除污染物，还可以促进污水中营养物质的循环和再利用，同时还能缔造出优美的城市景观，使久居城市、远离自然的人们充分地领略到湿地植物群落的自然和谐之美。

植物的生长状况是影响着人工湿地景观成败的关键，因此选择合适的湿地植物显得尤为重要。选择植物时考虑的因素很多，但应考虑植物具备一定的景观美化功能。

14.2.4　多样性与多用途性

人工湿地是一个独特的生态系统，这就决定了其生物多样性的特点。由于每种植物的净化能力不一样，对污染物质的去除也存在差异，因此，应根据污水中污染物的具体指标，设计多种植物并加以组合，提高系统的处理能力，使整个生态系统高效运转，最终形成稳定可持续利用的生态系统。

14.3 人工湿地植物类型与计量方法

14.3.1 人工湿地植物类型

（1）水生类型

①挺水植物：植物的根、茎生长在水的底泥或基质中，茎、叶挺出水面。常分布于水深0~1.5 m的浅水处，有些种类生长在潮湿的岸边。挺水植物挺出水面的部分具有陆生植物的特征；其水中部分具有水生植物特性。常见挺水植物有芦苇、香蒲、再力花等。

②浮水植物（漂浮植物）：漂浮于水中或根固定在水底、叶浮在水面的水生高等植物。部分植物的根退化，无法长至湿地基质中，因此能随水自由漂浮。常见浮水植物有槐叶萍、凤眼莲、浮萍。

③浮叶植物：根附着于湿地底泥或其他基质上、叶片漂浮在水面上的植物。常分布于水深0.5~3 m的区域，繁殖器官或在水上、水中或漂浮于水面。生于浅水，叶浮于水面，根长在水底基质中。常见浮叶植物有睡莲、荇菜、萍蓬草、水罂粟、芡实等。

④沉水植物：植物体全部位于水层下面营固着生存的大型水生植物。它们的根不发达或退化，植物体的各部分都可吸收水分和养料，通气组织特别发达，有利于在水中缺乏空气的情况下进行气体交换。常见沉水植物有狐尾藻、黑藻、金鱼藻、菹草等。

（2）湿生类型

①湿生草本植物：生长在过度潮湿环境的草本植物。如海芋、姜花、春羽、龟背竹、三白草等。

②湿生木本植物：生长在过度潮湿环境的木本植物。如水杉、落羽杉、池杉、欧美杨等。

（3）陆生类型

①陆生草本植物：生长在水分较少或较干旱湿地环境中的草本植物。如萼距花、吉祥草、虎耳草、萱草、绣球花等。

②陆生木本植物：生长在水分较少或较干旱湿地环境中的木本植物。如木槿、木芙蓉、夹竹桃、栀子花等。

14.3.2 人工湿地植物计量方法

（1）计量基础芽、株、丛、兜的概念

目前，国内对人工湿地植物数量计算标准并不统一。由于湿地植物的生长特点及形态的相同，计量单位也不尽相同。计量单位的差异性给计算与施工带来一定困难。

合理的计量方法是对人工湿地植物开展定量计算分析的基础。目前主要的技术标准有4种：芽、株、丛、兜。

①芽：植物的幼体，可以发育成茎、叶或花的一部分。一般与丛、兜一起使用，在人工湿地植物中采用芽表示的有灯心草、水葱、蒲苇等。

②株：一般为露出地面或水面的根数，单生，一般不带地下茎。人工湿地中采用株表示的有水杉、欧美杨等。

③丛：多株芽或苗聚集在一起生长，往往与株、芽一起使用。在人工湿地植物中可用丛表示的有灯心草、水葱、蒲苇等。

④兜：1株或1丛完整的植株。种植较完整的1整株可以成为1兜，如10兜（或株）睡莲。

（2）人工湿地植物规格标注

错误的标注方式会使得设计施工人员按照错误的规格标注，进而影响湿地植物栽种的成活及生长等。目前，按照研究与生物学特征将人工湿地植物划分为：单生、丛生、复生3类，进而提出人工湿地污水处理与景观苗木规格建议。

①单生：又分为两种类型，一种是地下根茎类，分生出的植株分布较均匀，成散生状，如荸荠、野芋等；另一种是无地下根茎类，如石龙芮、水蓼等。单生型植物规格可标注冠幅、高度等。单生草本植物的冠幅与高度主要根据种植季节确定并可对规格不做要求。但木本植物一定要按照冠幅、高度来确定。

②丛生：一种因茎基部分蘖而成，称为分蘖类，如灯心草等。在规格标注时，分蘖类一般为30~50芽（丛）。另一种因地下根状茎合轴型分枝而成，称为根茎合轴分枝类，如芦竹、再力花等。根茎合轴分枝类标注差异较大，如芦竹3~10芽（丛）、再力花10~20芽（丛）。

③复生：地下根状茎很长，萌发出散生的新植株，同时也有少数缩短的地下茎密集成新芽，形成小丛植株。在地表往往呈现短距离间断、小丛状分布和散生分布相结合的状态，如芦苇、香蒲属植物等。在规格标注时，一般采取"芽（丛）"标注，如芦苇3~5芽（丛）、香蒲3~5芽（丛）。

14.4　人工湿地植物配置方法

人工湿地植物配置是在合理筛选基础上，针对不同的人工湿地类型，考虑水质与水流等特性对湿地植物进行合理配置。水位较深的湿地可选择耐水深的挺水植物。反之，则可适当选择不耐水深的挺水植物。

14.4.1　根据湿地类型配置植物

（1）表面流人工湿地配置种类

表面流人工湿地水面位于填料表面之上。水深一般为 0.3~0.5 m，水流呈推流式前进。表面流人工湿地配置植物种类见表 14-9 所列。

表 14-9　表面流人工湿地配置植物种类

植物类型	种　类
挺水植物	香蒲、菖蒲、芦苇、水葱、荷花、水生美人蕉、再力花、旱伞草、马蹄莲、梭鱼草、德国鸢尾等
漂浮植物	凤眼莲、浮萍、大藻、香菇草等
浮叶植物	睡莲、菱、水鳖、芡实、水雍菜等
沉水植物	狐尾藻、苦草、黑藻、金鱼藻、菹草、石龙尾等

（2）潜流人工湿地配置种类

潜流人工湿地配置植物种类见表 14-10 所列。

表 14-10　潜流人工湿地配置植物种类

植物类型	种　类
挺水植物	香蒲、菖蒲、芦苇、水葱、荷花、水生美人蕉、再力花、旱伞草、马蹄莲、梭鱼草、德国鸢尾等
湿生草本植物	野芋、水蓼、芭蕉、水仙、龟背竹等
陆生草本植物	萼距花、苎麻、龙舌兰、虎耳草、萱草、绣球花、紫鸭拓草等
陆生木本植物	木槿、木芙蓉、小叶女贞、夹竹桃、栀子花等

14.4.2　根据植物特性配置湿地植物

（1）漂浮植物

浮游植物具有生命力强、生物量大、季节性休眠、生育周期短等特点。根据其特点，在考虑它们的配置的时候须充分考虑其优点：①由于这类植物的环境适应能力强，因此在进行植物配置时应当作地方优势品种予以优先考虑；②人工湿地系统中，水体中养分的去除主要依靠植物的吸收利用，因此，生物量大、根系发达、年生育周期长和吸收能力好的植物成为选择的目标；③利用植物季节性休眠特性，可以给予正确的植物搭配，如冬季低温时配置水芹而夏季高温时则配置水葫芦、大藻等适宜高温生长的植物，以避免因植物品种选择搭配单一而出现季节性的功能失调现象；④由于这类植物以营养生长为主，对氮的吸收利用率高，因此在进行植物配置时应重视其对氮的吸收利用效果，可作为氮去除的优势植物而加以利用，从而提高系统对氮的去除效果。

（2）浅根散生型

浅根散生型植物，如美人蕉、芦苇、荸荠、慈姑、莲藕等，其根系分布一般为5~20 cm。由于这些植物的根系分布浅，而且一般原生于土壤环境，因此适宜配置于表面流人工湿地中。

（3）浅根丛生型

浅根丛生型植物，如灯心草、芋头等丛生型植物，由于根系分布浅，且一般原生于土壤环境，因此仅适宜配置于表面流人工湿地系统中。

（4）根茎、球茎及种子植物

根茎、球茎及种子植物具有耐淤能力较好，适宜生长水深40~100 cm，对磷的吸收量较大等优点。配置时充分考虑：①基于这些植物的特性，其应用一般为表面流人工湿地系统和湿地的稳定系统；②利用这些植物的生长（主要是块根、球茎和果实的生长）需要大量的磷、钾元素的特点，将其作为磷去除的优势植物应用，以提高系统对磷的去除效果。

（5）沉水植物类型

沉水植物一般原生于水质清洁的环境，其生长对水质要求比较高，因此，沉水植物只能用作人工湿地系统中最后的强化稳定植物，以提高出水水质（叶頔，2006）。

14.4.3 根据空间尺度配置植物

（1）水平尺度横向植物配置

横向植物配置通常指不同生活型植物的横向组合。如图14-9所示，根据自然界植物群落结构特点，由水体至岸带依次分布：沉水植物—漂浮植物—浮叶植物—挺水植物—湿生植物—陆生植物（崔冬冬 等，2013）。

（2）水平尺度纵向植物配置

水生植被结构较陆生植被简单，它的基本结构是层片，由单优势层片或两种共同优势层片组成，各层片间可以连续，但基本不重叠。根据这一结构组成特点，水平尺度纵向植物配置可以分为：同一植物群落内不同植物层片的纵向组合和同一层片范围内相同或相近生活型植物组合，如图14-10所示（李洁，2013）。

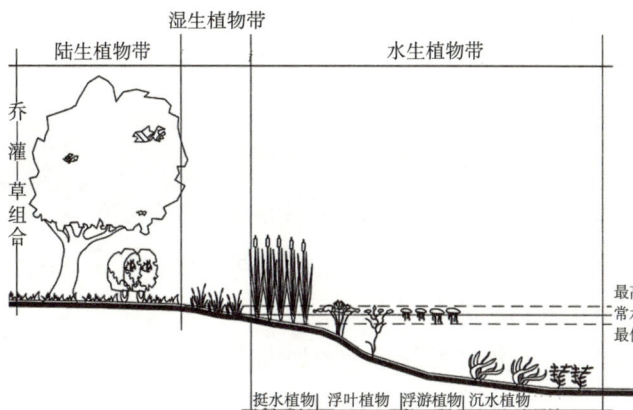

图 14-9 水平方向植物群落空间分布　　图 14-10 不同水深范围植物分布

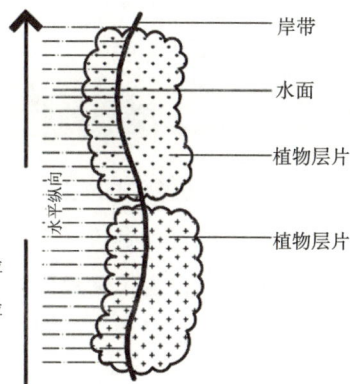

14.4.4 根据气候差异配置植物

（1）充分考虑当地气候条件

以北京为例，北京的气候为暖温带半湿润半干旱季风气候，夏季高温多雨。北京地区湿地植物种类众多，种类较多的科有禾本科、菊科、莎草科、藜科、蓼科、唇形科、豆科等，这些植物大都生长于河滩湿地和沼泽环境中，常见的有，禾本科的芦苇、早熟禾、马唐、狗尾草、蟋蟀草；菊科的旋覆花、刺儿菜、苍术、鬼针草、飞蓬、山莴苣、苦菜、苣荬菜；藜科的藜、灰绿藜、杂配藜；蓼科的水蓼、红蓼；唇形科：薄荷、地笋、甘露子、益母草；豆科的达乌里胡枝子、野大豆；莎草科的薹草、扁杆薹草、荆三棱、水葱、矮苔草、翼果苔草。

除此以外，其他一些分布面积较大的植物有：香蒲、慈姑、猪毛菜、葎草、针蔺、雨久花、萝藦、苋菜、砂引草、打碗花、旱柳、牛膝、豆瓣菜、菹草、狐尾藻和马来眼子菜等。

（2）注重冬季植物配置

我国气候差异较大，尤其在北方，植物在冬季不易存活，易导致人工湿地植物景观价值降低，净化效果下降。在北方地区人工湿地植物配置时考虑选用耐寒性强、生物量多、根区丰富的湿地植物（Vamazal，2011）。

陈永华等（2011）提出在潜流人工湿地中引入木本陆生植物解决冬季大部分草本水生植物的地上部分枯死问题（地点：湖南）。赵珊等（2012）对木本植物作为人工湿地植物进行了可行性试验，结果表明，柳树的茎叶部一年中可去除氮的总量为 10.8 g/m²，去除磷的总量为 1.89 g/m²，在去除总量上比传统湿地植物具有明显优势，并且收割下来的柳树可作为生物质能源或造纸原料，能部分弥补湿地的运行费用。崔丽娟等（2011）

考虑选用一些湿生灌木来解决冬季景观效果差及净化效果低的问题，如灌木柳等，说明引入木本植物在北方同样有借鉴意义。

14.4.5　人工湿地植物配置其他需注意问题

注意根据植物的原生环境进行配置。原生于实土环境的一些植物，如美人蕉、芦苇、灯心草、旱伞竹、皇竹、草芦竹、薏米等，其根系生长有一定的向土性，配置于表面流湿地系统中，生长会更旺盛，但由于其根系大都垂直向下生长，净化处理的效果不适用于潜流人工湿地中。对于一些原生于沼泽腐殖层草炭湿地湖泊水面的植物，如水葱、野茭、山姜、薰草、香蒲、菖蒲等，由于其生长已经适应了无土环境，更适宜配置于潜流人工湿地。而对于一些块根块茎类的水生植物，如荷花、睡莲、慈姑、芋头等，则只能配置于表面流湿地中。

注意根据植物对养分的需求情况进行配置。由于潜流人工湿地的填料之间空隙大，植物根系与水体养分接触的面积要较表面流人工湿地广，因此对于营养生长旺盛植株、生长迅速植株、生物量大、一年有数个萌发高峰的植物（如香蒲、水葱、苔草、水莎草等），适宜栽种于潜流人工湿地，而对于营养生长与生殖生长并存，生长相对缓慢，一年只有一个萌发高峰期的一些植物，如芦苇、茭草、薏米等，则配置于表面流人工湿地（吕忠海和吴建平，2012）。

14.5　人工湿地植物栽种与维护

14.5.1　植物的栽种与启动

（1）种植时间的确定

人工湿地植物栽种时间取决于哪个时间能够保证种植植物的高成活率。湿地植物成活关键是保证植物能够吸收水分，因此，一般陆生植物的最佳种植时间为植物休眠期。此时植物新陈代谢较低，植物消耗的水分最少，此时种植易保持水分平衡，提高成活率。一般球宿根植物也同样以休眠期为种植最佳时期，休眠期种植时，一般地上植物枯死，地下部分结合分球或分根茎进行栽种，人工湿地污水处理系统中种植水生和湿地植物的最佳时间一般是春季或初夏。

（2）种植方式的选择

湿地植物是影响湿地处理系统污水净化与景观效果的重要因素，故其种植与移植也是植物建设中的重要任务。根据工程的实际操作，陆生植物可以参照水生植物类型中的挺水植物的栽种方法，水生植物的栽种依据植物特性与对水质的要求决定。

（3）种植密度的确定

人工湿地植物的栽种密度是工程设计与施工人员必须考虑的问题，一般单位为株 /m² 或丛 /m²。陆生植物类型与湿生木本植物类型的密度依据一般园林绿化的要求进行。种植乔木主要考虑景观，种植灌木与草木主要考虑恢复后能够基本覆盖地面。

（4）人工湿地的启动

人工湿地的启动就是在处理系统中培养出合适的动植物群落。启动时间的长短与湿地类型、进水水质及季节相关。在启动初期，除了气候、植物的适应性等因素，水力负荷与人工湿地的运行水位是影响湿地植物成活率及生长的主要因素。

14.5.2　植物系统管理

人工湿地运行初期，控制水位和水力负荷对植物生长非常重要；在相同的水力负荷下，植物生长状况良好的人工湿地污水处理效果明显高于植物生长状况差的人工湿地，污染物去除效率与植物生长的优劣呈正相关关系。

刘红等（2004）在北京官厅水库附近建立人工湿地并研究其工艺参数对植物生长状况的影响。结果表明，人工湿地植物生长的好坏与污水净化效率及生物量直接相关，因此促进植物的生长，防治杂草的生长具有实际意义。人工湿地杂草的防治可以从人工湿地的建造参数的调整、引种种植技术和运行期管理 3 个方面来进行。另外，引进一些优良品种对提高人工湿地净水效率和人工湿地生物量都大有裨益。

在潜流型人工湿地中，由于污水从地表以下潜流，湿地表面相对干燥，植物系统的启动与管理初期需对植物的长势密切监控，尽早发现干旱、虫害等问题，以免造成植物系统启动与管理失败。图 14-11 为植物系统因干旱管理失败的实景图。

图 14-11　植物系统因干旱管理失败的实景图

14.5.3　植物的收获与收割

人工湿地的收割属于正常的日常管理范围。当人工湿地植物长到一定大小的时候，及时收割可直接去除部分污染物，植物到一些季节或长满湿地床体时，可进行收获，但应根据不同湿地植物类型采用针对性的收获方式对其进行收获。收获后可进行资源化利用，如出售苗木、有机蔬菜等。部分植物的地上部分可用于厌氧发酵等。

（1）挺水植物、陆生植物、湿生植物的收获

①木本多年生植物：平常的收获中适当修剪掉部分地上枝条，长大后作为苗木收获。

②木本苗木：长到合适苗龄连根拔起收获。

③一年生草本：连根拔起收获。

④多年生草本：及时收获地上部分，保留地下部分的根系，第二年重新长出，长满湿地床时可直接拔出收获一部分。

（2）浮水植物的收获

平时打捞部分过密的植物，到一定季节集中打捞收获。

（3）浮叶植物的收获

到一定季节连根拔起收获。

（4）沉水植物的收获与收割

根据生长情况，平常收割地上部分，过密时及时连根拔起收获。

14.5.4　植物病虫害防治

人工湿地污水处理系统中的植物容易滋生病虫害，病虫害发生时不鼓励在湿地中使用化学农药，建议采用以下6种方法进行病虫害防治。

①考虑植物品种设计时，尽量选用抗病能力强的本地品种。

②进行人工湿地植物配置时，系统内植物品种配置应多元化，可有效预防病虫害的大面积发生。

③种植湿地植物时，尽量选择生长健壮的植株，去除发生病虫害的植物个体，尽量不到病虫害发生严重的苗圃引种。

④物理方法诱杀害虫，如灯光诱杀与粘虫板诱杀等。

⑤应用生物农药或植物性农药，如 Bt、病毒制剂等微生物农药以及植物提取物等。

⑥病虫害发生时，最有效的方法是发生初期及时收割地上部分，如果是根部发病，及时拔除焚毁。

具体案例如下。

凤眼莲等浮水植物病虫害防治：在光照充足通风良好的环境下极少发生病害，由于每年都打捞，所以病虫害基本不会发生；气温偏低、通风不畅等也会发生菜青虫类的害虫啃食嫩叶，普遍可应用植物性农药（植物抽提物）防治。

芦苇、香蒲等挺水植物病虫害防治：在夏季高温高湿、少风少雨的环境条件下会发生病虫害，主要为蚜虫。人工防治措施为粘虫板诱杀或驱避害虫，黄色板涂油可诱杀蚜虫，银灰色板涂油可避蚜虫（李光远，2010）。

总之，对于人工湿地植物的病虫害防治采取预防为主、治疗为辅的方针。早期尽快收割可降低病虫害的危害程度。

14.6　人工湿地植物配置案例

14.6.1　人工湿地处理农村污水与畜禽废水

（1）背景简介

贡县新村位于滇池东岸边，是典型的大棚种植区（农田中大棚覆盖率大于85%）。新村湖滨带位于该村办事处下游，与滇池仅相隔一条沟渠和一条马路。湖滨带指陆地与相邻的水域生态系统之间的过渡带，是污染物入湖的最后屏障，是人类活动与湖区直接发生关系的地区，是保持湖泊生态平衡的核心地带。

（2）基本工艺

下水位和年平均气温较高的情况，采用自由表面流人工湿地工艺。流程如图 14-12 所示。

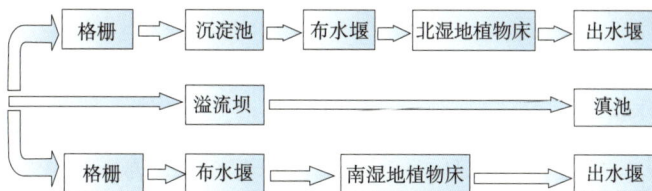

图 14-12　人工湿地工艺流程示意图

（3）水质情况

2004 年 5—6 月运行效果为：新村南湿地年平均水力负荷和停留时间分别为 12.7 cm/d

和 2.0 d，平均进水总氮、氨态氮、总磷和 COD 浓度分别为 8.54 mg/L、3.58 mg/L、87 mg/L、116 mg/L，平均去除率为 61.4%、66.0%、59.0% 和 56.5%。

（4）植物配置情况

芦苇、茭草，为改善湿地所在示范区周边裸露地块的问题，补种黑麦草和垂柳（卢少勇 等，2003）。

14.6.2 人工湿地处理污染河水

（1）背景简介

人工湿地试验基地建在距京口闸约 70 m 古运河左侧河岸上，河水经过潜水泵抽提到生态缓冲蓄水池，经沉淀去除大的颗粒物后，进入人工湿地。水质情况见表 14-11（张雨葵 等，2006）。

表 14-11 人工湿地进水水质

项目	最高值	最低值
COD（mg/L）	32.96	3.20
TP（mg/L）	5.082	0.079
TN（mg/L）	13.072	1.174
NH_4^+-N（mg/L）	10.523	0.395
DO	5.00	2.38
浊度（NTU）	180	56

基本工艺如图 14-13 所示

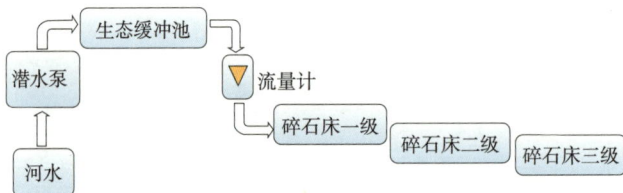

图 14-13 人工湿地处理污染河水基本工艺示意图

（2）植物配置情况

①风车草，属莎草科，我国南北方均有栽培，一般用作观赏植物，可生于沼泽地或长期积水处，其景观效果较好，去污能力也较强。

②纸莎草，莎草科莎草属，多年生草本，观赏价值高，具有经济价值，同时也是

造纸原料，但其栽培成活率较低，如果管理不善，易受病虫害侵袭。

③香根草，是一种独特的禾本科草本植物，具有极强的生态适应性和抗逆（旱、湿、寒、热、酸、碱等）能力，生长迅速，根系发达，易种易活，是水土保持植物中的佼佼者。

④黄花美人蕉，美人蕉科美人蕉属。以块茎繁殖，不择土壤，管理粗放。美人蕉根系较浅，去污能力较差，但具有较好的景观效果。

14.6.3　人工湿地处理采矿废水

（1）背景简介

凡口铅锌矿位于广东省韶关市仁化县境内。该区属潮湿多雨的亚热带气候，海拔高度为100~150 m，年均气温约20℃，最低为-5℃，最高为40℃，年均降水量1457 mm左右，地下水资源充沛，土壤为红壤。其水质情况见表14-12（阳承胜 等，2000）。

表14-12　宽叶香蒲人工湿地系统进水口水质

采样点	pH 值	TSS	COD	N	P	K	Zn	Cu	Cd
W1	11.33	8322	193.1	1.467	0.152	13.04	2.746	0.879	0.5
W2	7.62	4397	96.6	0.683	0.065	38.63	0.454	0.079	0.325
W3	7.69	7880	90.3	2.053	0.231	12.32	4.279	0.377	0.801

注：表中TSS、COD、N、P、K、Zn、Cu、Cd单位为mg/L；W1、W2、W3为3个进水口。

（2）植物配置情况

植物配置为宽叶香蒲。它属于香蒲科香蒲属，是多年生水生或沼生草本植物，喜温暖，耐严寒，在中国很多地区有分布，其可以在自然条件下顺利越冬。

14.6.4　人工湿地处理造纸废水

（1）背景简介

漳州市天宝造纸厂水葫芦人工湿地废水处理试验工程建置在漳州市郊，离市区约10 km，由荒废的低洼地改造而成。其水质情况见表14-13。

表14-13　水葫芦人工湿地进水水质

项目	范围	平均值
BOD$_5$（mg/L）	274~589	440.5
COD$_{Cr}$（mg/L）	228~511	354.2
pH 值	7.12~7.49	7.30

（2）植物配置情况

植物配置为水葫芦。又指凤眼莲，是雨久花科凤眼莲属的浮水草本植物。原产于南美洲，现在广泛分布于中国长江、黄河流域及华南各地；凤眼莲的环境适应性强，是净化污染物的能手，可应用于处理生活污水和工业废水。

参考文献

陈永华，吴晓芙，郝君，2011. 人工湿地植物应用现状与问题分析 [J]. 中国农学通报，27(31): 88-92.

成水平，吴振斌，况琪军，2002. 人工湿地植物研究 [J]. 湖泊科学，14(2): 179-184.

崔保山，赵欣胜，杨志峰，2006. 黄河三角洲芦苇种群特征对水深环境梯度的响应 [J]. 生态学报，26(5): 1533-1541.

崔冬冬，张海静，祝玉芳，2013. 人工湿地植物的作用与选择的探讨 [J]. 黑龙江科技信息，(3): 27.

崔克辉，何之常，张甲耀，等，1995. 模拟 N、P 污水对水稻幼苗过氧化物酶和超氧化物歧化酶的影响 [J]. 环境科学学报，15(4): 447-453.

崔丽娟，李伟，赵欣胜，2011. 表流湿地不同植物配置对富营养化循环水体的净化效果 [J]. 生态与农村环境学报，27(2): 81-86.

邓泓，叶志鸿，黄铭洪，2007. 湿地植物根系泌氧的特征 [J]. 华东师范大学学报（自然科学版），(6): 69-76.

窦荣鹏，2010. 亚热带 9 种主要森林植物凋落物的分解及碳循环对全球变暖的响应 [D]. 杭州：浙江农林大学.

何明雄，胡启春，罗安靖，2011. 人工湿地植物生物质资源能源化利用潜力评估 [J]. 应用与环境生物学报，17(4): 527-531.

黄娟，王世和，雒维国，2006. 植物光合特性及其对湿地 DO 分布、净化效果的影响 [J]. 环境科学学报，26(11): 1828-1832.

黄丽华，沈根祥，钱晓雍，2006. 7 种人工湿地植物根系扩展能力比较研究 [J]. 上海环境科学，25(4): 174-176.

李光远，2010. 北方潜流人工湿地植物布局与管理探讨 [J]. 中国水利 (5): 29-30.

李洁，2013. 兼顾净化功能的北方地区人工湿地植物景观设计研究 [D]. 北京：中国林业科学研究院.

李林锋，年跃刚，蒋高明，2006. 人工湿地植物研究进展 [J]. 环境污染与防治，28(8): 616-620.

李妙，龙岳林，姚季伦，2010. 4 种观赏性水生植物对居住区水体的净化效果 [J]. 湖南农业大学学报（自然科学版），36(2): 115-119.

李盈盈，邢晓伟，2007. 人工湿地植物配置的技术与应用 [J]. 安徽农学通报，13(15): 49-50.

李振高，李良谟，潘映华，等，1995. 小麦苗期根系分泌物对根际反硝化细菌的影响 [J]. 土壤学报，

32(4): 408-413.

刘冬，欧阳琰，林乃峰，2013. 人工湿地植物能源化利用的机遇、挑战与展望 [J]. 湿地科学与管理，(4): 65-68.

刘红，刘学燕，欧阳威，2004. 人工湿地植物系统优化管理研究 [J]. 农业环境科学学报，23(5): 1003-1008.

卢少勇，张彭义，余刚，2003. 农田排灌水人工湿地处理工程的设计 [J]. 中国给水排水，19(11): 75-77.

卢守波，宋新山，张涛，2010. 电场作用下人工湿地植物的生理生化响应 [J]. 安徽农业科学，(32): 18255-18257.

陆松柳，胡洪营，孙迎雪，2009. 3 种湿地植物在水培条件下的生长状况及根系分泌物研究 [J]. 环境科学，30(7): 1901-1905.

雒维国，王世和，黄娟，2005. 潜流型人工湿地低温域脱氮效果研究 [J]. 中国给水排水，(8): 37-40.

吕忠海，吴建平，2012. 人工湿地植物配置需考虑的几个方面 [J]. 养殖技术顾问，(4): 256.

宁静，2011. 污水胁迫对人工湿地植物生理化特性影响的研究 [D]. 济南：山东建筑大学.

宋晓青，叶青，2007. 浅议城市中人工湿地植物景观的营造 [J]. 农业科技与信息，(4): 63-64.

王明霞，周志峰，2012. 植物根系分泌物在植物中的作用 [J]. 安徽农业科学，40(11): 6357-6359.

王庆安，任勇，钱骏，2001. 成都市活水公园人工湿地塘床系统的生物群落 [J]. 重庆环境科学，23(2): 52-55.

王圣瑞，年跃刚，侯文华，2004. 人工湿地植物的选择 [J]. 湖泊科学，16(1): 91-96.

王晓，时应征，赵钰，2008. 耐寒人工湿地植物筛选与应用研究 [C]// 农村污水处理及资源化利用学术研讨会论文集.

吴晓磊，1995. 人工湿地废水处理机理 [J]. 环境科学，16(3): 83-86.

吴晓莉，2010. 人工湿地植物筛选及其对畜禽养殖废水的净化研究 [D]. 成都：四川农业大学.

解文科，王小青，李斌，2006. 植物根系分泌物研究综述 [J]. 山东林业科技，(5): 67-71.

鄢璐，王世和，雒维国，2006. 运行条件下潜流型人工湿地溶氧状态研究 [J]. 环境科学，27(10): 2009-2013.

阳承胜，蓝崇钰，束文圣，2000. 宽叶香蒲人工湿地对铅 / 锌矿废水净化效能的研究 [J]. 深圳大学学报 (理工版)，17(2): 51-57.

叶顿，2006. 北京市湿地植物多样性保护研究 [D]. 北京：北京林业大学.

岳春雷，常杰，葛滢，2003. 利用复合垂直流人工湿地处理生活污水 [J]. 中国给水排水，19(7): 84-85.

翟旭，2009. HRT 和污水浓度对不同植物人工湿地系统净化效果的影响 [D]. 西安：西北农林科技大学.

张雨葵，杨扬，刘涛，2006. 人工湿地植物的选择及湿地植物对污染河水的净化能力 [J]. 农业环境科学学报，25(5): 1318-1323.

赵珊，张军，陈沉，2012. 木本植物作为人工湿地植物的可行性试验 [J]. 净水技术，31(1): 73-79.

祝宇慧，2008. 人工湿地植物筛选及其对营养型污水的净化效果研究 [D]. 杭州：浙江大学.

ABIRA M, BRUGGEN J, DENNY P, 2005. Potential of a tropical subsurface constructed wetland to remove phenol from pre-treated pulp and papermill wastewater [J]. Water Science & Technology, 51(9): 173-175.

AKRATOS C S, TSIHRINTZIS V A, 2007. Effect of temperature, HRT, vegetation and porous media on removal efficiency of pilot-scale horizontal subsurface flow constructed wetlands [J]. Ecological Engineering, 29(2): 173-191.

BEZBARUAH A, ZHANG T C, 2005. Quantification of oxygen release by bulrush (Scirpus validus) roots in a constructed treatment wetland [J]. Biotechnology and Bioengineering, 89(3): 308-318.

BILLORE SK, PRASHANT EM, SHARMA JK, et al., 2008. Restoration and conservation of stagnant water bodies by gravel-bed treatment wetlands and artificial floating reed beds in tropical India [C]. The 12th World Lake Conference: 981-987.

BRIX H, 1994. Use constructed wetland in water pollution control: historical development, present status, and future perspectives [J]. Water Science & Technology, 30(8): 225-228.

BULC T G, OJSTRŠEK A, 2008. The use of constructed wetland for dye-rich textile wastewater treatment [J]. Journal of Hazardous Materials, 155(1): 76-82.

CALHEIROS C S C, RANGEL A O S S, CASTRO P M L, 2007. Constructed wetland systems vegetated with different plants applied to the treatment of tannery wastewater [J]. Water Research, 41(8): 1790-1798.

CHAPPLE C, 2002. Pilot trials of a constructed wetland system for reducing the dissolved hydrocarbon in the runoff from a decommissioned refinery [J]. In Proceedings of 8th International Conference on Wetland Systems for Water Pollution Control, 877-883.

CHEN Y, WEN Y, ZHOU Q, 2014. Effects of plant biomass on nitrogen transformation in subsurface-batch constructed wetlands: A stable isotope and mass balance assessment [J]. Water Research, 63(0): 158-167.

CHENG X Y, WANG M, ZHANG C F, 2014. Relationships between plant photosynthesis, radial oxygen loss and nutrient removal in constructed wetland microcosms [J]. Biochemical Systematics and Ecology, 54: 299-306.

CHRIST M J, DAVID, 1996. Temperature and moisture effects on the production of dissolved organic carbon in a spodosol [J]. Soil Biology Biochemistry, 28(9): 1191-1199.

COMEAU Y, BRISSON J, REVILLE J, et al., 2001. Phosphorus removal from trout farm effluents by constructed wetlands [J]. Water Science & Technology, 44(11-12): 55-60.

DALLAS S, 2005. Subsurface flow reedbeds using alternative media for the treatment of domestic greywater in Monteverde [J]. Water Science & Technology, 51(10): 119-128.

DAVISON L, HEADLEY T, PRATT K, 2005. Aspects of design, structure, performance and operation of reed beds [J]. Water Science & Technology, 5(10): 129-138.

DIAS V N, CANSEIRO C, GOMES A R, et al., 2006. Constructed wetlands for wastewater treatment in Portugal: a global overview [C]// Proceedings of 10th International Conference on Wetland Systems for Water Pollution Control.

DIWAN V, SHRIVASTAVA P, VYAS V, 2008,. Horizontal subsurface flow constructed wetland in a tropical climate: a performance study from Ujjain, India [C]// India 1: 711-716.

DORNELAS F L, MACHADO M B, VON SPERLING M, 2009. Performance evaluation of planted and unplanted subsurface-flow constructed wetlands for the post-treatment of UASB reactor effluents [J].Water Science and Technology, 60(12): 3025-3033.

DUNBABIN, RM C, 1978. Plant life in anaerobic environments [M]. Ann Arbor Science Publisher, 1269-1297.

El HAFIANE F, El HAMOURI B, 2004. Subsurface-horizontal flow constructed wetland for polishing high rate ponds effluent [C]//Proceedings of the joint 9th IWA International Conference on Wetland Systems for Water Pollution Control and 6th International Conference on Waste Stabilization Ponds, Avignon, France.

FINLAYSON M, CHICK A, VON OERTZEN I, 1987. Treatment of piggery effluent by an aquatic plant fiber [J]. Biological Wastes, 19(3): 179-196.

GERSBEG R M, 1986. Role of aquatic plants in wastewater treatment by artificial wetlands [J]. Water Research, 20(3): 363-368.

GNANSOUNOU E, DAURIAT A, 2010. Techno-economic analysis of lignocellulosic ethanol: A review [J]. Bioresource Technology, 101(13): 4980-4991.

HE M, PAN K, HU Q, 2009. Progress in ethanol production from lignocellulosic biomass by using different recombinant strains [J]. Appl Environ Biol, 15(4): 579-584.

INGERSOLL, T.L.BAKER, 1998. Nitrite removal in wetland microcosms [J]. Water Research, 32(3): 677-684.

JOHNSTON C A, 1991. Sediments and nutrient retention by freshwater wetlands: effects on surface water quality [J]. Critical Reviews in Environmental Control, 21(5-6): 491-565.

KASEVA M E, 2004. Performance of a sub-surface flow constructed wetland in polishing pre-treated wastewater—a tropical case study [J]. Water Research, 38(3): 681-687.

LANGERGRABER G, 2008. Modeling of processes in subsurface flow constructed wetlands: A Review [J]. Vadose Zone Journal, 7(2): 830-842.

LUCAS D, 2006. Influence of polyphenols in winery wastewater wetland treatment with different plant species [C]. MAOTDR, 1677-1685.

MALTAIS-LANDRY G, MARANGER R, BRISSON J, 2009. Effect of artificial aeration and macrophyte species on nitrogen cycling and gas flux in constructed wetlands [J]. Ecological Engineering, 35(2): 221-229.

MANDER Ü, L HMUS K, TEITER S, 2008. Gaseous fluxes in the nitrogen and carbon budgets of subsurface flow constructed wetlands [J]. Science of The Total Environment, 404(2-3): 343-353.

MANTOVI P, PICCINNI S, LINA F, et al., 2007. Treating wastewaters from cheese productions in H-SSF constructed wetlands [C]. Padova: 72-73.

MISHIMA D, KUNIKI M, SEI K, 2008. Ethanol production from candidate energy crops: Water hyacinth (Eichhornia crassipes) and water lettuce (Pistia stratiotes L) [J]. Bioresource Technology, 99(7): 2495-2500.

MUFARREGE M M, HADAD H R, DI LUCA G D, 2014. Metal dynamics and tolerance of Typha domingensis exposed to high concentrations of Cr, Ni and Zn [J]. Ecotoxicology and Environmental Safety, 105: 90-96.

NYE P H, 1986. Acid-base changes in the rhizosphere[J]. Advances in plant nutrition (USA), 2: 129-163.

PANTANO J, BULLOCK R, MCCARTHY D, 2000. Using wetlands to remove metals from mining impacted groundwater [C]. Wetlands & Remediation, 1: 383-390.

PLATZER M, CACERESY V, FONG N, et al., 2002. Investigations and experiences with subsurface flow constructed wetlands in Nicaragua [J]. In Proceedings of 8th International Conference on Wetland Systems for Water Pollution Control, 1: 350-365.

POGGI-VARALDO HM, GUTIE´REZ-SARAVIA A, FERNÁNDEZ-VILLAGÓMEZ G, 1999. A full-scale system with wetlands for slaughterhouse wastewater treatment [C]. Wetlands and Remediation II: 213-223.

SANDS Z, 2000. Effluent treatment reed beds: results after ten years of operation [C]. Wetlands and Remediation: 273-280.

SORRELL B K, ARMSTRONG W, 1994. On the difficulties of measuring oxygen release by root systems of wetland plants [J]. Journal of Ecology: 177-183.

TANNER C C, CLAYTON J S, UPSDELL M P, 1995. Effect of loading rate and planting on treatment of dairy farm wastewaters in constructed wetlands—I. Removal of oxygen demand, suspended solids and fecal coliforms [J]. Water Research, 29(1): 17-26.

VACCA G, WAND H, NIKOLAUSZ M, 2005. Effect of plants and filter materials on bacteria removal in pilot-scale constructed wetlands [J]. Water Research, 39(7): 1361-1373.

VRHOVS'EK D, KUKANJA V, BULC T, 1996. Constructed wetland (CW) for industrial waste water treatment [J]. Water Research, 30(10): 2287-2292.

VYMAZAL J, KRÖPFELOVÁ L, 2008. Wastewater treatment [J]. Constructed Wetlands with Horizontal Sub-Surface Flow.

VYMAZAL J, 1995. Algae and Element Cycling in Wetlands [M]. Lewis Publishers.

VYMAZAL J, 2011. Plants used in constructed wetlands with horizontal subsurface flow: A Review [J]. Hydrobiologia, 674(1): 133-156.

WALLACE S D, 1999. On-site remediation of petroleum contact wastes using subsurface-flow wetlands [C]// Wetlands & Remediation Ⅱ: Second International Conference on Wetlands & Remediation: 125-132.

WANG C, ZHENG S S, WANG P F, 2014. Effects of vegetations on the removal of contaminants in aquatic environments: A review [J]. Journal of Hydrodynamics, Ser B, 26(4): 497-511.

WANG J, CAI X, CHEN Y, YANG Y, et al., 1994. Analysis of the configuration and the treatment effect of constructed wetland wastewater treatment system for different wastewaters in South China [C]. Guangzhou: 114-120.

WEN Y, LIU G, CHEN Y, ZHOU Q, 2012. Enhanced nitrogen removal reliability and efficiency in integrated constructed wetland microcosms using zeolite [J]. Frontiers of Environmental Science & Engineering, 6(1): 140-147.

WHIPPS J M, 1986. The inflence of the rhizosphere on crop productivity [J]. Advances in Microbial Ecology, (6): 137-240.

WILLIAMS J B, ZAMBRANO D, FORD M G, 1999. Constructed wetlands for wastewater treatment in Colombia [J]. Water Science & Technology, 40(3): 217-223.

WINBNER A, KUSCHK P, STOTTMEISTER U, 2002. Oxygen release by roots of Typha Iatifolia and Juncus effusus in laboratory hydroponic systems [J]. Acta Biotechnologica, 22(1-2): 209-216.

WINTER M, KICKUTH R, 1989. Elimination of sulphur compounds from wastewater by the root zone process—I. Performance of a large-scale purification plant at a textile finishing industry [J]. Water Research, 23(5): 535-546.

XY S N, YB Q, ZY L, 2007. Progre research of lignocellulose degrading enzymes from Penicillium [J]. Appl Environ Biol, 13(5): 736-740.

ZHAI X, PIWPUAN N, ARIAS C A, 2013. Can root exudates from emergent wetland plants fuel denitrification in subsurface flow constructed wetland systems? [J]. Ecological Engineering, 61: 555-563.

15

人工湿地冬季运行效果及强化措施

人工湿地作为一种经济高效的生态式污水处理技术，其应用越来越广泛。但人工湿地仍然受到气候因素影响，相较气温较高的季节，冬季低温条件下污染物（尤其是 N、P 等污染物）去除率更低，限制了人工湿地在冬季低温地区的推广应用 Werker et al., 2002; Kadlec and Reddy, 2001。此外，低温还会造成填料层冻结、床体缺氧、管道破裂等多种不利后果，所以在我国北方地区推广使用人工湿地对城镇生活污水进行处理时，冬季的保温措施是不可回避的问题（Wallace et al., 2001; 黄翔峰 等，2009）。图 15-1 为一些在冬季的湿地实景图。

近年来，国内外学者开展了人工湿地在冬季低温地区运行的研究，因此本章针对人工湿地在冬季低温地区运行的影响因素、解决措施等进行了总结，以期为人工湿地在冬季低温地区的应用与推广提供技术参考。

图 15-1　湿地冬季实景图

15.1　人工湿地冬季运行效果分析

人工湿地是由水体、填料基质、植物和微生物组成的复合生态系统，通过填料基质、微生物、植物及三者相互之间一系列的物理、化学和生物途径实现对污染物的去除。一般认为，SS、COD 和 BOD_5 通过填料、植物的吸附、拦截、沉淀及微生物的降解等机制而得到去除（陈晓东 等，2007）。众多研究者认为，潜流人工湿地在冬季低温条件下对 SS、BOD_5、COD 仍有较高的去除率。

Brix 等（2005）研究了在丹麦冬季条件下垂直流人工湿地对农村生活污水的处理情况，结果表明，其对 SS、BOD_5 的平均去除率都在 90% 以上，完全符合丹麦的废水排放标准。Chen 等（2007）研究了在冬季平均温度为 −2.0℃ 条件下垂直流人工湿地对污染河道的治理效果，在进水 TSS 浓度为 46.7 mg/L、BOD_5 浓度为 49.5 mg/L、COD 浓度为 106.5 mg/L 时，人工湿地对 TSS、BOD_5 浓度、COD 的平均去除率仍分别达到 86.9%、88.9%、81.9%。Steer 等（2005）在冬季平均温度为 −0.4℃ 条件下研究了潜流人工湿地对生活污水的处理效果，TSS 和 BOD_5 的浓度去除率分别达到 88% 和 87%。刘佳等（2006）研究了沈阳浑南垂直流人工湿地示范工程冬季运行效果，在进水 COD、BOD_5 的浓度分别为 198.2~273.3 mg/L、80.3~182.5 mg/L 时，其平均去除率分别为 91.8% 和 97.0%，且出水中未检测到 TSS。张显龙等（2005）研究了沈阳某郊区潜流人工湿地污水处理厂冬季的运行效果，SS、COD、BOD_5 的去除率分别为 85.8%、70.5%、81.9%。

冬季对 N、P 的去除率比其他季节偏低，见表 15-1（王世和 等，2003；Ouellet-Plamondon et al., 2006; Ham et al., 2007; Song et al., 2006; 申欢 等，2007）。冬季低温条件下，人工湿地对 NH_4^+-N、TN 和 TP 的去除率分别比夏季低 12.0%~40.0%、12.3%~27.0%、6.1%~34.0%。可见，冬季低温对 N、P 的去除影响较大。冬季低温地区人工湿地对各污染物去除的差异与其对污染物去除的机制有关。SS 的去除以填料和植物根系的物理拦截为主，受温度变化的影响较弱；P 的去除包含了物理吸附、化学吸附以及植物与微生物的同化作用，生物的生长受到冬季低温影响较大，对污染物的同化净化作用受到低温的影响显著；COD、BOD_5、N 的去除以微生物代谢为主，受温度影响亦较大。从原理上讲，温度降低后微生物酶促反应速率下降，有机物的氧化与氨氮的氧化均会受到抑制。然而，在冬季低温、溶解氧受限的条件下，有机物的氧化优先进行，表现出氨氮氧化的明显受限，进一步限制了总氮的去除（Zhuang et al., 2019）。人工湿地要在冬季低温地区运行，必须提高对 N、P 的去除。

表 15-1 人工湿地冬季（低温地区）与夏季对 N、P 的去除率比较

NH_4^+-N（%）		TN（%）		TP（%）		污水类型	冬季最低温度*（℃）
夏季	冬季	夏季	冬季	夏季	冬季		
48~68	18~28	—	—	70~90	54~78	生活污水	（10）
82	57	—	—	—	—	养鱼场污水	（7）
—	—	20	7.7	44	26.8	学校污水	−10
54.5	32.4	—	—	35	28.9	生活污水	（−0.1）
—	—	36.6	9.6	65.4	31.4	景观污水	−10
60	48	—	—	68	47	生活污水与河水	−20

注：* 括号内数据为冬季平均温度。

表 15-2　温度对不同滤料的污染物去除性能的影响

参数	原料				影响	R^2
	Top16		Polonite			
	4.3℃	16.5℃	4.3℃	16.5℃		
废水处理体积（L）	153 ± 2	162 ± 13	117 ± 2	154 ± 16	0	—
床体容积处理量	569	606	457	601	—	—
总磷吸附量（gP/kg）	4.0 ± 0.1	4.7 ± 0.1	3.7 ± 0.1	5.4 ± 0.1	+**	0.99
溶解磷吸附量（gP/kg）	3.6 ± 0.6	4.2 ± 0.2	3.6 ± 0.1	5.0 ± 0.2	+**	0.96
颗粒物中磷吸附量（gP/kg）	0.4 ± 0.1	0.4 ± 0.1	0.1 ± 0.0	0.4 ± 0.1	0	—
氧化还原电势（mV）*	189 ± 33	189 ± 35	129 ± 51	140 ± 63	+**	1.00
pH 值*	7.4~8.1	7.5~8.3	8.2~10.5	7.8~11.0	0	0.99
TSS 去除率（%）	89 ± 0.5	85 ± 0.9	62 ± 1.4	83 ± 2.8	+**	0.99
TOC 去除率（%）	45 ± 1.1	49 ± 0.6	45 ± 0.1	49 ± 0.8	+	0.93
DOC 去除率（%）	25 ± 1.6	28 ± 1.3	22 ± 2.0	25 ± 2.6	0	—
颗粒有机碳去除率（%）	76 ± 0.5	81 ± 4.1	79 ± 1.6	85 ± 2.9	+	0.54

注：①＋表示促进；－表示抑制；0 表示中立。
②*pH 值范围是在基质饱和前测量的。
③**表明显示出交互影响（温度对 Polonite 的影响要明显强于 Top16）。
④试验中所用的两个过滤原料是 Polonite（来自瑞典）和 Top16（来自芬兰）。Polonite 是将波兰的硅质沉积蛋白土岩加热到 900℃所得，Top16 是硫酸亚铁一水化合物和氧化钙在旋转搅拌装置中造粒制备。

Herrmann 等（2014）对比分析了 16.5℃和 4.3℃两种温度条件下滤床填料对磷的吸附去除效果（表 15-2），结果发现，不同温度显著影响了磷的吸附去除，16.5℃温度条件下磷的去除约是 4.3℃温度条件下磷去除的 1.2~1.5 倍，这主要是由于较高温度条件下有利于钙离子与磷酸根离子的络合沉淀。

15.2　低温对人工湿地植物的影响

植物是人工湿地的重要组成部分，可以通过过滤、吸附、吸收与富集等作用去除污染物。此外，植物还可以起到固定床体表面、为微生物提供良好的根区环境、提高填料基质的过滤效率、抗冲击负荷、在冬季支撑冰面起保温等作用。在冬季低温地区，人工湿地植物收割、枯萎或进入休眠状态，在生态和形态上都发生了变化，影响了植物对污染物的去除能力（Munoz et al., 2006）。但雒维国等（2005）研究表明，收割芦苇的湿地（图 15-2）在冬季对 NH_4^+-N 的去除率仍然比空白湿地高，认为低温和植物休眠期间芦苇的根部仍然有一定活性，并能促进微生物的代谢。Wang 等（2005）对比了植物地面收割、植物全部收割、植物不收割处理对湿地冬季运行性能的影响规律，表明植物根系在冬季仍具有泌氧能力［0.01~0.59 μmol/（h×plant）］；冬季植物的收割可显著降低根际基质中的微生物丰度与活性，间接降低湿地净水性能。

图 15-2　种植芦苇的湿地在冬季的实景图

15.3　低温对人工湿地微生物的影响

人工湿地去除污染物与微生物的活动密切相关。人工湿地植物根系和填料表面都富集了大量的微生物，包括好氧菌、厌氧菌和兼氧菌，如放硫菌、硝化细菌、亚硝化细菌、反硝化细菌和聚磷菌等。截至目前，虽然各种脱氮过程均可能在人工湿地中发生，但硝化和反硝化脱氮可能仍是人工湿地除氮的主要途径之一（张政 等，2006）。温度对微生物的生长繁殖与活性有显著影响。硝化细菌和亚硝化细菌的生长繁殖速率和活性会受到较大程度的低温抑制。硝化速率在10℃以下受抑制，在6℃以下急剧下降，在4℃以下趋于停止（张林和张海，2003；Picard et al.，2005）。反硝化速率在15℃以下急剧下降，影响人工湿地的运行效率（Brodrick et al.，1998）。

黄有志等（2010）以西安皂河人工湿地中的表流人工湿地为实例分析，研究了其冬季运行过程中各类脱氮细菌在基质中的沿程分布及其与脱氮效果的关系。结果显示，总氮与氨氮的平均去除率仅为47.8%~58.5%，且氨氮浓度的去除与氨化细菌和亚硝化菌的数量间存在显著相关性。对于表流人工湿地在冬季的运行，脱氮微生物总量很小。由于亚硝化菌和反硝化菌对环境要求更加苛刻，所致其中氨化细菌数量最多（10^6~10^7/g 数量级），其次为反硝化细菌（10^4~10^6/g 数量级），最少的为亚硝化菌（<10^3/g 数量级）。

15.4　人工湿地冬季运行解决措施

针对人工湿地在冬季低温地区运行效率下降的问题，目前国内外学者在人工湿地内部设计、人工湿地预处理和深度处理方面进行了相关的研究工作，以提高人工湿地对污染物特别是对氮、磷的去除能力。人工湿地冬季运行的优化从大类上可分为提高生物活性和延迟水力停留时间两个方面。冬季低温是抑制植物、微生物等生物活性的关键生态因素，可从"开源"和"截留"两方面提升系统内部温度，即增加热量来源与减小热量损失；此外，冬季低温带来的水体溶解氧下降也是微生物对有机物与氨氮净化效率下降的原因，因此，可通过增加溶解氧的形式提升微生物代谢活性。具体的优化措施见下文。

15.4.1　人工湿地结构选型

常见的人工湿地可分为表面流和潜流两种基本形式。冬季低温地区，冰冻现象频繁。表面流人工湿地因水流在表层流动，水温降低导致微生物活性下降，表面冰层使大气复氧能力下降，导致运行效果不佳，不适合在冬季低温地区应用（Kadlec and Wallace，2008）。潜流人工湿地因水流在地面以下通过，在水流和地表之间形成具有保温功能的包气带，且蒸发和对流造成的热损失小，相对于表面流人工湿地而言，其在冬季低温地区使用更具优势，设计时应是首选（董婵 等，2006）。潜流人工湿地根据进水方式，又可以分为水平潜流和垂直潜流。采用水平潜流与上升式复合垂直流运行方式，可充分利用植物的根系改善水力流态，便于去除悬浮物，从而保证人工湿地在冬季低温地区运行。

Zhang 等（2015）研究了混合猪粪和芦苇草进行堆肥作为湿地保温方式的最佳混合比例。试验采用两个相同尺寸结构的水平潜流人工湿地，如图 15-3 所示，湿地的长度、宽度和深度分别为 35 m、10 m 和 1.2 m，表面水力负荷为 0.03 $m^3/(m^2 \cdot d)$，孔隙率和水力停留时间分别为 40% 和 12 d，采用芦苇和香蒲作为湿地植物。结果表明，纯猪粪的堆肥方式是在寒冷地区对湿地进行保温的最佳选择，它的预期寿命在 40 d 左右。在此基础上，Zhang 等（2015）运用纯猪粪进行堆肥作为湿地的保温方式并将其应用在了一个上海农村地区的实际规模人工湿地上，并针对保温效果以及湿地总氮的去除效果进行了为期一年的连续试验研究，运行时间从 2010 年 5 月至 2011 年 4 月。湿地进水为附近居民生活污水。进水中主要污染物的浓度见表 15-3。每月监测一次环境温度、水温以及进出水污染物浓度。图 15-4 为每月监测的进出水水温以及环境温度变化图。从图中可以看出，在冬季时采用这种堆肥方式的人工湿地中水温为 15.7~21.7℃，显著高于未进行保温的人工湿地（9.2~13.6℃），证明该堆肥方式可在冬季时对湿地进行有效保温。图 15-5 和图 15-6 分别为采用堆肥方式保温的湿地和未保温的湿地中总氮及氨氮去除率随时间的变化图，可以看出，采用纯猪粪堆肥保温的人工湿地的总氮和氨氮的单位面积负荷去除率［1.008 g/（$m^2 \cdot d$）、1.08 g/（$m^2 \cdot d$）］约为未进行保温的人工湿地的 1.2 倍，说明纯猪粪堆肥可有效提高湿地系统对污染物的去除效果。但需要注意的是，这种隔离方式起到的保温效果随着湿地面积的增加而逐渐减弱。所以，当湿地面积过大时，这种保温方式需要慎重考虑。

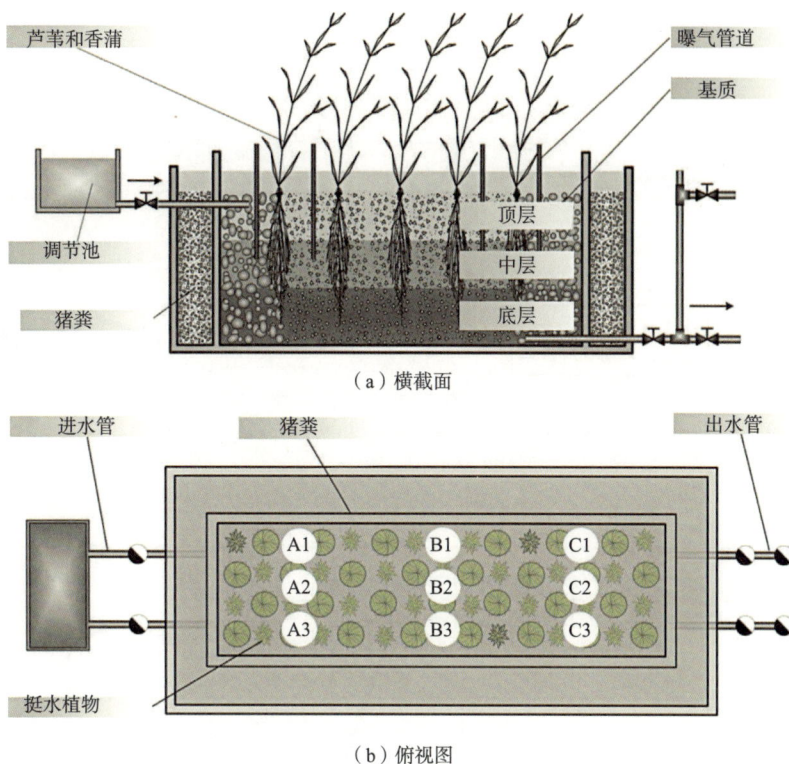

（a）横截面

（b）俯视图

图 15-3　配有天然加热系统的水平潜流人工湿地示意图

注：俯视图中的 A1、A2、A3、B1、B2、B3、C1、C2、C3 为每一层的 9 个采样点。

表 15-3　两种人工湿地进水中主要污染物的平均浓度

单位：mg/L

BOD_5	TP	NH_4^+-N	TN
191.3	4.8	43.9	45.3

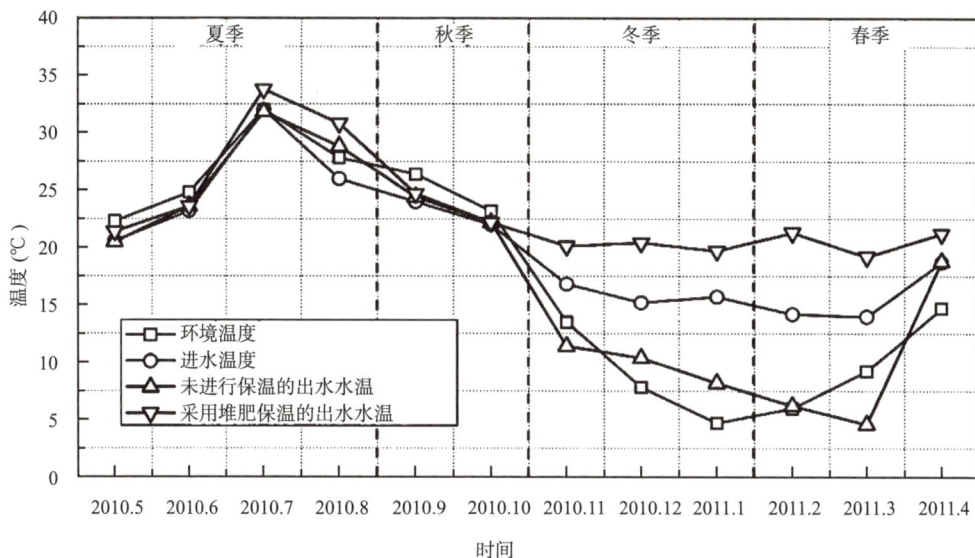

图 15-4　进出水温度计环境温度变化图

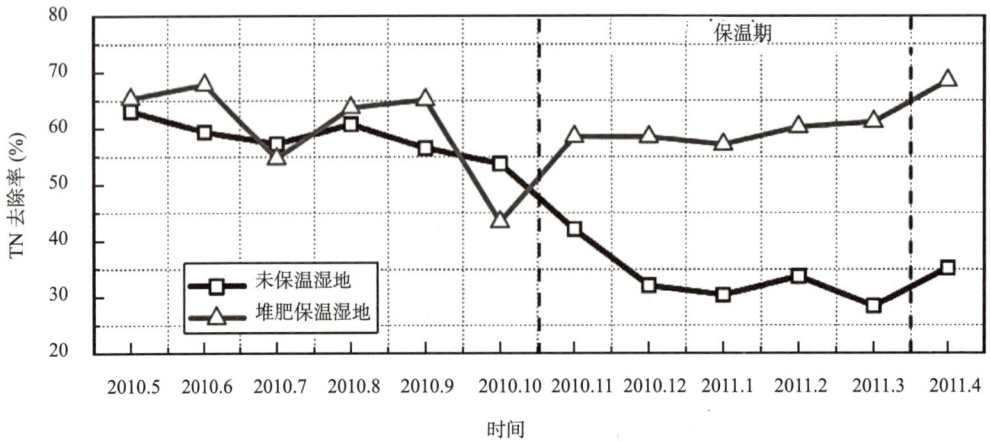

图 15-5　两种人工湿地中总氮去除率变化图

图 15-6　两种人工湿地中氨氮去除率变化图

15.4.2　保温层覆盖

除此之外，人工湿地在选型时还可在湿地四周添加以生物质为原料的隔离层作为湿地的保温层。刘学燕等（2004）在冬季低温条件下进行了潜流人工湿地处理官厅水库微污染地表水的研究。结果表明，通过采用隔离层保护，人工湿地对微污染地表水仍然有较好的净化效果。在水力负荷率为 0.15~0.45 m/d 的条件下，冬季潜流人工湿地对微污染的地表水源水有较好的处理效果。潜流人工湿地 COD 去除率与其他季节相比有所下降，各湿地单元总体平均去除率约为 15%；NH_4^+-N 去除率在整个冬季运行期间各个湿地均仍然保持在较高水平，但总体上 NH_4^+-N 在冬季比其他季节的去除率水平还是有所下降，各单元总体平均去除率为 43%~50%。潜流人工湿地系统对较小和短期温度变化具有较强的抗冲击能力，但位于寒冷地区在秋冬季过渡期间的极大气候温差变化阶段净化效果差，存在约 1 个月过渡期。潜流人工湿地受气候影响相对较小，对系统采取一定的保温措施，冬季低温条件下能正常运行。但使用不同的覆盖物进行隔离保温，对系统的处理性能有很大的影响，使用空气层加秸秆等隔离物保护的效果优于空气层加冰层保护的效果。

张显龙等（2005）将收割的芦苇、美人蕉、灯心草等植物平铺在填料床上，在其上再铺一层塑料薄膜作为冬季的保温措施后，床体内污水温度可以保持在 15~18℃，提高了细菌的活性。没有运用保温措施之前，冬季运行出水水质较夏季运行略差，可能是由于冬季植物处于休眠期，温度较低，微生物代谢不够活跃所致。但通过采取一定措施，冬季的运行结果表明，出水水质仍然可以达到设计要求。冬季 COD_{Cr} 去除率为 70.5%，BOD_5 的去除率为 81.9%，SS 的去除率为 85.8%；夏季 COD_{Cr} 去除率为 72.8%，BOD_5 的去除率为 81.3%，SS 的去除率为 86.2%。这种工艺不仅起到了污水净化作用，而且通过营造湿地环境，形成自然 - 人工复合生态景观。随着对寒冷低温运行的潜流构筑湿地技术的开发与完善，人工湿地处理污水在北方地区冬季的应用成为现实。

张建等（2006）在山东淄博考察了冬季潜流人工湿地对污染河水的处理效果。采用覆盖地膜保温措施后，NH_4^+-N 平均去除率由 29.4% 上升到 67.6%，COD 平均去除率由 29.0% 提高到 46.6%，且床体内污水温度比无地膜覆盖的高出 2~6℃；微生物的活性也得到提高，其中脲酶活性由 0.025 mg/（g·d）上升到 0.037 mg/（g·d），脱氢酶活性由 0.17 μL/（g·d）上升到 4.54 μL/（g·d），分别是未采用保温措施的床体的 1.5 倍和 26.7 倍。可见，人工湿地保温后，能有效提高有机物去除效果。地膜覆盖技术所采用的膜为农民构筑普通大棚所用的塑料薄膜，零售价格约为 12 元 /kg，价格低廉，且操作简便，利于推广。

谭月臣等（2012）针对北方冬季低温环境下人工湿地污染物去除效率低的问题，在 2008—2010 年，利用 3 种不同的保温措施（薄膜法、温棚法、冰封法）进行历时两年的对比试验，通过主要污染物和人工湿地出水水温的跟踪监测，探讨了不同保温措施的效果。结果表明，薄膜法的保温效果比较好，在冬季对湿地采取了地膜覆盖的保温措施，发现湿地内水温降低幅度较小，在 2℃左右，气温对湿地的影响很小。利用薄膜保温的人工湿地出水口水温显著高于冰封和温棚人工湿地，同时出水中的 COD、TN、NH_4^+-N 的去除率分别为 30%~45%、40%~60% 和 35%~60%，比温棚法和冰封法的出水中污染物去除率高出 10%~20%。虽然冰封保温方法造价最低，在一定程度上也可以防止污水结冰，保证系统正常，但是冰封法在操作上难度比较大，因为气温对冰层的影响很大，而且北方冬季降雪量不稳定，如果没有足够的雪覆盖，冰封空气隔离保温作用就会大大降低。

李亚峰等（2006）通过研究沈阳浑南垂直流人工湿地的应用效果，解决了人工湿地在北方地区冬季运行的问题，为北方地区寒冷气候下人工湿地的应用提供了有利的技术支持与保证。沈阳浑南人工湿地选择炭化后的芦苇屑作为保温措施，湿地出水温度一直保持在 7℃以上，出水水质较为稳定，说明湿地床内生物反应仍然进行较好。随着床体运行的日趋稳定，对 COD 的降解也趋于稳定。由于垂直流湿地本身的布水特点，在水体交换过程中可以向床体充氧，增加了空气层，既起到保温作用，又有利于污染物的降解。同时，芦苇发育成熟时，硝化作用的氧源增加，从而大大提高了 NH_4^+-N 的去除效率。沈阳浑南垂直流人工湿地不仅可以安全越冬，利用水流的进入和排出，有效地与大气进行气体交换，缓解床体内氧气不足，大大提高了污染物的去除，而且从效果上看，冬季的去除效果与其他季节的效果相似，并无大的变化。

王茂玉等（2012）对比研究了甘肃地区垂直流人工湿地在进行芦苇收割覆盖和未收割覆盖的条件下冬季的保温运行效果，湿地采用连续进水方式，在冬季最冷的 12 月，室外最低气温为 -14℃，结果发现没有芦苇收割保温措施的湿地在凌晨时有较轻的冻结，但冻层较薄，而且随着白天的升温迅速融化。芦苇收割覆盖保温的湿地完全没有冻结现象。同时实验过程也发现湿地表层地面的冻结程度与湿地进水负荷、进水温度有关，进水负荷越小越容易冻结，这可能是因为进水为湿地补充了热量，进水量小时进入湿地池内的热量减少，故易产生冻结现象。考虑到实际生活污水排放时流量是昼夜变化的，白天水量大夜间水量小甚至可能为零。因此，在夜间湿地内热量得不到补充，而且外界气温较湿地表层低，热量耗散较快，容易造成表层冻结现象。若冻结层厚度在 20 cm 以上，湿地内的布水管路将会因冻结而堵塞，造成湿地不能正常工作。

申欢等（2007）探讨了采用植物收割覆盖的方式对水平潜流人工湿地冬季运行的保温效果，结果表明，在冬季采用这种保温方法可以提高水平潜流式人工湿地对污染物的去除效果，覆盖湿地对 TP、NH_4^+-N 和 TN 的平均去除率分别比对照湿地（未进行覆盖保温）提高了 15.5%、9.7% 和 5.0%；覆盖湿地的表层冻土层厚度明显小于对照湿地的，这种保温方法可以避免或减轻冬季湿地填料的冻结。

15.4.3　进出水方式优化

垂直潜流人工湿地的进水方式可分为连续进水、脉冲进水、间歇进水。出水方式可分为定水位出流和变水位出流。王茂玉等（2012）认为冬季运行宜采用连续进水方式，因为连续进水可以保证进水流量稳定，湿地内保持一定的温度，布水管不易结冰，且便于维护管理。其余季节运行时宜采用间歇式进水的，间歇式进水可以使基质中的氧得到补充恢复，利于植物及微生物的生长，从而提高湿地的除污能力。出水方式是在定水位出水和变水位出水之间变化进行的。在湿地进行调试阶段或改变运行方式时，可采用变水位出水。当湿地系统进入一个比较稳定的时期，应当采用定水位出水，可保证水力停留时间的稳定。

然而众多学者认为在冬季低温条件下人工湿地采用序批式间歇式运行可以提高氧的传递能力，进而提高湿地的脱氮性能和污染物的去除能力（周健 等，2007；陈德强等，2003；Green et al.，1997）。序批式间歇式运行，即每隔一定时间向人工湿地进水、排水。当污水进入人工湿地时，空气被迫从填料基质排出，当污水排出人工湿地时，空气又进入填料基质中，提高了系统的富氧能力。通过有节奏的气、水运动，可以在人工湿地中不断形成好氧、厌氧环境，促进硝化细菌生长和活性恢复，有利于氮的去除。周健等（2007）研究了人工湿地在低温下的脱氮性能，通过采用序批式间歇式进出水等措施后，NH_4^+-N 和 TN 的去除率分别达到 85.9% 和 48.4%。

15.4.4　流量控制

冬季低温条件下，湿地植物生长缓慢或停止生长，湿地系统内部的微生物活性大大减弱，对污水的净化功能造成一定影响。为保证湿地出水水质，适当控制进水流量，使系统在较低水力负荷条件下运行，可以有效保证湿地的运行效果。

在设计人工湿地时，应考虑过高的水力负荷和有机负荷都会对其在低温条件下运行产生不利影响。水力负荷过大导致 HRT 过短，无法满足微生物降解有机物所需时间和硝化细菌生长世代时间的要求，NH_4^+-N 未得到充分硝化被带出系统，且可能导致部分硝化细菌也随水流流出系统，最终导致 TN 去除率下降（熊昌龙 等，2014）。

张建等（2006）考察了冬季低温条件下潜流式人工湿地处理污染河水时在不同表面水力负荷下对污染物去除的效果。结果表明，水力负荷由 30 cm/d 降低到 15 cm/d 后，NH_4^+-N 去除率由 14% 上升到 39%，COD 的平均去除率由 20% 上升到 31%。冬季低温条件下运行的人工湿地有机负荷不宜偏大，污水中 N、P 有机负荷过高会对植物产生毒害作用，NH_4^+-N 达 24.7 mg/L 时，人工湿地中植物将枯黄或死亡。此外，冬季低温条件下外层微生物的活性较低，而内层微生物仍然有较高的活性，但生物量较少，降低负荷运行可以在满足微生物生长所需营养的情况下最大限度地达到处理效果。

15.4.5　生物组配优化

植物与微生物是湿地发挥生物净化的重要组成部分，筛选种植耐寒植物、完善基质内生物群落等方式可提升湿地在冬季的净水性能。

陈永华等（2010）对人工湿地污水处理系统中南方冬季植物进行了筛选和评价，在筛选的 25 种植物中，尤其是水芹、油菜、灯心草、虎耳草、德国鸢尾、桂花、花菖蒲 7 种植物在试验期间表现出极强的抗寒能力和较强的污水净化能力，可作为我国南方冬季人工湿地系统的备选植物。

邹益雄（2012）对人工湿地植物耐寒与去污能力进行了筛选。表 15-4 梳理了部分常见亚热带植物的耐寒等生理特性，其中白花三叶草和黑麦草耐寒性更强，生物量积累速率相对较高，可适用于我国南方地区人工湿地的冬季运行，提升植物对污染物的同化吸收效率。

表 15-4　不同植物耐寒等生理特性比较

植物品种	根系活力［U/（0.5g·2h）］	耐寒性［（U/（g·min）］	30 天生物量变化（g）
金盏菊	1388 ± 1.13	0.1	2927.64
白花三叶草	322.52 ± 2.64	1.59 ± 0.07	4218.42
萝卜菜	190.53 ± 0.43	0.7 ± 0.01	2474.94
油菜	168.56 ± 1.38	0.21 ± 0.01	3156.3
大蒜	188.32 ± 1.54	0.61 ± 0.01	2755.5
水芹	246.81 ± 1.16	0.12 ± 0.02	5410.8
水仙	333.71 ± 1.62	1.1	3286.56
香石竹	120.52 ± 0.99	0.21 ± 0.01	2184.36
黑麦草	253.28 ± 2.07	1.08 ± 0.05	5681.34
麦冬	136.04 ± 1.11	0.6 ± 0.01	861.72

底栖动物分布广泛、耐污性强，通过捕食、富集对水体污染物去除具有直接作用；同时，还可通过生物扰动等对植物和微生物的作用间接促进污染物去除、优化环境。因此，将底栖动物引入人工湿地，完善系统内食物链（网）结构，对于人工湿地系统的稳定运行、冬季污染物去除强化都具有重要意义。冬季，水蚯蚓依然可以将人工湿地系统 No_3^-–N 去除率提高 40.9%，TN 去除率提升 22.9%，TP 去除率提升 7.40%。水蚯蚓增加了人工湿地系统菌、反硝化菌功能基因和硝酸盐异化还原功能基因的数量。

15.4.6　人工曝气强化

在冬季低温条件下，增加曝气可以改善水流流态，防止填料基质堵塞，提高溶解氧的浓度，改善植物休眠、枯萎和低温导致氧气利用率低的问题，进而促进硝化作用。在人工湿地床体中增加通气管，使床体具有呼吸功能，增加床体的溶解氧，提高污水的溶解氧浓度，促进亚硝酸菌和硝酸菌的增殖，从而提高人工湿地的硝化能力。

Zhuang（2019）对比了曝气人工湿地与传统人工湿地对 NH_4^+–N、TN 和 COD 的去除效果，表明曝气可显著提升人工湿地对氨氮的去除效率（图 15-7）。

Redmond 等（2014）利用中试规模的水平潜流人工湿地（长 2.44 m，宽 2.23 m，深 0.61 m），对比研究了湿地床体在曝气和无曝气情况下对有机物、氮和磷等污染物的去除效果，并分析了不同温度条件下曝气的作用。通过水力学溴化物示踪试验得知，较无曝气的水平潜流人工湿地，曝气人工湿地具有较高的水力停留时间和体积率，这也可能是曝气水平潜流湿地床体具有较高氮去除率的原因。同时由表 15-5 可知，该试验中不同温度条件下污染物的去除并没有受到显著的影响，这可能与试验湿地床体表层铺设了 0.25 m 厚的稻草保温层有关。

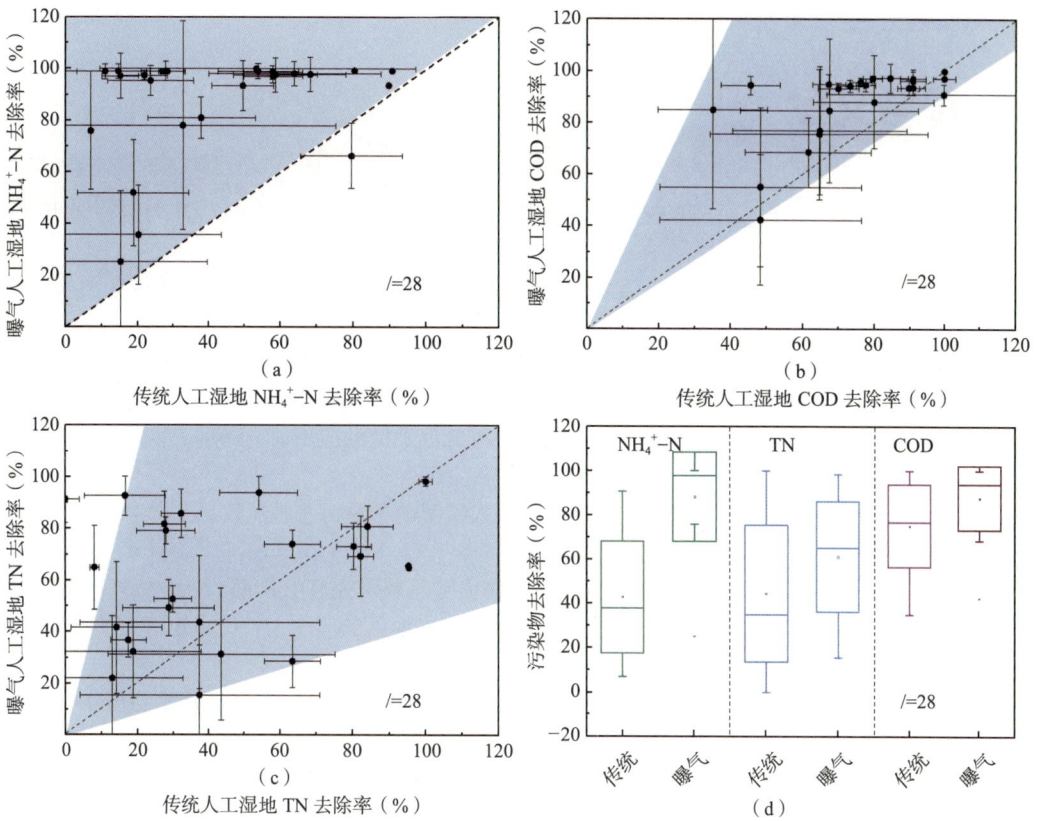

图 15-7　曝气对人工湿地污染物去除的影响

表 15-5　不同温度范围内总氮和氨氮的去除率（%）

种植情况	HRT (d)	总氮去除率（%）			氨氮去除率（%）		
		< 2℃	2~20℃	> 20℃	< 2℃	2~20℃	> 20℃
无曝气							
无植物	3.5	57 ± 6	54 ± 10	49 ± 15	46 ± 13	47 ± 14	39 ± 15
有植物	3.3	57 ± 5	48 ± 12	50 ± 12	42 ± 11	38 ± 15	40 ± 13
曝气							
无植物	3.1	80 ± 2	75 ± 10	88 ± 7**	85 ± 3	77 ± 14	91 ± 8**
有植物	3.3	68 ± 6	72 ± 9	90 ± 5**	77 ± 4	81 ± 8	96 ± 2**
有植物	4.3	84 ± 2	84 ± 5	92 ± 3**	95 ± 1	95 ± 1	97 ± 1

注：① ** 表示温度高于 20℃的统计学处理方法与低于 2℃和在 2~20℃范围内的处理方法不同（$p \leqslant 0.05$）。

②水力停留时间显示的是除曝气/有植物单元之外的其他重复单元的平均值。

③进水总氮的平均浓度为（46 ± 10）mgN/L。

④进水氨氮的平均浓度为（34 ± 8）mgN/L。

参考文献

陈德强，吴振斌，成水平，等，2003. 不同湿地组合工艺净化污水效果的比较 [J]. 中国给水排水，19(9): 12-15.

陈晓东，常文越，王磊，等，2007. 北方人工湿地污水处理技术应用研究与示范工程 [J]. 环境保护科学，33(2): 25-28.

董婵，崔玉波，余丹，等. 垂直潜流人工湿地污水处理特性 [J]. 工业用水与废水，2006, 37(5): 20-24.

黄翔峰，谢良林，陆丽君，等，2009. 人工湿地在冬季低温地区的应用研究进展 [J]. 环境污染与防治，30(11): 84-89.

黄有志，刘永军，熊家晴，等，2013. 北方地区表流人工湿地冬季污水脱氮效果及微生物分布分析 [J]. 水处理技术，39(1): 55-59.

康妍，2019. 典型底栖动物人工湿地系统强化污染物去除机制研究 [D]. 济南：山东大学.

李亚峰，刘佳，王晓东，等，2006. 垂直流人工湿地在寒冷地区的应用 [J]. 沈阳建筑大学学报（自然科学版），22(2): 281-284.

刘佳，孙浩诚，李亚峰，等，2006. 垂直流人工湿地在北方地区的应用 [J]. 工业用水与废水，37(4): 20-22.

刘学燕，代明利，刘培斌，2005. 人工湿地在我国北方地区冬季应用的研究 [J]. 农业环境科学学报，23(6): 1077-1081.

雒维国，王世和，黄娟，等，2005. 潜流型人工湿地低温域脱氮效果研究 [J]. 中国给水排水，21(8): 37-40.

申欢，胡洪营，潘永宝，2007. 潜流式人工湿地冬季运行的强化措施研究 [J]. 中国给水排水，23(5): 44-46.

王茂玉，胡树超，秦赏，等，2012. 寒冷地区人工湿地保温措施及运行方式优化研究 [J]. 环境科学与管理，37(1): 103-106.

王世和，王薇，俞燕，2003. 潜流式人工湿地的运行特性研究 [J]. 中国给水排水，19(4): 9-11.

吴晓芙，陈永华，蒋丽娟，等，2010. 景观型人工湿地污水处理系统构建及植物脱氮效应研究 [J]. 环境科学，31(3): 660-666.

熊昌龙，吴勇，柯斌，2014. 潜流人工湿地冬季运行的强化措施及效果分析 [J]. 环境保护与循环经济，34(3): 44-46.

张建，邵文生，何苗，等，2006. 潜流人工湿地处理污染河水冬季运行及升温强化处理研究 [J]. 环境科学，27(8): 1560-1564.

张林，张海良，2003. 寒冷地区污水处理的人工湿地设计与运行 [J]. 中国环保产业，(6):40-42.

张显龙，周力，2006. 人工湿地处理城市污水在北方的应用 [J]. 环境工程，23(4): 23-24.

张政，付融冰，顾国维，等，2006. 人工湿地脱氮途径及其影响因素分析 [J]. 生态环境，15(6): 1385-1390.

周健，王继欣，张勤，等，2007. 序批式人工湿地冬季低温脱氮的效能研究 [J]. 环境科学学报，27(10): 1652-1656.

邹益雄，2012. 人工湿地植物的筛选及冬季去氮除磷能力与中试研究 [D]. 长沙：中南林业科技大学.

BRIX H, ARIAS C A, 2005. The use of vertical flow constructed wetlands for on-site treatment of domestic wastewater: New Danish guidelines [J]. Ecological Engineering, 25(5): 491-500.

BRODRICK S J, CULLEN P, MAHER W, 1988. Denitrification in a natural wetland receiving secondary treated effluent [J]. Water Research, 22(4): 431-439.

CHEN Z, CHEN B, ZHOU J, et al., 2008. A vertical subsurface-flow constructed wetland in Beijing [J]. Communications in Nonlinear Science and Numerical Simulation, 13(9): 1986-1997.

GREEN M, FRIEDLER E, RUSKOL Y, et al., 1997. Investigation of alternative method for nitrification in constructed wetlands [J]. Water Science & Technology, 35(5): 63-70.

HAM J, YOON C, JEON J, et al., 2007. Feasibility of a constructed wetland and wastewater stabilisation pond system as a sewage reclamation system for agricultural reuse in a decentralised rural area [J]. Water Science & Technology, 55(1-2): 503-511.

HERRMANN I, NORDQVIST K, HEDSTR M A, et al., 2014. Effect of temperature on the performance of laboratory-scale phosphorus-removing filter beds in on-site wastewater treatment [J]. Chemosphere, 117: 360-366.

KADLEC R H, REDDY K, 2001. Temperature effects in treatment wetlands [J]. Water Environment Research, 543-557.

KADLEC R H, WALLACE S, 2008. Treatment wetlands [M]. USA: CRC press.

MUNOZ P, DRIZO A, CULLY HESSION W, 2006. Flow patterns of dairy wastewater constructed wetlands in a cold climate [J]. Water Research, 40(17): 3209-3218.

OUELLET-PLAMONDON C, CHAZARENC F, COMEAU Y, et al., 2006. Artificial aeration to increase pollutant removal efficiency of constructed wetlands in cold climate [J]. Ecological Engineering, 27(3): 258-264.

PICARD C R, FRASER L H, STEER D, 2005. The interacting effects of temperature and plant community type on nutrient removal in wetland microcosms [J]. Bioresource Technology, 96(9): 1039-1047.

REDMOND E D, JUST C L, PARKIN G F, 2014. Nitrogen Removal from Wastewater by an Aerated Subsurface-Flow Constructed Wetland in Cold Climates [J]. Water Environment Research, 86(4): 305-313.

SONG Z, ZHENG Z, LI J, et al., 2006. Seasonal and annual performance of a full-scale constructed wetland system for sewage treatment in China [J]. Ecological Engineering, 26(3): 272-282.

STEER D N, FRASER L H, SEIBERT B A, 2005. Cell-to-cell pollution reduction effectiveness of subsurface domestic treatment wetlands [J]. Bioresource Technology, 96(8): 969-976.

WALLACE S, PARKIN G, CROSS C, 2001. Cold climate wetlands: design & performance [J]. Energy, 2: 2.

WANG Q, XIE H, ZHANG J, et al., 2015. Effect of plant harvesting on the performance of constructed wetlands during winter: radial oxygen loss and microbial characteristics. Environmental Science and Pollution Research, 22: 7476-7484.

WERKER A, DOUGHERTY J, MCHENRY J, et al., 2002. Treatment variability for wetland wastewater treatment design in cold climates [J]. Ecological Engineering, 19(1): 1-11.

ZHANG L, MU L, XIONG Y, et al., 2015. The development of a natural heating technology for constructed wetlands in cold climates [J]. Ecological Engineering, 75: 51-60.

ZHUANG L L, YANG T, ZHANG J, et al., 2019. The configuration, purification effect and mechanism of intensified constructed wetland for wastewater treatment from the aspect of nitrogen removal: a review. Bioresource technology, 293: 122086.

16

人工湿地堵塞成因及解决方案

>> 16.1 人工湿地堵塞成因及影响因素
>> 16.2 人工湿地堵塞程度的表征方法
>> 16.3 人工湿地堵塞的模型表征
>> 16.4 人工湿地堵塞问题的解决方案

堵塞是所有高负荷污水过滤系统中常见的自然效应，其表现主要在两个方面：首先，堵塞层是一个很好的生物过滤器，能提高湿地系统的处理效率，适度的基质孔隙堵塞可以扩大湿地处理系统内部的非饱和流动区域，提高处理效果；其次，堵塞会使湿地的水力性能变差，从而影响水流路径，最终影响到湿地的处理效果和运行寿命（Blazejewski et al.,1997; Mccray et al., 2000）。图 16-1 为肯尼亚一个被堵塞的垂直流人工湿地。

据美国环保局对 100 多个运行中人工湿地的调查显示，有近一半的人工湿地系统在投入使用后的 5 年内出现了堵塞问题，导致其水力传导系数降低，严重影响人工湿地的污水处理效率，缩短人工湿地使用寿命（朱洁和陈洪斌，2009）。因此，认识人工湿地堵塞的机理，并依据此机理寻求解决办法显得十分迫切。

本章通过分析人工湿地床体堵塞的成因，阐明了评估人工湿地堵塞的方法，在此基础上建立有限元分析模型，模拟潜流人工湿地堵塞过程，并对比总结了解决人工湿地堵塞问题的不同对策，为实际工程运用提供参考依据。

图 16-1　肯尼亚被堵塞的垂直流人工湿地
该人工湿地直接排入未处理沼液后造成堵塞，目前湿地已停止运行。

16.1　人工湿地堵塞成因及影响因素

16.1.1　人工湿地堵塞成因

人工湿地堵塞的实质是湿地床体基质的有效孔隙率减小的过程，随着湿地床体堵塞过程的不断发展，湿地厌氧环境也会不断产生，进而继续加速人工湿地的堵塞。人工湿地堵塞的原因大体上可以分为物理机制、化学机制和生物机制 3 个方面。

（1）物理机制

物理方面主要是污水中的悬浮颗粒物（SS）的沉积作用、基质淤堵层在水流作用下的机械压缩作用以及细小颗粒物的水力迁移致堵塞。在人工湿地的渗透初期，污水中的SS开始在湿地填料表面和孔隙中聚集，堵塞部分填料孔隙，使基质层局部的氧化还原电位下降并开始形成厌氧微环境。氧化还原电位高则反映了基质层中微生物的氧化能力强，胞外聚合物的蓄积较缓慢；反之，则还原水平高，微生物产生的胞外聚合物在填料孔隙内越聚越多，具有很高的堵塞潜能。Winter 等（2003）认为在湿地堵塞过程中，进水的 COD 和悬浮物（特别是直径大于 50 μm 的颗粒）起着关键作用。污水中的有机和无机悬浮物在湿地的表面沉积，形成一层堵塞垫，造成湿地的外部堵塞，同时不同的湿地基质或者基质之间也会存在空隙，污水中的 SS 沉积于空隙中，使得水分难以通过基质空隙，进而造成堵塞。

人工湿地虽然能降解污水中的有机质，但是部分难降解的有机物也是湿地堵塞的成因之一。Nguyen 等人（2000）研究表明，湿地中积累的有机物 90% 以上是以不易降解的有机物形式存在的，在湿地基质的表层和内部，难降解有机物中 63%~96% 是腐殖酸和胡敏素，且在上层进水端含量明显高于下层。

（2）化学机制

一方面，影响基质孔隙几何形状及稳定性的因素有很多，如基质中水相的电解质浓度、有机物组成、pH、氧化还原电位以及固相的矿物成分、表面特性等，这些因素决定了基质的饱和水力传导系数（李雪娟 等，2008）；另一方面，一些空隙间的化学反应会产生沉淀或胶体，进而通过絮凝沉积作用导致堵塞，例如，石灰石质基质中的钙会与进水中置换能力强的 H^+、Na^+ 等阳离子发生置换反应，进而与水中的硅反应产生无机凝胶或与 SO_4^{2-} 反应生成沉淀，从而导致空隙堵塞（张建和邵长飞，2003）。

（3）生物机制

微生物对人工湿地的堵塞起着不可忽视的作用。湿地中积累的腐殖质与细菌分泌的一些胞外多聚物很容易形成高含水量、低密度的胶状淤泥，造成湿地的堵塞。

这些物理、化学、生物作用是相互影响的。人工湿地的堵塞进程在某种程度上来说是一个正反馈的过程，有机物的积累造成了基质孔隙的堵塞、水力传导系数的下降，进而导致基质中氧气供应的下降、理化环境的恶化，微生物的活性也随之下降，有机物降解速率变慢。这反过来又加剧了有机物的积累，加快了堵塞进程。

另外，植物枝叶或根系残体及其分泌物也是人工湿地有机质的重要来源之一，湿地中硫还原细菌、产甲烷菌以及生物脱氮作用产生的气体所形成的包气带也可能是堵塞的原因。

16.1.2　人工湿地堵塞的影响因素

影响人工湿地堵塞的因素有很多，具体可分为填料、进水悬浮颗粒物、生物膜、有机物负荷、植物、温度6个方面。

①填料

填料对基质堵塞的影响包括两个方面，一方面是基质粒径的大小及分布决定了空隙的大小及水力传导率，是影响基质堵塞的主要因素；另一方面是基质自身结构特性会影响到堵塞。张翔凌（2007）通过对不同基质孔隙率、渗透系数、含水率以及有机质的测定与综合分析，发现页岩和砾石对堵塞的影响较大。

②进水悬浮颗粒物

进水悬浮颗粒物浓度（进水SS）在滤料截留的作用下会沉积，从而导致堵塞。进水SS是湿地床孔隙堵塞的主要原因。进水中悬浮颗粒全部为无机颗粒的系统较进水中全部为溶解态污染物质的系统更易淤堵；如果被截留的有机SS能被微生物及时降解，有机SS对填料造成的淤堵能够在很大程度上得到缓解。Winter（2003）认为在湿地堵塞过程中，进水的COD和直径大于50 μm的悬浮物起主要作用。

③生物膜

被填料截留的不可生物降解无机SS、被截留但未能及时降解的可生物降解有机SS、生物膜是导致堵塞的主要因素，其中生物膜的过快增长会导致填料有效孔隙率下降进而导致堵塞。这也可以归因于有机物累积或生物量累积，主要是以胶状淤泥的形式存在。温度过高或过低都会导致堵塞。一方面，较高的温度导致了高的生物活性和高的生长速率，快速增长的微生物填充了填料的孔隙，从而引发基质堵塞；另一方面，较低温度抑制了生物活性，代谢速度慢，导致有机固体颗粒在填料中大量累积和基质环境中厌氧程度的加剧，也易引发基质堵塞。

④有机物负荷

人工湿地系统进水有机负荷越大，系统越容易堵塞。堵塞与湿地系统达到平衡状态前的有机负荷有关，平衡状态前，湿地系统中的微生物种类少，或者处理某种污水的功能性微生物数量不足，过高的污染物负荷导致有机物不能被及时分解，进而导致堵塞。

⑤植物

植物对堵塞的影响目前尚不明确。有人研究发现有植被湿地虽然明显保持了较高的砂砾渗透性，但同时也累积了更多的有机物，从而导致了堵塞现象的发生。但又有研究发现种植植物的湿地系统在较高的水力负荷下运行时，虽然系统中有机物的累积较大，但是其孔隙率并没有明显减小。Tanner（1998）从微观上观察了湿地植物的生长，发现植物根茎虽然占据了一定的砂砾空隙，但其在生长过程中迫使砂砾空隙变大，床体高度增加。

⑥温度

温度也被认为是影响人工湿地运行的重要因素之一。低温会影响植物和微生物的生长活性。大部分植物在低温条件下枯死，残体导致堵塞，同时植物的去污效能降低，有机物不能得到及时有效分解；微生物在低温下活性降低，代谢速率变慢，导致有机颗粒的大量聚积和基质中厌氧区域的扩大，也易导致堵塞（Okubo and Matsumoto, 1983）。

此外，湿地运行方式也会对基质堵塞的发生造成影响，较高的湿地床体溶解氧浓度将缓解人工湿地堵塞情况。

16.2　人工湿地堵塞程度的表征方法

一般情况下，有 3 种方法来评估人工湿地堵塞程度：①通过水力传导系数的计算来估测人工湿地堵塞情况的严重程度；②通过示踪剂的测试来了解流过湿地基质的堵塞物影响情况；③通过堵塞物的自身性质来评估湿地堵塞程度与性质。这 3 种测试方法所提供的信息皆是独立的，因此，在评估人工湿地堵塞情况的时候，3 种方法必须同时使用。

16.2.1　水力传导系数的测量

水力传导系数又称渗透系数。在各向同性介质中，它被定义为单位水力梯度下的单位流量，表示流体通过孔隙骨架的难易程度，表达式见式（16-1）

$$\kappa = \frac{k\rho g}{\eta} \tag{16-1}$$

式中　k——孔隙介质的渗透率，k 只与固体骨架的性质有关（m^2）；

　　　κ——渗透系数（m/s）；

　　　η——动力黏滞性系数（$N \cdot s/m^2$）；

　　　ρ——流体密度（kg/m^3）；

　　　g——重力加速度（m/s^2）。

在各向异性介质中，渗透系数以张量形式表示。渗透系数越大，岩石透水性越强。强透水的粗砂砾石层渗透系数 >10 m/ 昼夜；弱透水的亚砂土渗透系数为 1~0.01 m/ 昼夜；不透水的黏土渗透系数 <0.001 m/ 昼夜。据此可见土壤渗透系数取决于土壤质地。

Nivala 等（2012）在前人的基础上总结了部分水平潜流人工湿地的水力传导系数，见表 16-1 所列。

表16-1 水平潜流人工湿地水力传导系数

计算方法	来源	系统命名	水力传导系数变化范围（m/d）	备注
手动测量及达西定律计算	Fisher et al. (1990)	蘸草组	3000~21600	数据采集自系统运行第140周，液体不一定做层流运动（0.6 < Re < 2.8）
		香蒲组	2200~15600	
		对照组	1700~32000	
	Drury and Mainzhausen (2000)	单元1	3~6000	水位相对于湿地的高程精确到0.01英尺，颗粒 Re < 2
		单元2	5~3200	
	Watson and Choate (2001)	Jones	997~31500	使用经纬仪和水平仪测量，精确到1.52 mm
		Gray	2660~23900	
		Terrell	3170~6040	
		Snelling	90~1130	
手动测量及裴布依公式计算	Kadlec and Watson (1993)	Benton 3	1000~27000	依据裴布依假设对达西公式做了优化，精确到10 mm
达西排水方程计算	Sanford et al. (1995)	湿地床1	4952（432）	数据采集自已运行2年的湿地，括号中数字为标准偏差，单个水力传导系数依据进出水深度使用达西公式计算，排水方程的计算基于整个系统的排出时间
		湿地床2	25.92（8.64）	
		湿地床3	3456	
		湿地床4	17.3	
降水头计算	Caselles-Osorio et al. (2007)	Verdu′ 1	0~12	Pedescoll 等（2011）认为此方法误差在10% 以内，并得到了试验室的验证
		Verdu′ 2	20~61	
		Alfe′s	0~19	
		Corbins	0~200	
		Almatret N	0~87	
		Almatret S	3~82	
	Pedescoll et al. (2009)	Verdu′ 1	0~650	
		Corbins	0~810	
常水头计算	Knowles et al. (2010)	Moreton Morrell	0.1~1550	Knowles 和 Davies（2009）等的重复试验表明此种方法误差控制在4% 以内
	Knowles and Davies (2009)	Fenny Compton	0~79000	
	Dotro et al. (2011)	Site C	86.4~691	

水力传导系数可以通过测量湿地床体内不同水力梯度的点来测定，具体可通过以下公式使用达西定律计算不同点之间的平均水力传导系数来实现，见式（16-2）。

$$K = \frac{QL}{A_W(h_1 - h_2)}$$ （16-2）

式中 K——基质的饱和水力传导系数（m/d）；

A_w——反应器液体轴流向的过水断面面积（m^2）；

Q——液体流量（m^3/d）；

L——液体轴流向上游点与下游点之间的距离（m）；

h_1——上游点水深（m）；

h_2——下游点水深（m）。

根据上述公式不难看出，对于一个恒定流量的水平潜流人工湿地，随着堵塞程度的加重，系统水力传导系数将会降低，进而导致上游点与下游点的水力梯度上升。因此，水流深度将会超过基质高度，造成水流漫出基质甚至溢出人工湿地。

16.2.2 示踪法测试

对于人工湿地堵塞流体动力学效应的相关信息可以使用示踪法测试得到。目前已有许多研究采用示踪法来检测堵塞对人工湿地的影响，表16-2是采用示踪法对潜流人工湿地的堵塞情况进行对比得到的结果。研究水流特征的示踪剂可分为染料类、溴化物类、盐离子类等，不同的示踪剂在检出限、环境危害、成本、测定方法和回收率等方面存在差异。吸附性、降解性与浓度效应均会影响示踪剂的回收率及其测定的准确性（Headley et al., 2007）。此外，示踪法虽然可以判断人工湿地容积利用率，但是无法确定堵塞的位置，使其应用受到一定局限。

16.2.3 堵塞物性质

堵塞物性质测定方法包括：累积固体量测量、床体孔隙度测量以及衡量湿地基质电磁特性与堵塞物积累变化关系的原位检测法。

①堵塞物质量检测

测量多孔基质内部以及基质与基质之间累积的固体质量是量化人工湿地堵塞程度的一种方法。具体方法是，提取样品并在合适洗涤液中清洗堵塞物，放置于105℃烘箱烘干并称取堵塞物质量。

②基质孔隙度测量

湿地基质的给水度（如提供水体流动的孔隙体积）可以用来衡量正常运行人工湿地系统的持水能力。Kadlec 和 Watson（1993）在对水平潜流人工湿地处理二次污水的研究

表16-2　示踪法检测不同潜流人工湿地堵塞情况对照表

系统命名	处理类型	水力负荷（mm/d）	湿地规模 长:宽:深（m）	系统寿命（月）	示踪物	V	S	P	D	观察到的容积效率 η（%）	参考文献
中试试验	二级污水	360	9.3：4.2：1.1	120	氯化钠	—	X	—	—	77	Batchelor and Loots (1997)
第二组	三级污水	96	25：25：0.5	18	若丹明	X	—	—	X	75	Pilgrim et al. (1992)，Waters et al. (1993)
4号床体	垃圾渗滤液	14	33：3：0.6	26	淡水	—	X	X	—	22~49	Sanford et al. (1995)
蔗草属	二级污水，垃圾渗滤液	50	100：4：0.5	33	荧光素	X	X	—	—	89	Fisher (1990)
潜流人工湿地	二级污水	25	14.8：4.0：0.61	24	氯化锂	X	—	X	X	28~43	Rash and Liehr (1999)
水平潜流人工湿地	三级污水	43	50：2：0.5	24	铬酸红	X	—	—	—	—	Breen and Chick (1995)
有植物	三级污水	112	50：2：0.5	3	铬酸红，溴化物	X	—	—	—	87	Bowmer (1987)
基质粗糙	二级污水	37	10.5：5.2：0.55	17	溴化钾	—	—	—	X	89	Garcia et al. (2003)
基质精细	二级污水	37	10.5：5.2：0.55	17	溴化钾	—	—	—	X	94	
L1		21			溴化物	X	—	—	—	101	
L2	乳制品废水	26	9.5：2：0.4	64	溴化物	—	—	—	—	61	Tanner et al. (1998)
L4		72				—	—	—	—	50	
旧池塘	二级酒厂废水	34	6.1：2.4：0.95	36	溴化钾	—	X	—	—	70	Grismer et al. (2001)
大叶榕	三级污水	467	15：15：0.6	177	若丹明	X	X	—	—	71	Knowles et al. (2010)

注：研究人员探讨了水流垂直短路路对植物（V）、系统设计（S）、沉淀效应（P）和示踪物浓度（D）的影响，表中以"X"标明。

中发现，湿地进水附近区域只有一半湿地基质的孔隙体积能够保持水的流动，其余空隙被焦黑状污泥堵塞，而湿地出水区基质孔隙体积在 80%~90%。

③原位检测法

根据湿地基质堵塞后，其电磁特性会发生改变的原理，目前已有研究将原位检测法应用于湿地堵塞情况检测。此方法优点是对人工湿地系统影响较小，只需提取少量基质样品或湿地系统短暂停止运行。电容探针（Langergraber et al., 2003）以及时域反射计（Platzer and Mauch, 1997）的运用建立在基质的介电常数与其饱和度成直接关系的基础上。在 Langergraber（2003）等与 Platzer 和 Mauch（1997）的垂直流人工湿地试验中，这两种方法被用来识别因湿地基质堵塞带来的基质的去饱和能力下降趋势。

16.3 人工湿地堵塞的模型表征

正是因为人工湿地堵塞成因及影响因素多且复杂，建立表征湿地堵塞的模型较一般工艺要困难许多。

Kozeny-Garman（1998）方程被用于描述由于填料孔隙率的减小而导致土壤堵塞的情况，具有一定的合理性。雷明和李凌云（2004）使用 Kozeny-Garman 方程，得到土壤渗透系数随时间变化的关系。根据堵塞时土壤渗透速率等于水力负荷，确定从污水灌入到持续积水的这段时间为堵塞发生时间。叶建锋等（2008）根据垂直潜流人工湿地发生堵塞的成因主要是基质层中不可滤物质积累的结论，在分析垂直潜流人工湿地堵塞物成分粒径及形态的基础上，提出了基质间不可滤物质积累微观概念模型的假设。根据微观概念模型，在考虑生物膜、无机物动态变化等因素条件下提出基质间完全堵塞所需时间、基质表面发生壅水所需时间及基质渗透速率随时间变化的关系。

Ryszard Blazejewski 等（1997）假设生物量的增长速率与悬浮物的降解速率相等，建立了一个砂介质湿地堵塞发生时间的简单模型，见式（16-3）、式（16-4）。

$$t_c = 150\varepsilon_{ef}\rho_s(1-w_c)d_{ef}/q_s \qquad (16-3)$$

而任一时间时湿地填料的孔隙率为：

$$\varepsilon(t) = \varepsilon(0) - q_s t/[150\rho_s(1-w_c)d_{ef}] \qquad (16-4)$$

式中　ε_{ef}——填料有效孔隙率（%）；

　　　$\varepsilon(0)$——填料初始孔隙率（%）；

ρ_s——进水中固体物质的密度（g/m^3）；

w_c——积累在填料空隙中固体物质的含水量（%）；

d_{ef}——填料有效粒径（m）；

q_s——单位面积湿地的悬浮物负荷（g/m^2）。

显而易见，上述公式只考虑了人工湿地中物理机制对堵塞的影响，并未将非线性因素和化学、生物作用考虑在内。

Katsutoshi Seki 等（2001）通过对疏松多孔的湿地基质微观空隙结构的理论分析，建立了土壤的生物堵塞数学模型，见式（16-5）。

$$\frac{K_s}{K_{s0}} = \left\{1 - \left[\left(\frac{ae}{1-e}+1\right)^{\frac{1}{3}}-1\right]\left[\left(\frac{\tau}{1-e}\right)^{\frac{1}{3}}-1\right]^{-1}\right\}^3 \tag{16-5}$$

式中　K_s——饱和水力传导系数（m/s）；

K_{s0}——初始水力传导系数（m/s）；

a——单位填料空隙中堵塞物质的生物部分体积所占比例（%）；

e——填料孔隙率（%）；

τ——填料颗粒的形状因子。

该公式相比于 Kozeny-Garman 方程有许多进步，能较好地预测土壤颗粒粒径小于 1 mm 时的堵塞情况，但是因 a、e 和 τ 等参数难以准确获得，因此该模型运用于实际计算难度较大，有局限性。

Langergraber 等（2003）认为湿地的堵塞过程中悬浮物的作用要远大于生物量所起的作用，因此，理论上可以通过悬浮物负荷 SS_{load} 荷来估算堵塞发生的时间 $t_{clog(d)}$，见式（16-6）。

$$t_{clog(d)} = 180 \times \rho_{ts,org}/SS_{load} \tag{16-6}$$

式中　$\rho_{ts,org}$——总悬浮物中有机物的密度；

SS_{load}——总悬浮物的负荷。

Langergraber 模型的局限性在于其假设填料的孔隙率与水力传导系数之间存在严格的线性关系，而实际上当孔隙率减少到一定程度后，孔隙率与水力传导系数呈现出很强的非线性关系，孔隙率的微小减少就会导致水力传导系数的剧烈下降。因此，该模型计算出来的理论值比堵塞实际发生的时间晚一些。

16.4 人工湿地堵塞问题的解决方案

随着人工湿地的日渐推广，越来越多的人开始研究堵塞问题，相应的其防治措施也日益丰富，但主要还是预防为主，防治结合。通常从两个阶段进行考虑：一是设计规划阶段；二是系统运行阶段。人工湿地堵塞的预防与缓解措施如图 16-2 所示（刘华清，2019）。

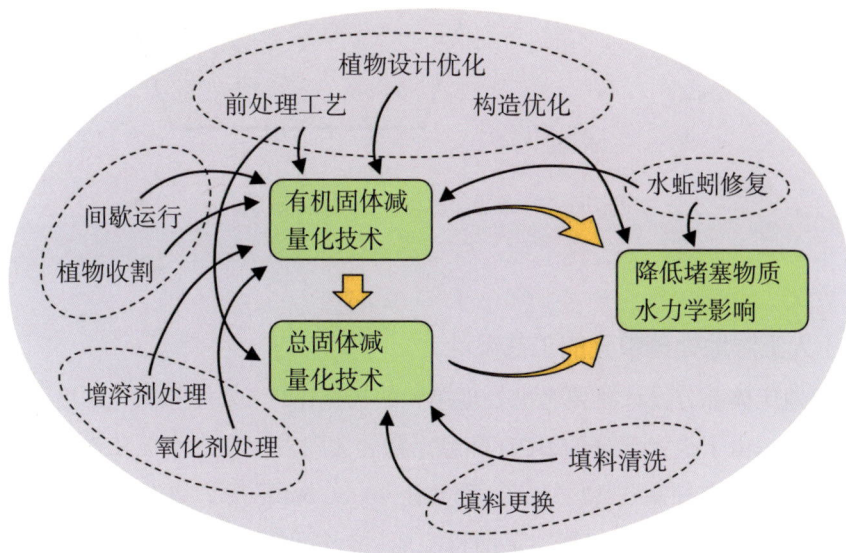

图 16-2 人工湿地堵塞的预防与缓解措施

16.4.1 人工湿地设计规划阶段

（1）人工湿地基质的选型及构建

基质层是湿地系统的核心部分，其构建的合理与否会对后期运行中堵塞的发生产生很大影响。首先，在选择填料时需要考虑填料粒径、孔隙率、特性、级配以及是否适合植物生长等因素。张翔凌（2007）研究发现与砾石相比，生物陶粒、钢渣、沸石和蛭石不易发生堵塞，且蛭石基质有较好持水度与容水度。其次，在满足出水水质的前提下应适当选择粒径大、孔隙率高的填料。最后，合适的填料级配能有效防止基质的堵塞。而 Zhao 等（2004）发现，填料反级配设置在延缓人工湿地基质堵塞方面也有明显的优势。另外，尧平凡（2008）采用多孔透水混凝土作为人工湿地布水层模块化基质，既可以通过合理设计基质孔隙率来预防堵塞，又可以实现湿地堵塞后通过快速更换模块化基质来有效地快速恢复人工湿地的功能。

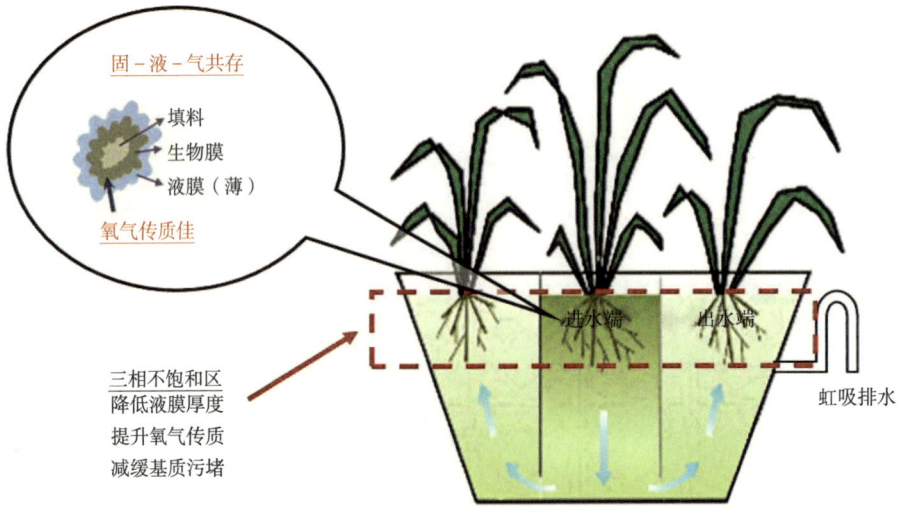

图 16-3　虹吸排水型人工湿地的构造

（2）人工湿地处理单元的工艺设计

人工湿地床体部分设计既要考虑处理单元的长宽比，又要注意填充深度不宜过深，对于潜流湿地，由于绝大部分的 BOD 和悬浮物的去除发生在进水区几米的区域，因此有学者建议，长度应控制在 12~30 m，深度在 40~60 cm 不等，以避免发生短路。在每一个湿地单元中应设置清淤装置，定期将湿地运行过程中产生的沉淀物、截留物以及剥落的生物膜排出湿地单元，保证湿地中水流畅通。进水系统的设计应尽量保证均匀配水，此外，还需要合理设计水力停留时间、有机负荷、表面负荷率等参数。Zhou（2021）等研发了虹吸排水式人工湿地，将人工湿地溢流堰内直排管改为倒置 U 形虹吸排水模式，通过周期性的虹吸引发快速排水，自动降低基质内部液位，形成"基质生物膜—污水液膜—空隙空气"三相共存区域（图 16-3），达到补氧与有机污泥减量化的目的。与传统排水模式相比，其孔隙率变化速率慢 30%，有效缓解基质的堵塞。

（3）人工湿地进水的预处理

人工湿地进水中含有大量的悬浮固体，无疑会加速湿地床体的堵塞过程，因此对人工湿地的进水做一定的预处理十分重要。常见的预处理工艺有格栅、厌氧沉淀、混凝沉淀等。实际操作中可采用水解酸化作为预处理工艺，一方面，去除和截留悬浮固体，避免床体堵塞；另一方面，可通过降解有机污染物，提高污水的可生化性，减轻湿地系统处理负荷，达到出水水质稳定且优良的效果。此外，还可以对湿地进水进行预曝气，提高湿地基质中 DO 值，为湿地中微生物提供更好的氧环境，使微生物的分解作用得以更好的发挥，由于厌氧状态是导致基质中胞外聚合物积累的重要原因，因此，对进水进行预曝气的同时也可防止填料中胞外聚合物的蓄积。

16.4.2　人工湿地系统运行阶段

（1）人工湿地运行方式

人工湿地的运行方式直接影响湿地基质环境中的溶解氧浓度，并与基质层整体的氧化还原电位呈正相关关系，长时间的连续进水会使系统的基质层一直处于还原状态，而间歇性运行则有利于湿地复氧，而且会使基质得到"休息"，保证基质一定的好氧状态，避免胞外聚合物的过度积累，可防止基质堵塞。一般情况下，人工湿地的间歇时间越长则处理能力恢复得越好，其渗透速率也越大，但间歇时间不能无限延长，应同时考虑处理效率和处理负荷，常用的落干/投配周期比为1~8。

（2）更换湿地表层填料

Langergraber 等（2003）研究发现，在堵塞发生之前，上层基质的最小含水量呈指数增长，并最终达到完全饱和状态；下层基质的最大含水量呈下降趋势，这主要是由于上层基质中水的渗透速率不够造成的，这说明基质的堵塞主要发生在上层。因此，通过更换湿地表层基质可以有效恢复人工湿地的功能。但这种方法对大规模的湿地而言工程量较大、更换困难。

（3）人工湿地停床修整

人工湿地受堵塞后，国外通行的做法是让床体经过几个星期的停床休整来恢复部分渗透性，而轮休期的长短则取决于天气条件，通过停床休作与轮作，一方面，可以使大气中的氧进入湿地内部，加快降解基质中沉积的有机物（雷明和李凌云，2004）；另一方面，微生物新陈代谢需要的各种营养物得不到持续的补充，基质中的微生物会逐渐进入内源呼吸期，消耗胞外聚合物或胞内成分，逐渐老化死亡。但这类措施需要建造多个平行湿地以保证系统的正常运行，会大幅度增加湿地系统的投资费用（莫凤鸾 等，2009）。

（4）化学法

化学法是指针对湿地床体堵塞，向湿地中投加化学试剂以期达到溶解堵塞物的方法。朱伟等（2009）通过室内模拟，借鉴膜反应器有机堵塞物的化学清洗原理，采用化学溶脱法解决湿地内有机堵塞物堵塞湿地床体的问题。结果表明，用碱类、酸类、强氧化剂和洗涤剂可以使有效孔隙率和渗透系数均有不同程度的增加，以强氧化剂类(次氯酸钠)最为明显，可以使渗透系数恢复到原来的69%；3种溶液都对基质中的微生物类群和基质酶产生了伤害，但是经过 7 d 可以基本恢复。

（5）生物法

通过往湿地中投加蚯蚓，可以清通湿地基质以及清除基质表面的有机沉淀物，从而恢复人工湿地基质的水力传导性能。衣学文（2021）指出，人工湿地添加蚯蚓后，表层基质的渗透系数不仅没有随运行时间的延长而降低，反而有了大幅的提升，表明蚯蚓具有巨大的防堵塞潜力。此外，蚯蚓的添加有助于提升湿地对污染物的去除效能与对水质波动的抗性。Davison 等（2005）通过 8 年的实际运行实验得出上述观点，但这种方法还处于初步研究阶段，实际工程的效果还有待进一步验证。

（6）选种合适的湿地植物

湿地植物能产生相当数量的有机物，为了避免堵塞的发生，可考虑选用根际复氧能力强、分泌难降解物质较少的植物并定期收割植物的地上部分。

Nivala 等（2012）对比了部分人工湿地堵塞的处理方法，见表 16-3 所列。

表 16-3　人工湿地堵塞问题处理方法比较

解决方法	花费（USD/m²）	优点	缺点	参考文献
挖掘、填埋	102 / 116.2	能全面恢复基质有效孔隙度，立即见效	需要进行填埋处理，在替换新的基质前湿地系统需停床，需运输费用	Griffin et al., 2008 / Pedescoll et al., 2009
挖掘、清洗基质	114.8	能减少多余废弃物（与填埋相比），砾石可以在现场直接清洗，立即见效	耗费大量清水，湿地系统必须停床，需专业技术	Dotro et al., 2011
投加过氧化氢	7.98/10.90	湿地停床时间短暂，立即见效	需使用化学氧化剂（需承担健康与安全风险），长期运行效果目前未知	Nivala and Rousseau, 2009
投加蚯蚓	1.1	经济，技术需求低	湿地系统需停床至少 10 d，目前只有中国研究过，国外尚无先例	Li et al., 2011

人工湿地的堵塞是一个涉及物理、化学、生物等领域的极其复杂的过程，正是由于其"黑箱"系统的特性，不同人的研究受到填料、进水水质、湿地环境（植物、微生物、温度等）等因素的影响，往往会得到不同的结果，因此湿地堵塞的机理还有待进一步研究。

参考文献

雷明, 李凌云, 2004. 人工湿地土壤堵塞现象及机理探讨 [J]. 工业水处理, 24(10): 9-12.

李雄勇, 张帆, 袁英兰, 等, 2009. 对人工湿地污水处理系统工艺设计技术关键的探讨 [J]. 环境保护科学, 35(1): 42-44.

李雪娟, 和树庄, 杨海华, 2008. 人工湿地堵塞机制及其模型化的研究进展 [J]. 环境科学导刊, 27(1): 1-4.

刘华清, 2019. 人工湿地基质堵塞形成机制、作用效能及防治技术研究 [D]. 济南: 山东大学.

莫凤鸾, 王平, 李淑兰, 等, 2004. 人工湿地系统的维护 [J]. 云南环境科学, 23(B04): 5-8.

童巍, 朱伟, 阮爱东, 2007. 垂直流人工湿地填料的淤堵机理初探 [J]. 湖泊科学, 19(1): 25-31.

尧平凡, 2008. 人工湿地基质模块化工艺研究 [D]. 上海: 同济大学.

叶建锋, 徐祖信, 李怀正, 2008. 垂直潜流人工湿地堵塞微观概念模型的提出 [J]. 环境污染与防治, 30(2): 16-19.

衣学文, 2021. 蚯蚓在垂直流人工湿地中的防堵塞作用及其机制研究 [D]. 上海: 上海大学.

于涛, 吴振斌, 徐栋, 等, 2006. 潜流型人工湿地堵塞机制及其模型化 [J]. 环境科学与技术, 29(6): 74-76.

张帆, 陈晓东, 常文越, 等, 2009. 潜流湿地系统防堵塞设计及运行措施探讨 [J]. 环境保护科学, 35(1): 24-26.

张建, 邵长飞, 2003. 污水土地处理工艺中的土壤堵塞问题 [J]. 中国给水排水, 19(3): 17-20.

张翔凌, 2007. 不同基质对垂直流人工湿地处理效果及堵塞影响研究 [D]. 北京: 中国科学院研究生院.

朱洁, 陈洪斌, 2009. 人工湿地堵塞问题的探讨 [J]. 中国给水排水, 25(6): 24-28.

朱伟, 华国芬, 赵联芳, 2009. 人工湿地填料有机堵塞问题的化学溶脱法室内模拟 [J]. 环境化学, 28(3): 409-413.

BATCHELOR A, LOOTS P, 1997. A critical evaluation of a pilot scale subsurface flow wetland: 10 years after commissioning [J]. Water Science & Technology, 35(5): 337-343.

BLAZEJEWSKI R, MURAT-BLAZEJEWSKA S, 1997. Soil clogging phenomena in constructed wetlands with subsurface flow [J]. Water Science & Technology, 35(5): 183-188.

BOWMER K H, 1987. Nutrient removal from effluents by an artificial wetland: influence of rhizosphere aeration and preferential flow studied using bromide and dye tracers [J]. Water Research, 21(5): 591-599.

BREEN P F, CHICK A J, 1995. Rootzone dynamics in constructed wetlands receiving wastewater: a comparison of vertical and horizontal flow systems [J]. Water Science & Technology, 32(3): 281-290.

CASELLES-OSORIO A, PUIGAGUT J, SEG E, et al., 2007. Solids accumulation in six full-scale subsurface flow constructed wetlands [J]. Water Research, 41(6): 1388-1398.

DAVISON L, HEADLEY T, PRATT K, 2005. Aspects of design, structure, performance and operation of reed beds eight years experience in northeastern New South Wales, Australia [J]. Water Science & Technology, 51(10): 129-138.

DOTRO G, RODRIGUEZ-DOMINGO C, GRIFFIN P, et al., 2011. Constructed wetlands for combined sewer overflow treatment at small sewage works; proceedings of the Small Sustainable Solutions (SSS 4 Water) Conference, 4: 18-22.

DRURY W, MAINZHAUSEN K. Posiu hyraulic characteristics of subsurface flow wetlands; proceedings of the Proceedings of the Billings Land Reclamation Symm, Billings, Montana, 2000.

FISHER P, 1990. Hydraulic characteristics of constructed wetlands at Richmond, NSW, Australia [J]. Constructed wetlands in water pollution control: 21-31.

GARCLA J, OJEDA E, SALES E, et al., 2003. Spatial variations of temperature, redox potential, and contaminants in horizontal flow reed beds [J]. Ecological Engineering, 21(2): 129-142.

GRIFFIN P, WILSON L, COOPER D, 2008. Changes in the use, operation and design of sub-surface flow constructed wetlands in a major UK water utility [C]// Proceedings of the 11th International Conference on Wetland Systems for Water Pollution Control.

GRISMER M E, TAUSENDSCHOEN M, SHEPHERD H L, 2001. Hydraulic characteristics of a subsurface flow constructed wetland for winery effluent treatment [J]. Water Environment Research, 466-477.

Headley T R, & Kadlec R H, 2007. Conducting hydraulic tracer studies of constructed wetlands: a practical guide. Ecohydrology & hydrobiology, 7(3-4), 269-282.

KADLEC R, WATSON J, 1993. Hydraulics and solids accumulation in a gravel bed treatment wetland [J]. Constructed wetlands for water quality improvement: 227-235.

KNOWLES P, DAVIES P A, 2009. A method for the in-situ determination of the hydraulic conductivity of gravels as used in constructed wetlands for wastewater treatment [J]. Desalination and Water Treatment, 5(1-3): 257-266.

KNOWLES P, GRIFFIN P, DAVIES P A, 2010. Complementary methods to investigate the development of clogging within a horizontal sub-surface flow tertiary treatment wetland [J]. Water Research, 44(1): 320-330.

LANGERGRABER G, HABERL R, LABER J, et al., 2003. Evaluation of substrate clogging processes in vertical flow constructed wetlands [J]. Water Science & Technology, 48(5): 25-34.

LI H, WANG S, YE J, et al., 2011. A practical method for the restoration of clogged rural vertical subsurface flow constructed wetlands for domestic wastewater treatment using earthworm [J]. Water Science & Technology, 63(2): 283-290.

MCCRAY J E, HUNTZINGER D N, VAN CUYK S, et al., 2000. Mathematical modeling of unsaturated flow and transport in soil-based wastewater treatment systems[J]. Proceedings of the Water Environment Federation, 2000(12): 44-63.

NGUYEN L M, 2000. Organic matter composition, microbial biomass and microbial activity in gravel-bed constructed wetlands treating farm dairy wastewaters [J]. Ecological Engineering, 16(2): 199-221.

NIVALA J, KNOWLES P, DOTRO G, et al., 2012. Clogging in subsurface-flow treatment wetlands: measurement, modeling and management [J]. Water Research, 46(6): 1625-1640.

NIVALA J, ROUSSEAU D, 2009. Reversing clogging in subsurface-flow constructed wetlands by hydrogen peroxide treatment: two case studies [J]. Water Science & Technology, 59(10): 2037-2046.

OKUBO T, MATSUMOTO J, 1983. Biological clogging of sand and changes of organic constituents during artificial recharge [J]. Water Research, 17(7): 813-821.

PEDESCOLL A, UGGETTI E, LLORENS E, et al., 2009. Practical method based on saturated hydraulic conductivity used to assess clogging in subsurface flow constructed wetlands [J]. Ecological Engineering, 35(8): 1216-1224.

PILGRIM D, SCHULZ T, PILGRIM I, 1992. Tracer investigation of the flow patterns in two field-scale constructed wetland units with subsurface flow [J]. proceedings of the Proceedings of the 3rd International Conference on Wetland Systems for Water Pollution Control.

PLATZER C, MAUCH K, 1997. Soil clogging in vertical flow reed beds-mechanisms, parameters, consequences and solutions? [J]. Water Science & Technology, 35(5): 175-181.

RASH J K, LIEHR S K, 1999. Flow pattern analysis of constructed wetlands treating landfill leachate [J]. Water science & technology, 40(3): 309-315.

SANFORD W E, STEENHUIS T S, SURFACE J M, et al., 1995. Flow characteristics of rock-reed filters for treatment of landfill leachate [J]. Ecological Engineering, 5(1): 37-50.

SEKI K, MIYAZAKI T, 2001. A mathematical model for biological clogging of uniform porous media [J]. Water Resources Research, 37(12): 2995-2999.

TANNER C C, SUKIAS J P, UPSDELL M P, 1998. Organic matter accumulation during maturation of gravel-bed constructed wetlands treating farm dairy wastewaters [J]. Water Research, 32(10): 3046-3054.

WATERS M T, PILGRIM D H, SCHULZ T J, et al., 1993. Variability of hydraulic response of constructed wetlands [M]// proceedings of the Hydraulic Engineering (1993). ASCE.

WATSON J, CHOATE K, MANCL K, 2001. Hydraulic conductivity of onsite constructed wetlands [J]. proceedings of the On-site wastewater treatment Proceedings of the Ninth National Symposium on Individual and Small Community Sewage Systems, The Radisson Plaza, Fort Worth, Texas, USA, 11-14 March. American Society of Agricultural Engineers.

WINTER K, GOETZ D, 2003. The impact of sewage composition on the soil clogging phenomena of vertical flow constructed wetlands [J]. Water Science & Technology, 48(5): 9-14.

ZHAO Y, SUN G, ALLEN S, 2004. Anti-sized reed bed system for animal wastewater treatment: a comparative study [J]. Water Research, 38(12): 2907-2917.

Zhou L L, Yang T, Zhuang L L, et al., 2021. Performance of a novel tidal unsaturated constructed wetland on wastewater purification. Journal of Water Process Engineering, 39: 101871.

17

人工湿地建设与运行管理

≫ 17.1 人工湿地污水处理系统选址

≫ 17.2 人工湿地建设

≫ 17.3 人工湿地启动与运行

≫ 17.4 人工湿地日常维护管理

≫ 17.5 人工湿地经济性分析

　　人工湿地是一种通过模拟自然湿地并由人工设计和建造的具有可控性和工程化特点的生态污水净化技术，是一个具备多方面功能的生态系统。此外，人工湿地作为自然湿地的补充，还可以成为鸟类等物种的栖息地，有利于生态平衡，并发挥环境美化作用。

　　近年来，人工湿地污水处理工程的数量日益增多，应用领域也不断扩大。虽然与传统的污水处理技术相比，人工湿地系统的建设、运行管理要简单得多，但不能因此忽视运行管理在人工湿地系统中的重要性。

　　人工湿地系统的建设与运行管理是人工湿地污水处理和生态修复效果的重要保障。在设计人工湿地处理系统的时候，既需要满足人工湿地的净化功能，又需要充分发挥湿地景观、生物多样性等方面的环境价值，还需考虑人工湿地的建设成本。同时，科学的运行管理不仅可以保证人工湿地系统的正常运行，延长人工湿地使用寿命，而且通过适当的管理维护手段，还能解决人工湿地系统运行过程中发生的一些问题（如堵塞等），充分发挥其美化环境、丰富物种的社会效应（姚枝良 等，2006），图 17-1 为运行中的人工湿地，完善的管理措施使湿地一直保持迤逦的景观。

图 17-1　运行中的人工湿地

17.1　人工湿地污水处理系统选址

在人工湿地建设前，应先对建设地实际情况进行考察论证，调查预处理污水量，分析污水水质，确定处理规模以及有关污染物的去除率，进行科学评估后进入设计规划阶段，最后按设计规划进行工程建设，工程交付完成后进入运行管理及科学研究阶段，详细建设流程如图 17-2 所示。

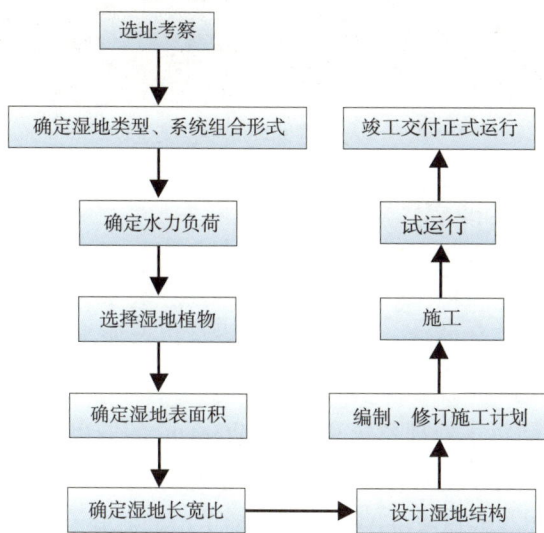

图 17-2　人工湿地建设流程图

17.1.1　湿地处理系统建设的前期准备

按照人工湿地建设位置区分，人工湿地处理系统建设一般可以分为对原有的天然湿地进行工程化改造利用和在陆地上直接建设的人工湿地两大类。在不同的地方，人工湿地建设的内容也不相同。如果是在天然湿地基础上进行改造，则湿地建设前期的任务相对来说就比较少。如果是新建的人工湿地系统，则前期对建设地的清理工作就比较重要。在确定人工湿地建设面积及建设地点之后，首先必须把湿地范围内的场地清理出来，这种清理包括地表清理与地下清理两部分，地表清理包括地表垃圾、植物、建筑物等清理，地下部分清理主要包括植物根系、坚硬岩石层以及部分地面建筑地基清理等，另外如遇到排水管道、地下送电管道等公共设施，需要与有关部门协商对地下线路进行改造。

人工湿地系统建设正式开工需满足一定的前提条件。与其他普通土建工程一样，人工湿地建设场地需满足"三通一平"的条件，"三通一平"具体是指水通、电通、路通与场地平整，图 17-3 为人工湿地场地平整施工现场。此部分建设规划必须与后期湿地系统建设完成后便于运行管理相结合，达到资源最合理的利用，力求不破坏湿地系统周边环境。

图 17-3　人工湿地场地平整施工现场

17.1.2　场地选择与评估

一旦决定选取人工湿地技术作为污水处理的替代解决方案，就必须对人工湿地的选址因素进行多方面的综合评估，以达到最佳设计以及便于建设和运行的目的。现场评估的程度需根据工程的大小确定（Sundaravadivel and Vigneswaran, 2001）。例如，一个 800 m² 的农村生活污水处理系统和一个 20000 m² 的城市生活污水处理系统是截然不同的，其场地评估取决于湿地面积。为了更好地对人工湿地进行设计，需要对人工湿地进行详细、细致的分析和评价，确保做到施工中的便利。

在整个场地评估规划过程中，为达到最优的效果，根据《人工湿地污水处理工程技术规范》需着重遵循的原则有：

第一，符合当地总体发展规划和环保规划的要求，综合考虑交通、土地权属、土地利用现状、发展扩建、再生水回用等因素。

第二，考虑自然背景条件，包括土地面积、地形、气象、水文以及动植物生态因素，并进行工程地质、水文地质等方面的勘察。

第三，应不受洪水、潮水或内涝的威胁，且不影响行洪安全。

第四，宜选择自然坡度为 0~3% 的洼地或塘，以及未利用土地。

理想的场地调查和选择包括 6 个方面：①室内初步实际情况调查；②空中影像图解释；③初步实地或空间调查；④局部的地表探测，场地土壤分类，环境资料的选择和评估；⑤具体的地表探测和环境资料的选择；⑥对资料和数据、潜在的环境作用和实际需求的评估。

但是由于费用和时间的限制，不可能都按照理想选址的要求，因此，场地选择的程序一般简化为识别污染源和设计处理系统，至少应该包括：①清楚地确定废水治理的目标和实际情况；②收集足够的资料，初步设计湿地系统；③调查环境与社会情况，预知任何不利影响的敏感度以及提供缓减措施；④获取合法的通道去场地。

大体上人工湿地的选址考虑因素可分为 4 类（Brodie, 1989）。

（1）土地利用方面

充足的可利用土地面积是人工湿地选址中最重要考虑因素。人工湿地建设所需的土地面积是由人工湿地的设计面积、湿地类型、湿地土木工程结构以及湿地缓冲区结构决定的。除此之外，已处理废水的排放模式也是人工湿地选址的重要考虑因素之一。

充分利用土地资源是考虑因素之一。一般人工湿地应建在非洪涝灾害区，否则需考虑修建相应的防洪措施，在土地成本较低地段修建可大幅度降低修建成本等。另外，人工湿地建设场地最好是和污水排放地点接近，但大多数情况下，这会受到经济条件或地理条件的限制，例如，市政污水处理湿地，可接近性就被运输污水到处理场地的经济条件所限制。对于特殊地理环境的人工湿地如矿山排放废水人工湿地，如果需要更自然的、能自我持续的重力流系统，那么其选址就受到了很大的限制。

土地的可用性永远都是重要因素。总体来说，要通过资金购买、土地交易或长期的租赁来获取土地的使用权。如果土地控制和法律费用太高，那就必须选择另外的场地。

（2）水力学方面

人工湿地选址中水力学方面的考虑因素包括地表水与地下水的流动模式、深度、水质以及水量，并评估地表与地下水现有以及潜在的用途。地表下地层状况复杂，地下水流动缓慢，一旦被污染，即使彻底消除其污染源，也需要十几年甚至几十年时间，其后果的严重性是不可估计的，因此在人工湿地建设之前，应充分考虑候选地址地下水流动特性，并根据这些特点做好人工湿地防渗工作，防止人工湿地在运行过程中对地下水造成污染。候选地址的排水特性也是重要的考虑因素，当然若这块湿地接受污水数量有限，如市政污水处理湿地，其排水特性可以不作为重点考虑。

另外，考虑到下游饮用水安全，在建设人工湿地的同时，应该要对处理污水和湿地表面水体进行化学监测和评估，对人工湿地排水及任何可能产生的渗流的监测应是水体评估工作的重中之重。

（3）地质学方面

地质学方面考虑的因素包括候选场址地表的地形地貌、地表土壤情况、岩层的深度、建筑材料的可行性以及可能影响湿地建造和运行的其他因素。若选址阶段忽视了这些因素，可能会导致建造和维护的费用增加或湿地的不良运行效果。

候选场址的土壤和地表物质的性能是人工湿地正常建设的决定性因素，因此，在人工湿地建设之前必须对土壤相关特性进行监测，监测的内容应该包括不同土壤层深度、土壤类型及物质组成、该土壤作为建筑材料的可行性、排水特性以及发生侵蚀的可能性和可变性。调查内容必须包括有用的信息和资料，例如土壤调查、地形图、空间影像图和现场包括钻采测试、掘坑测试、过滤或浸透测试和土壤与地质图的绘制等调查。

人工湿地的选址经常会因岩床深度问题而受到许多限制。狭窄的岩床需进行爆破处理，同时引入大量的土壤。因此，在湿地候选地址的现场利用已有的地图和空间影像图，进行田间调查或利用手钻和掘坑测试来检测岩床深度是必要的。

（4）环境监管方面

对于人工湿地的选址，环境监管方面的考虑是很重要的，这将最大限度地减少由于未预料到的环境问题而造成的工程延误或中断。在建造湿地之前，应该对环境因素进行评估。例如，在选址阶段必须考虑有关环境的各种法律条例。美国有关环境方面的监管法律主要包括《清洁空气法》《清洁水体法》《危险废物法》《湿地保护条例》《国家环境政策法》等。我国的相关法律条例有《中华人民共和国环境影响评价法》《中华人民共和国水污染环境防治法》《中华人民共和国可再生能源法》《建设项目环境保护管理条例》等。

17.1.3　现场调查

总体来说，受建设成本的限制，对人工湿地选址进行十分详细的环境数据资料的收集可能性不大。为了提高选址和评估的质量，有时还要考虑一些其他因素。因此对于一个面积不是太大的人工湿地来讲，进行详尽的场地调查往往是浪费资金且没有必要的。但是有必要进行一个简要的现场调查，这个调查可以按照以下 4 个方面来进行：①足够的现场场地调查和场地勘测，确定场地的全面情况、模式和性质；②基于地质、水力和环境知识与经验的调查报告，评定最可能的情况和最不利的情况以及可以预测的偏差；③根据最可能需要的情况，选择场址和设计湿地；④在建造之前、期间以及之后不断修改设计，以适合实际的场地情况。

17.2　人工湿地建设

要建造一个人工湿地，必须解决 3 个基本的工程问题：①在合理设计标准的基础上，决定湿地系统的建设规模；②防渗和堤防工程；③湿地单元里的废水分布与收集。

17.2.1　人工湿地建设规模

人工湿地污水处理工程的建设既要保证在短期内见效，又可实现远期扩建的可能性，确保污水处理设施充分发挥其投资效益和运行效益。因此在确定人工湿地建设面积时，应综合考虑该湿地服务区域范围内的污水目前的产生和分布情况、发展规划以及变化趋势等因素，并以近期为主、远期扩建为辅的原则进一步实施。

根据《人工湿地污水处理工程技术规范》（HJ 2005—2010），可将人工湿地建设规模按小型、中型、大型来分类，具体规则如下。

①小型人工湿地污水处理工程的日处理能力小于 3000 m³/d。

②中型人工湿地污水处理工程的日处理能力在 3000~10 000 m³/d。

③大型人工湿地污水处理工程的日处理能力大于等于 10 000 m³/d。

注：下限值含该值，上限值不含该值。

小型人工湿地污水处理工程至少要建设主体处理工程，而一般处理工程、辅助工程、配套工程可根据需要来建设；中型人工湿地污水处理工程至少要建设主体处理工程和一般处理工程，而辅助工程和配套工程可根据需要来建设；大型人工湿地污水处理工程至少要建设主体处理工程、一般处理工程和辅助工程，而配套工程可根据需要来建设。

对于不同的人工湿地类型，其几何尺寸设计也不一样。一般来说，潜流人工湿地的几何尺寸设计应符合下列要求：①水平潜流人工湿地单元的面积宜小于 800 m²，垂直潜流人工湿地单元的面积宜小于 1500 m²；②潜流人工湿地单元的长宽比宜控制在 3：1 以下；③规则的潜流人工湿地单元的长度宜为 20~50 m。对于不规则潜流人工湿地单元，应考虑均匀布水和集水的问题；④潜流人工湿地水深宜为 0.4~1.6 m；⑤潜流人工湿地的水力坡度宜为 0.5%~1%。对于表面流人工湿地几何尺寸设计，应符合下列要求：①表面流人工湿地单元的长宽比宜控制在 3：1~5：1，当区域受限，长宽比大于 10：1 时，需要计算死水曲线；②表面流人工湿地的水深宜为 0.3~0.5 m；③表面流人工湿地的水力坡度宜小于 0.5%。

17.2.2　人工湿地工程项目构成

一个完整的人工湿地工程项目主要包括：污水处理构（建）筑物与设备、辅助工程和配套设施等。其中，污水处理构（建）筑物与设备包括预处理、人工湿地、后处理、污泥处理、恶臭处理等系统。辅助工程包括厂区道路、围墙、绿化、电气系统、给排水、消防、暖通与空调、建筑与结构等工程。配套设施包括办公室、休息室、浴室、食堂、卫生间等生活设施。人工湿地系统可由一个或多个人工湿地单元组成，人工湿地单元包括配水装置、集水装置、基质、防渗层、水生植物及通气装置等。

17.2.3　人工湿地土建工程

人工湿地是一个简单的建筑结构，设计者只需要注意如下几个结构组成：底部的衬垫和围堰，水流的分布结构，水位调节结构以及水流分布和收集管道。

为保证人工湿地设施运行稳定、维修方便、经济合理、安全卫生，需对人工湿地设施进行总平面位置布置。总平面布置可以按照以下原则来进行：①充分利用自然环境的有利条件，按建筑物使用功能和流程要求，结合地形、气候、地质条件，便于施工、维护和管理等因素，合理安排，紧凑布置；②厂区的高程布置应充分利用原有地形，符合排水通畅、降低能耗、平衡土方的要求；③多单元湿地系统高程设计应尽量结合自然坡度，采用重力流形式，需提升时，宜一次提升；④应综合考虑人工湿地系统的轮廓、不同类型人工湿地单元的搭配、水生植物的配置、景观小品设施营建等因素，使工程达到相应的景观效果。

人工湿地总面积和构造形式确定后，应尽量减少土方搬运量和人工湿地单元之间的运输量。同时应考虑到人工湿地运行的稳定性、易维护性和地形的特征，确定人工湿地单元数目，如图17-4所示为一个成型的人工湿地池体。

图17-4　人工湿地混凝土构筑池体　　图17-5　人工湿地工程建设中防渗膜的铺设

（1）地基的准备

对于新建人工湿地，根据设计形成的湿地单元，分单元进行挖掘，将场地挖到设计深度，平整夯实，保证达到设计坡度，然后进行防渗处理（图17-5），以防止地下水受到污染或防止地下水渗透进入湿地，这个过程是人工湿地地基的准备。地基的准备是建造过程中的一个重要部分，地基要被压实，如果地基中含有尖锐的石块，就必须在地基上铺上纺织网。大的石块必须被清除，或者在地基上铺上砂子防止破坏渗透层。

当地基是从未受过干扰的土壤中挖掘出来时，就必须先压实成最小为85%的密度，这可以减少衬垫下面的沉淀物和随后带来的压力。当要种植大量的植物时，衬垫每平方英尺*物质的总质量应大于200 kg。若不进行土壤夯实，有些土壤则可能无法承受这个重量。

（2）衬垫和围堰

衬垫和围堰是人工湿地最基本的围护结构。衬垫及围堰的结构和不透水的完整性是非常重要的。两者中任何一者损坏将会导致水的流失、潜在的水污染、植物的破坏和水位的下降。在人工湿地的衬垫安装中经常会遇到很多困难，因为必须要在不破坏衬垫的完整性的基础上在表面铺上土壤或者砂砾层。当选择衬垫的时候，应仔细地优先考虑这个问题，并与承建商进行下一步详细讨论。衬垫越厚越好，嵌入编网或麻织物更好。

①围堰。围堰是湿地建筑中的一个普通的要素。总体来讲，围堰的高度一般不超过上坡周围地形20 cm。上坡围堰被用来转移表面径流。下坡围堰设计用来保护砾石床和维持湿地的水位。围堰的压实程度必须是90%的最大密度。湿地外围围堰以及内部围堰一般用夯实的土壤构建，但为防止一些动物等的破坏，一般在围堰的核心进行适当处理，如填充砖石、混凝土等。围堰夯实过程中，需注意土壤的湿度，不能在阴雨天施工。围堰建成后，需进行表面防护，如种植护坝植被。一般选择适于各个季节生长的植物，混杂种植。种植过程中添加一些肥料将有助于维护植物的生长。如果湿地土建完工后，距离最佳的种植湿地植物时间较长，可以预先种植一些围堰的维护植物，并定期浇水以促发植物生长。如果覆盖有防渗物或防腐蚀的衬垫，内部斜坡最大应为1∶1。如果没有防腐措施，表面斜坡不应该超过3∶1。有时围堰被用来防止洪水对湿地的危害，围堰成为防洪堤时要根据裂缝保护、视察时的交通便利情况和保持围堰稳定性的防腐植物种植来设计。顶部的最小宽度应为0.6 m，以便行走。

②衬垫：如果现场的土壤和黏土能够提供充足的防渗能力，那么压实这些土壤做湿地的衬里即可。含有石灰石、断裂的基岩、碎石或砂质土壤的场地，必须用其他方法进行防渗处理。在选择防渗方法前，需要对建筑材料进行试验分析。多数情况下，湿地建筑中一般使用合成衬垫，其目的是保护地下水和确保废水在流入地下水及河水之前得到处理。用作衬垫的材料一般包括：聚氯乙烯（PVC）、聚乙烯（PE）、聚丙烯（PP）、土壤、压实的黏土以及混有麻织物的黏土（斑脱土）。麻织物能提供额外的强度和防戳破能力，但带麻织物的衬垫的成本可能较高。

衬垫的安装和测试是人工湿地工程成功的一个重要因素。设计者必须熟悉安装过程、衬垫材料的应用范围和材料所附的不同说明书。在PVC、PE与PP中，PVC是最

注：*1 平方英尺 ≈0.093 平方米

易于安装的衬垫材料，PE 是安装最复杂的材料。

（3）进水和出水系统

人工湿地的进水系统中最关键的一点是要保证配水的均匀性。人工湿地要求进出水结构能均匀分布湿地中的污水，进而控制湿地中的水深和收集已经处理过的水流。进出水结构大部分比较简单，在设计这些结构的时候，首先要考虑建造和维护的简易性以及操作者的安全性和可见度。

多数情况下，排入人工湿地的污水中会含有许多废弃物，如塑料废弃物、废纸、杂草秸秆等，这些废弃物流入人工湿地会造成人工湿地堵塞，因此必须对污水进行预处理。图 17-6 为人工湿地进水预处理的一种方式——隔栅化进水处理系统。

图 17-6　隔栅化进水处理系统

在建设潜流人工湿地时，需综合考虑湿地进出水口位置的影响。宋新山等（2014）研究发现，人工湿地的进出水口位置对其水力停留时间、死区等会产生关键影响，从而导致其水力效率的变化，进而可能通过影响水流中污染物和填料基质的接触过程而导致水中污染物去除效率的变化。结果显示，下进上出的水力效率最高，死区最小；下进下出的水力效率最低，死区最大。

湿地污水传输系统一般包括管道、泵站与水流控制结构等。输水系统可以建于湿地外，通过管道输入到湿地，也可以完全建于湿地内。污水向湿地处理系统的输送有两种方法：一种是通过压力管道或重力管道输送；另一种是通过明渠输送。污水输入到湿地后，需通过布水系统进行布水。表面流人工湿地中，进水系统通常很简单，仅需几个管道或者渠道即可将水排入湿地中，但是在冬季，对需要在冰下运行的系统，进水管道设置在冰线以下。在潜流人工湿地中，进水系统通常由铺设在地表与湿地水流方向垂直的管道和地下的多头管道组成，调整维护比较困难，在北方或者其他寒冷地区，为了应对冰对管道带来的问题，必须采用地下进、配水装置。图 17-7 为人工湿地布水管施工现场与铺设效果。

图 17-7　人工湿地布水管施工现场的铺设效果

湿地出水系统的设计可采用沟渠排放、管道排放、集水井排放等方式，合理的设计应考虑湿地系统的布置及场地的地形地势条件，充分利用现场的地理条件（王薇 等，2001）。表面流人工湿地系统中，出水结构通常由溢流装置组成，对于较大的表面流人工湿地，出水部分可能需要更复杂的结构，如设置隔浮渣板和截留漂浮碎叶的格栅等，以避免悬浮物堵塞出口。在潜流人工湿地系统中，出水结构包括地下的多头导管、溢流堰箱或类似的带有闸门的结构（陆敏，2009）。最后的排放点应设置在受纳水体足够高的位置，如发生暴雨后，通过湿地的水流不会受到影响（朱静平和王成端，2002）。

为强化人工湿地运行效果，许多工程在出水水质不达标时常将人工湿地的出水进行回流。图 17-8 为部分人工湿地工程出水回流分流系统。

人工湿地各单元宜采用穿孔管、配（集）水管、配（集）水堰等装置来实现集配水的均匀。穿孔管的长度应与人工湿地单元的宽度大致相等。管孔密度应均匀，管孔的尺寸和间距取决于污水流量和进出水的水力条件，管孔间距不宜大于人工湿地单元宽度的10%。穿孔管周围宜选用粒径较大的基质，其粒径应大于穿孔管孔径。在寒冷地区，集配水及进出水管的设置应考虑防冻措施。人工湿地出水可采用沟排、管排、井排等方式，并设溢流堰、可调管道及闸门等具有水位调节功能的设施。人工湿地出水量较大且跌落较高时，应设置消能设施。人工湿地出水应设置排空设施。

图 17-8　人工湿地工程出水回流分流系统

17.2.4 人工湿地系统基质填充与植物栽种

（1）人工湿地基质的选择

人工湿地中的基质又称为填料、滤料，是提供人工湿地植物与微生物生长并对污染物起过滤、吸收作用的填充材料，包括土壤、砂、砾石、沸石、石灰石、页岩、塑料、陶瓷等。基质是污水处理发生的主要场所，能为微生物提供附着场所，同时基质内矿质等元素又可以为植物生长提供所需的营养物质，同时为水生植物提供支持载体，基质的选择对于人工湿地系统处理污水的效果具有重要意义。在人工湿地基质的选择上，应针对不同污水水质状况结合实际选用适当的基质，目前，砂、石混合仍是最常用的基质，基质的选择应本着就近取材的原则，也可以根据不同的水质及工程的具体情况，选择不同的种类进行组合等。同时，基质必须达到设计要求的粒径范围。保证填筑材料的含泥（砂）量和填料粉末含量小于设计要求值。对于潜流湿地来说基质的结构要满足大型水生植物的生长，并保证对污水有良好的过滤和处理效果，同时细砂层基质低水力传导率可保持滞水状态以保证进水的均匀分布。砾石层不仅能有力地支撑上层基质，还可构成许多大空隙单元，显著提高了水力传导性能，确保了污水流动的通畅性与底部水流的迅速排空，图17-9为施工单位正在往砾石层上覆盖其他基质。随着研究的深化和工程应用的需要，湿地基质种类、材料、粒径大小均有变化，基质级配也有3层或更多。

实际工程中，根据HJ2005—2010《人工湿地污水处理工程技术规范》，人工湿地基质还应满足下列条件：①基质的选择应根据基质的机械强度、比表面积、稳定性、孔隙率及表面粗糙度等因素确定；②基质选择应本着就近取材的原则，并且所选基质应达到设计要求的粒径范围；③对出水的氮、磷浓度有较高要求时，提倡使用功能性基质，提高氮、磷处理效率；④潜流人工湿地基质层的初始孔隙率宜控制在35%~40%；⑤潜流人工湿地基质层的厚度应大于植物根系所能达到的最深处。王世和（2007）所著《人工湿地污水处理理论与技术》一书中，结合实际工程经验，在基质的生物稳定性、化学稳定性、热力学稳定性以及亲疏水性等方面做出规范。生物稳定性方面，填料应具有惰性，能抵抗生物对填料的腐蚀，

图17-9　人工湿地工程基质的填埋
（摘自 Carlos Arias 2013 报告）

不参与生物处理中的生物化学反应。化学稳定性方面，填料对环境中发生的化学反应应表现出惰性，并具有抗化学腐蚀的能力。热力学稳定性方面，填料对周围温度变化应表现出惰性。基质的亲疏水特性不同，会有利于不同微生物附着，根据人工湿地功能的需要，可选择不同亲水性或疏水性基质。

根据人工湿地不同单元的需求，可为不同单元填充不同基质。进水配水区和出水集水区的基质一般采用 60~100 mm 粒径的砾石，均匀分布于整个床体。进、出水口则应填充较大粒径的砾石，以防堵塞。另外，处理区填料表层土壤可采用含钙量 2.0~2.5 kg/100kg 的混合土，以提高湿地去磷效果（曾怡曾，2001）。

（2）人工湿地植物的选择

植物是人工湿地的重要组成部分，一个人工湿地系统的建立，植物的选择和配置是很重要的考虑因素。植物在人工湿地中的作用可归纳为 3 个方面：①直接吸收利用污水中的营养物质，过滤、吸附和富集重金属和一些有毒有害物质；②为根区好氧微生物输送氧气，为各种生物化学反应的发生提供适宜的氧化还原环境；③增强和维持介质的水力传输。

在系统建立和植物栽种配置时要将系统的主要功能与植物的植物学特性充分结合起来考虑。只有这样，才能充分发挥不同植物各自的优势，达到更好的处理净化效果。湿地植物的栽种配置要根据具体的应用环境和系统工艺来确定，对于一些应用工艺范围较广的植物类型，要充分考虑其在该工艺中的优势，能使其充分发挥自己的长处而居于主导地位。

为达到全面的处理和利用效果，应进行有机的搭配，如深根系植物与浅根系植物搭配，丛生型植物与散生型植物搭配，吸收氮多的植物与吸收磷多的植物搭配，以及常绿植物与季节性植物的季相搭配等。在进行综合处理的一些工艺或工艺段中，切忌配置单一品种，以避免出现季节性的功能下降或功能单一的情况。作为湿地公园规划建设的人工湿地还要考虑景观搭配。总体可以概括为以下规范：

①人工湿地宜选用耐污能力强、根系发达、去污效果好、具有抗冻及抗病虫害能力、有一定经济价值、容易管理的木本植物。人工湿地出水直接排入河流、湖泊时，应谨慎选择"凤眼莲"等外来入侵物种。

②人工湿地可选择一种或多种植物作为优势种搭配栽种，增加植物的多样性并使之具有景观效果。

③潜流人工湿地可选择芦苇、蒲草、荸荠、莲、水芹、水葱、茭白、香蒲、千屈菜、菖蒲、水麦冬、风车草、灯心草等挺水植物。表面流人工湿地可选择菖蒲、灯心草等挺水植物；凤眼莲、浮萍、睡莲等浮水植物；伊乐藻、茨藻、金鱼藻、黑藻等沉水植物。

④人工湿地植物的栽种移植包括根幼苗移植、种子繁殖、收割植物的移植以及盆

栽移植等。

⑤人工湿地植物种植的时间宜为春季。

⑥植物种植密度可根据植物种类与工程的要求调整，挺水植物的种植密度宜为 9~25 株 /m²，浮水植物和沉水植物的种植密度均宜为 3~9 株 /m²。

⑦垂直潜流人工湿地的植物宜种植在渗透系数较高的基质上。在我国，有一部分水平潜流人工湿地的植物是种植在表层的土壤上，而国外多数人工湿地植物是直接栽种在砾石层，不需要覆土层（图 17-10）。

⑧应优先采用当地的表层种植土，如当地原土不适宜人工湿地植物生长时，则需进行置换。

⑨种植土壤的质地宜为松软黏土——壤土，土壤厚度宜为 20~40 cm，渗透系数宜为 0.025~0.35 cm/h。

随着人工湿地污水处理技术应用范围越来越广，相关经验也在逐渐积累，但由于此项技术涉及面相对较窄，设计中仍然会遇到一些问题，如土壤湿度不够、水深过大、植被破坏等，这些都是造成植物生长的障碍。因此，在进行人工湿地植物栽种的时候，

图 17-10　人工湿地工程建设植物栽种初期

（注：上两图植物直接种在砾石上；下两图植物种在砾石上的覆土层）

严格按照规范种植植物十分重要。

17.2.5 人工湿地系统施工与验收

人工湿地施工应严格遵循《建设工程质量管理条例》，施工单位应具有国家相应的施工资质，除遵守相关的施工技术规范之外，还应遵守国家有关部门颁布的劳动安全及卫生、消防等国家强制性标准。施工中使用的设备、材料、器件等应符合相关的国家标准，并应取得供货商的产品合格证后方可使用。构筑物的施工和验收应符合《给水排水构筑物施工及验收规范》（GB 50141—2008）的有关规定；混凝土结构工程的施工和验收应符合《混凝土结构工程施工质量验收规范》（GB 50204—2015）的有关规定；设备安装和验收应符合（GB 50231—2009）《机械设备安装工程施工及验收通用规范》的有关规定；管道工程的施工和验收应符合《给水排水管道工程施工及验收规范》（GB 50268—2008）的有关规定。

在正式进行施工前期，主要任务是清除和平整场地（图 17-11）。清除工程应包括运走场地内的垃圾、树木以及其他障碍物等，同时也需清除部分地下障碍物。潜流人工湿地周边护坡宜采用夯实的土壤构建，坡度宜为 4∶1~2∶1。在夯实过程中，应考虑土壤的湿度，不得在阴雨天施工。围堰建成后，应进行表面防护，如种植护坝植被。基质应进行级配、清洁，保证填筑材料的含泥（砂）量和填料粉末含量小于设计要求值，且铺设过程中应从选料、洗料、堆放、撒料 4 个方面严格加以控制。此外，人工湿地防渗材料采用聚乙烯膜时，应由专业人员用专业设备进行焊接，焊接结束后，需进行渗透试验。

人工湿地工程的环境保护验收应按《人工湿地水质净化技术指南》（生态环境部）的规定进行。在生产试运行期间应对其进行性能试验，性能试验报告应作为环境保护验收的重要内容，主要内容包括：功能试验、技术性能试验、设备和材料试验。其中，技术性能试验至少应包括处理污水量、污水污染物的去除率、污泥的处理情况、电能消耗。人工湿地经竣工环境保护验收合格后，工程方可正式投入使用。

图 17-11 人工湿地工程地基建设现场

17.3　人工湿地启动与运行

人工湿地污水处理系统从启动到正常运行，一般要经历两个阶段：第一阶段是启动阶段，在此阶段，整个系统处于不稳定状态，其中植物的生长、微生物的数量与种类及生物膜的生长都处于逐步发展的阶段；第二阶段是成熟阶段，在此阶段，系统处于动态平衡中，此时系统的处理效果充分发挥、运行也比较稳定。

图 17-12　人工湿地工程运行初期淹水灭杂草

在启动阶段，需对湿地内杂草进行处理，一般可采用淹水灭杂草的办法（图 17-12）。人工湿地在栽种湿地植物后需要充水，将水位控制在地面以下 25 mm 处。按设计流量运行 3 个月后，将水位降低到距湿地床底 0.2 m 处运行，以促进湿地植物的根系向床体深处发展，待根系深入到床底生长后，可再将水位调节到地表以下 0.2 m 处，开始正常运行。

17.4　人工湿地日常维护管理

人工湿地工程的运行应符合《人工湿地水质净化技术指南》（生态环境部）的有关规定，同时还应符合国家有关标准的规定。人工湿地系统无需消耗太多人力资源，但运行人员、技术人员及管理人员仍应进行相关法律法规、专业技术、安全防护、应急处理等理论知识和操作技能的培训，运行人员应具备国家有关环境污染治理设施运营岗位合格证书（图 17-13 中人工湿地工程缺乏管理，以致堤坡损毁严重）。工程在运行前应制定设备台账、运行记录、定期巡视、交接班、安全检查、应急预案等管理制度，且工艺设施和主要设备应编入台账，定期对各类设备、电气、自控仪表及建（构）筑物进行检修维护，确保设施稳定可靠运行，工艺流程图、操作和维护规程等应示于明显部位，运行人员应按规程进行系统操作，并定期检查构筑物、设备、电器和仪表的运行情况。为预防紧急事件发生，还应制定相应的事故应急预案，并报请环境行政管理部门批准备案。

一般来说，人工湿地系统正常运行之后，日常维护管理事项应包括以下 5 个方面：

图 17-13 缺乏维护的人工湿地工程堤坡

人工湿地监测与控制、人工湿地植物管理、人工湿地基质管理、人工湿地保温、人工湿地动物管理。

17.4.1 人工湿地监测与控制

人工湿地处理系统的检测内容一般包括进出水水质、水位和生物状况指标等，这些参数都是能反应系统是否正常运行的重要参数指标。表 17-1 列出了人工湿地污水处理工程成功运行所需的检测内容。

表 17-1 是完善的人工湿地检测系统所测量的指标。为保证设施正常运行和处理效果，及时发现异常现象，应按照污水处理系统运行操作规程规定的检测项目、检测频率和取样点进行操作和管理。监测项目一般包括水温、pH 值、浊度、DO、COD、BOD_5 等，监测的主要目标是对系统各进出水环节进行监测，确定进出水水质是否符合工艺要求，以保证系统的处理能力，指导运行管理，部分指标检测过程如图 17-14 所示。

人工湿地应进行定期监测，监测对象包括进出水、基质、植物等，监测的内容包括处理水质、水量、基质和植物的各项理化及生物指标等。监测项目有水位、水温、电导率、溶解氧、pH 值、氧化还原电位、COD_{Cr}、BOD_5、总氮、氨氮、总磷、TSS、藻类、浮游动物、总细菌、总大肠菌群、粪大肠菌等，取样频率根据分析项目不同各异，从每周 1 次至每月 1 次。人工湿地的监测可为人工湿地的操作和管理提供依据，以判断人工湿地处理效果是否达标。除上述监测内容外，还包括：定期观察和记录各工程设施（泵、管、渠、流量计等）的运行情况，以便调整运行工艺。对植物的监测主要是为了监测植物对营养元素、毒物及盐分的去除效果。分析项目有：植株生物量、总有机氮、总磷、重金属等。分析频率是每年收获植物时并对上述项目进行测试。根据实际需要可增加基质监测项目，如基质有机质、氧化还原电位，微量元素浓度、微团聚体或其他基质理化指标。有时因研究和工程需要，在一定时间内要实际监测不同植物条件下的基质水分蒸发蒸腾量。其他监测应视实际需要而定。当有些系统使用的污水含有较高的病毒或有机毒物时，采用喷洒布水系统往往会增加这些毒物经空气扩散传播的危险性，因此，需要对系统边缘地带一定距离内的空气进气进行监测。

表17-1 人工湿地污水处理工程成功运行所需的监测内容

参数	取样位置	测量频率
所有系统：水温、DO、pH 值	进水、出水	每周
城市污水处理系统：BOD_5、TSS、Cl^-、SO_4^{2-}	进水、出水	每月
工业污水处理系统：COD、TSS	进水、出水	每月
雨水处理系统：TSS	进水、出水	每月
视需要监测：NO_x-N、NH_4^+-N、TKN、TP、金属	进水、出水	每月
有毒物质	进水、出水	每季度
污水流量	进水、出水	每天
降水量	湿地附近	每天
水的波动	湿地内	每天
植被覆盖率	湿地内	每年

图17-14 人工湿地工程检测过程

（注：左图与右上图为水质取样与检测，右下图为湿地水蒸发量监测）

17.4.2 人工湿地植物管理

植物管理在人工湿地系统管理中占很大比例，主要包括以下4个方面。

①设施管理。人工湿地投入使用时，需要预防人为损毁植物，且栽种植物后即需充水，为促进植物根系发育，初期应进行水位调节。

②种植和生长管理。应保证不影响系统内水的自由流通，保证水生植物的密度及良性生长。

③植物修剪及收割。修剪换季节植物茎叶，修剪掉的茎叶连同吸收的营养物和其他成分从湿地中移出，促使水生植物生根和维持下年度生长和吸收，净化污水中污染物。

④施肥与病虫害防治。人工湿地规模小，生态平衡能力弱，易发生植物病虫害问题，特别是在湿地运行初期一定应注意采取相应的防治措施，在防治的过程中应防止引入新的污染源，病虫控制模式可以参考农作物的绿色病虫害防治方法。

17.4.3 人工湿地基质管理

基质管理主要体现在人工湿地防渗漏与防堵塞问题上。堵塞问题是人工湿地运行过程中面临的最大问题，目前一般采取预防措施缓解人工湿地堵塞情况，具体措施如下：

①启动清淤系统，定期清淤。当系统运行一段时间后，湿地床体底部会有沉积物产生，需定期清除，并将其回流至预处理系统，禁止直接排入水体，以免造成水体污染。

②间歇运行人工湿地。长时间连续进水会使系统的基质一直处于还原状态，从而造成胞外聚合物的积累，导致逐步堵塞。人工湿地间歇运行和适当的湿地干化期，会使基质得到"休息"，保证基质一定的好氧状态，避免胞外聚合物的过度积累，防止基质堵塞。一般情况下，间歇时间越长，基质处理能力恢复得越好，其渗透率也越大，但是，间歇时间也不能无限延长，应同时考虑处理效率和处理负荷。这种方式在美国、日本等国家得到了较广泛的应用，在我国许多工程和试验中，间歇投配方式也得到了重视和应用。

③对污水进行曝气。由于厌氧状态是导致基质中胞外聚合物积累的重要原因，因此，对污水进行曝气充氧可以起到一定的预防基质堵塞作用，一般情况下，在基质中渗透扩散的污水 DO 值约为 $0\sim1.0$ mg/L，这明显偏低，而低 DO 值污水的长时间渗透，会使好氧微生物的分解活性受到影响。对污水进行曝气，可以提高基质的 DO 值，使微生物的分解作用得以更好的发挥，同时也可防止土壤中胞外聚合物的积累。

④采用微生物抑制剂。采用微生物抑制剂或溶菌剂抑制微生物生长，进而防止基质堵塞，但由于人工湿地系统主要依靠微生物的新陈代谢活动去除污染物质，宜采用不损害基质微生物生存环境的措施来恢复基质的水力传导能力，因此，这种抑制微生

物或杀死微生物来防治基质堵塞的措施在实际工程中应谨慎采用。

⑤更换湿地部分填料。通常湿地单元进水段负荷较高，产生堵塞的几率大，一旦出现堵塞现象，可以更换湿地进水段局部填料，这种方法可以有效地恢复人工湿地的功能，但对大规模湿地来说工程量较大。

17.4.4 人工湿地保温管理

冬季运行是人工湿地面临的一大挑战。冬季因为温度低而微生物活性降低，为保证人工湿地的正常运行，对于不同类型人工湿地，通常可以使用以下办法来进行保温：

①表面流人工湿地可采用薄膜覆盖的方法进行保温。在冬季适当地降低表面流人工湿地的水位，能够有效提高净化效果。

②潜流人工湿地可在冬季将湿地植物芦苇、美人蕉、灯心草等收割铺在湿地表面，再在上面覆盖一层薄膜，薄膜上还可覆盖树皮、树杆、木屑等材料，以保证冬季人工湿地系统的净化效果（图 17-15）。

图 17-15 人工湿地保温层铺设过程
（注：左图为木屑保温层，摘自 Hans Brix 2013 报告；右图为海鲜贝壳类保温层）

17.4.5 人工湿地动物管理

人工湿地可以作为动物良好的食物源，因此，人工湿地处理系统运行起来后，会慢慢出现一些野生生物，如鸟类、哺乳动物、爬行动物和昆虫等。野禽和其他动物的出现，可能会干扰人工湿地的正常运行，一般可采取以下 3 种办法来进行管理（陈亮 等，2006）：

①可采用物理或生物药剂，不宜使用除草剂、杀虫剂等易破坏生态系统的药剂。

②引入捕食蚊蝇的动物可控制蚊子的孳生。

③在湿地系统设计时，应保持围堰具有较大坡度，减少浅层水体的面积，增大水流流速，以减少死水区的形成，利于控制蚊蝇滋长。

17.5 人工湿地经济性分析

人工湿地污水处理系统显著特点之一是运行成本低。我国 80% 以上城市污水处理厂采用的是活性污泥法，其余多采用一级处理、氧化塘及土地处理法等。但是这些污水处理厂运营状况不容乐观，污水处理厂年污水处理量低于设计能力 20% 的情况较普遍，甚至有较大比例的污水处理厂处于半开半停的状况。孙振世（2003）提出，城市污水处理厂难以正常运营很大程度是因为错误的利益观驱动，运行处理费用不到位。

采用常规生物处理方法处理城市污水，建设投资较高，根据我国已投入运行的人工湿地处理系统来看，表面流人工湿地吨水投资为 350 元 /m³，潜流人工湿地吨水投资为 500~600 元 /m³（迟延智和陈风伦，2003）。人工湿地建设投资约为常规二级生化处理的 1/6~1/3。

按照城市污水处理厂工艺水平，常规生物处理法单位水量处理成本为 0.35~0.80 元 /m³。国家城市给水排水工程技术研究中心认为，对于二级生化污水处理厂，实现污水厂"保本"的经营目标，污水处理费用少则 0.60~0.80 元 /m³，加上管网应为 0.80~1.00 元 /m³。而按照国内人工湿地工程统计，山东胶南表面流人工湿地处理厂运行费用为 0.08 元 /m³，深圳沙田潜流人工湿地处理厂运行费用为 0.14 元 /m³，由此可看出，人工湿地运行费用仅为常规二级生物处理运行费用的 1/5 左右（胡国光 等，2003）。

人工湿地最大的投资成本在于占地，据统计，全国 205 座城市污水处理厂用地为 0.5~1.9 m²/m³，而山东胶南表面流人工湿地处理厂占地为 12 m²/m³，深圳沙田潜流人工湿地处理厂占地为 4 m²/m³，约为常规二级生化污水处理厂面积的 4~6 倍。

综上所述，我国大部分常规生化污水处理技术处理效果好，但其耗能多、投资和运行费用高、管理水平要求也较高。而人工湿地技术具有良好的水质净化效果，且具有较好的经济效益和生态效益，是正在不断得到研究应用和发展的污水处理新技术，具有投资低、出水水质好、抗冲击力强、增加绿地面积、改善和美化生态环境、操作简单、维护和运行费用低廉等优点。许多污水处理专家都认为这项技术适合我国国情。

参考文献

陈亮，卢少勇，陈新红，2006. 人工湿地的运行和管理 [J]. 环境科学与技术，28(12): 141-142.

迟延智，陈风伦，2003. 人工湿地处理污水的实践 [J]. 中国给水排水，19(4): 82-83.

国家城市给水排水工程技术研究中心，2003. 中国城市污水处理现状及规划 [J]. 中国环保产业，1: 32-35.

胡国光，曹向东，穆瑞林，2003. 深圳市沙田人工湿地污水厂简介 [J]. 给水排水，29(8): 30-31.

环境保护部，2011. HJ2005—2010 人工湿地污水处理工程技术规范 [S]. 北京：中国环境科学出版社.

陆敏，2009. 污水处理型人工湿地规划设计研究 [D]. 济南：山东农业大学.

任庆，张洪林，张晶，等，2005. 人工湿地污水处理技术的应用 [J]. 辽宁城乡环境科技，24(6): 3-5.

宋新山，严登华，丁怡，等，2014. 进出水口位置对潜流人工湿地水力效率及死区分布的影响 [J]. 水利学报，4: 443-449.

孙振世，陆芳，2003. 我国城市污水处理厂运行状况及加强监管对策 [J]. 中国环境管理（吉林），22(5): 1-2.

王世和，2007. 人工湿地污水处理理论与技术 [M]. 北京：科学出版社.

王薇，俞燕，王世和，2001. 人工湿地污水处理工艺与设计 [J]. 城市环境与城市生态，14(1): 59-62.

姚枝良，闻岳，李剑波，等，2006. 人工湿地处理系统的运行管理与维护 [J]. 四川环境，25(5): 41-44.

曾怡曾，2001. 不用化学农药的农作物病虫害防治法 [J]. 植物医生，14(3): 44-45.

朱静平，王成端，2002. 适于中小城镇污水处理工艺的流程研究 [J]. 西南工学院学报，17(1): 46-51.

BRODIE G, 1989. Selection and evaluation of sites for constructed wastewater treatment wetlands [J]. Constructed Wetlands for Wastewater Treatment: Municipal, Industrial and Agricultural Lewis Publishers, Chelsea Michigan: 307-317.

SUNDARAVADIVEL M, VIGNESWARAN S, 2001. Constructed wetlands for wastewater treatment [J]. Critical Reviews in Environmental Science and Technology, 31(4): 351-409.